"十二五"普通高等教育本科国家级规划教材
"十三五"普通高等教育本科部委级规划教材
纺织科学与工程一流学科建设教材
教育部普通高等教育精品教材

纺 纱 学

（第 3 版）

郁崇文　主编

中国纺织出版社有限公司　国家一级出版社
全国百佳图书出版单位

内 容 提 要

本书是在"十二五"普通高等教育本科国家级规划教材的基础上修订,是纺织科学与工程一流学科建设教材中的一种。

本书较系统地介绍了纺纱的流程及其加工原理、工艺和设备等,书中还介绍了纺纱加工技术、装备等的最新发展。全书共十二章,包含绪论、原料选配和初加工、梳理前准备、梳理、精梳、并条、粗纱、细纱、后加工等纺纱的基本原理,同时介绍了棉、毛、麻、绢各纺纱系统。有关纺纱原理、纺纱加工过程的动画视频和录像资料可扫描封底二维码获取和观看。

本书是纺织工程专业的教材,也可供相关专业的工程技术人员和科研工作者参考。

图书在版编目（CIP）数据

纺纱学/郁崇文主编. --3 版. --北京：中国纺织出版社有限公司, 2019.9 (2023.7重印)

"十二五"普通高等教育本科国家级规划教材 "十三五"普通高等教育本科部委级规划教材 纺织科学与工程一流学科建设教材

ISBN 978－7－5180－6367－3

I. ①纺… II. ①郁… III. ①纺纱—高等学校—教材 IV. ①TS104

中国版本图书馆 CIP 数据核字（2019）第 134702 号

策划编辑：符 芬 孔会云 责任编辑：符 芬
责任校对：江思飞 责任印制：何 建

中国纺织出版社有限公司出版发行
地址：北京市朝阳区百子湾东里 A407 号楼 邮政编码：100124
销售电话：010—67004422 传真：010—87155801
http：//www.c-textilep.com
中国纺织出版社天猫旗舰店
官方微博 http：//weibo.com/2119887771
三河市宏盛印务有限公司印刷 各地新华书店经销
2009 年 2 月第 1 版 2014 年 8 月第 2 版
2019 年 9 月第 3 版 2023 年 7 月第 5 次印刷
开本：787×1092 1/16 印张：20.75
字数：410 千字 定价：58.00 元

第 3 版前言

　　本教材根据高等纺织教育改革的需求以及纺织工业的最新发展编写而成。在 2017 年 5 月召开的全国高等学校纺纱学教学研讨会上，来自全国 26 所纺织高等院校的 50 余位"纺纱学"课程教师进行了认真的讨论，结合"十二五"普通高等教育本科国家级规划教材《纺纱学(第 2 版)》在教学中的使用情况，以及教学的发展趋势，充分吸取各高校在教学安排上的有益经验，形成了此版教材的修订编写大纲。在教材的修订、编写过程中，又多次对有关内容进行了修改、补充和整合，力求完善。

　　全书共分为十二章，包括了纺纱中从原料初加工到各种纺纱系统的纱线形成的主要加工技术。在《纺纱学(第 2 版)》基础上，本书对有关内容进行了重新编排和修订。

　　1. 全书按照纺纱系统的加工流程进行编写，使读者经学习后对纺纱的加工流程和各工序作用有较深刻的认识和掌握。

　　2. 第一章是绪论，对整个纺纱的原理和各纺纱系统进行了概括、简述，使读者对纺纱过程、纺纱系统等有一个全面、大致的了解；第二～第十章分别阐述了纺纱的有关原理，并以量大面广、且技术装备最成熟的棉纺系统为例，阐述各工序中相关原理的应用以及工艺、设备上对原理的实现，使原理的论述既能及时落实到具体的工序上，又能线条清晰地表明最典型的棉纺纺纱工序的脉络，更有利于读者、学生对纺纱原理及其实际应用的理解和掌握。

　　3. 为反映纺纱技术的新发展，本教材对近几年涌现的纺纱技术的进展进行了介绍，如梳棉与牵伸的结合，粗纱、细纱和络筒的联合等，并删除了上一版中一些已不太使用的设备内容。

　　4. 限于篇幅及教学时数的限制，本教材在以棉纺为重点进行介绍的基础上，再将毛、麻、绢等其他纺纱系统单独成章，方便各学校根据自身的要求进行内容的选择。在毛、麻、绢纺的各章，按其纺纱的工序进行编写，力求对这些纺纱系统有一个简洁、明了的阐述，兼顾对知识深度和广度的要求，也便于读者、学生对各纺纱系统的认识和掌握。

　　本书在第 2 版的基础上进行修订，修订的章节及人员分工如下：第一章：东华大学郁崇文；第二章：南通大学丁志荣；第三章：嘉兴学院敖利民；第四章：东华大学郁崇文；第五章：中原工学院任家智；第六章：大连工业大学王迎、钱永芳；第七章：天津工业大学王建坤、张淑洁；第八章的细纱部分：江南大学谢春萍、苏旭中；第八章的新型纺纱部分：青岛大学邢明杰；第九章：江南大学傅佳佳；第十章：东华大学王新厚，武汉纺织大学张尚勇、沈小林、黎征帆；第十一章：东华大学郁崇文、大连工业大学郑来久；第十二章：东华大学劳继红。东华大学的研究生申元颖、钱希茜、肖雨晴和曹巧丽参与了本书的部分文字和绘图工作。全书由郁崇文统稿并最后定稿。

　　书中视频资料可在封底扫描二维码获取。

　　限于编者的水平，书中难免存在不妥和错误之处，敬请读者批评指正。

编者

2019 年 6 月

第 2 版前言

　　本教材根据高等纺织教育改革的需求以及纺织工业的最新发展编写而成。在 2011 年 11 月召开的全国高等学校《纺纱学》教学研讨会上，由来自全国 20 余所纺织高等院校的 40 余位纺纱学教师进行过认真的讨论，结合"十一五"期间《纺纱学》教材在教学中的使用情况，并结合当前的教学发展趋势，充分吸取各高校在教学安排上的有益经验，形成了本教材的修订编写大纲。在教材的修订、编写过程中，又多次对有关内容进行了修改、补充和整合，力求完善。

　　全书共分十二章，包括了纺纱过程中从原料初加工到各种纺纱系统的纱线形成的主要加工技术。本书在普通高等教育"十一五"国家级规划教材《纺纱学》的基础上，对章节和内容的编排重新进行了调整和修订：

　　1. 全书按照纺纱系统的加工流程进行编写，学生学习后对纺纱的加工流程和各工序作用有较深刻的认识和掌握。

　　2. 第一章是绪论，对整个纺纱的原理和各纺纱系统进行了概括，使读者对纺纱有一个大概的了解；第二到第十章分别阐述了纺纱的有关原理，并以量大面广且技术装备最成熟的棉纺系统为例，阐述各工序中相关原理的应用以及工艺、设备上对原理的实现，使原理的论述既能及时落实到具体的工序上，又能线条清晰地表明最典型的棉纺纺纱工序的脉络，更有利于学生对纺纱原理及其实际应用的理解和掌握。

　　3. 限于篇幅及教学时数的限制，本教材在以棉纺为重点进行介绍的基础上，再将毛、麻、绢等其他纺纱系统单独成章，每章按其纺纱的工序进行编写，力求对这些纺纱系统有一个简洁、明了的阐述，兼顾对知识深度和广度的要求，也便于学生对各纺纱系统的认识和掌握。

　　4. 对多媒体资料(文中提及的动画及录像内容均附在光盘中)进行了增补，并根据教材内容的改变而重新编排，进一步加深学生对有关内容的理解和掌握。

　　本书在第 1 版的基础上进行修订，修订章节及人员分工如下：

　　第一章：东华大学郁崇文；第二章：南通大学丁志荣；第三章：嘉兴学院敖利民；第四章：东华大学郁崇文；第五章：中原工学院任家智；第六章：大连工业大学于永玲；第七章：天津工业大学王建坤、张淑洁和黑龙江省纺织研究所王薇；第八章的细纱部分：江南大学谢春萍，新型纺纱部分：青岛大学邢明杰；第九章：江南大学吴敏；第十章：东华大学王新厚、武汉纺织大学张尚勇、沈小林；第十一章：东华大学郁崇文、大连工业大学郑来久；第十二章：东华大学劳继红。本书的多媒体光盘由东华大学郁崇文、裴泽光、研究生钟海等修订。钟海和上海工程技术大学的尚珊珊参与了本书的部分文字和绘图工作。全书由郁崇文统稿并最后定稿。

　　限于编者的水平，书中难免存在不妥和错误之处，敬请读者批评指正。

编者
2013 年 10 月

第1版前言

　　本教材是根据纺织高等教育改革的需求以及纺织工业的最新发展编写而成的。本教材的编写大纲，曾在 2006 年年底召开的纺纱学教学研讨会上，由来自全国 20 多所纺织高等院校的 40 余位纺纱学教师，进行认真地讨论，并充分吸取了各高校在教学安排上的有益经验。编写过程中，又多次对有关内容进行了修改、补充和整合，力求完善。

　　全书共分十章，包括纺纱中从原料初加工到各种纺纱系统的纱线形成的主要加工技术。在吸取以前有关教材编写、使用经验和要求的基础上，本书对章节和内容的编排如下：

　　1. 按照纺纱加工的流程进行编写，使学习后对纺纱的加工流程和各工序作用有较深刻地认识和掌握。

　　2. 每章在简介本工序后即展开有关原理的阐述，在此基础上，再进一步介绍棉、毛、麻、绢等各纺纱系统中的相关原理应用及工艺设备和质量控制，使原理的论述能及时落实到具体的工序上，更有利于读者对纺纱原理及其实际应用的理解和掌握。

　　3. 由于篇幅及教学课时的限制，本教材以量大、面广且技术装备最成熟的棉纺（短纤维纺纱）以及毛纺（长纤维即毛、麻、绢纺纱）为重点进行介绍，再将其他的纺纱系统与棉、毛纺的异同点作对比介绍，兼顾了对知识深度和广度的要求，并对某些内容作了适当的精简。

　　4. 增加了多媒体光盘，编制了动画、录像等，将有关的纺纱原理和加工过程形象地表现出来，有利于读者对有关内容进一步理解和掌握。

　　本书编写的人员及其分工如下。第一章、第四章和第十章：东华大学郁崇文；第二章：南通大学丁志荣；第三章：西安工程大学薛少林；第五章：中原工学院任家智；第六章：大连工业大学于永玲；第七章：天津工业大学王建坤；第八章：江南大学谢春萍和青岛大学邢明杰；第九章：江南大学吴敏；各章中的毛纺部分：武汉科技工程学院张尚勇和东华大学王新厚；各章中的麻纺部分：东华大学郁崇文；各章中的绢纺部分：东华大学劳继红。本书的多媒体光盘由郁崇文和武汉科技工程学院林子务主持策划，山东科技职业学院常涛、上海工程技术大学焦坤、东华大学汪军和王新厚以及博士研究生陈俊焱、裴泽光等制作。全书由郁崇文统稿并最后定稿，由陆凯和于修业审稿。

　　限于编者的水平，书中难免存在不妥和错误之处，敬请读者批评指正。

编者

2008 年 10 月

课程设置指导

本课程设置意义 "纺纱学"是纺织工程专业的核心课程之一,它包括了从纤维原料到形成纱(线)的主要加工过程。本课程以纺纱加工的原理为基础,对各种纤维的纺纱系统、流程、纺纱工艺及纱线质量控制进行讲解,使学生能系统掌握纺纱的专业知识,并对各类纤维的纺纱工艺设计具有一定的了解。

本课程教学建议 "纺纱学"课程作为纺织工程专业的平台课程,建议60~80课时,每课时讲授字数建议控制在4000字以内。本教材的前九章结合棉纺系统地阐述了纺纱的基本原理,是本教材的主要和重点内容,第十~第十二章则分别对毛纺、麻纺和绢纺的加工系统进行了介绍。

本课程教学目的 通过本课程的学习,学生应系统地掌握纺纱的基本理论和纺纱工艺过程;掌握各种纤维的纺纱系统和流程,基本掌握主要的纺纱工艺参数与典型、关键的设备和机构等;了解掌握半制品和纱(线)的主要质量指标。

(说明:本课程设置指导仅供参考,各学校可根据实际教学情况进行适当调整。)

目录

第一章　绪论

本章知识点

　　1. 纺纱的基本原理。

　　2. 纺纱的工艺过程。

　　3. 各种纺纱系统。

第一节　纺纱基本原理及过程

　　纺纱学是一门应用科学,它有很强的实践性,要掌握它不仅要学习理论知识,还要到生产中去实践领会。纺纱学具有与生产实践相结合的完整的基本理论体系。

　　纺纱作为一门工程技术,其加工对象是纤维集合体,而纤维集合体的各项特性,往往差异很大,且常因周围环境条件(如空气温湿度等)等变化而改变,故纺纱工程必须使用机械、气流、化学等手段以及最新发展的各种技术,将离散的纤维原料加工成具备足够强力和外观特性的连续细缕(纱线),以满足下游织造生产的需要。

　　纺纱实质上是使纤维由杂乱无章的状态变为按纵向有序排列的加工过程。纺纱之前,纤维原料经过初步加工去除了大部分杂质,但纤维的排列仍是杂乱无章的。每根纤维本身既不伸直也没有一定方向,所以纺纱都要经过开松、梳理、牵伸、加捻等基本过程。

一、纺纱基本原理

　　纺纱加工中,需要先把纤维原料中原有的局部横向联系彻底破除(这个过程叫作"松解"),并牢固建立首尾衔接的纵向联系(这个过程叫作"集合"),松解是集合的基础和前提。

　　在现代技术水平下,松解和集合还不能一次完成,要分为开松、梳理、牵伸、加捻四步进行,如图1-1所示(见动画视频1-1)。

图1-1　纺纱的基本过程

　　开松是把纤维团扯散成小束的加工过程。开松使纤维横向联系的规模缩小,大块(团)的纤维集合体变为小块(束),为以后进一步松解到单纤维状态提供条件。

梳理是近代松解技术,是采用梳理机的机件上包覆的密集的梳针对纤维进行梳理,把纤维小块(束)进一步分解成单纤维。此时,各根纤维间的横向联系基本被破除,但纤维大多呈屈曲弯钩状,各纤维之间因相互勾结而仍具有一定的横向联系。梳理后,分解的纤维形成网状,可以收拢成细长条子,逐步达到纤维的纵向顺序排列,但这些纤维的伸直平行程度还是远远不够的。

牵伸是把梳理后的条子抽长拉细,使其中的卷曲纤维逐步伸直,弯钩逐步消除,同时使条子获得所需粗细的加工过程。这样残留的横向联系才有可能被彻底解除,并沿轴向取向,为建立有规律的首尾衔接关系创造条件。

加捻是利用回转运动,把牵伸后的须条(即纤维伸直平行排列的集合体)加以扭转,以使纤维间的纵向联系固定起来的加工过程。须条绕本身轴向扭转一周,即加上一个捻回。须条加捻后,其性能发生了变化,具有一定的强度、刚度、弹性等,达到了一定的使用要求。

因此,在纺纱中,开松是对原有纤维集合体的初步松解,梳理是松解的基本完成。加捻则是最后巩固新形成的纤维集合体(纱或线),它们之间既各自对纤维进行作用,又有相互联系,如图1-2所示。

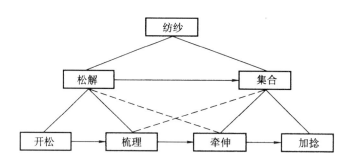

图1-2　纺纱中各步骤的相互关系简图

除了以上四种对成纱有决定影响的步骤或作用外,纺纱还包括其他许多步骤或作用,其中混合、除杂、精梳(去除不合要求的短纤维和细小杂质)、并合可使产品更加均匀和洁净,从而提高纱线质量,但它们对能否纺成纱线没有决定性影响。

还有一类是使纺纱过程中前后道工序能相互衔接所不可缺少的过程,即卷绕过程,它包括做成花卷,装进条筒,绕于纱管上,络成筒子,摇成纱绞等。

纺纱是一个复杂的过程,若以成纱为目的来划分以上纺纱过程中的各种作用,并对其深入分析、抽象、演绎,可形成以下两个层面为主的几个原理。

(1)主层。开松→梳理→牵伸→加捻,它决定着成纱的可能性,这也是纺纱必不可少的基本原理。

(2)次层。包括混和、除杂、精梳、并合,它与主层相配合,决定成纱的质量和加工工序的顺利程度。

另外,为使各加工阶段(工序)相互连接,卷绕也是不可缺少的。

上述开松、梳理、牵伸、加捻、混和、除杂、精梳、并合、卷绕九大纺纱原理,构成了纺纱学的理论体系。这些作用体现在纺纱工程的各工序中,且在各工序中又是相互重叠、共同作用的。

二、纺纱工程

要将纺织原料纺成符合一定性能要求的纱,除了以上述纺纱原理为基础外,还需要应用各种相应的技术手段,并经过一系列加工过程才能实现。把纺织纤维制成纱线的过程称为纺纱工程,它由下列若干子工程或工序组成,而上述的纺纱原理就贯穿于这些工序之中。

1. 初加工工序 纺织原料特别是天然纺织原料,因为自然环境、生产条件、收集方式和原料种类本身的特点,除可纺纤维外还含有多类杂质,而这些杂质必须在纺纱前加以去除,这个过程即为初加工工程。各种纺织原料初加工工程随原料不同而异。

(1)从棉田中采摘下来的棉花除了棉纤维外,还含有棉籽及其他杂质,在进行下道加工前必须用轧棉机排除棉籽,制成无籽的皮棉,故棉的初步加工称为轧棉。轧棉在轧棉厂里完成,轧下来的皮棉(原棉)经检验打成紧包后,运输到棉纺厂进行后续加工。

(2)毛纺工厂使用的原料是从羊身上剪下来的羊毛(原毛)。原毛含有油脂、汗液、粪尿以及草刺、沙土等杂质,必须在原毛初步加工(俗称开洗烘工程)中清除。除杂时,首先将压得很紧的纤维进行开松,去除原毛中易于除去的杂质如砂土、羊粪等,然后用机械和化学相结合的方法去除羊毛中的油脂、羊汗及黏附的杂质。有的羊毛如散毛含草杂较多时,还需经过炭化,即利用化学和机械方法除去原毛中所含的植物性杂质,所用的设备为开洗烘联合机和散毛炭化联合机,得到的半制品分别为洗净毛、炭净毛。

(3)从茎秆上剥下来的麻皮(又称原麻)中除含有纤维素外,还含有一些胶质和杂质,它们大多包围在纤维表面,使纤维粘在一起,为了确保纺纱过程的顺利和纱线质量,这些非纤维素杂质必须在成纱前全部或部分除去,这部分初步加工在麻纺厂称为脱胶。苎麻原麻经过脱胶后得到的半制品叫作精干麻。

(4)绢丝原料是养蚕、制丝和丝织业的疵茧和废丝,其中含有丝胶,油脂,泥沙污杂物和其他杂质。这些杂质必须在纺纱前用化学、生物等方法去除,这种初步加工在绢纺中称为精练工程,制得较为洁净疏松的半制品叫作精干绵。

2. 梳理前准备工序

(1)棉纺梳理前准备俗称开清棉工程。首先是按配棉规定来混和各原料成分,将压紧的纤维进行初步开松、除杂和混和,制成较为清洁、均匀的棉卷或无定形的纤维层。使用的机台为开清棉联合机。

(2)羊毛经初加工所得的洗净毛或炭净毛,首先按照不同生产品种的要求进行选配(配毛),然后对混料开松、混和、加油给湿,如有需要还要进行散毛染色。这些经和毛机和好的混料即为梳毛机的原料。使用的机台为和毛机。

(3)苎麻脱胶后的精干麻,还含有少量的杂质,回潮率也低,同时由于纤维上残留的胶质干后硬化使纤维显得板结,手感粗硬。经过梳理前准备工程中的机械软麻、给湿加油、分磅堆仓等工序加工,可改善纤维的柔软度,增加纤维的回潮率,减少静电,增大纤维延伸性和松散程度,供开松机和梳麻机继续加工。使用的机台为软麻机和开松机。

（4）在绢纺中,由精炼工程制得的精干绵,经过绢纺梳理前准备工程中的选别、给湿、配绵、开绵等工序,首先剔除精干绵中所混杂的毛发、麻丝、残存的筋条、茧皮,清除精干绵中部分蛹屑和其他杂质,增加纤维回潮率,减少静电,然后配制成调合球,最终制成有一定松散度、纤维伸直平行伸直度及一定规格厚薄均匀的绵片,供下道工序使用。使用的机台是开绵机。

3. 梳理工序　梳理工序是利用表面带有钢针或锯齿的工作机件对纤维束进行梳理,使其成为单纤维状态,且进一步去除很小的杂质、疵点及部分短绒,并使纤维得到较充分的混和。然后聚拢成均匀的条子,并有规律地圈放或卷绕成适当的卷装。棉纺使用的机台为盖板梳理机,毛纺、麻纺、绢纺使用的机台为罗拉梳理机。

4. 精梳工序　棉纤维在纺制细特纱或有特殊要求时,需经过精梳工程加工。它主要是利用梳针对纤维的两端分别在被握持的状态下进行更为细致、充分的梳理。精梳中,先使纤维须丛的前端在后端被握持的状态下得到梳理,然后在纤维须丛的前端被拔取(握持)时,再梳理其尾端。这种特有的积极梳理能排除纤维丛中的短纤维、纤维结粒和杂质,并能显著地提高纤维的伸直平行度,所使用的机台为精梳机。而毛、麻、绢纤维,由于其长度长且长度整齐度差,故都要经过精梳加工。为了适应精梳机工作的要求,在喂入精梳机前需进行一系列准备工序,即精梳前的准备工序,意在尽量去除梳理条(粗梳条)中的弯钩,提高纤维的平行伸直度,预先制成适用于精梳机加工的卷装。

5. 并条(针梳)工序　并条(针梳)工程是运用牵伸、并合原理,使用并条(针梳)机将并合在一起的若干根条子进行牵伸,制成具有一定线密度的均匀条子。并合能提高条子的均匀度,并使各种不同性质、色泽的纤维按一定比例均匀混和。牵伸则可将喂入条子抽长拉细,并提高纤维的伸直平行度。并条(针梳)工程使用的机台为并条机或针梳机。

6. 粗纱工序　粗纱工程是把均匀的条子进行牵伸以达到适当的细度。由于牵伸后的纤维须条(粗纱)较细而松散,极易产生意外伸长,一般采用加捻(真捻)或搓捻(假捻)方法来提高纱条的紧密度,赋予粗纱以必要的强力。为了满足运输、储存和下道加工的需要,制成的粗纱要卷绕在粗纱管上,所使用的机台为粗纱机。

7. 细纱工序　细纱工程是将粗纱进行进一步的牵伸、加捻,从而获得达到最终产品所要求的线密度、强力和其他力学性能的连续细纱,然后卷绕成细纱管纱,供下道工序加工。所使用的机台为纺纱机,如环锭细纱机、转杯纺纱机、喷气纺纱机等。

8. 后加工工序　后加工工程包括络筒(或络纱)、并纱和捻线工程等,后加工是对纺成的细纱做最后的整理。络筒(或络纱)工程是将单纱或股线接长,去除部分杂质和疵点。绕成大容量筒子,使用的机台是络筒机。并纱工程是捻线前的准备,是使用并纱(线)机将两根或两根以上细纱(或股线)并合在一起绕成并纱(线)筒子。捻线工程是在捻线机上将两股或两股以上单纱并在一起加捻制成股线。股线在强力、弹性及手感、均匀度、耐磨性及表面光滑、美观性等方面均优于同样线密度的单纱。

第二节 纺纱的工艺系统

纺纱用的纤维原料主要有天然纤维和化学纤维两大类,常用的有棉花、绵羊毛、特种动物纤维、蚕丝、苎麻、亚麻、黄麻纤维等天然纤维及棉型、毛型的常规和非常规化学纤维。它们各具特点,各有特性,有的差异非常显著,纺纱性能差别很大,至今难以采用统一的加工方法制成细纱。因此,长期实践的结果,形成了棉纺、毛纺、绢纺、麻纺等专门的纺纱系统。

一、棉纺纺纱系统

棉纺生产所用的原料除棉纤维外还有棉型化学纤维等。根据原料的性能及对产品的要求,棉纺纺纱主要可分为三种纺纱系统。

1. 普(粗)梳系统 普梳系统在棉纺中应用广泛,用来纺中特或粗特纱。其纺纱加工流程如下。

原棉→配棉→开清棉→梳棉→并条(2~3道)→粗纱→细纱→后加工→棉型纱或线
　　　　　　　　　清梳联⏋

2. 精梳系统 精梳棉纺系统用来生产对成纱质量要求较高的细特棉纱、特种用纱和细特棉混纺纱。因此,需要在普梳系统的梳棉工程后加上精梳工程,以去除一定长度以下的短绒及杂质疵点,进一步伸直平行纤维,提高细纱质量。其纺纱加工流程如下。

原棉→配棉→开清棉→梳棉→精梳准备→精梳→并条(1~2道)→粗纱→细纱→后加工纱或线
　　　　　　　　　清梳联⏋

3. 废纺系统 为了充分利用原料,降低成本,常用纺纱生产中的废料在废纺系统上加工低档粗特纱。其纺纱加工流程如下。

下脚、回丝等→开清棉→梳棉→粗纱→细纱→副牌纱

二、毛纺纺纱系统

毛纺生产所用的原料除绵羊毛外,还有毛型化学纤维及特种动物纤维,根据产品的质量要求及加工工艺的不同,可分为粗梳毛纺、精梳毛纺及半精梳毛纺三大系统。

1. 粗梳毛纺系统 主要用于生产粗纺呢绒、毛毯、工业用织物的用纱。也称为粗纺系统,一般采用低等级的原料。原料除一般洗净毛外,还可用毛纺织厂的各种回用原料。纺制的线密度较高,一般在50tex以上。其纺纱系统流程如下。

原毛→初加工→选配毛→和毛→梳毛→细纱→后加工→毛粗纺纱

2. 精梳毛纺系统 主要用于生产精纺呢绒、绒线、长毛绒等用的纱线。也称为精纺系统。对原料要求较高,一般不搭用回用原料,纺制的纱线线密度较低,为13.9~50tex,且多用合股线。其纺纱系统流程如下。

原毛→初加工→制条→精纺[针梳(多道)→粗纱→细纱]

制条也叫作毛条制造,其产品为精梳成品条,可作为商品供精纺厂使用。毛条制造加工流

程如下。

原毛→初加工→选配毛→和毛加油→梳毛→理条针梳(2~3道)→精梳→整条针梳(2道)→成品精梳条

精纺厂一般从毛条厂购买成品精梳毛条作为原料来生产毛精纺产品。其加工流程如下。

精梳毛条→针梳(3~5道)→粗纱→细纱(毛精纺纱)

对产品质量要求高和毛条染色的产品,还需在精梳毛纺系统的前纺前加上一系列前纺准备工程(条染复精梳)。条染复精梳加工流程如下。

成品毛条→松球→装筒→条染→脱水→复洗→针梳(3道)→复精梳→针梳(3道)→色条

3. 半精梳毛纺系统 精梳毛纺系统工艺流程长,加工较粗(25~50tex)纱成本较高。故生产厂一般用梳毛条替代精梳成品条,在部分精梳毛纺系统设备组成的纺纱系统(半精梳毛纺系统)上加工。传统半精梳毛纺的纺纱加工流程如下。

洗净毛→和毛加油→梳毛→(2~3道)针梳→粗纱→细纱→(半精纺纱)

目前,更多的是采用棉纺设备进行精纺,其流程如下。

毛纺和毛→梳棉→棉并条→棉粗纱→棉细纱(半精纺纱)

三、麻纺纺纱系统

1. 苎麻纺纱系统 苎麻纺一般借用精梳毛纺系统的成套设备进行纺纱,只是对设备进行局部改造。纺得的纯苎麻纱一般在21~130tex。其纺纱系统(苎麻长麻纺纱系统)流程如下。

精干麻→梳前准备→梳麻→精梳前准备(2道)→精梳→精梳后并条(3~4道)→粗纱→细纱→后加工→苎麻成品纱

而精梳的落麻,因长度短,一般与棉或化学纤维混纺,在棉纺普梳系统上加工。也可在粗梳毛纺系统上加工落麻与棉或其他纤维,生产混纺纱。

2. 亚麻(湿)纺纱系统 亚麻长麻纺纱系统所用的原料为打成麻。其纺纱加工流程如下。

打成麻→梳前准备→梳麻(栉梳)→成条前准备→成条→并条(5道)→粗纱→煮漂→湿纺细纱→后加工→亚麻长麻成品纱

长麻纺的落麻、回麻则用亚麻短麻纺纱加工成纱,其纺纱系统如下。

落麻→开清及梳前准备→梳麻→并条→精梳→并条(3~4道)→粗纱→煮漂→湿纺细纱→后加工→亚麻短麻成品纱

其中,亚麻短纺中的精梳落麻,还可以采用棉纺设备进行加工纺纱。

3. 黄麻纺纱系统 黄麻纺纱工艺流程较短,成纱线密度粗,主要供织麻袋用,要求不高。其纺纱加工流程如下。

原料→梳麻前准备→梳麻(2道)→并条(2~3道)→细纱

四、绢纺纺纱系统

绢纺是利用不能缫丝的疵茧和疵丝加工成绢丝和紬丝。前者在绢丝纺系统上,而后者在紬丝纺系统上加工制成。

1. 绢丝纺系统 绢丝较细匀,适于织造绢绸。其纺纱加工流程如下。

绢纺原料→初加工(精练)→制绵→纺纱[针梳(3~4)道]→粗纱→细纱]

绢丝纺系统工艺流程很长,原料经过初加工(精练)以后得到精干绵。精干绵经制绵以后得到精绵。精绵再经过纺纱得到绢丝(纱)。

制绵有圆梳制绵和精梳制绵两种加工系统。圆梳制绵较适合绢丝纤维细、长、乱的特点。制成的精干绵粒少、质量好,但工艺流程长、劳动强度大、生产率低。其工艺流程如下。

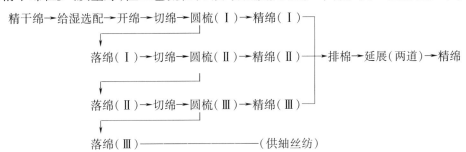

精梳制绵类似毛条制造系统,相对于圆梳制绵,其工艺流程较短,劳动强度较低,但质量不如前者。其工艺流程为。

精干绵→选别→给湿→配绵(调和)→开绵→罗拉梳绵→胶圈牵伸→针梳→直型精梳→精绵

2.䌷丝纺系统 䌷丝纺系统使用制绵时的末道圆梳落绵(Ⅲ),可以采用棉纺的环锭或转杯纺纱系统,或粗纺梳毛纺系统制成䌷丝。䌷丝线密度粗,手感蓬松,表面呈毛茸和绵结,用于织造绵绸。

虽然上述各种纤维的纺纱系统各不相同,但从本质上来说,各纤维的纺纱系统主要包括以下流程(毛、麻、绢纺中的针梳实际就是棉纺中的并条)。

普梳:开松→梳理→并条→粗纱→细纱。

精梳:开松→梳理→精梳前准备→精梳→并条→粗纱→细纱。

第二章 纤维原料初加工与选配

本章知识点

1. 轧棉、打包标志、棉花品级标准以及棉纤维脱糖处理方法。
2. 原料选配的原则和配棉方法。
3. 原料混和方法、混纺比以及混和原料的指标计算。
4. 计算机配棉方法。

纤维原料中,由于含有许多非纤维性的杂质(如棉纤维中含有大量的棉籽等,毛纤维中有油、汗、草杂和泥土等,麻和绢丝中含有大量的胶质等),尚不能直接进行纺纱加工。因此,在正式的纺纱加工开始前,要对纤维原料进行初加工,即尽量去除纤维原料中所含的大部分杂质,使纤维符合纺纱要求。

同时,由于纺纱加工及其产品性能与纤维的特性有直接关系,为了纺纱加工的稳定、顺利,还必须根据产品的质量要求,对各种原料进行选择、搭配,即进行纤维原料的选配。

第一节 轧棉与脱糖

棉花按物理形态不同,分为籽棉和皮棉。从棉株上摘下的含有棉籽的棉花叫籽棉,籽棉经过轧棉去籽加工后得到的棉花叫皮棉或原棉,通常所说的棉花产量指的是皮棉产量,皮棉与籽棉的比例称为籽棉衣分率或皮棉制成率,正常年份,衣分率为36%~40%,即100kg籽棉能够加工出36~40kg皮棉。

轧棉去籽的方法因棉花品种不同而不同,皮棉到纺纱前的预处理也因皮棉性状不同而不同,一般需轧棉、打包、检验,含糖多的还需经过脱糖等预处理。

一、轧棉的要求与分类

1. 轧棉的要求 轧棉是棉花生产过程中的重要环节,轧棉质量对原棉品级好坏和衣分率高低有很大的影响。轧棉的要求如下。

(1)保护纤维原有品质。棉纤维的自然特性如长度、强力、成熟度、色泽等,与成纱的质量和可纺线密度关系密切。因此,不同品种、不同品级的籽棉要分别轧制。轧棉时,要尽量减少轧断纤维、轧碎棉籽,尽量去除棉短绒,特别要防止产生索丝和棉结等疵点。

（2）清除纤维中杂质。在加工早期清除棉籽中的杂质，要比在纺纱过程中清除容易得多。因此，要合理配车，严格管理，清除纤维中的杂质。

（3）按照不同品种、等级分别打包、编批，以便于储藏、运输和纺纱厂分级分批使用。

2. 轧棉的分类　轧棉分皮辊轧棉和锯齿轧棉两类，其原理即通过皮辊与刀片或者锯齿的作用，使棉籽和纤维相互分离。所得纤维分别称为皮辊棉和锯齿棉。皮辊轧棉机转速较低、生产效率低、作用缓和、不易轧断纤维，适宜加工长绒棉或成熟度差的籽棉和留种棉等，同时也是测定籽棉衣分率的标定机型；锯齿轧棉机转速较高、生产率高、作用比较剧烈，容易切断纤维和产生棉结、索丝等疵点，但因其具有清花部件，故锯齿棉杂质少、短绒率（皮棉中长度在16mm以下的短绒重量对皮棉总重量的百分比）低，纤维长度整齐度好，适宜加工细绒棉和粗绒棉。

目前细绒棉（长度为25~33mm，线密度为0.16~0.2tex）基本上都是锯齿棉，长绒棉（长度33mm以上，线密度0.11~0.15tex）一般为皮辊棉。

二、轧工质量

轧工质量的好坏直接影响皮棉的品质，也关系轧棉厂和纺织厂的经济效益。轧工质量是皮棉品级条件之一，是棉花质量的一项重要指标。

考核轧工质量的判断主要是控制黄根率、毛头率、疵点、不孕籽含棉率、含杂率等主要指标和通过"三观察"（观察轧出原棉的外观形态、观察纤维的长度变化、观察皮辊棉的黄根数量和锯齿棉的疵点数量多少）来完成。

三、原棉打包与检验

经轧棉机加工后的皮棉是松散的，为了便于储存和运输，必须进行打包。一般使用机械力量，使棉包密度、棉包重量和体积的规格达到一定要求，既保持原棉的原有性能，又增加仓库储存量，节约包装材料，提高运输效率，并达到防潮、防火、防污染和防损耗的目的。

轧棉厂出厂的棉包上印有轧棉厂名、质量标识、批号和包重的标志（称为"唛头"）。质量标识的标注方法，各国不尽相同。

1. 锯齿加工细绒棉质量标识　按GB 1103.1—2012规定，锯齿加工细绒棉质量标识以原棉主体颜色级、长度级、马克隆值级顺序组成。具体代号表示如下。

（1）颜色级代号。由2位数字标示，第1位是级别，依据颜色明暗程度确定；第2位是类型，依据纤维黄色深度确定，分白棉（用数字1表示）、淡点污棉（数字2）、淡黄染棉（数字3）、黄染棉（数字4）。白棉分5级，淡点污棉和淡黄染棉都分为3级，黄染棉分为2级，共13个级别。例如：32表示3级淡点污棉，24表示2级黄染棉。

（2）长度级代号。25~32mm用"25，…，32"标示。长度以1mm为级距，25mm包括25.9mm及以下；26mm包括26.0~26.9mm；以此类推，32mm包括32mm及以上。

（3）马克隆值级代号。分别用A、B、C标示。

例如，白棉3级，长度28mm，马克隆值B级，则标示为3128B；淡点污棉2级，长度27mm，马克隆值B级，则标示为2227B。

2. 皮辊加工棉花质量标识　由于锯齿加工细绒棉的数字标识的颜色分级体系尚不能适用于皮辊棉,因此,按 GB 1103.2—2012 规定,皮辊加工棉花质量标识以棉花类型、主体品级、长度级、马克隆值级顺序组成。具体代号表示如下。

(1)类型代号。"Y"表示黄棉,"G"表示灰棉,"L"表示长绒棉,细绒白棉不作标志。

(2)品级代号。根据棉花的成熟度、色泽特征、轧工质量,皮辊棉品级分为 7 个级,即一级至七级,用"1,…,7"标示。三级为品级标准级。按批检验时,占80%及以上的品级为主体品级。

(3)长度级代号和马克隆值级代号与锯齿加工细绒棉的标示方法相同。

(4)皮辊棉代号。在质量标识下方加横线"_____"。

例如,四级皮辊白棉,长度 30mm,主体马克隆值级 B 级,则标示为430B;五级皮辊灰棉,长度 28mm,主体马克隆值级 C 级,则标示为G528C;LY233A 表示长绒棉黄棉。

3. 棉花检验　棉花检验分感官检验和仪器检验,现在正朝着仪器化检验方向发展。

采用手扯尺量法检验时,需经常采用棉花手扯长度实物标准进行校准,而且必须将手扯长度校准棉花标准建立在大容量快速棉纤维测试仪(简称"HVI")检验的上半部平均长度定值结果上,使手扯尺量检验结果统一到 HVI 检验的上半部平均长度水平。采用仪器对成包皮棉逐包检验时,其检验项目包括品级、长度、马克隆值、异性纤维、回潮率、含杂率、毛重、长度整齐度指数、断裂比强度、反射率、黄色深度和色特征级。

异性纤维主要是指化学纤维、丝、麻、毛发、塑料绳、布块等,俗称"三丝"。它们多在棉花的采摘、包装等加工中混入,严重影响产品的质量和外观,给纺织企业带来很大的经济损失。国家标准规定了"三丝"的量化检测标准,将"三丝"含量分成"无、低、中、高"四档,分别用代号"N、L、M、H"表示。每吨皮棉含三丝范围在小于 0.10g 和大于 0.80g 不等。规定棉花加工企业在棉包刷唛时要刷上三丝含量代号。

四、棉纤维脱糖

棉花上附着的昆虫分泌物和有些纤维在成熟过程中没有完全转换成纤维素的营养物质,均以糖分的形式存在,形成含糖棉。带有黏性的含糖棉,在纺纱过程中,易产生绕胶辊、绕罗拉等现象,严重影响纺纱生产的正常进行,因此,必须在纺纱前将其糖分除去。对含糖棉的测定方法见表 2 - 1。

表 2 - 1　含糖棉的测定方法

测定方法	不含糖棉	少含糖棉	多含糖棉
721 分光光度计(%)	<0.3	0.3~0.7	>0.7
柠檬酸钠比色法(级)	1~2	3~4	>4

生产实践证明,含糖量在 0.3% 以下时,纺纱生产正常进行。目前常用的含糖棉预处理方法有如下几种。

1. 喷水给湿法　利用给湿将原棉中的糖分水解,给湿堆放时间为在室温(20~25℃)、原棉含水量10%左右的条件下放置24h。该法最为简便,适合含糖低、含水少的原棉。

2. 汽蒸法　采用烘房或蒸锅蒸棉,利用高温蒸汽促使原棉中的糖分加速水解,有一定的去糖效果。缺点是占地多,能耗大,影响纤维强力,并易产生泛黄现象。

3. 水洗法　采用天然水源或人工水池漂洗原棉,去糖较彻底。缺点是费劳力、成本高、耗能源或污染环境,洗后纤维易扭结,结杂增加,色泽灰暗。

4. 酶化法　采用糖化酶加鲜酵母溶液的方法,促使原棉中的糖分分解,去糖效果较好。缺点是室温要求较高(30~40℃),堆放时间较长(3~4天),且需定期翻动,费工费时,并且原棉含水量需控制在10%左右。

5. 防黏助剂法　防黏助剂也称消糖剂、乳化剂、油剂等。作用机理是使纤维表面生成一层极薄的隔离膜,并以纤维为载体不断地在纺纱通道上形成薄薄的油膜,起到隔离、平滑、减少摩擦、改善可纺性能的作用,且对纤维内在品质不会造成损害。防黏助剂的用量视原棉含糖量的多少,一般为原棉量的0.5%~2%。使用时,对于低含糖棉,可将助剂喷于或刷于松解棉包表面,或分层喷洒;对于高含糖棉,可在原棉抓取开松过程中,同时喷入助剂。助剂处理后的原棉需放置24h后使用。

防黏助剂价格适中,使用方法简便,消除含糖棉黏性效果明显,已被普遍采用。

第二节　原料的选配与混和

一、常用纺纱原料的工艺性能

纺织纤维品种很多,性能各异,目前主要分天然纤维(植物纤维和动物纤维)和化学纤维(再生纤维和合成纤维)。表2－2列出了几种常用纤维的主要工艺性质。

表2－2　几种常用纺织纤维的主要工艺性质

纤维	长度（mm）	线密度（dtex）	断裂长度（km）	断裂伸长（%）	初始模量（N/tex）	定伸长（%）	回弹率（%）	密度（g/cm³）	公定回潮率（%）	相对湿度为65%时质量比电阻的对数（Ωg/cm²）
棉纤维	25~39	1.2~2	20~40	3~7	600~820	2	74	1.54	11.1	6.8
苎麻纤维	60~85	4.5~9.0	40~52	3~4	1760~2200	1	60	1.54~1.55	12.0	7.5
羊毛纤维	40~150	18~67μm	8.8~15.0	40~50	97~220	3	86~93	1.32	15.0(异质)16.0(同质)	8.4
黏胶纤维	任意	任意	22~27	16~22	260~620	3	55~80	1.50~1.52	13.0	7.0
维纶	任意	任意	40~57	16~26	220~620	3	70~85	1.20~1.30	5.0	—
涤纶	任意	任意	42~57	35~50	220~440	3	90~95	1.38	0.4	12
腈纶	任意	任意	25~40	25~50	220~550	3	90~95	1.14~1.17	2.0	12

续表

纤维	长度 （mm）	线密度 （dtex）	断裂 长度 （km）	断裂 伸长 （%）	初始 模量 （N/tex）	定伸长 （%）	回弹率 （%）	密度 （g/cm³）	公定 回潮率 （%）	相对湿度为 65%时质量 比电阻的对 数（Ωg/cm²）
锦纶	任意	任意	38~62	25~60	70~260	3	95~100	1.14	4.5	12
Tencel	短纤	1.1~ 2.4	—	16~18（湿） 14~16（干）	—	—	—	—	11.0	—
大豆 纤维	短纤	0.9~ 3.0	—	18~21	700~1300	—	—	1.29	8.6	—

二、原料选配的目的和原则

1. 原料选配的目的

（1）保持产品质量和生产的相对稳定。为了保持产品质量的稳定，先要使原料的综合性质稳定。若采用单一品种原料进行生产是难以达到的，则只有采用多种原料搭配使用，并使其综合性质保持恒定，才能较长时间保持混和原料稳定，从而保持产品质量和生产过程的相对稳定。

（2）合理使用原料，降低成本。成纱用途不同，对原料品质和特性方面的要求也不同；不同的纺纱工艺对原料性能的要求也不一样。因此，要合理使用原料，充分利用各成分的长处，弥补各成分的短处，达到互相取长补短，提高产品质量，满足用户的不同需求。同时，原料成本一般占纱线成本的70%左右，因此，在保证成纱质量的前提下，在混料中尽可能使用价格较低的原料，以尽量节约原料、降低成本。

2. 原料选配原则

（1）根据产品用途选配原料。纺织产品多样性及其对纱线的不同要求，使它们对原料有着不同的要求。因此，原料必须根据产品的最终用途进行选配。

纺纱厂纱线的种类很多。一般情况下，细特纱、精梳纱、单纱、高密织物用纱、针织用纱等对原料的质量要求较高；粗特纱、普梳纱、股线、印染坯布用纱、副牌纱等对原料的质量要求较低；特种用途的纱线应根据不同的用途以及产品所要求的特性选配原料。

（2）满足工艺要求、稳定生产。原料选配必须保证正常的生产。一般情况下，混料中各组分的长度、线密度、含杂等性能彼此差异不能过大，以免造成加工困难，影响产品质量和生产率。

三、原料选配方法

（一）棉纤维选配

纺织厂一般不用单一唛头的棉纤维原料纺纱，而是将几种相互搭配使用，这种方法即为配棉。传统配棉方法是分类排队法。分类就是根据原料的性质和各种纱线的不同要求，将适合生产某种产品或某一特数和用途纱线的原棉挑选出来划分为一类，类别一般为5~6类，太多易造成管理不便，太少则易造成原料性能波动大。排队就是将某种配棉类别中的原棉按地区、性能、长度、线密度和强力等指标相近的排成一队，以便接批使用。配棉时，要注意突出主体，即某一性能（如长度、细度等）要有主体成分（通常在 70% 左右）。例如，如果配棉中有 27mm 和 29mm 两种长度，则必须有一种长度作为主体部分。

表 2-3 给出了接批时原棉几个主要性质差异的控制范围。

表 2-3　原棉批内和接批时主要性质差异

控制内容	批内原棉性质差异	接批原棉性质差异
产地	相同或接近	
品级	1~2	1
长度(mm)	2~4	2
含杂(%)	1~2	≤1
线密度(tex)	3.33~2.00	6.66~20
强度(g/tex)	2~3	≤2
马克隆变异值(%)	≤8	
反射率变异值(%)	≤5	
黄度变异值(%)	≤8	

(二)化学纤维选配

选用各种化学纤维于混料中的目的，是为了充分发挥它们的优良特性，取长补短，满足产品的不同要求，增加花色品种，扩大原料来源并降低成本。化学纤维选配包括品种选择、混纺比例确定及化学短纤维长度、线密度等性质的选择。

1. 纤维品种的选择　化学纤维品种的选择对混纺产品起着决定性的作用，因此，应根据产品的不同用途、质量要求及化学纤维的加工性能选用不同的品种。如棉型针织内衣用纱要求柔软、条干均匀、吸湿性好，宜选用黏胶纤维或腈纶与棉纤维混纺；棉型外衣用料，要求坚牢耐磨、厚实挺括，多选用涤纶与棉纤维混纺。如果要提高毛纺纱性能和织物耐磨性能，可采用两种化学纤维和羊毛纤维混纺，以取长补短，降低成本。为改善麻织物的抗皱性和弹性，可采用涤纶与麻纤维混纺。

2. 混纺比例的确定

(1)根据产品用途和质量要求确定混纺比。确定混纺比要考虑多种因素，主要是产品用途和质量要求。如外衣用料要求挺括、耐磨、保形性好、免烫性好、抗起球性好；而内衣用料则要求吸湿性好、透气性好、柔软、光洁等。此外，还要考虑加工和染整等后加工条件及原料成本等。

涤纶与棉纤维混纺时，比例大多采用 65% 涤纶、35% 棉纤维，此时，其织物综合服用性能相对较好。

在黏胶纤维与其他纤维的混纺产品中，黏胶纤维的比例一般为 30% 左右，此时，毛黏混纺织物仍有毛型感；含黏胶纤维 70% 时，显现黏胶纤维产品的风格，抗皱性极差。涤纶中混用黏胶纤维，可改善织物的吸湿性和穿着舒适性，缓和织物熔孔性，减少起毛起球和静电现象。

腈纶和其他纤维混纺，可发挥腈纶蓬松轻柔、保暖和染色鲜艳的特性，混用比例一般为

30%～50%。随着混用比例的增加,织物耐磨性、褶皱恢复性都变差。

锦纶与其他纤维混纺时,虽然混用比例很小,也能显著提高织物的强力和耐磨性。

(2)根据化学纤维的强伸度确定混纺比。混纺纱的强力除取决于各成分纤维的强力外,还取决于各成分纤维断裂伸长率的差异。不同断裂伸长率的纤维相互混纺,在受外力拉伸时,组成混纺纱的各成分纤维同时产生伸长,但纤维内部所受到的应力不同,因而各成分纤维断裂的时刻不同,致使混纺纱的强力通常比各成分纯纺纱强力的加权平均值低很多。因此,混纺纱的强力与各成分间纤维强力的差异、断裂伸长率差异和混纺比三者有关。

从提高混纺纱强力的角度考虑,各混纺成分纤维的伸长率选择应越接近越好,以提高各纤维组分的断裂同时性,从而提高各组分的强力利用率。目前,多采用中强中伸或高强低伸涤纶与棉纤维混纺。若涤纶与毛纤维混纺,则应采用低强高伸型,使其伸长率与毛纤维接近。

3.纤维性质选配 化学短纤维的品种和混纺比例确定后,还不能完全决定产品的性能,因为混纺纤维的各种性质,如长度、线密度等指标的不同都会直接影响混纺纱产品的性能。

(1)化学短纤维长度的选择。化学短纤维的长度分棉型、中长型和毛型等不同规格。棉型化学纤维的长度为32mm、35mm、38mm和42mm等,接近棉纤维长度而略长,可以在棉型纺纱设备上加工;中长型化学纤维的长度为51mm、65mm和76mm等,通常在棉型中长设备或粗梳毛纺设备上加工;毛型化学纤维的长度为76mm、89mm、102mm和114mm等,一般在毛精纺设备上加工。

纤维长度还影响其在成纱截面中的分布。通常较长的纤维容易集中在纱线的芯部,所以选用长于天然纤维的化学纤维混纺,其成纱中天然纤维会大多处在外层,使成纱外观更接近天然纤维。

(2)化学短纤维线密度的选择。棉型化学纤维的线密度为$0.11～0.17$tex,略细于棉纤维;中长仿毛化学纤维的线密度为$0.22～0.33$tex;毛型化学纤维的线密度为$0.33～1.30$tex。中长型与毛型化学纤维均略细于与其混纺的毛纤维。纤维越细,同线密度纱的横截面内纤维根数越多,纤维强力利用率越高,成纱条干越均匀,但纤维过细容易产生结粒。细纤维强度高的,在织物表面容易形成小粒子(起球)。

一般认为,化学短纤维的线密度与长度之间符合如下关系式时,化学纤维的可纺性和成纱质量较好:

$$L = 230Tt \qquad (2-1)$$

式中:L——纤维长度,mm;

Tt——纤维线密度,tex。

四、原料混和方法与计算

(一)混和方法

1.混合的目的与要求 纺纱所用的原料是纤维集合体,纤维之间的长度、线密度、弹性、强力、色泽等都会有差异,为了使最终产品的各项性能均匀一致,必须要求所选配的原料能实现充分的混和。混和如果不均匀,则会直接影响成纱的线密度、强力、染色及其外观质量。因此,均匀混和是稳定成纱质量的重要条件。

均匀混和包括满足"含量正确"和"分布均匀"两种要求,即要使各种混和原料在纱线任意截面上的含量与设计的比例相一致,而且所有混和原料在纱线任意截面上的分布呈均匀状态。

均匀混合的前提是混合原料被科学地排包和细致地松解。排包应尽量减少排间纤维性能差异,表2-4给出了在抓包机上排布棉包时纤维主要性能控制值。

表2-4 排包时纤维主要性能控制值

参数	排间差异推荐值	影响
马克隆值	≤0.1	织物横档 精梳落棉 纱线中棉结 成纱截面中纤维根数
长度	≤0.5mm	牵伸参数 成纱强力及其变异
长度整齐度	≤1%	精梳落棉
黄度	≤0.2	织物横档 纱线染色差异

松解应实现单纤维状态。松解越好,纤维块越小,混和就越完善。在混和的初始阶段,原料混和是在大小不等的纤维块之间进行的,所以混和是不充分的。只有当纤维块被进一步松解,直至成单纤维状态时,才有条件在单纤维之间进行充分的混和。因此,在纤维块被松解成纤维束、纤维束又被松解成单纤维的过程中,原料的混和是逐渐完善的。

2.混和方法

(1)纤维包混和(又称"纤混")。在开清过程中,通过抓棉、多仓、混棉等设备将纤维包中的散纤维混和。

(2)纤维条混和(又称"条混")。纤维条混和是把两种或两种以上的混和成分分别制成一定线密度的条子,然后在并条机或针梳机上通过并合进行混和的一种方法。如涤纶与棉、毛、麻等纤维的混和,都可采用条子混和。

(二)混纺比计算

1.纤维包混和计算 混纺纱的混纺比是指纱中各纤维组分的干重百分比,但各组分的回潮率可能不等,所以生产中要根据干混比与回潮率计算出各组分在原料中的湿重百分比,以便生产时确定铺放到抓棉机的各种成分原料的重量。

当n种原料采用散纤维包混和时,混纺比计算公式是:

$$X_i = \frac{Y_i(1+m_i)}{\sum_{i=1}^{n} Y_i(1+m_i)} \tag{2-2}$$

式中:X_i,Y_i——第i种原料湿、干混纺比;

m_i——第i种原料的回潮率。

例1 纺涤/棉(65/35)纱,生产时的实际回潮率:涤为0.4%,棉为7%,求两种纤维的湿重混纺比。

解 已知 $Y_1 = 0.65$, $Y_2 = 0.35$, $m_1 = 0.004$, $m_2 = 0.07$

代入式(2-1)得涤纶的湿重比例为: $X_1 = 63.54\%$, 棉的湿重比例为: $X_2 = 1 - X_1 = 36.46\%$。

由例1可见,由于涤的回潮率小于棉的回潮率,因此,涤的湿重混纺比小于设计时的混纺比,而棉的湿重混纺比大于设计时的混纺比。生产时铺放到抓棉机的涤/棉比例应按生产时的湿重比确定各自的投放重量。

2.条子混合的计算 若采用A、B两种条子进行混合,其干重混纺比为:

$$\frac{y}{1-y} = \frac{n_1 \times g_1}{n_2 \times g_2} \tag{2-3}$$

式中: y, $1-y$——A、B两种条子的混纺比(干重比);

n_1, n_2——A、B两种条子的混合根数;

g_1, g_2——A、B两种混条的干重定量。

当 n 种原料采用条子混合时,混纺比计算公式是:

$$\frac{y_1}{n_1} : \frac{y_2}{n_2} : \cdots : = g_1 : g_2 : \cdots : g_n \tag{2-4}$$

式中: y_i——第 i 种原料干混纺比, $i = 1, 2, \cdots, n$;

n_i——第 i 种纤维条根数, $i = 1, 2, \cdots, n$;

g_i——第 i 种纤维喂入条子的干定量, $i = 1, 2, \cdots, n$。

根据实测的回潮率,可计算出各种条子的湿重定量,便于生产上掌握使用。

例2 纺涤/棉(65/35)纱,在并条机上进行条混,如果并条机采用6根并合,涤/棉条子的根数为4/2,即涤条4根,棉条2根,求两种纤维条的干重比。

解 已知 $y = 0.65$, $n_1 = 4$, $n_2 = 2$

代入式(2-3)得 $g_1 = 0.929 g_2$。

采用式(2-3)或式(2-4)时,一般可根据经验或要求,合理确定混合条子根数及条子干定量。

(三)混料指标计算

混料后的纤维长度、细度、回潮率等技术指标,可以用各组分纤维相应指标的重量百分率加权平均计算。如各组分混用重量比率(混纺比)为 $k_i (i = 1, \cdots, m)$, 各组分纤维某指标平均值为 x_i, 则混合原料的该指标平均值为 X, 可按式(2-5)计算:

$$X = \sum_{i=1}^{m} k_i x_i \tag{2-5}$$

如果第 i 成分某指标 x_i 的离散系数为 C_i, 则混料纤维该指标的离散系数 C 可按式(2-6)计算:

$$C^2 = \sum k_i \left[\left(C_i \frac{x_i}{X} \right)^2 + \left(\frac{x_i}{X} - 1 \right)^2 \right] \tag{2-6}$$

(四)配棉实例

表2-5是某厂J9.8tex和J14.8tex混配棉成分分类排队表。原料分为8队,表中列出了不同日期各队的干混纺比以及混纺比变动后纤维性能各项指标加权平均值。表2-6是JC60/

表 2 - 5　细特 J9.8tex×J14.8tex 混配棉成分分类排队表

批号	产地	等级	包重（kg）	实际回潮率（%）	杂质（%）	公制支数①（公支）	成熟度	主体长度（mm）	品质长度（mm）	短绒率（%）	手拣疵点（粒）	断裂强度（cN/tex）	干混纺比（%） 7月18日	7月22日	7月27日	7月31日	8月07日
64	河北	329	80	8.3	1.2	6523	1.49	29.2	32.1	13.7	1536	22.6	15.0	15.0	15.0	15.0	—
79	山东	230	84	9.1	1.5	6221	1.52	29.6	32.7	11.3	1570	20.4	10.0	10.0	—	—	—
85	河北	229	72	6.7	1.6	6107	1.56	29.3	32.4	12.7	3022	20.5	10.0	10.0	10.0	—	—
94	江苏	230	115	8.6	0.9	5647	1.60	29.8	32.8	10.9	1170	23.0	15.0	—	—	—	—
102	美棉	229	110	8.3	1.0	5309	1.62	29.3	32.1	10.9	1054	21.5	10.0	10.0	10.0	10.0	10.0
103	新疆	329	85	8.1	1.4	6264	1.50	29.2	32.2	11.9	3862	21.8	15.0	15.0	15.0	15.0	15.0
108	河北	229	72	6.2	1.4	6276	1.52	29.4	32.5	14.1	1726	21.9	15.0	15.0	15.0	15.0	15.0
114	新疆	329	230	6.0	1.1	6018	1.54	29.2	32.4	12.9	2690	20.8	10.0	10.0	10.0	10.0	10.0
99	澳棉	229	115	8.1	0.8	5818	1.58	29.6	32.7	11.5	1406	19.9	—	15.0	15.0	15.0	15.0
96	江苏	230	120	8.2	0.8	6037	1.56	29.8	33.1	10.7	1650	21.1	—	—	—	10.0	10.0
107	河北	329	75	6.4	2.0	6449	1.48	29.3	32.2	11.7	1500	20.8	—	—	—	—	15.0
116	新疆	229	90	8.2	1.4	5989	1.53	29.0	32.0	10.5	2070	22.1	—	10.0	10.0	10.0	10.0

成分变动后各项指标加权平均值

批号	产地	等级	包重（kg）	实际回潮率（%）	杂质（%）	公制支数①（公支）	成熟度	主体长度（mm）	品质长度（mm）	短绒率（%）	手拣疵点（粒）	断裂强度（cN/tex）
7月18日		2.40	—	7.7	1.3	6072	1.54	29.4	32.4	12.4	2078	21.7
7月22日		2.40	—	7.6	1.2	6098	1.54	29.4	32.9	12.5	2113	21.3
7月27日		2.40	—	7.5	1.2	6074	1.54	29.3	32.3	12.4	2163	21.4
7月31日		2.40	—	7.7	1.2	6067	1.54	29.3	32.4	12.2	2026	21.5
8月07日		2.40	—	7.4	1.3	6056	1.54	29.4	32.4	11.9	2020	21.2

①Tt（tex）＝$\dfrac{1000}{公支}$。

表 2-6 JC60/R40(C)棉纤维成分表

棉纤维主要物理指标

规格	产地	干混比(%)	马克隆	公制支数	成熟度	上半均长(mm)	整齐度	短绒率(%)	强度(g/tex)	伸长(%)	反射率	黄度	色级	杂质数	杂质面积	Amt(μm)	棉结	含杂率(%)
329	阿克苏	3.70	5.04	5169	0.88	27.43	83.1	13.7	28.2	6.7	83.4	8.1	11	0	0.03	514	171	1.01
329	枝江	11.11	4.70	5381	0.87	28.48	83.8	11.6	30.1	5.8	80.7	9	11	0	0.03	536	210	0.63
329	常鸿	11.11	4.47	5541	0.86	27.94	83.3	12.1	30.1	6.6	82.5	7.8	21	0	0.03	614	175	1.37
329	常捷	7.41	4.51	5512	0.87	28.01	82.9	12.5	29.5	6.4	82.9	7.9	11	0	0.03	579	169	1.49
329	沙湾	11.11	4.72	5368	0.88	29.43	83.7	10.4	30.2	5.6	82.4	7.9	21	0	0.03	55	157	1.24
329	阿克苏	7.41	4.06	5871	0.85	29.02	83.8	11.9	28.6	6.9	81.9	10.2	11	0	0.03	570	188	0.81
329	奎屯	7.41	5.00	5193	0.88	27.88	82.6	14.3	27.2	5.9	81.4	8.4	21	0	0.05	522	209	1.71
329	阿克苏	11.11	4.78	5328	0.86	28.15	83.9	11.5	28.5	7.7	84.0	7.9	11	0	0.03	544	166	1.2
329	乌苏	11.11	4.67	5401	0.87	28.75	83.0	13.1	29.1	6.1	80.5	8.5	21	0	0.03	573	203	1.77
329	常捷	11.11	4.46	5548	0.87	27.77	82.8	13.2	28.7	6.2	82.3	7.7	21	0	0.03	592	167	1.43
329	阿克苏	7.41	4.83	5297	0.87	28.23	83.4	11.9	28.9	7.4	83.4	7.8	21	0	0.03	571	128	1.06

注 Amt 为 AFIS 等仪器测出纤维棉后的平均大小。

R40 混纺纱中的棉纤维成分表,该表中棉纤维性能是 USTER VHI 系统测试的结果。

第三节　计算机配料理论与技术简介

传统的人工分类排队配棉方法由配棉工程师针对某一纱线品种从数种原料中选择合适的原料并确定混纺比,这项工作面广、量大且依赖丰富的实践经验。而计算机配棉则是应用人工智能模拟配料全过程,通过对原料性能分析和成纱质量预测科学地选配原料。

计算机配棉一般包括三大功能,即原料库存管理、自动配料和成纱质量分析。其中,自动配料的理论与技术最为复杂。目前,随着纺纱原料和成纱品种的多样化,计算机配料系统不但适应本色纤维自动选配,而且可对有色纤维自动选配并模拟有色纤维选配后的色纱效果;随着信息技术的快速发展,自动配料已从单目标优化选配发展到多目标优化选配。

目前,本色纤维计算机配棉系统的理论及方法主要有线性规划法、神经网络法和遗传算法。

一、线性规划法

线性规划法的基本理论为模糊判别加线性规划,其基本步骤如下。

(1)应用模糊数学综合评判技术,选择原料品种,即通过模糊计算确定配棉唛头。

(2)通过线性回归分析,动态建立原料性能与成纱质量关系的线性模型。

(3)采用优化算法,优化被选唛头混纺比。

该方法理论严密,配棉方案能够得到优化,但这种方法的实施前提是必须获得单唛性能指标与成纱质量的具体数据(常通过试纺得到),所以该方法对试验数据的依赖性非常大,同时,模糊判别对专家的依赖性非常大,而且优化的配比通常不符合整包配料要求。

二、神经网络技术

神经网络包含许多节点,每个节点都是一个函数,这个函数使用输入该节点的相邻节点值的加权总和来做运算。对于纺纱配料,由于可选原料品种多,因此,可设计一个神经网络系统(图 2 – 1)。最初使用时,将该神经网络系统输出的方案与纺织专家设计的配料方案对比,对该神经网络系统进行训练,最终实现纺纱配料智能优化设计。值得注意的是神经网络系统的学习训练可能需要较长的时间,所得结果一般为局部最佳值。

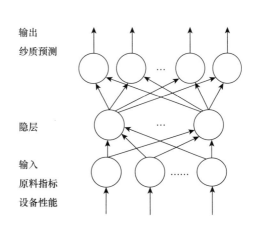

图 2 – 1　纺纱配料的神经网络

三、遗传算法

遗传算法是一种全新的最佳空间搜索法,与神经网络不同,它在产生初始种群的基础上,通过初始种群之间的交配,不断产生新的后代,再通过优胜劣汰从新产生的后代中产生新种群。如此周而复始,不断进化新种群,直至达到预期的进化目标。因此,采用基因算法寻优的结果一般为全局最优或较优,形成的配料全局最优(较优)的方案一般不是唯一的,给决策者更大的自由度。

☞ 思考题

1. 轧棉方法分类及特点是什么?

2. 简述唛头标志的含义和棉花品级标准。

3. 目前常用的含糖棉预处理方法有哪几种? 各有什么特点?

4. 何为配棉? 其目的要求是什么? 选配原棉时一般注意哪些原则?

5. 配棉中的分类排队是什么? 其目的是什么?

6. 原料混合(选配)的目的是什么? 主要应考虑哪些因素? 其综合性能是如何表示的?

7. 化学纤维选配目的是什么? 简述化学纤维选配工作要点。

8. 现将 $0.17\text{tex}(1.5\ \text{旦}) \times 38\text{mm}$ 的涤纶(公定回潮率为 0.4%)与 $0.17\text{tex}(6000\ \text{公支}) \times 31\text{mm}$ 的棉(公定回潮率为 8.5%)混纺(混纺比 T60/C40),问混合原料的平均细度、长度和公定回潮率各为多少? 如棉的实际回潮率为 12%,则湿重混纺比应为多少?

9. 涤、棉混纺时的设计干重混纺比为 65/35,现采用 6 根条子并合,若涤纶和棉纤维的实际回潮率分别为 0.4% 和 8.5%,条子湿重分别为 $26.02\text{g}/5\text{m}$ 和 $30.262\text{g}/5\text{m}$,求混纺时涤、棉各用几根条子并合?

第三章　梳理前准备

本章知识点

1. 开松与除杂的目的。
2. 自由开松、握持开松原理，影响开松作用的因素。
3. 机械除杂、气流除杂的原理和除杂效果的评定。
4. 开清棉主要机械的机构与作用原理。

纺纱用的各种纤维原料，如原棉、化学短纤维等，为便于储存与运输，经必要的初加工后，多制成紧压包装，其中，纤维呈大块、大束状，且相互纠缠、排列紊乱，并含有各种杂质和疵点（化学纤维原料中只含有少量硬丝、并丝、超长纤维、倍长纤维等疵点，一般不含杂质）。因此，为了顺利地纺纱，并获得优质纱线，首先需要松解紧压状态的原料，同时去除各种杂质和疵点。

梳理前准备的主要作用是借助加工设备对纤维原料进行开松和除杂，并实现纤维原料的初步混和（以纤维块的状态），即在对纤维原料进行充分开松和除杂的同时，将不同性状（纯纺）、种类（混纺）甚至颜色（色纺）的纤维进行充分的混和。

开松的目的是将大的纤维块松解成小纤维块或纤维束，降低纤维原料单位体积的重量，为梳理工序进一步将纤维原料松解成单纤维状态创造条件。

除杂的目的是清除原料中的杂质、疵点及部分短绒，使原料变得较洁净，提高可纺性和产品质量。

第一节　开松与除杂的原理

一、开松作用的原理

开松作用就是利用表面带有角钉、锯齿、梳针或刀片的运动机件对纤维块进行撕扯、打击、分割，将大的纤维块分解成小的纤维块、纤维束的作用。

开松是纺纱加工的基本作用之一，良好的开松效果，是在梳理前准备工序实现除杂、混和、均匀等辅助作用的前提。

开松过程中要注意可纺纤维的损伤问题，因为开松过程中开松机件对纤维的机械作用不可避免地会造成纤维的断裂，需要在开松过程中合理配置工艺，从柔和到剧烈循序渐进，在实现原料充分开松的基础上，尽可能减少纤维损伤。

根据纤维原料喂给开松机件方式的不同,开松可分为自由开松和握持开松两种形式;按机械作用方式的不同可分为撕扯、打击和分割开松三种形式。

(一)自由开松

原料在没有被握持状态下受到开松机件的作用称自由开松,按开松机件对纤维原料的作用方式可分为自由撕扯和自由打击。

1. 自由撕扯　　自由撕扯包括由一个运动着的表面植有角钉的机件(角钉帘子或角钉打手,图3－1(a)所示为植有角钉的木条及由其连缀而成的帘子。)或两个相对运动着的表面植有角钉机件对处于自由状态下的纤维块或纤维层进行撕扯作用。撕扯的先决条件是角钉面具有抓取纤维的能力。

(1)一个角钉机件对纤维块的撕扯作用。快速运动的角钉以一定角度抓取慢速运动的纤维层,对纤维块形成撕扯、开松作用。如图3－1(b)所示为自动混棉机(一种棉纺开松机械)的角钉帘在垂直抓取和撕扯水平运动的棉块时的受力情况,图3－1(b)中 P 为水平帘输送过来的棉堆压向角钉面的垂直压力,与植钉平面平行;A 为角钉帘向上运动时周围棉块的阻力,也与植钉平面平行;T 为水平帘输送的原料对角钉帘的水平推力,与植钉平面垂直。设三力的合力为 W,它可分解为沿着角钉工作面方向的分力 S 和垂直角钉工作面的分力 N,分力 S 指向钉内,称为抓取力,分力 N 与角钉及棉块的摩擦作用形成抓取阻力。若角钉工作面与植钉面间的夹角为角钉工作角 α,则有:

$$S = P\cos\alpha + A\cos\alpha + T\sin\alpha$$

$$N = P\sin\alpha + A\sin\alpha - T\cos\alpha$$

由以上两式知:α 减小,则抓取力 S 增加,N 减小,有利于角钉刺入棉堆抓取纤维块。

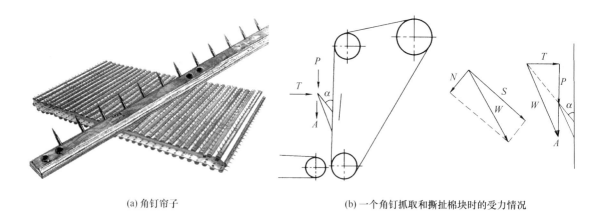

(a)角钉帘子　　　　　　　　　(b)一个角钉抓取和撕扯棉块时的受力情况

图3－1　角钉帘的结构及一个角钉抓取和撕扯棉块时的受力情况

(2)两个角钉机件对原料产生的撕扯作用(见动画视频3－1)。如图3－2所示为自动混棉机的角钉帘和均棉罗拉两个存在相对运动的角钉机件之间的作用情况。由于两个机件间隔距较小,所以它们之间能形成对棉块的撕扯作用。图3－2中 a、b 两点分别代表角钉帘与均棉罗拉上角钉对棉块的作用点。将角钉对棉块的撕扯力 F 大于棉块两作用点间的联系力时,棉块被分解成两个小棉块。将撕扯力 F 分解,则可得沿角钉方向的分力 S(抓取力)与垂直角钉方向

的分力 N（正压力），其大小为：

$$S = F\cos\alpha$$

$$N = F\sin\alpha$$

式中：α——角钉与帘子平面间夹角，即角钉的工作角。

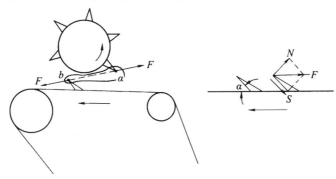

图 3-2　两个角钉的扯松作用

S 为使棉块沉入角钉根部的分力，N 为棉块压向角钉产生的正压力，P 是由 N 引起的摩擦阻力，阻止棉块向角钉根部移动，其值为：

$$P = \mu N = \mu F\sin\alpha$$

式中：μ——棉块与角钉间的摩擦系数。

要使角钉具有抓取能力，则必须使 $S > P$，即：

$$F\cos\alpha > \mu F\sin\alpha$$

或　　　　　　　　　　　　　　　　$\cot\alpha > \mu$　　　　　　　　　　　　　（3-1）

由式（3-1）可以看出，减小角钉工作角 α，可使角钉抓取棉块的作用增强，但 α 过小，棉块被抓入钉内过深，使纤维输出时难以脱离角钉帘。由于纤维长度和状态的差异，纤维被角钉抓取的难易程度不同，因此，不同纺纱系统中，角钉的 α 不同。如由于毛纤维长且卷曲多，容易被角钉抓取，而不容易脱离角钉，因此，毛纺系统的自动喂毛机中角钉的 α 较大，一般为 $45°\sim$ $60°$；棉纺中，因纤维短，不容易被角钉抓取，所以，α 应小些，一般采用 $30°\sim50°$。

2.自由打击　原料在不被握持状态下受到高速打击机件（一般为表面带有刀片、角钉等的回转机件，称为打手）的打击作用而实现纤维块松解的过程，称为自由打击。如轴流开棉机打手的作用及三锡林开毛机锡林之间的作用（见动画视频 3-2）。通常情况是纤维块在气流中运动，由于打击机件的运动速度远远大于纤维块的运动速度，因而产生自由打击（撞击）作用，引起振荡，使纤维块松解。

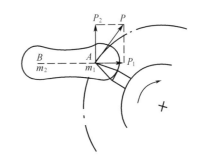

如图 3-3 所示为纤维块受到自由打击时的受力情况。设纤维块是由彼此相互联系着的两部分组成，质量中心分别在 A、B 处。P 为机件对纤维块的打击力，其方向沿着打击机件运

图 3-3　纤维块受自由打击时的受力情况

动轨迹的切线方向,可分解为 P_1 与 P_2,P_1 在 A 和 B 的连线上,对纤维块起到开松的作用。当 P_1 大于纤维块 A、B 间的联系力时,纤维块被分解成两部分;当 P_1 小于纤维块联系力时,纤维块沿打手速度方向运动或在 P_2 力作用下绕 B 点旋转,避开打手的作用,因而可减少纤维损伤。

自由开松的作用相对较缓和,纤维损伤少,杂质破碎也少,适用于开松的初始阶段。

(二)握持开松

原料在被喂给机件(多为一对喂给罗拉或一根喂给罗拉与喂给板的组合)握持状态下,受到开松机件的作用称握持开松。棉纺开棉机、清棉机的打手与给棉罗拉之间,毛纺开毛机的开毛锡林与喂毛罗拉之间等,均为握持状态下的开松作用。按对原料的作用方式,握持开松可分为握持打击和握持分割。

1. 握持打击 采用高速回转的刀片打手对握持状态下的原料进行打击,使原料获得冲量而被开松,称为握持打击(见动画视频 3 - 3)。

如图 3 - 4 所示为棉纺清棉成卷机上给棉罗拉与打手之间的开松状态。给棉罗拉慢速将棉层喂入机内,高速回转的打手(综合式打手见动画视频 3 - 4)打击给棉罗拉钳口外露的棉层,打击力 P 沿打手运动轨迹的切线方向。棉层受到打手的打击,使外露纤维须丛获得打击强度而被松解为较小的纤维束,一些杂质被分离出来。打击强度通常用打击次数来衡量。

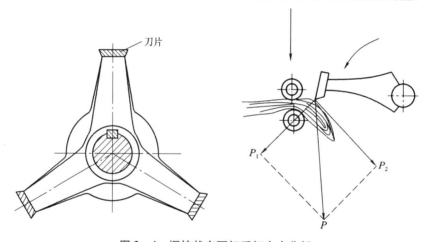

图 3 - 4 握持状态下打手打击力分析

打击次数是指单位重量的纤维上接受刀片的打击次数。打击次数多,则开松作用好。其计算式为:

$$S = \frac{K \times n}{v_n \times W}$$

式中:S——打击次数,次/g;

K——打手刀片数;

n——打手转速,r/min;

v_n——纤维层每分钟喂入长度,cm/min;

W——喂入纤维层每厘米重量,g/cm。

由上可以看出,打击次数与打手转速、刀片数成正比,与纤维层每分钟喂入长度成反比。每次喂入的定量轻、长度短,则扯下的纤维束小,也有利于开松,但产量会降低。

握持打击对原料作用剧烈,开松与除杂作用比自由开松强,但纤维损伤与杂质破碎比自由开松严重。握持打击时,刀片不能深入纤维层内部,打击后纤维块重量差异较大,故握持打击后还需进行细致的开松。

2. 握持分割 握持分割是靠锯齿或梳针刺入被握持的纤维层内,对纤维层进行分割,使纤维束获得较细致的开松。分割机件常采用表面包有金属针布或植有梳针的打手或滚筒。

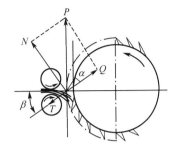

图3-5 锯齿刺入纤维层时的受力情况

(1)锯齿刺入纤维层的条件。锯齿能否顺利刺入纤维层,是决定开松效果的首要条件。如图3-5所示为锯齿刺入纤维层时受力情况,当锯齿刺入纤维层时,纤维层对锯齿有沿滚筒圆周切向的反作用力 P,可分解为垂直于锯齿工作面的分力 N 和平行于锯齿工作面的分力 Q。分力 Q 有使纤维沿锯齿工作面向针根运动的趋势,当纤维沿锯齿工作面运动时,分力 N 便会产生阻止纤维运动的摩擦阻力 T,方向与 Q 相反。若 $Q \geqslant T$ 时,纤维沿锯齿工作面向齿根运动,锯齿能刺入纤维层进行分割。锯齿刺入纤维层时的具体分析如下。

$$N = P\cos\beta$$
$$Q = P\sin\beta$$
$$T = \mu N$$

式中:β——锯齿工作角的余角,即锯齿工作面与锯齿顶点至锯齿滚筒轴心连线间夹角,$\alpha + \beta = 90°$;

μ——锯齿与纤维间的摩擦系数。

要使锯齿顺利刺入纤维层进行撕扯,必须满足 $Q \geqslant T$。即:

$$P\sin\beta \geqslant \mu P\cos\beta$$
$$\tan\beta \geqslant \mu$$
$$\tan\beta \geqslant \tan\varphi$$
$$\beta \geqslant \varphi$$

式中:φ——纤维与锯齿摩擦角。

可见,减小工作角 α(即增大 β),对锯齿刺入纤维层进行开松有利;但 α 过小,锯齿抓取,握持纤维能力强,但不易释放纤维,对排杂和纤维转移不利,易造成返花(即纤维随着打手的回转又回到喂入处,与喂入纤维层搓擦,形成棉结)。

(2)锯齿握持纤维的条件。锯齿不仅对纤维层进行分割,而且还要求锯齿能携带纤维向前输送,避免纤维束脱离锯齿而成为落纤。要实现锯齿携带纤维前进,锯齿必须满足握持纤维的条件。

锯齿握持的纤维束所受的力有沿锯齿滚筒半径方向的离心力 F、垂直于锯齿滚筒半径方向的空气阻力 R、锯齿对纤维的作用力 N(方向与锯齿工作面垂直)和阻止纤维被抛出的摩擦力 T(图3-6)。

由力的平衡可知：

$$F\sin\beta + R\cos\beta = N$$

$$R\sin\beta + T = F\cos\beta$$

$$且\ T = \mu N$$

故锯齿能握持住纤维束的条件为：

$$R\sin\beta + T \geqslant F\cos\beta$$

$$R\sin\beta + \mu F\sin\beta + \mu R\cos\beta \geqslant F\cos\beta$$

又由于

$$\mu = \tan\varphi$$

则

$$\tan(\beta + \varphi) \geqslant \frac{F}{R}$$

$$\beta \geqslant \arctan\frac{F}{R} - \varphi$$

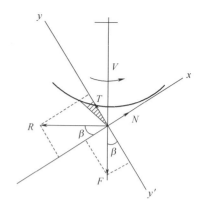

图3-6　锯齿握持纤维的受力情况

因此，当锯齿工作角 $\alpha \leqslant 90° - \arctan\dfrac{F}{R} + \varphi$ 时，有利于针齿握持住纤维束。

(三)影响开松作用的因素

影响开松作用的主要因素有开松机件的形式,开松机件的速度,工作机件之间的隔距,开松机件的角钉、刀片、梳针、锯齿等的配置。

1. 开松机件的形式　开松机件的形式有角钉滚筒式、刀片式、三翼梳针式、综合式(见动画视频3-4)、梳针滚筒式和锯齿滚筒式等,部分打击机件的作用面形态如图3-7所示。

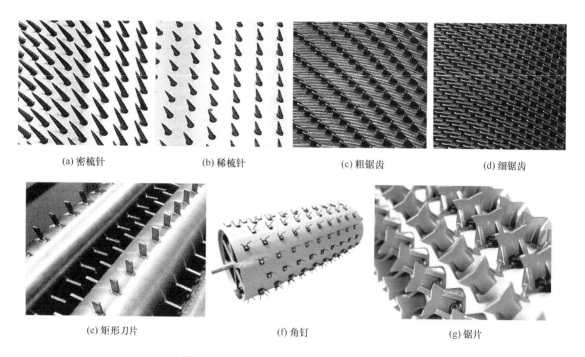

(a)密梳针　　　(b)稀梳针　　　(c)粗锯齿　　　(d)细锯齿

(e)矩形刀片　　　(f)角钉　　　(g)锯片

图3-7　不同形式打击机件的作用面形态

不同形式的打击机件,对纤维块(层)的作用类型和效果不同。梳针、锯齿可以刺入纤维层内部,通过分割、梳理实现开松,松解作用细致、柔和,但打击作用力不足;角钉、刀片能对纤维块

(层)施加较大的冲击与分割,作用较剧烈。

开松机件形式一般根据所加工原料的性质、紧密程度、含杂情况以及开松流程中开松机所处的位置等而定。

2. 开松机件的速度 开松机件的速度增加,喂入原料单位长度上受到开松作用(撕扯、打击等)的次数增加,开松作用力也相应增大,因而开松作用增强,同时除杂作用也加强,但纤维易受到损伤,杂质也可能被打碎。因此,纤维块较大,开松阻力较大时,开松机件速度不宜过高。

3. 工作机件之间的隔距 喂给罗拉与开松机件之间隔距越小,角钉、锯齿、刀片等深入纤维层的作用越强烈,因而开松作用越强烈,但这样易损伤纤维。因此,当纤维层较厚、纤维间紧密和纤维较长时,喂给机件与开松机件间隔距不宜过小。且随纤维块逐渐松解和蓬松,开松机件与尘棒之间的隔距由入口到出口应逐渐加大。

4. 开松机件的角钉、梳针、刀片、锯齿等的配置 角钉、梳针、刀片、锯齿等的植列方式对开松也有影响,合理的植列方式应能保证喂入纤维层在宽度方向上各处均匀地得到开松作用,并且角钉、梳针、刀片、锯齿等在滚筒表面应均匀分布。植列密度加大,开松作用加强。植列密度应根据逐步开松的原则来选择,纤维块大时植列密度小,且随着开松的进行,密度逐渐加大,但密度过大,易于损伤纤维。

(四)开松效果的评定

目前对原料的开松程度还没有较理想的统一评定方法,一般可采用下列方法。

1. 重量法 从开松原料中拣出纤维块进行称重,并求出纤维块的平均重量,再计算最大和最小纤维块所占重量的比例,最后进行比较分析。

2. 比体积法 在一定容积的容器内放入一定高度的开松原料,加上一定重量的压板,经一定时间压缩后测定其压缩高度,并测量试样重量,计算单位重量的体积(cm^3/g),即比容。开松度定义为比容乘以试样纤维的相对密度。开松度越大,纤维开松越好。

3. 速度法 测定纤维块在静止空气中自由下降的终末速度。纤维块在静止空气中初速为零,然后垂直下落,纤维块逐渐加速,经过一段时间或一定距离后速度不再增加,以等速下降,此速度称为终末速度。终末速度决定于纤维块的重量和形状、开松程度等因素。

4. 气流法 将一定重量的开松原料放在气流仪内,在同样气流量下观察其压力,压力值高,开松度好;或在同样气压下观察透气量,透气量小,开松度好,这是由于开松好的原料对气流阻力大的原因。

二、除杂原理与方法

原料内的杂质和疵点因纤维的种类而异,经过初加工后的纤维内仍然含有不适宜纺纱加工和影响纱线质量的杂质及疵点,需要在纺纱加工过程中尽可能去除。在开松过程中,原料除杂方法主要为物理法,即依靠机械部件、气流的作用,或者两者相结合的作用除去原料中的杂质。

除杂作用是利用纤维与杂质的性质差异(体积密度、质量、光学性质、电学性质等),且是在开松作用的基础上进行的。随着原料的不断松解,原来包裹在纤维块、束中的杂质逐渐暴露出来,并且随着松解作用的持续,纤维与杂质之间的联系力也不断减小,为杂质的去除提供了必要条件。因此,除杂作用是伴随着松解作用的实现而实现的,即松解作用是除杂作用的基础。

除杂过程中不可避免地会有纤维随杂质一起排除,因此,除杂过程中还要注意可纺纤维的损失问题,即在排除杂质时,尽可能减少可纺纤维的损失。这需要通过合理配置各机台的除杂工艺来实现。

（一）机械除杂

1. 打手机械除杂　　机械除杂是伴随着打手机械的开松作用同时进行的。杂质一般是黏附在纤维之上或包裹于纤维之中,纤维块的开松使纤维与杂质之间的结合力减弱。在打手打击力的作用下,如果杂质获得的冲量比纤维大,即可使杂质脱离纤维而逐渐分离出来,并通过打手周围的排杂通道(如尘棒间隙或漏底的网眼等)落下,如图3-8(a)所示。打手的周围配置有尘棒间隔排列组成的尘格,其主要作用有三个:一是托持纤维,使之随打手回转及前方机台气流的吸引向前运动;二是尘棒间形成排杂通道,排除外形尺寸小于尘棒间隙的杂质及部分短纤维;三是对纤维向前运动形成一定阻力,辅助打手对纤维进行开松。被松解的纤维块在打手携带过程中受离心惯性力的作用而被抛向尘棒受到撞击,从而得到进一步的松解与除杂,因此,打手和尘棒是打手机械开松除杂的主要机件。其影响因素主要如下。

(1)尘棒的形状和配置对除杂的影响。尘棒的形状和配置对除杂效果有着显著的影响。尘棒截面形状有三角形和圆形两种,前者大多用于棉纺,后者大多用于毛纺。三角形尘棒如图3-8(b)所示,图中平面 abef 为尘棒顶面,起托持棉块的作用;平面 acdf 为工作面,杂质撞击其上,因反射作用而被排出;平面 bcde 为底面,与相邻尘棒工作面构成排除尘杂的通道,α 角为尘棒清除角,一般为40°~50°,其大小与开松除杂作用有关,即当 α 角较小时,尘棒对棉块运动的阻滞作用强,棉块在打手室停留时间增加,同时尘棒间距相对增大,开松除杂作用好,但尘棒的顶面托持作用较差。尘棒顶面与底面的交线 be 至相邻尘棒工作面间的垂直距离称为尘棒间的隔距。尘棒工作面与打手径向的夹角 θ 称为尘棒的安装角,如图3-8(c)所示,调节 θ 则尘棒间的隔距改变,安装角 θ 的变化对落棉、除杂和开松作用都有影响,即在一定范围内,θ 增大,尘棒间隔距减小,顶面对棉块的托持作用好,尘棒对棉块的阻力小,则开松作用较差且落杂减少;反之,θ 减小,尘棒间隔距增大,顶面托持作用削弱,易落杂和落棉,但尘棒对棉块的阻力增大,开松作用加强。为了兼顾这两方面的作用,一般尘棒的安装要使尘棒顶面与打手对棉块的打击投射线接近重合,如图3-8(c)所示的 DE 线为打手打击的投射线,β 为投射线与打手中心和尘棒顶点连线的夹角,即要求 θ = β - α。

图3-8(c)中 R 为打手半径,r 为打手与尘棒间的平均隔距,则:

$$\beta = \sin^{-1} \frac{R}{R + r}$$

一般尘棒间隔距由原料入口到出口是由大到小,这是因为原料入口处棉块较大,当打手对原料开始打击时,原料向尘棒的冲击速度大,开松效果明显,排出的杂质较多且较大。随着原料的逐步开松,大棉块逐步松解成小棉块(束),落杂量也逐步减少且杂质逐步减小,尘棒间的隔距应逐渐减小,以防止好纤维落出。

(2)除杂作用分析。杂质在尘棒间排除,有三种不同的情况。

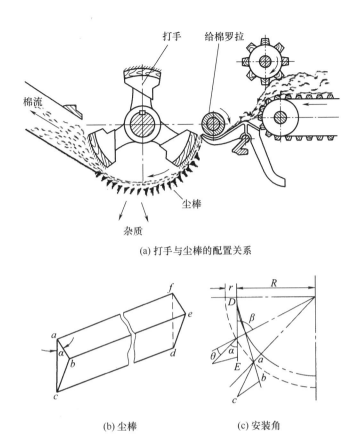

(a) 打手与尘棒的配置关系

(b) 尘棒　　　　　(c) 安装角

图 3-8　三角形尘棒及其配置

①打击排杂：如图 3-9 所示为打击排除杂质的情况（见动画视频 3-5）。当原料受到打手的打击开松而使杂质与纤维块分离，则杂质由于体积小、重量大，在打击力的作用下被抛向尘棒工作面，在其反射作用下被排除。

②冲击排杂：如图 3-10 所示为冲击排杂情况（见动画视频 3-6）。若原料经打手打击开松后，杂质与纤维未被分离，则共同以速度 v 沿打手切向被抛向尘棒。当纤维块撞击到尘棒上时，杂质因较大冲击力的作用而冲破松散的纤维块，从尘棒间排出。有些尘棒在棉块撞击时还会产生振动，如弹性扁钢尘棒，有利于杂质与棉块的分离而抖落。

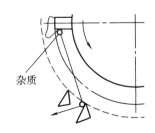

图 3-9　打击排除杂质

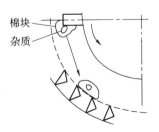

图 3-10　冲击排杂

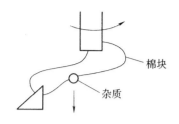

图 3 - 11　撕扯分离排杂

③撕扯分离排杂:当纤维块一端受到打手刀片打击,另一端接触尘棒而受到阻力时,受到两者的撕扯而被开松,使杂质与纤维分离,分离后的杂质靠本身重力由尘棒间落下,如图 3 - 11所示(见动画视频 3 - 7)。

2. 开松除杂机械的气流对除杂和落纤的影响　在开松除杂机械上,开松除杂作用除了取决于打手和尘棒的结构及工艺配置外,还在很大程度上受到打手室内气流的影响。开松机械纤维的输送,大多靠风扇产生的气流吸引或吹送,同时打手的高速回转也产生气流,空气的流动状态和气流的速度直接影响纤维块在打手室内和管道内的运动情况。由于气流对纤维块和杂质的阻力不同,则促使纤维块和杂质分离。杂质的相对密度大而体积小,受气流阻力小,容易从尘棒间落出,而纤维块体积大且密度小,易受尘棒阻滞和气流的托持作用而不易落出,即使落出,也还有可能随流回打手室的气流再返回打手室,这种现象称为回收。通常希望形成这样一种理想的气流状态,即能使杂质充分下落,而可纺纤维不会落出。因此,必须了解气流的基本规律,并对其加以控制,以便发挥机械的效能,从而进一步提高开松除杂作用,减少可纺纤维的损失,达到节约原料、降低成本的目的。

(1)打手室的气流和规律。以豪猪式开棉机为例,根据试验得出,其打手室全部尘棒区纵向气流压力分布规律如图 3 - 12 所示。在给棉罗拉附近的 2 ~ 3 根尘棒处,由于打手回转带动气流流动,但因有喂入棉层,形成封闭状态,因此该处是负压区,在此处开设后进风补风口,气流由外向打手室补入。在死箱(呈封闭状态,与外界没有气流交换,即没有气流流入或流出)处,由于打手的高速回转带动气流流动,气压逐渐增加,并达到最大值,使得该区气压为正值,气流主要是沿尘棒工作面向外流动,也有少量气流沿尘棒底面补入。在靠近活箱处,因为前方凝棉器吸风的影响,压力逐渐降低,有些地方会出现负压,特别在死活箱交界处,气流压力非常不稳定。在活箱区,由于凝棉器吸风的作用,越靠近出口处,负压越大,在

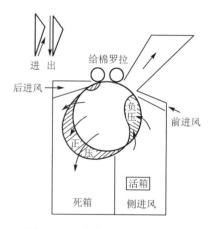

图 3 - 12　豪猪式开棉机打手室
纵向气流压力分布

该区开设补风口,气流将不断补入。根据流体力学定律,气体在管道内流动时,各截面的流量应相等,因此,对打手机械而言,风扇的吸风量应和打手室的排风量相等。设打手回转后形成打手风量为 Q'_1,尘棒间有一部分气流流出,流出量为 Q''_1,则打手的剩余风量 Q_1 可由下式计算得到:

$$Q_1 = Q'_1 - Q''_1 \tag{3-2}$$

通常为使原料在打手室出口处均匀地向前输送,要求风扇的吸风量 Q_2 略大于打手的剩余风量 Q_1,此时应在打手室尘棒间进行补风,设补风量为 Q_3,则可得到下列平衡式:

$$Q_2 = Q_1 + Q_3 \tag{3-3}$$

式(3-3)中补风量 Q_3 一般由三部分构成,一部分自尘棒的间隙补入,一部分自打手轴的两

侧轴向补入,一部分由不同位置的补风门补入,这些都可以调节和控制。

式(3-2)结合打手室气流分布规律可以看出,增加 Q_1',会使打手室入口附近负压值增加,导致死箱部分正压值增加并向前扩展,从而引起其他气流量的变化,其中,Q_1'' 将显著增加;增加 Q_2 会使打手室出口附近负压值增加并向后扩展,也会引起其他气流量的变化,其中 Q_3 将显著增加。

(2)落物控制。在打手机械对原料的开松过程中,尘棒间既有气流流出又有气流流入,但在不同部位的流出量和流入量可以进行调节,流出气流有助于除杂,而流入气流对纤维有托持、回收作用。运用气流对落物控制,应该从以下三方面考虑。

①合理配置打手和前方机台凝棉器(或风机)风扇速度:这两个机件的转速直接影响打手室的纵向气流分布。通常凝棉器风扇的吸风量应大于打手的剩余风量。风扇转速增大,吸风量大,使打手室回收区加长,尘棒间补风量增加,回收作用加强,落物减少,除杂作用减弱,特别是减弱了对细小杂疵的排除。打手转速增加,打手产生的气流量以及尘棒间流出的气流量都增加,落物增加。在棉块密度大、含杂多时,可适当提高打手转速。若打手转速不变,在原料正常输送的情况下,适当降低风扇转速,则落杂区加长,纤维在打手室内停留的时间延长,开松和除杂作用也会加强。

②合理调整尘棒间隔距:尘棒间隔距的大小,不但影响对原料的托持作用和落物的排除,而且会使气流在尘棒间的流动阻力改变。根据除杂原则,尘棒间隔距从入口到出口应该是由大变小。在入口处,因气流补入作用强及迅速排杂的需要,可以按杂质的大小来调节隔距。因在此处的纤维块较大且有气流补入,故隔距放大有利于大杂质的排除,而且气流易于补入,使以后尘棒间气流补入量减少而增加落杂。在进口补入区之下是主要落杂区,在此区尘棒间排出的气流较急,所以一些能落出的杂质多数由此区落出,而以后落下的杂质较少、较小,纤维块在此区已逐渐开松变小,因此尘棒间隔距应收小,以减少纤维的损失。在出口回收区,纤维块更小,落下的杂质也更小,故此处尘棒间隔距可更小些。但也可以采用适当加大此处隔距的方法,使补入气流增多,以减弱主落杂区的气流补入,充分发挥主除杂区的除杂作用。如果将出口处尘棒反装,会使尘棒对纤维的托持作用加强,补入气流增加,纤维回收作用也增强。

③合理控制各处进风方式和路线:根据流体的连续性原理,在保持流量不变的情况下,改变上、下进风量的比例或补风口位置,就会改变纵向气流分布,从而影响落棉。控制尘棒各区补风量,可影响落棉,原则上应是落杂区少补,回收区多补。为此生产中通常将车肚用隔板分隔成两部分,在主要落杂区,其周围密封,很少有外界气流进入,做成"死箱",其中大多数尘棒间气流都由打手室流出,因而排出较多的杂质;靠近出棉部分,进风门开启,做成"活箱",其中有较强气流从尘棒间流入,能使落出的部分纤维和细小杂质又回入打手室,成为主要收回区,但仍有少量较大杂质落出。为了更好地排杂,可以再在箱内加装挡板、气流导板、开后进风门或前进风门加以调节。

需要说明的是,不同类型的开松机械,其打手周边的附件配置有多种型式,除了尘棒组成的尘格外,还有除尘刀(一组或多组)、分梳板(一块或多块)、网眼板(漏底)等组合型式,类型不同,作用特点有所不同,但均可实现在托持纤维的基础上排除一定规格的杂质和短绒,有的兼有辅助开松的作用,除杂原理和影响因素可结合具体机型的打手及其附件配置自行分析。落杂通道的落杂既可以是在气流辅助作用下的自由落杂,也可以通过吸风罩的主动吸取排杂。

（二）气流除杂

1. 尘笼的除杂作用 在棉纺开清棉机的凝棉器、清棉机和毛纺开毛机上利用尘笼来清除部分沙土和细小杂质,其除杂方式是利用了过滤原理。以清棉机为例,集棉尘笼是由冲孔的钢板或钢丝编结成网眼板卷成圆筒,圆筒两端开口并且与机架墙板相通,两侧机架墙板构成气流通道,与下风扇相连接,如图 3-13(a) 所示。风扇回转时,向尘室排风,在尘笼表面形成一定的负压,吸引打手室中的气流向尘笼流动。纤维被吸附在尘笼表面形成纤维层,而沙土、细小杂质和短绒等则随气流通过小孔或网眼进入尘笼,经风扇排入尘道。当滤网上凝聚纤维时,这些纤维层本身就是孔隙更小的过滤器,只有直径或尺寸比纤维层的孔隙小的尘杂和短绒,才可能透过孔隙而与可纺纤维分离。

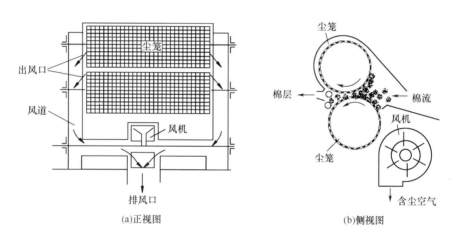

图 3-13 尘笼与风道的结构

2. 气流喷口的除杂作用 气流除杂机目前主要应用于棉纺,其作用原理如图 3-14 所示,棉块经过一定形式打手的开松除杂后,在其向外输送的输棉管道中,设置一段气流喷嘴管道 2,其截面逐渐减小,使棉流逐渐加速,为增大棉流速度,可采用增压风机 1 进行补风。当流速加大到一定数值后,管道突然折转 120°,使气流发生急转弯,管道在转弯处开有喷口,如图 3-14 所示。由于杂质密度大、惯性大,在高速气流中不易改变方向而从喷口中喷出,棉纤维因密度小、惯性小,而随高速气流继续向前输送,这样就完成了除杂作用。气流除杂机的加工特点是纤维散失较少,能除去较大杂质,如棉籽、籽棉、不孕籽等。气流除杂必须在棉块具有一定开松度的基础上才能较好地发挥作用,为减少杂质的破碎,多使用自由打击的打手处理。气流除杂机的落棉率一般为 0.2%~0.4%,落棉含杂率为 70%~80%。

3. 除微尘机除尘杂 除微尘机(强力除尘机)工作原理与尘笼的除杂原理类似。如图 3-15 所示,纤维与气流在机内的运动路线如箭头所示。在风机 1 将后方机台输出的纤维吸入本机并沿管道向上输送,在两片摆动门 2 的摆动作用下,均匀地分散到网眼板 3 的整个宽度上,部分含尘空气透过网眼板的孔眼排出(通过管道输送到滤尘机组处理),部分尘杂和短绒得以排除。被阻隔在网眼板表面的纤维在风机 4 形成的气流流动作用下沿输出管道输出本机。

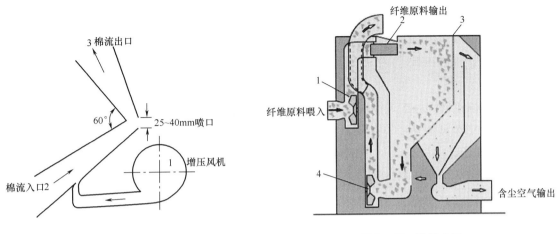

图 3–14　气流喷口除杂　　　　　　　　图 3–15　除微尘机

(三)除杂效果的评定

原料经过开松除杂机械处理后,为了比较除杂的效果,应定期进行落物试验和分析。表示除杂效果的主要指标有以下几个。

1. 落物率　它反映开松除杂机的落物数量。通过试验称出落物的重量,按下式计算:

$$落物率 = \frac{落物重量}{喂入原料重量} \times 100\%$$

2. 落物含杂率　它反映落物的质量。用纤维杂质分析机把落物中的杂质分离出来进行称重,按下式计算:

$$落物含杂率 = \frac{落物中杂质重量}{落物重量} \times 100\%$$

3. 落杂率　它反映喂入原料中杂质被去除的数量,也称绝对除杂率,按下式计算:

$$落杂率 = \frac{落物中杂质重量}{喂入原料重量} \times 100\%$$

4. 除杂效率　它反映除去杂质的效能大小,与原料含杂率有关,可按下式计算:

$$除杂效率 = \frac{落物中杂质重量}{喂入原料中杂质重量} \times 100\% = \frac{落杂率}{喂入原棉含杂率} \times 100\%$$

5. 落物含纤维率　为了分析落物中纤维的数量,有时要算出落物含纤维率,可用下式计算:

$$落物含纤维率 = \frac{落物中纤维重量}{落物重量} \times 100\%$$

第二节　开清棉

棉纺中,纤维开松、除杂是在一系列实现不同作用的机械组成的开清棉联合机组上完成的,这些机械依靠连接机械,如凝棉器或风机连接,实现各机台间的纤维输送。组成开清棉联合机的设备类型包括抓棉机械、开棉机械、棉箱机械等。

一、开清棉机械的分类与作用

按照开清棉机械的结构特征及其主要作用,可将开清棉机械分为下列类型。

(一)抓棉机械

抓棉机械的主要作用是从棉包上抓取纤维,并输送到下道机台,主要有自动抓棉机、称量喂给机、手动喂棉机械(适合化纤少量喂入、回花喂入等)等机械。

(二)开清棉机械

开棉机械的主要作用是对纤维原料进行开松、清除杂质。因打手型式和作用特点的不同,开棉机械有很多具体的机型,但作用原理基本相同,都是利用打手和尘棒的作用对纤维原料进行开松与除杂作用,如轴流开棉机、豪猪开棉机、三辊筒清棉机等。

(三)混棉机械

混棉机械的主要特点是设备体积较大,都具有能容纳大量纤维原料的棉箱或棉仓。棉主要作用是对纤维原料进行混和。有的机型还有辅助开松和均棉等其他作用,如多仓混棉机和自动混棉机等。

(四)输棉机械

输棉机械的作用是使连接各机台的输棉管道中产生气流流动,实现纤维原料在机台间的输送和分配。主要有凝棉器、输棉风机、配棉器和间道装置等。

(五)安全防火、防轧装置和异纤检出装置

这类装置一般安装在输棉管道上,主要作用是检测并排除纤维流中可能存在的金属、火星和异性纤维(有色纤维、异型纤维)等,防止火灾的发生、机器的轧坏,并尽可能检出其他机械不能排除的异性纤维。

开清棉设备种类繁多,每类设备又有很多结构、原理多样的不同机型,下面仅对各类机械代表性机型的结构和作用原理进行简要介绍,其他未述及机型可对照类似机型自行分析。

二、抓棉机械

抓棉机械是开清棉联合机中的第一台单机,它的打手从按配棉成分排列的纤维包阵里顺序抓取原料,供下一机台加工,在抓棉过程中具有初步的开松与混和作用。自动抓棉机按其结构特点可分为两大类,即环行式自动抓棉机和直行往复式自动抓棉机。目前生产中主要采用的是往复式抓棉机。

(一)自动抓棉机的组成及工艺过程

1.环行式(圆盘)自动抓棉机 环行式自动抓棉机(图3-16)(见录像3-1)由抓棉小车3、抓棉打手4、输棉管道1、肋条8、内圆墙板5、外圆墙板6、地轨7及伸缩管2等机件组成。小车机架由支架连接,内侧由中心轴支撑,外侧由两只转动滚轮支撑。滚轮沿地轨做顺时针环行回转。打手机架由四根丝杠支撑,外侧两根丝杠固定在打手机架上,螺母转动;内侧两根丝杠转动,螺母固定在打手机架上。当外侧两根丝杠的螺母与内侧两根丝杠同步转动时,便带动打手做升降运动。抓棉小车运行时,肋条压紧棉包表面,打手刀尖伸出肋条逐包抓取棉块,由下台机器的凝棉器风扇产生的气流,经输棉管送至下台机器。抓棉小车回转一周,打手下降3~6mm,故打手下降是间歇性的。

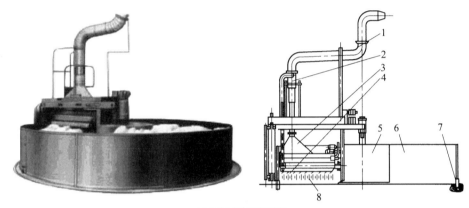

(a)环行式自动抓棉机

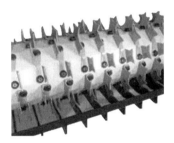

(b)打手与肋条

图3-16　环行式自动抓棉机及抓棉装置

2.直行往复式自动抓棉机 直行往复式自动抓棉机(图3-17)(见动画视频3-8和录像3-2)由抓棉器2、直行小车8和转塔7等组成。抓棉器2及其平衡重锤挂在转塔7顶部的轴上,并能沿转塔的立柱导轨做升降运动。转塔7则与直行小车8相连接,它们共同沿两条地轨13做往复直行运动。抓棉打手3能在直行小车8做往返双向行程时抓棉,也能在直行小车8单向行程时抓棉。抓棉小车运行时,两组肋条4相互错开地压在棉堆的表面,在肋条和压棉罗拉5都压住棉堆的情况下,打手刀片即相继抓取棉堆表面上的原棉并开松成较小棉块;接着,棉块被打手上抛到罩盖内,并由气力输送经伸缩管6和固定输送管道11而输出。小车8走到一端转向时,抓棉器2即下降2~10mm。

地轨 13 的两侧都可铺放棉包。如将转塔 7 相对于小车 8 调转 180°，就可在新的一侧继续抓棉生产。图 3 – 17 中 1 为光电管、9 为卷带装置、12 为行走轮、10 为覆盖带。

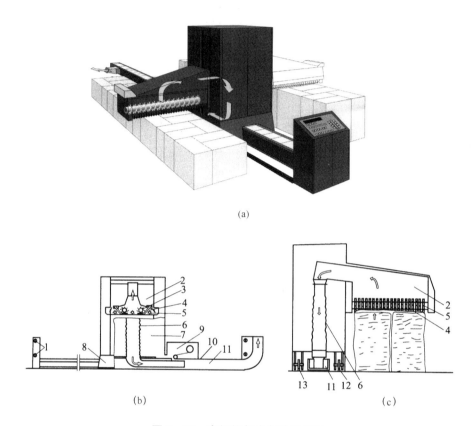

(a)

(b)　　　　　　　　　　　(c)

图 3 – 17　直行往复式自动抓棉机

（二）抓棉机的开松作用

抓棉机利用抓棉打手对棉块的撕扯、打击和抓取实现开松作用。抓棉机在满足产量的条件下，要求抓取的棉块尽量小些，以利于棉箱机械的混和与除杂。影响抓棉机开松效果的主要因素包括打手刀片伸出肋条的距离、打手转速、打手间歇下降的距离和直行（或环行）速度以及打手型式、刀片（或锯齿）数量、分布及其状态等。

（三）抓棉机的混和作用

原棉选配时，根据配棉方案及配棉比例确定各种成分棉包的数量。在送至开清棉联合机进行加工时，将拆开的棉包按一定规律排列在棉包台上。抓棉机的抓棉打手依次在各包上部抓取一薄层棉花，当抓棉小车绕棉包台回转一周（环行式）或走完一个行程（直行式）后，就按设定的比例抓取各种成分的棉花，从而实现不同原料的混和。影响抓棉机混和效果的因素包括以下两个方面。

（1）排包图的编制。以环行式抓棉机为例，编制排包图时，对来自于同一队中的棉包要做到纵向分散、横向叉开，保持横向并列棉包的质量相对均匀，如图 3 – 18 所示（图中 1 ~ 8 表示来自不同队中的原棉）。当棉包长短、宽窄差异较大时，要合理搭配排列；上包时应根据排包图上

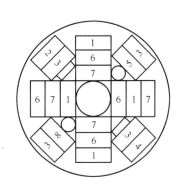

图 3-18 环形抓棉机棉包排图

包,如棉包高低不平时,要做到"削高嵌缝、低包抬高、平面看齐";混用回花和再用棉时,也要纵向分散,由棉包夹紧或打包后使用。

(2)抓棉机的运转率。为了达到混棉均匀的目的,抓棉机抓取的棉块要小,所以在工艺配置上应做到"勤抓少抓",以提高抓棉机的运转率。运转率高,小车运行时间多,停车时间少,每次抓棉量少,而连续抓棉时间长,则混棉机棉箱内成分比较均匀。提高小车运行速度、减少抓棉打手下降动程、增加抓棉打手刀片的密度,是提高运转率行之有效的措施。提高抓棉机的运转率(抓棉机实际工作时间占整个工作时间的百分率),对以后工序的开松、除杂和棉卷均匀度都有益。抓棉机的运转率一般要求达到80%以上。

(四)抓棉机的除杂作用

抓棉机的除杂作用主要通过抓棉时杂质的抖落实现,一些因抓棉打手开松作用而与棉块分离的大而重的杂质,不能被气流吸引随纤维一起输送到下道机台而被抖落,最后在清扫棉包台时被去除。有些抓棉机的抓棉打手的压棉罗拉具有磁性,或另装一根或两根具有磁性的辊子,使原料中暴露出来的铁杂可以被吸附,以除去浮于原棉表面的零星铁杂,特别是再用棉中的钢丝圈、小勾刀、螺丝、垫圈、打包铁皮头等。抓棉机的开松效果越好,杂质越容易暴露,杂质与纤维间的联系力越小,大而重的杂质在抓棉机上被抖落的可能性越大。

三、混棉机械

(一)自动混棉机

1.自动混棉机的机构与工作原理 如图 3-19 所示,自动混棉机一般由凝棉器1、摆斗2、混棉比斜板3、光电管4、输棉帘5、压棉帘6、角钉帘7、均棉罗拉8、剥棉打手9、尘棒10、磁铁装置11、间道隔板12 等机件组成(见动画视频 3-9)。置于自动混棉机上方的凝棉器1 借助其风扇气流吸引作用,将后方机台输出的棉块从侧向喂入储棉箱内,通过摆斗2 逐层横向铺放在输棉帘5 上,形成多层混合的棉堆。然后由输棉帘5 和压棉帘6 夹持棉堆喂给角钉帘7。装在储棉箱墙板上的光电管4 能控制后方机台的喂棉,使箱内储棉高度不超过光电管的安装高度。

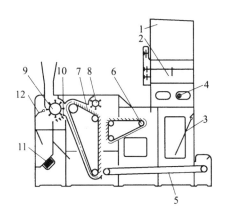

图 3-19 自动混棉机

当角钉帘7 高速上行时,从棉堆上抓取并松解喂入的棉块,松解出来的大杂质如棉籽壳等可从角钉帘7 下方的尘格落出。被角钉带走的棉块继续上行依次通过压棉帘6、均棉罗拉8 形成的两角钉面作用区时,又受到进一步撕扯开松;被均棉罗拉打回而未被角钉帘7 带走的棉块,则重新返回棉堆进行混和。角钉帘7 带出的棉块被剥棉打手9 剥下,并与尘棒10

共同作用对棉块进一步开松后输出,而混在纤维中的杂质则从尘棒间隙落下。在棉块输出部位装有间道隔板 12,可以根据工艺要求改变出棉方向,在下出棉口装有磁铁装置 11,可排除棉块中的铁物质。当调整输棉帘的线速度时,可相应调整混棉比斜板 3 的倾斜角度,以保证摆斗摆动所铺棉层的外形不被破坏。

2.自动混棉机的作用

(1)开松作用。自动混棉机是通过带有角钉机件对棉块的撕扯作用及打手与尘棒的自由打击作用实现开松,包括四个方面,即角钉帘垂直抓取被输棉帘和压棉帘夹紧、握持的棉层,有握持撕扯作用;角钉帘与压棉帘两个角钉面间对棉块的撕扯开松;均棉罗拉与角钉帘作用区,两个角钉面对棉块的撕扯作用;剥棉打手剥取角钉帘上纤维层时的打击开松及剥棉打手与尘棒间对棉块的自由打击作用。

自动混棉机的扯松和自由打击作用柔和,对纤维损伤小。一般安排在开清棉流程的开始部分,与抓棉机通过输棉管道和凝棉器连接。影响自动混棉机开松作用的因素包括各部分的隔距及各主要机件的速度。

(2)除杂作用。自动混棉机的除杂点有四处,即杂质可从输棉帘的木条间隙下落;角钉帘底部和剥棉打手下部均有尘棒,可以排除杂质;如果采用下出棉方式,磁铁装置可以吸附棉流中的铁杂。由于自动混棉机位于开清棉流程的开始部分,棉块较大,除杂以除大杂为主,如棉籽、不孕籽等。

(3)混和作用。自动混棉机的混和原理是"横铺直取、多层混和"。如图 3 - 20 所示,装在自动混棉机后部储棉箱上部的凝棉器 1 将初步开松混和的原料吸到本机来,通过摆斗 2 的左右摆动将棉层横向铺设在输棉帘 3 上,形成多层原料叠合的棉堆。压棉帘 4 和输棉帘共同夹持棉堆送给角钉帘 5,角钉帘对棉堆沿垂直方向抓取,即所谓"横铺直取",从而实现不同原料的充分混和。

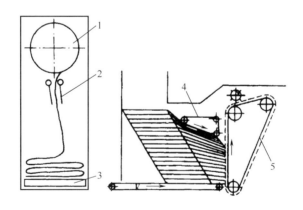

图 3 - 20 自动混棉机的混和原理

(4)均匀作用及其影响因素。自动混棉机后部储棉箱装有光电控制装置,控制后部储棉箱的棉量,如图 3 - 19 所示,当棉量高度超过控制的上限高度时,控制其供应机台停止给棉(抓棉小车停转),随着机台的输出,存棉高度下降,当下降到控制的下限高度时,控制供应机台继续给棉(抓棉小车运动)。储棉箱存棉量的控制在不致引起堵车的情况下以较大为宜,以增强混和效果。

此外,当角钉帘携带棉块运动遇到均棉罗拉时,给角钉帘带出的较大的棉块、较厚的棉层会由于均棉罗拉的打击而经由压棉帘上部返回中部储棉箱,保证角钉帘带出的棉层均匀。均棉罗拉的均匀效果主要受均棉罗拉与角钉帘间距的影响,适当减小该隔距,有利于提高均匀效果。

(二)多仓混棉机

多仓混棉机主要利用多个储棉仓起细致的混和作用,同时利用打手、角钉帘、均棉罗拉和剥棉罗拉等机件起到一定的开松作用。多仓混棉机的混和作用,都是采用不同的方法形成时间差而进行混和的。按照形成时间差的不同方法,可分为两种类型:一种是各仓不同时喂入的原料同时输出形成时间差实现混和,即"喂入时差混和"(简称"时差混和")多仓混棉机(图3-21);另一种是各仓同时喂入的原料,因在机器内经过的路线长短不同(路程差),因而不同时输出实现混和,即"输出时差混和"(简称"程差混和")多仓混棉机(图3-22)。

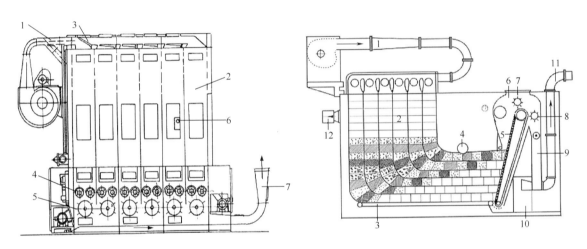

图3-21　"时差混和"多仓混棉机　　　　图3-22　"程差混和"多仓混棉机

(1)"时差混和"多仓混棉机(见动画视频3-10)。这种混棉机根据需要有6仓、8仓或10仓三种形式(图3-21为6仓)。纤维原料经输棉管道1进入本机,自右(第一仓)至左(第六仓)逐仓喂入原料。除第一仓外,各仓上部均设有活门3,可以关闭或打开。仓门打开,则本仓喂棉,仓门关闭则下一仓活门打开、喂棉。各棉仓间隔板上部为网眼板,进入棉仓的棉气混和体中的气流,可通过各仓网眼板从第六仓与机器罩壳间的排气通道进入各仓下部的混棉通道,实现棉气分离。棉仓中棉量的逐渐增加会堵塞部分隔板上的网眼导致仓内气压增大,当棉仓中原棉达到预定容量后(仓内压力增大到设定值),由微压差开关控制气动机构关闭活门,同时下一仓的活门自动打开,开始喂入下一仓。各仓底部均装有一对给棉罗拉4和一只打手5,纤维经罗拉持续输出,由打手开松后落到混棉通道内混和,随气流经输出管道7输出。该机在第二仓位上装有光电管6,当第六仓喂入达到设定仓压后,如果第二仓内棉量已因持续输出下降至光电管以下,则进行下一轮次喂棉,即再次从第一仓开始逐仓喂棉,否则将控制后方喂入机台暂停喂入,以防止堵车。

"时差混和"多仓混棉机在开机生产之前，应首先从第一到第六仓按阶梯形逐渐增加进行装仓，才能保证设备的正常运行。

（2）"程差混和"多仓混棉机。如图3-22所示，经初步开松混和的原料，由气流输送经本机的输棉管1，均匀地分配给各棉仓2（共6个）。各仓的隔板沿原料流动方向逐渐缩短，且下部呈弧形，使各仓的原料转过90°，由输棉帘3和导棉罗拉4将棉层呈水平方向喂入角钉帘5抓取向前输送，均棉罗拉7将角钉帘带出的较大棉块和较厚棉层打落到混棉室内，以保证角钉帘输出的棉层均匀，角钉帘携带的纤维层被剥棉罗拉8剥下后落入储棉箱9，储棉箱9底部有尘格，原料中的杂质和短绒可由尘棒间落入废棉箱10，在前方风机的吸引下，储棉箱中的纤维由出棉口11输出，输送到下一机台。棉箱中的气流由排气口12排出。

由此可知，各仓原料到达角钉帘7所经过的路程长短是不同的，靠近输棉管入口的棉仓路程短，而远离输棉管入口的棉仓路程长。因此各个棉仓的棉层相互错位，形成路程差（实际上也是因同时喂入各仓的原料不同时输出而形成了时间差），使不同成分的原料充分混和。

（三）混和效果的评定

混和效果常用以下三种方法进行评定。

（1）混入有色纤维法。在混和原料中混入一定数量的染色纤维，经机械混和处理后取样，再用手拣法分拣出有色纤维，称其重量，然后计算有色纤维百分率的平均数、均方差、变异系数等，进行对比分析混和效果。

（2）切片法。将条子或纱线切片，然后放在显微镜下观察，分析其混和效果。

（3）染色评定法。此方法多用于化纤混纺产品。它是将成纱或织成布后再经染色，由染色的结果来分析混和效果。

四、开棉机械

（一）轴流开棉机

轴流开棉机有单轴流和双轴流两种形式。目前生产中应用的主要是单轴流开棉机，为典型的自由打击开棉机。单轴流式开棉机如图3-23所示，原料由进棉口2进入打手室后被打手4抓取，并随打手一起向下回转，与尘棒5撞击后被抛向罩壳，落棉由落棉小车6收集，并由排杂打手7排出。由于罩壳内的导流板3与打手角钉呈螺旋线排列，原料沿打手轴向呈螺旋线形式向出棉口1前进。在前进过程中，原料又连续两次与尘棒撞击后被抛向罩壳。原料在机器内围绕打手共翻滚三次，并且在自由状态下接受打手角钉的打击开松，纤维损伤较少，杂质不易被打碎。

（二）豪猪开棉机

豪猪式开棉机为典型的握持打击开棉机，其作用原理如图3-24所示（见动画视频3-11），机台上方附有凝棉器1，依靠气流将后方机台输出的原料吸附在尘笼表面，落入本机储棉箱2中。储棉箱2内装有调节板9，以改变输出棉层的厚度，侧面装有光电管，当棉箱中储棉量过多或过少时，可通过光电管控制后方的机台停止给棉或重新给棉，以保持箱内一定的储棉量。在正常工作时，储棉箱内的原棉依靠自重缓缓落下，在木罗拉4与给棉罗拉5的握持下输出，而

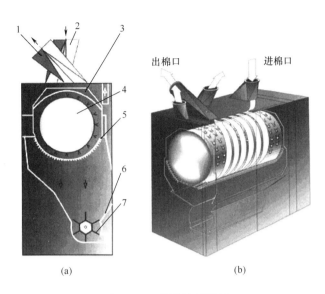

图 3-23 单轴流开棉机

受豪猪打手的猛烈打击、分割和撕扯。豪猪打手下方的 63 根尘棒,分为四组包围在打手的 3/4 圆周上,尘棒隔距可以调节,被打手撕下的棉块,沿打手圆弧的切线方向撞击在尘棒上,在打手与尘棒的共同作用以及气流的配合下,使棉块获得进一步的开松与除杂。被分离的尘杂和短纤维则由尘棒间隙落下,由输杂帘输出。在出棉口处装有剥棉刀,以防止打手返花。尘棒下方的尘箱内装有输杂帘 8 可将杂质输出(也可通过连续吸或间歇吸的方式吸走)。

(三)多辊筒清棉机

多辊筒清棉机一般与多仓混棉机机械连接,对混和后的原料进行开松、除杂,属自由打击与握持打击结合型开棉机械。辊筒的数量有一个、三个、四个不等,这里以三辊筒清棉机为例介绍其作用原理。如图 3-25 所示,从多仓混棉机输出的棉层由输入棉帘 1 喂入,被压棉罗拉 2 压紧,并在给棉罗拉 3 的握持下,被第一

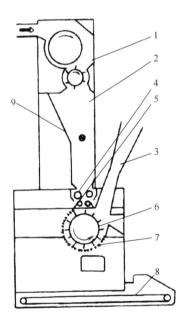

图 3-24 豪猪式开棉机

辊筒(打手)4 打击开松,之后依次受第二辊筒 5,第三辊筒 6 的打击开松。在每个辊筒下方有带除尘刀口的吸口 8 吸取尘杂,与之装在一起的落棉调节板,可根据所纺原棉和除尘杂要求的不同,调节吸口开口的大小以控制各自的落棉和落棉含杂量,分梳板 7 起辅助开松纤维的作用。被开松后的原棉在前方机台风扇作用下由出棉口 9 向前输出。加工不同形状或性质的原料,三个辊筒打手可选择不同的类型,如纺细绒棉时,三个辊筒的配置依次为稀梳针、粗锯齿、细锯齿;纺长绒棉时,三个辊筒的配置依次为稀梳针、密梳针、粗锯齿。

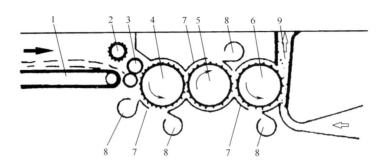

图 3 – 25 三辊筒清棉机结构示意图

开、清棉机械种类很多，除了上述介绍的机型外，还有六辊筒开棉机，多刺辊开棉机、混开棉机等，但其作用原理基本相同，都是通过打手与尘棒或除尘刀、分梳板、吸口等组成的托持、排杂附件组合的配合，对原料进行开松、除杂，区别一般体现在打手的形式、打手的数量及打击形式（自由打击或握持打击），这里不再赘述。

五、清棉、成卷机械

目前，常用的是开清棉与梳棉工序连在一起的加工流程（清梳联），纤维原料经清棉机精细开松、除杂后，纤维以散纤维的形式由风机直接输送到梳棉机后部的喂棉箱，由喂棉箱将散纤维制成均匀的棉层，喂入梳棉机。

但有些场合仍采用传统的开清棉与梳棉分开加工的方式。即将经过前道工序精细开松、除杂后的纤维，最后经清棉成卷机制成一定规格、纵横向均匀的棉卷；再运送到梳棉工序进行后续加工。

单打手清棉成卷机的机构如图 3 – 26 所示（见动画视频 3 – 12），由棉卷秤 1、棉卷扦存放装置 2、渐增加压装置 3、压卷罗拉 4、棉卷罗拉 5、导棉罗拉 6、紧压罗拉 7、防粘罗拉 8、剥棉罗拉 9、尘笼 10、风机 11、综合打手 12、尘棒 13、天平罗拉 14、角钉罗拉 15、天平杆 16 等机件组成。棉箱给棉机振动棉箱输出的棉层经角钉罗拉 15、天平罗拉 14、天平杆 16 喂给综合打手 12。天平罗拉和天平杆组成的检测装置对喂入棉层厚度进行检测，当通过棉层太厚或太薄时，经铁炮变速机构，自动调节天平罗拉的给棉速度。天平罗拉输出的棉层受到综合打手的打击、分割、撕扯和梳理作用，开松的棉块被打手抛向尘棒 13，杂质通过尘棒落出，棉块在打手与尘棒的共同作用下，得到进一步的开松。由于风机 11 的作用，棉块被凝聚在上下尘笼 10 的表面，形成较为均匀的棉层，细小的杂质和短纤维穿过尘笼网眼，被风机吸出机外。吸附在尘笼表面的棉层向前输出后由剥棉罗拉 9 剥下，经过防粘罗拉 8 紧压后，输向紧压罗拉 7 进一步压紧，再经导棉罗拉 6，由棉卷罗拉 5 绕在棉卷扦上制成棉卷，达到设定长度后由自动落卷机构自动落卷，换上新的棉卷扦继续生产，棉卷称对落下的棉卷进行称重，偏重或偏轻超过控制范围的棉卷退回重新加工。

清棉机的产品（棉卷）要达到一定的均匀要求，必须对棉层的纵、横向均匀度加以控制。单打手成卷机的均匀机构为天平调节装置，主要用于控制棉卷的纵向均匀度。

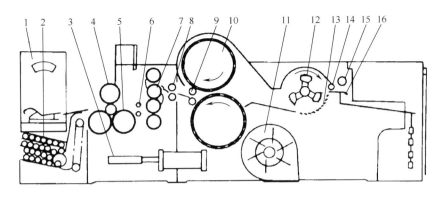

图 3 - 26　单打手成卷机

天平调节装置由棉层检测、连杆传递、调节和变速等机构组成,如图 3 - 27 所示。由 16 根天平杆 2 及一根天平罗拉 1 组成的检测机构,检测棉层平均厚度,通过一系列连杆导致一定位移传给变速机构,产生相应的给棉速度。

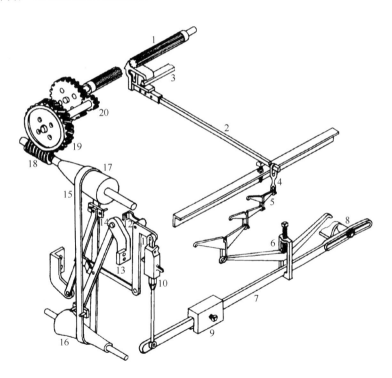

图 3 - 27　天平调节装置

天平罗拉 1 下有十六根并列的天平杆 2,天平罗拉的位置是固定的,而天平曲杆则以刀口 3 为支点,可以上下摆动。当棉层变厚,天平曲杆头端被迫下摆,其尾端上升,通过连杆 4、5 使总连杆 6 随之上升。总连杆上升又使平衡杠杆 7 以 8 为支点向上摆动,使与平衡杠杆左端相连的调节螺杆 10 上升,此时,双臂杠杆 11 以 12 为支点向右摆动,带动连杆 13 使铁炮皮带叉 14 右移,铁炮皮带 15 也随之向主动铁炮 16 的小直径处移动一定距离。由于主动铁炮转速是恒定的,被动铁炮 17 由主动铁炮传动,它又通过蜗杆 18、蜗轮 19、齿轮 20 传动天平罗拉及其后方的给棉机构。此时,铁炮皮带向主动铁炮的小直径处移动,天平罗拉转速减慢,相应给棉速度减慢。反之,棉层变薄时,由于天平曲杆本身的重量及平衡重锤 9 的作用,天平曲杆头端上抬,平衡杠杆左端下降,铁炮皮带向主动铁炮大直径处移动,天平罗拉转速成比例地增加,给棉速度加快。

铁炮机械式变速机构对棉层喂给量的均匀调整能力有一定限度,并有很大的滞后性,喂入棉层厚度频繁变化和过分不匀时,很难达到理想的均匀程度。因此,现已改进为机电式自调匀整装置,如图 3-28(a)所示,天平曲杆尾端总连杆挂有重锤 3,重锤上装有精度较高的位移传感器,棉层厚薄变化由位移传感器转化成电压信号送匀整仪 2 处理,调节电动机 1 的速度来改变天平罗拉的转速,以达到匀整的目的,该装置反应灵敏,调速范围宽,变速控制更有效。

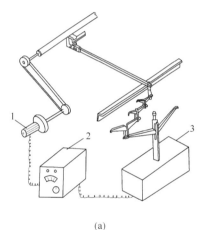 

(a)　　　　　　　　　　　(b)天平杆及连杆

图 3-28　机电式自调匀整装置

六、辅助机械

(一)连接装置

开清棉工序采用多机台生产,在整个工艺流程中,基本都是通过凝棉器或输棉风机把各单机连接起来,利用管道气流输棉,组成一套连续加工的系统。此外,为了平衡各机台产量,原棉由开棉机输出后,在喂入清棉机前,可能还要进行分配,故在开棉机与清棉机之间,通常还设有一定形式的分配机械。

1. 凝棉器　常用的尘笼式凝棉器的机构图如图 3-29 所示,当风机 3 高速回转时,空气不断排出,使进棉管 1 内形成负压区,棉流即由输入口向尘笼 2 表面凝聚,一部分小尘杂和短绒则随气流穿过尘笼网眼,经风道排入尘室或滤尘器,凝聚在尘笼表面的棉层由剥棉打手 4 剥下,落入储棉箱中。

2. 输棉风机　输棉风机在原料输送过程中起气流泵的作用,通过使输棉管道中产生一定流速的气流,完成纤维原料在机台间的输送。

3. 配棉器 在开清棉联合机组中,当前后衔接机台产量不匹配时,需要借助配棉器将开棉机输出的原料均匀地分配给2~3台清棉机,以保证连续生产并获得均匀的棉卷或棉流。配棉器的形式有电气配棉器和气流配棉器两种。电气配棉采用吸棉的方式,气流配棉采用吹棉的方式。

三路电气配棉器的机构图如图3-30所示,主要由进棉斗3、配棉头4和安全防轧装置5组成。A062型电气配棉器连接在最后一台开棉机前、双棉箱给棉机之后,利用凝棉器2的气流作用,把经过开松的棉块均匀分配给2~3台双棉箱给棉机1。

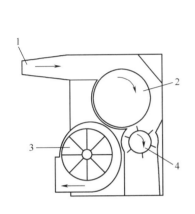

图3-29 尘笼式凝棉器

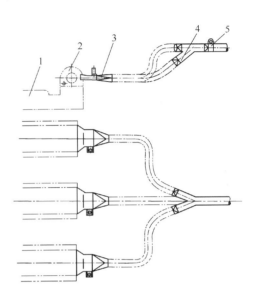

图3-30 三路电气配棉器

4. 清梳联喂棉箱 棉纺纤维准备(制条工程)普遍采用清梳联,经开清棉加工后的纤维由风机通过输棉管道以散纤维的方式输送至梳棉车间,分配给多台梳棉机(一般为6~8台,配台数与所加工品种及梳棉机产量有关)。每台梳棉机的后部需装配喂棉箱,用于承接分配给本台梳棉机的散纤维,并将纤维加工成适于梳棉机加工的筵棉,喂入梳棉机。

清梳联喂棉箱的结构如图3-31所示。经输棉管道输送的部分棉流经配棉头1落入上棉箱2,棉流中的含尘空气经棉箱侧面网眼板3排出实现棉气分离。上棉箱的棉层在给棉罗拉4的握持下向下输送,受到打手5的打击开松,进一步提高纤维的开松度,并将纤维输送入下棉箱6,打气风机7将气流经管道注入下棉箱,通过增大下棉箱中的气压,增大下棉箱中的纤维层密度,以使输出纤维层密度均匀。气流通过下棉箱下部一侧的网眼板排出,通过管道进入排尘管道9,与上棉箱网眼板排出的含尘空气一起排入滤尘室进行过滤处理。下棉箱纤维层经底部输出罗拉10输出,经导棉板喂

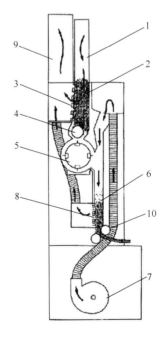

图3-31 清梳联喂棉箱

入梳棉机的给棉罗拉与给棉板。

（二）安全防护装置

1. 除金属杂质装置 除金属杂质装置如图 3－32 所示，在输棉管的一段部位装有电子探测装置，当探测到棉流中含有金属杂质时，由于金属对磁场起干扰作用，发出信号并通过放大系统使输棉管专门设置的活门 1 作短暂开放（图中虚线位置），使夹带金属的棉块通过支管道 2，落入收集箱 3 内，然后活门立即复位，恢复水平管道的正常输棉。棉流仅中断 2～3s，而经过收集箱的气流透过筛网 4，进入另一支管道 2，汇入主棉流。

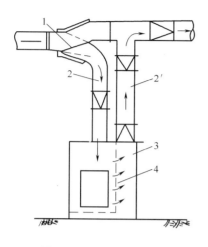

图 3－32　金属除杂装置

此外，还有一种直接安装在管道上的桥式除铁杂装置，如图 3－33 所示。装有永久性磁铁部分输棉管道呈倒 V 字形，棉流自右向左运动，当棉流中有铁杂时，永久性磁铁可将其吸住。被磁铁吸附的铁杂可定期清除。

2. 火星探除装置 纤维原料中的火星（一般为机件间或机件与金属杂质间碰击产生）是引起车间火灾的严重隐患。火星探除装置就是用于管道中输送的纤维原料内可能存在的火星进行探测与排除。该装置外形如图 3－34 所示，由火星探测控制箱 1、金属探测装置 2 和排杂执行机构 3 组成，火星探测装置采用红外线探测传感器探测快速运动的棉流中可能存在的火星，如果发现棉流中存在火星，则执行机构的旁路活门打开，将带有火星的棉流排除，然后再关闭旁路活门，继续生产。

图 3－33　桥式吸铁装置

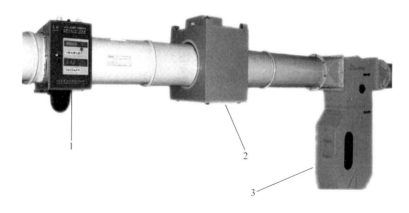

图 3－34　火星探除装置

（三）异型纤维探除装置

异型纤维是指与在加工的纤维性质与类型不同的纤维，这些纤维由于染色性质与所加工的纤维不同，最终会在织物染色后成为布面疵点，影响织物的外观质量，必须在纺纱加工过程中去除。

异型纤维探除装置如图3－35所示。棉流由入口1进入,由出口5输出。光电感应器方阵2实时辨别异型纤维和异类杂质,发现异型纤维或异类杂质后,由高速气流喷嘴喷射的气流将含有异型纤维或异类杂质的棉流经排出通道3吹落到落棉收集箱4中。该装置还可以排除所有类型的异类杂质,包括麻、毛发、纸、丙纶丝、羽毛、叶屑、色丝、染色纤维、碎布等光学性质异于在加工的纤维及非纤维性异物。

(四)重杂分离装置

重杂分离装置是利用纤维与密度大的重杂的性质差异排除重杂,原理类似前述气流除杂。如图3－36所示为重杂分离器工作原理图。高速纤维流进入U形弯道时,在离心力的作用下撞击底部尘格,重杂便从尘棒间隙落入收集箱中,一般与桥式吸铁组合,以去除金属杂物。

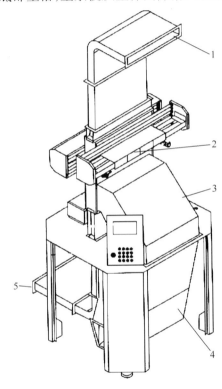

图3－35　异型纤维探除装置

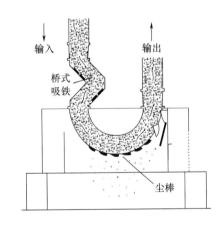

图3－36　重杂分离器

七、开清棉机械的组合

1.组合原则　开清棉联合机的组合要求应与开清棉工序的工艺要求相符合。为提高产品质量,保障正常生产,组合时要满足以下要求。

(1)贯彻"多包细抓、混和充分、成分准确、打梳结合、多松少返、早落少碎、防火防爆、棉卷均匀、结构良好"等工艺原则。

(2)合理配置开清点数量,以适应不同原料的含杂。化学纤维蓬松、不含杂、含疵点少,开清点数量可少。

（3）合理选择打手型式和打击方式，先自由状态打击再握持状态打击，以达到逐步开松的目的。

（4）配置一定数量的混棉机械，一般采用多仓混棉机，更能提高混和效果。

（5）机组中须安置防铁装置或除金属装置。

2. 组合实例

（1）国产设备加工纯棉清梳联流程。如图 3 - 37 所示为国产设备加工纯棉清梳联流程：往复式抓棉机→多功能气流塔→金属及火星探除器→单轴流开棉机→火星探除器→多仓混棉机→输棉风机→精开棉机→输棉风机→火星探除器→清梳联喂棉箱 + 梳棉机。该流程有单轴流开棉机（自由打击开松）和精开棉机（握持打击开松）两个开清点，多仓混棉机一个混合点（兼有开松作用）。（流程中" + "表示两种设备机械连接；"→"表示气流输棉。）

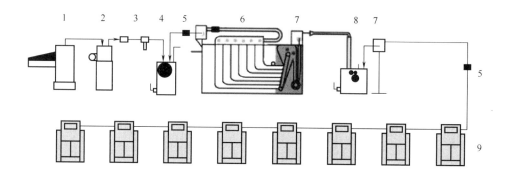

图 3 - 37　国产纯棉清梳联流程

1—往复式抓棉机　2—多功能气流塔　3—金属及火星探除器　4—单轴流开棉机
5—火星探除器　6—多仓混棉机　7—输棉风机　8—精开棉机　9—清梳联喂棉箱 + 梳棉机

（2）国外加工纯棉用开清棉联合机组。如图 3 - 38 所示为国外某纯棉清梳联流程：往复式抓棉机→输棉风机→桥式吸铁→金属及火星探除器→除尘装置→多仓混棉机 + 三打手清棉机→桥式吸铁→重杂分离器→精细开棉机→除尘塔→输棉风机→清梳联喂棉箱 + 高产梳棉机。该流程有三打手清棉机（自由打击开松为主）和精细开棉机（握持打击开松）两个开清点，多仓混棉机一个混合点，体现了开清棉工序高效、短流程的趋势。

八、开清棉质量控制

（一）纤维开松度

开松是开清棉的首要任务，开松效果的好坏，不但直接影响梳理工序的负担，还会影响本工序除杂、混和、均匀等作用的效果。良好的开松作用，可以将棉包中的大纤维块、大纤维束分解成小至 0.1mg/块的棉束，减轻梳理工序进一步将纤维束分解成单纤维状态的工作负荷，为纺制结构良好的棉条创造条件；精细的开松有利于杂质的充分暴露及减小杂质与纤维的联系力，从

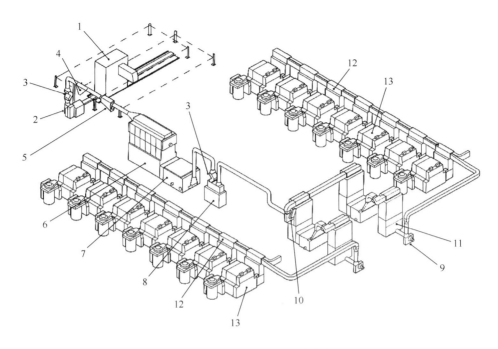

图 3 − 38 国外纯棉清梳联流程

1—往复式抓棉机 2—输棉风机 3—桥式吸铁 4—金属及火星探除器

5—除尘装置 6—多仓混棉机 7—三打手清棉机 8—重杂分离器

9—输棉风机 10—精细开棉机 11—除尘塔 12—清梳联喂棉箱 13—高产梳棉机

而有利于杂质的排除;更小的棉块、棉束,也使得开清棉以棉块混和为主的混和作用更充分、细致,并为棉流在机台间的均匀输送以及喂入梳棉机棉层的结构均匀提供保障。

开清棉机组中打手机械的数量以及打手型式、打手转速、打手与给棉装置的隔距等工艺配置是影响开松效果的主要因素,需根据加工原料性状进行合理调整,保证纤维的开松度。

(二) 除杂效果

1. 除杂的分工 由于开清棉只能将纤维原料松解成小棉块、小棉束,因此,开清棉只适宜去除纤维原料中的大杂、硬杂、容易碎裂的杂质以及与纤维联系力小的杂质,而包裹在小棉束中的较细小、黏附性杂质,需要在梳理工序因纤维分解成单纤维状态而进一步暴露、与纤维充分疏离后再去除。

除杂依赖于纤维开松作用对杂质的暴露及对杂质与纤维联系力的疏解,而开清棉开松作用是经多机台加工将纤维块逐渐变小的过程,因此,开清棉工序杂质的排除也应该是循序渐进的,一旦纤维块得到松解,暴露出部分杂质,便要及时进行去除。在开清棉加工去除杂质的过程中,也体现易于暴露的体积大或重量大、容易碎裂的杂质先去除,不易暴露且与纤维黏附力大的、体积小或重量小的杂质,随着纤维原料的进一步开松再行去除的过程。当然,金属杂质及重杂,不论体积大小,由于会引起打手等机件损伤甚至产生火源,必须在开清加工的初始阶段尽可能去除。

开清棉的除杂效果要求与所加工纤维原料的含杂率及含杂内容有关。当原棉含杂率较高时,需要调整除杂工艺,如尘棒间距、排杂吸口的负压等,适当增大设备落棉率以提高除杂效率,但当原料含杂以细小、黏附性杂质居多时,则不能盲目为了提高除杂效率而增加落棉,这样会使落棉含纤维率大大增加而导致可纺纤维损失,正确的做法是将主要除杂任务交由适合排除细小杂质的梳棉工序完成。

2. 除尘杂 开清棉加工设备间原料输送以气流输送为主,在前方机台利用网眼板实现棉、气分离时,可以排除一部分原棉中的灰尘以及少量短绒;在设备上气流溢出处设置吸风口,如为合理布置打手室内气流场分布而设置的吸点,也可以排除部分尘杂;将车肚自由落杂改为吸口主动吸杂可以提高尘杂的排除效果,提高纤维原料的清洁程度。但由于大部分尘杂颗粒包裹在棉束中,在吸风过程中,尘杂的去除会受到阻碍(因为周围的纤维相当于一个过滤器),开清棉除尘杂效果受到一定制约。

对于纤维原料除尘杂要求比较高时,如转杯纺纱的纤维准备(纤维原料中的尘杂会干扰纺纱杯中纤维的凝聚、假捻),需在开清棉流程中增加专门的除微尘装置,加强对尘杂的排除。

(三)短绒控制

开清棉加工通过除杂可以排除纤维原料中的部分短绒,但开松加工的机械作用,不可避免地会损伤纤维,增加短绒。因此,控制开清棉加工后纤维中的短绒,包含增加短绒排除和减少纤维损伤两个方面。比较理想的情况是尽可能减少纤维损伤,并通过除杂(包括车肚落杂与除尘杂)排除短绒。减少纤维损伤涉及开松作用从柔和到剧烈的合理配置,以及优化打手型式、打手速度等开松工艺,达到保证开松效果与减少纤维损伤的兼顾。对于不同性状的纤维原料,经开清棉加工后,纤维中的短绒含量与喂入原料相比,应控制不增加或略有增加。

(四)棉卷的均匀度控制

若是棉卷,则还要着重控制棉卷的均匀度。棉卷不匀分纵向不匀和横向不匀,在生产中以控制纵向不匀为主。纵向不匀是反映棉卷单位长度的重量差异情况,它直接影响生条重量不匀率和细纱的重量偏差,通常以棉卷1m长为片段,称重后算出其不匀率的数值。棉卷不匀率的控制应根据所纺原料而定,一般棉纤维控制在1%以下,棉型化纤控制在1.5%以下,中长化纤控制在1.8%以下。在棉卷测长过程中,通过灯光目测棉层横向的分布情况,如破洞及横向各处的厚薄差异等;对于横向不匀过大的棉卷,在梳棉机加工时,棉层薄的地方,纤维不能处在给棉罗拉与给棉板的良好握持下进行梳理,因为这样容易落入车肚成为落棉。另外,生产上还应控制棉卷的重量差异,即控制棉卷定量或棉卷线密度的变化,一般要求每个棉卷重量与规定重量的差异不超过200g,超过此范围作为退卷处理。退卷率一般要求不超过1%,即正卷率需在99%以上。

☞ 思考题

1. 开松与除杂的目的是什么?

2. 按对原料的作用方式,自由开松有哪两种形式? 握持开松有哪两种形式?

3. 说明自由开松与握持开松的特点。

4. 影响开松作用的因素有哪些?

5. 开松效果评价有哪些方法？

6. 作图表示三角尘棒的结构及安装角，并说明安装角对开松除杂的影响。

7. 打手与尘棒间的排杂，有哪几种情况？

8. 以豪猪开棉机为例，画出打手周围的气流规律，并说明其主要作用。

9. 作图表示并说明气流喷口除杂的机理。

10. 什么是除杂效率、落杂率、落物率和落物含杂率？

11. 简述影响抓棉机开松作用的因素。

12. 简述自动混棉机混和作用原理。

13. 简述多仓混棉机的作用原理。

14. 自由打击开松开棉机的代表机型有哪些，简述其常用机型作用原理。

15. 简述影响豪猪开棉机开松除杂作用的因素。

16. 简述清棉成卷机天平调节装置作用原理。

17. 简述除金属杂质装置的原理。

18. 简述异型纤维检出装置的作用原理。

19. 简述火星探除装置的工作原理。

20. 简述开清棉质量控制内容。

第四章 梳理

本章知识点

1. 梳理的任务。

2. 梳理机工作机件针面上纤维受力及纤维在针齿上的运动。

3. 相邻两针面的基本作用。

4. 梳理机针面负荷及分配,重点了解梳理机锡林上负荷的种类、分布及作用。

5. 梳理机混和均匀作用的意义及其影响因素。

6. 梳棉机的工艺过程和各组成部分的主要工艺参数作用及选择。重点了解给棉刺辊部分分梳、除杂作用及锡林盖板道夫部分的分梳作用。

7. 自调匀整的基本原理、自调匀整装置的组成、自调匀整装置的类型。

8. 棉条(生条)的质量控制。

第一节 概述

一、梳理的任务

梳理是现代纺纱生产中的核心工序之一,是目前技术条件下松解纤维集合体的主要工艺手段。纤维原料在加工成纱的流程中,虽经过开松可使纤维间横向联系获得一定程度减弱,但须通过梳理才能将纤维间的横向联系基本解除,并逐步建立纤维首尾相接的纵向联系。梳理是通过大量梳针和纤维集合体间的相互作用完成的,梳理效果的好坏对成纱质量至关重要。为此,梳理工序必须完成下列任务。

(1)细微松解。使经初步开松的纤维束(块)分解成单纤维,它是经反复多次梳理逐步完成的。

(2)除杂。通过梳针的反复作用及在离心力和气流参与下,进一步清除前道工序加工后仍残留的杂质、疵点和部分短绒。

(3)均匀混和。将不同性状和比例的纤维,在单纤维状态下进行混和,并依靠针面吞吐纤维的作用,制成均匀的纤维网。

(4)成条。制成适合于后道工序加工的符合一定规格和质量要求的条子及便于喂入、运输、储存的卷装。

纤维集合体被分离成单纤维的程度,直接影响下游工序牵伸过程中纤维的运动,从而与成纱的强力和条干等指标关系密切。在粗梳纺纱系统中,梳理工序以后,清除杂质和疵点的作用不明显,因而其对成纱质量影响很大。在精梳纺纱系统中,为了提高成纱质量和特数,虽然在梳理以后还有精梳工序,但梳理的质量仍会影响到精梳的产、质量和制成率。所以,梳理是整个纺纱生产中重要工序之一。

二、梳理机的类型及其工艺过程

按梳理作用的侧重点和要达到的工艺要求不同,梳理机的类型也不同。梳理机和精梳机都是以梳理为主的设备。前者主要是按本章所述及的梳理原理进行工作的,其梳理是在非强制握持和自由状态下进行的,能将纤维束(群)松解成单纤维,但梳理后纤维群仍存在大量弯钩,纤维伸直程度不够。而后者则主要是按第六章中述及的精梳原理进行工作的,其梳理是在强制握持状态下的梳理,能有效除去纤维中的弯钩和细小杂质,进一步顺直纤维,同时还能去除不适合后道加工要求的短纤维,以获得纤维长度更为均匀的生条。

梳理机按加工原料的不同主要有两种形式,即盖板梳理机和罗拉梳理机。它们的工艺简图分别如图 4-1(b)和图 4-2 所示。盖板梳理机一般用于加工短纤维,如棉纤维、棉型化学纤维及其混纺纤维。罗拉梳理机一般用于加工长纤维,如毛纤维、麻纤维、绢纤维、毛型化学纤维及其混纺纤维。

梳理机除以上两种形式外,还有由它们改装和组合成的,用来实现细绒毛、粗腔毛分拣的机台,如分梳机等。

盖板和罗拉梳理机的工艺过程类似(分别见动画视频 4-1 和动画视频 4-2),如梳棉机上,棉层被喂入罗拉和给棉板积极握持喂入刺辊,经其表面的针齿对棉层进行强烈松解、除杂后,转移给同样包覆着针齿的锡林,纤维再随锡林进入锡林盖板工作区(即主梳理区),并受到盖板和锡林两个针面反复、细致的梳理和混和,再随锡林经过锡林道夫梳理区,锡林上的一部分纤维在梳理的同时转移到道夫上,由剥取罗拉将道夫上的纤维剥下形成棉网,经喇叭口集合成条后,由大压辊压紧,再由圈条器有规则地圈放在条筒中。

通常生产时,棉卷 1 靠其与棉卷罗拉 2 间的摩擦逐层缓慢退解为棉层并沿给棉板 3 进入给棉罗拉 4 与给棉板的钳口之间(当采用清梳联时,由清棉机输出的棉流经管道喂入棉箱,最后形成棉层进入给棉罗拉与给棉板钳口之间),在两者握持下,棉层随给棉罗拉的回转而喂入刺辊 5,接受其开松分梳,使棉层成为单纤维或小棉束。大部分杂质在此从纤维中被分离出来,沿刺辊回转方向落入后车肚。刺辊下方的除尘刀 6、分梳板 7 和三角小漏底 8,用以除杂、分梳和托持纤维,被刺辊抓取的纤维经分梳板和小漏底后,与锡林 9 相遇,锡林将刺辊表面的纤维剥取下来,进入锡林盖板工作区。在盖板 10 与锡林针齿共同作用下,进一步将经刺辊分梳后存留的小棉束梳理成单纤维,并充分混和及清除细小的黏附杂质与棉结短绒。盖板针面上充塞的纤维、短绒和杂质走出工作区时,被斩刀 11 剥下成斩刀花。剥掉纤维后的盖板,经毛刷刷清后,重新进入工作区。锡林针齿携带的纤维出盖板工作区后,与道夫 12 相遇,一部分凝聚到道夫表面。另一部分留在锡林表面的纤维经大漏底 13 回转到刺辊处,与新喂入的纤维混和后,再进入锡林

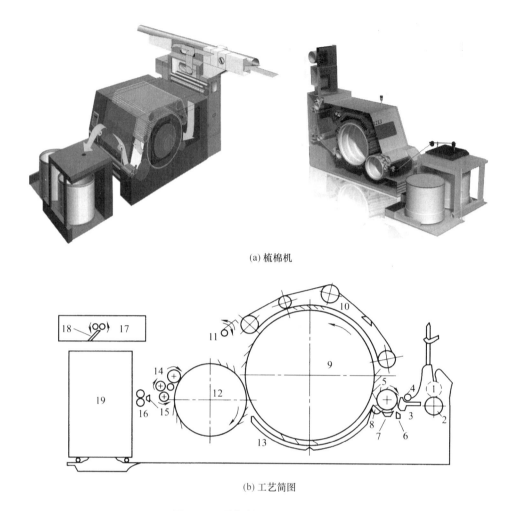

(a) 梳棉机

(b) 工艺简图

图 4-1 盖板梳理机及其工艺简图

盖板工作区受梳理。道夫表面凝聚的一层棉网转到前方被(四罗拉)剥棉装置 14 剥下后,棉网经喇叭口 15 收拢成条,即为梳棉条或称生条。生条经大压辊 16 压紧后输出,由圈条器中的小压辊 17 和圈条斜管 18 以一定规律圈放在条筒 19 中。

罗拉梳理机的工艺过程如图 4-2 所示,经混和后的原料由自动喂毛机定时定量喂入,先经

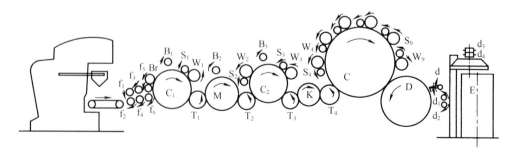

图 4-2 罗拉梳理机工艺简图

胸锡林 C_1、C_2 进行预梳,再经除草辊 M 初步开松、去草后,进入大锡林 C,并受其上多只工作辊 W、剥毛辊 S 与大锡林 C 共同的反复分梳作用,成为混和均匀的单纤维状态后,由道夫 D、斩刀 d 输出,形成毛条有规则地被圈放到条筒 E 内。

第二节　梳理的基本原理

一、相邻两针面间作用的基本原理

(一)梳理过程中纤维受力

1. 力的类型　纤维在梳理机上的运动是其受力的结果,为了研究其运动规律,通过分析,纤维集合体在梳理中的受力情况如图 4-3 所示。

纤维在梳理中所受的力主要可以分为以下几种。

(1)梳理力 R。当两个针面对一束纤维进行梳理时,纤维受到针齿对其的梳理力。梳理力大,则对纤维的梳理、分解效果好,但工艺上也应尽量避免梳理力过大,否则易引起纤维损伤或针布损坏。

(2)离心力 C。梳理机上多数工艺部件均作回转运动,转速越高,纤维受到的离心力越大。其值可由经典力学公式计算:

$$C = M\omega^2 r$$

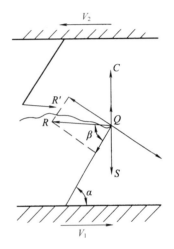

图 4-3　作用在针齿上的力

式中:M——纤维质量;

　　　ω——工作机件转速;

　　　r——工作机件回转半径。

在梳理开始阶段,纤维多为束状,质量较大,离心力较大。离心力虽有使被梳理的纤维及其间的杂质脱离针齿的趋势,但由于纤维间的联系力、纤维与针齿间的摩擦力存在,正常条件下可抵消离心力的作用,纤维不易脱离针齿。而杂质在纤维开松的情况下,很容易被甩掉。

(3)挤压力 S。梳理是在两针齿间进行的,而且隔距很小。当纤维层有一定厚度时,纤维间便产生较大的挤压力 S,方向指向针根,使纤维进入针隙,增加针齿对纤维的握持力。

(4)弹性反作用力 Q。当纤维层受到挤压时,下层纤维会对上层纤维产生弹性反作用力 Q,该力方向指向针尖,阻止纤维深入针隙。

(5)空气阻力。在工作件回转时,被其握持的纤维总会受到空气的阻力,其方向与机件运动方向相反,数量级极小,可忽略不计。

(6)摩擦力 F。当纤维在隔距很小的两回转针面间受以上诸力作用时,有运动的趋势,此时纤维会受到针齿阻碍其运动的摩擦力 F 的作用,摩擦力的方向平行于针面。最大静摩擦力的大小直接影响到纤维与针齿的相对运动。

2.纤维与针齿的相对运动

（1）相对运动类型。纤维受到上述的离心力 C、挤压力 S、弹性反作用力 Q 的合力（法向力）U、梳理力 R（切向力）及摩擦力 F 共同作用时，如图 4-4 所示，纤维相对于针齿的运动有三种情况：

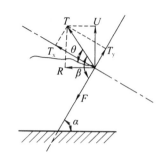

①在针齿间受切向力的作用而被梳理或转移。

②沿针齿向针尖或针根移动。

③纤维在针齿上既不向针齿移动，也不向针间移动，发生所谓的"自制现象"。

图4-4 沿针运动时力的关系

在情况①下，纤维作切向运动，且纤维在切向力作用下，实现分梳、转移而形成更小的纤维束，最后形成单纤维，并能使纤维在一定程度上伸直；在情况②下，纤维作沿针运动；在情况③下，纤维可能环绕针齿做相对运动，称纤维的绕针运动。

（2）运动条件。如图 4-4 所示，切向的梳理力 R 与法向的合力 U（假设 U 力方向指向针尖时为正值）的合力为 T。T 与针齿间的夹角 β 为梳理角，β 可能小于 90°，也可能大于 90°，但恒小于 180°。T 可分解成为与针齿平行的力 T_y 及与针齿垂直的力 T_x。T_y 是使纤维沿针齿移动的力，T_x 则是纤维束对针齿的正压力，摩擦力 F 的大小与 T_x 有关，它们可用下式表示：

$$T_x = T\cos(\beta - 90°), T_y = T\sin(\beta - 90°)$$

纤维若要沿针齿运动，必须克服纤维与针齿间的摩擦力 F，即

$$T_y = T\sin(\beta - 90°) > F = \mu T\cos(\beta - 90°)$$

$$\tan(\beta - 90°) > \mu = \tan\varphi$$

$$\beta > \varphi + 90°$$

式中：μ——纤维与针齿间的摩擦系数；

φ——摩擦角。

故当 $\beta > 90°$ 且 $\beta > \varphi + 90°$ 时，才会使纤维沿针齿向针尖移动；而当 T 的梳理角 $\beta < 90°$ 且 $\beta < 90° - \varphi$ 时，才会使纤维沿针齿向针根移动。

同样，按上述方法可求得：当 $(90° - \varphi) \leq \beta \leq (\varphi + 90°)$ 时，纤维被阻留在针齿上，发生上述第③种情况即"自制现象"。

（二）相邻两针面间的基本作用

梳理机上有相互作用的机件基本上都是外层包有针布作回转运动的工艺件。当两针面的距离小到能对纤维起作用的情况下，纤维在两针面间所受到的作用是遵循上面所述的纤维受力及纤维与针齿相对运动分析的规律的，其作用的种类，是由两机件的回转方向、针面相对速度和针齿倾斜方向所决定的。两针面间的基本作用实质上有以下几种。

1.分梳作用 分梳作用见动画视频 4-3，针面产生分梳作用的配置如图 4-6 所示。由图可见，产生分梳作用时，两针面上的针尖相对，针齿倾斜方向相互平行，两针面间距很小（通常在 1mm 以下）。图 4-6（a）中 A 针面与 B 针面运动方向相反，所以使处于两针面间的纤维束受到张力，产生梳理力 R。R 可分为沿针齿作用力 P 和垂直于针的作用力 Q。两分力的大小可以

近似表示为：

$$P = R\cos\alpha$$

$$Q = R\sin\alpha$$

式中：α——工作角，近似等于针齿倾斜角。

　　力 P 的方向指向针根，使纤维向针根运动，针齿握持纤维。两针面以逆对针间运动时，A 针面握持的纤维尾部被 B 针面梳理伸直；反之，B 针面握持的纤维尾端被 A 针面梳理伸直。纤维束被 A、B 针面均握持时，若梳理力大于纤维束强力，则纤维束被一分为二，A、B 针面各得一部分纤维，这种作用称为分梳。图 4－5(b)、图 4－5(c)所示两种情况与图 4－5(a)相同，同样可发生分梳作用。因此，产生分梳作用的两针面配置条件如下。

　　(1)两针面相互平行配置。

　　(2)任一针面对另一针面的相对运动方向是逆对着针尖的。

　　(3)两针面的隔距足够小。

　　或根据力的分析，当两针齿间纤维受到的沿针分力方向均指向针根时，发生分梳作用。

　　分梳作用的特点是不管两个作用针面中的一个或两个带有纤维，分梳结果必然使两个针面都带有纤维，即原来没有纤维的针面必将抓取部分纤维。因此，可利用分梳作用来实现部分纤维由一个针面向另一个针面的转移。

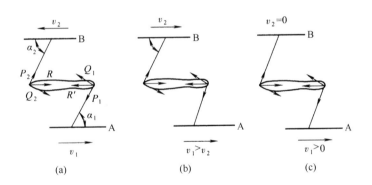

图 4－5　分梳作用

　　2.剥取作用　剥取作用见动画视频 4－4。两针面配置如图 4－6 所示时，其间纤维受到力 R 作用，所产生的沿针分力 P，在一个针面上是指向针根的，而在另一针面上则是指向针尖的。因此，纤维能脱离一个针面被另一个针面抓取。

　　图 4－6(a)中，A、B 两针面运动方向相反，A 针面剥取 B 针面的纤维，这种剥取方式称反向剥取。图 4－6(b)中，$v_2 = 0$，$v_1 > 0$，同样发生 A 针面剥取 B 针面纤维。图 4－6(c)中，A、B 两针面运动方向相同，当 $v_1 > v_2$ 时，均发生 A 针面剥取 B 针面上的纤维，反之，则 B 针面剥取 A 针面的纤维。

　　因此，两个针面产生剥取作用的配置条件如下。

　　(1)两针面相互交叉配置。

　　(2)其中一个针面对另一个针面相对运动的方向是顺着针尖方向的。

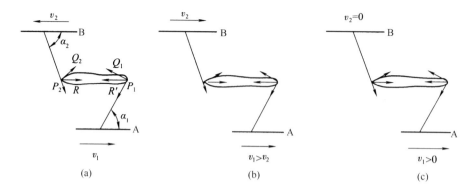

图4-6 剥取作用

（3）两针面的隔距足够小。

3. 提升作用　提升作用见动画视频4-5。两针面配置如图4-7所示,针面对纤维的作用力为R,而力R在两个针面上的沿针分力均指向针尖,这种分力可使纤维从针根隙间提起并处于针尖上。

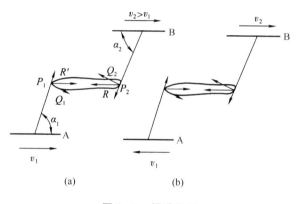

图4-7 提升作用

图4-7(a)中A、B两针面运动方向相同,只有当$v_2 > v_1$时,方能发生提升作用。图4-7(b)中,两针面运动方向相反,则不论v_1、v_2多大,均会发生提升作用。可知,两个针面产生提升作用的配置条件如下。

（1）两针面方向平行配置。

（2）任何一个针面对另一个针面的相对运动方向是顺着针尖方向的。

（3）两针面的隔距足够小(负隔距)。

(三)针布

梳理机上对纤维作用的机件基本上为圆筒(弧)形,其外表均包覆有钢针或锯齿。通过这些针齿的作用,使纤维得到伸直、混和均匀。针布的型号、规格基本是标准化、系列化的,故可根据加工原料和工艺件的作用不同,针对性地进行配套选择。针布主要分为弹性针布和金属针布两大类。

1. 弹性针布　弹性针布由钢针与底布组成,一般呈条状,其结构如图4-8(b)所示。

（1）底布。底布由硫化橡胶、棉、毛、麻织物等多层织物用混练胶合而成。

（2）钢针。钢针材料一般为中炭钢丝,针尖经压磨和侧磨后,再进行淬火处理,硬度可达HRC58~62。横截面有圆形、三角形、扁圆形、矩形等多种。钢针被弯成"U"形,按一定角度和分布规律植于底布上。钢针分弯脚、直脚两种。

弹性针布的主要参数如图4-8(a)所示,其中γ为植针角,H为总针高,B为钢针下部高度,A为钢针上部高度,S为侧磨长度。

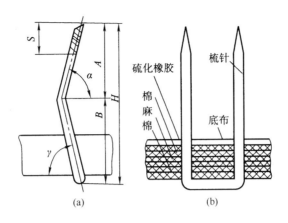

图 4-8 弹性针布

2. 金属针布 金属针布为全金属梳理专件,一般由中炭钢丝冲击轧制淬火制成,其外形与锯条相似,具有宽大的基部,能承受较大的力,使用中不变形。齿形根据不同用途而异。如图 4-9 所示,α 为齿面工作角,β 为齿背角,γ 为齿顶角,T 为齿距,a 为齿顶长,H 为齿总高,h 为齿深,c 为齿壁宽,b 为齿顶厚,d 为齿根深,w 为基部厚度。

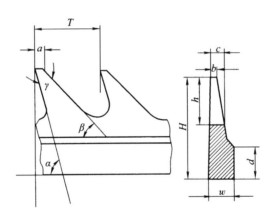

图 4-9 金属针布

二、梳理机的针面负荷及分配

(一)针面负荷的意义及种类

针面负荷是指梳理机各辊筒单位面积针面上纤维层的平均重量,其单位为 g/m^2。各辊筒负荷的大小,实质上反映了纤维层的厚度变化,它不仅与喂入量有关,也与梳理机各项工艺参数及针布规格等有关。合理控制各辊筒的负荷,不仅有利于高产、优质、低消耗,而且能延长针布的寿命。当负荷过小时,不利于纤维的均匀混和;而当负荷过大时,则易梳理不充分,并可能造成对纤维和针布等的损伤。

梳理机的负荷可分为两大类。一类为参与梳理作用的,如喂入负荷 α_f、返回负荷 α_b、出机

负荷 α_0，盖板梳理机上还有盖板负荷，罗拉梳理机上还有交工作辊负荷 β 和剥取负荷 β_1 等；另一类为不参与梳理作用的，如在使用弹性针布的梳理机上，由于针布的梳针高且有弯膝，纤维一经沉入针隙不易上浮，形成的抄针层负荷为 α_s。

（二）各种负荷的形成及作用

1. 盖板梳理机锡林负荷 在盖板梳理机上，锡林上的纤维负荷主要是：喂入负荷 α_f、盖板负荷 α_g、盖板花负荷 α_{g1}、锡林负荷 α_c、返回负荷 α_b、出机负荷 α_0 和抄针层负荷 α_s，由于现代梳棉机的锡林上均采用金属针布，故其抄针层负荷很小，可以忽略不计。

（1）喂入负荷。是指由喂入罗拉喂入的原料，经刺辊后到达锡林，在锡林上形成的单位面积纤维量，以 α_f 表示，单位为 g/m²，一般为 0.25 ~ 0.4g/m²。

（2）盖板负荷。喂入锡林的喂入负荷与锡林上的返回负荷一起，进入锡林与盖板的梳理工作区，锡林上的纤维被盖板针齿分梳后一部分转移到盖板上，形成盖板负荷，盖板负荷 α_g 为锡林单位面积针面转移给盖板的纤维量。盖板负荷也可以用每块盖板上的纤维总量表示，一般为 1 ~ 1.6g。盖板花负荷是指盖板走出梳理工作区时，所带出的（相当于锡林每平方米上的）纤维量，以 α'_g 表示，可以忽略。

（3）锡林负荷。锡林走出盖板工作区带至道夫表面的单位面积的纤维量称为锡林负荷，以 α_c 表示，一般为 1.5 ~ 3.5g/m²。

（4）出机负荷。出机负荷 α_0 即指锡林单位面积针面上转移给道夫的纤维量，在不考虑梳理中的纤维损耗（如盖板花、落杂等）时，出机负荷等于喂入负荷。

（5）返回负荷。返回负荷 α_b 是指锡林针面上的纤维经过道夫而转移给道夫一部分纤维后，仍留在锡林上的单位面积的纤维量，一般为 1 ~ 3.2g/m²。

盖板梳理机上，锡林上各部分的纤维负荷分布如图 4 - 10 所示。

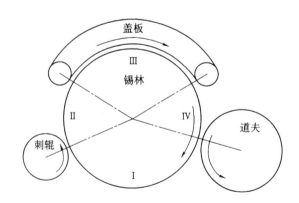

图 4 - 10 盖板梳理机上的锡林针面负荷分布

① Ⅰ区：锡林上的负荷由返回负荷 α_b 组成。

② Ⅱ区：由于喂入负荷的加入，锡林上的负荷为 $\alpha_b + \alpha_f$。

③ Ⅲ区：由于锡林上的部分纤维被盖板转移（抓取），锡林上的负荷为 $\alpha_b + \alpha_f - \alpha_g$。

④Ⅳ区:锡林负荷为 $\alpha_c = \alpha_b + \alpha_f$;考虑盖板花负荷时,$\alpha_c = \alpha_b + \alpha_f - \alpha'_g$。

2. 罗拉梳理机锡林负荷及分布

(1)锡林针面负荷。罗拉梳理机,特别是包有弹性针布的罗拉梳理机,大锡林上各种负荷的形成比较复杂。首先考察运转正常,即罗拉梳理机单位时间内喂入量与输出量相等时大锡林上各种负荷的生成情况。

设原料经运输辊 T 喂入大锡林 C(图 4 – 11)后,依次通过各工作辊 W_1、W_2、W_3 和 W_4 的工作区时,一部分纤维将分别被各工作辊抓取,形成交工作辊负荷 β。同时各剥取辊 S_1、S_2、S_3、S_4 又将工作辊上的纤维剥下后交还锡林,未被最后一只工作辊抓取的锡林表面剩余纤维,经过风轮 F 和清洁辊 f_1、f_2,由锡林带向道夫 D 处,又分配给道夫一部分,而仍留在锡林上的部分纤维形成返回负荷 α_b。这就是锡林与工作辊、道夫间的分配现象。当大锡林带着返回负荷 α_b 再次通过由它与运输辊 T 组成的工作区时,与新喂入的原料叠合,再进入新一轮的循环。

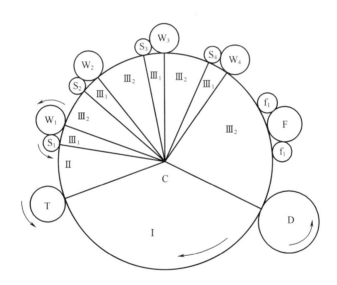

图 4 – 11 罗拉梳理机上大锡林的负荷分布

①喂入负荷:原料由喂入罗拉进入梳理机后,经若干辊筒达到大锡林上,分布在锡林上每平方米的纤维量称为大锡林的喂入负荷,以 α_f 表示,单位为 g/m^2。

②交工作辊负荷与剥取负荷:在正常运转时,锡林每平方米针面交给工作辊的纤维量叫作交工作辊负荷,以 β 表示,单位为 g/m^2。工作辊上的纤维转移给剥取辊后又交回大锡林每平方米的纤维量称为剥取负荷,其值也等于 β。

③返回负荷与出机负荷:返回负荷是大锡林所特有的,形成的原因是锡林与道夫间针面的作用实质上为分梳作用。纤维分配给道夫一部分后,锡林针面上仍留有纤维。这部分纤维分布在大锡林上,其每平方米针面上的纤维量叫作返回负荷,以 α_b 表示,单位为 g/m^2。而锡林每平方米针面分配给道夫的纤维量则叫作出机负荷,以 α_0 表示,其在数值上与喂入负荷 α_f 相同。

返回负荷 α_b 和出机负荷 α_0 的组成相同,都是由若干次喂入负荷的部分纤维组成的,这是喂入原料在梳理机内的运动方式决定的。由此可见,返回负荷对纤维的混和与出机负荷的均匀有很大影响。

④抄针层负荷:在采用弹性针布的锡林上,由于钢针的倾斜度小于"自制"的下限,在梳理力的作用下,纤维向针根移动,加上针隙深而大,纤维易进入深处,失去了参与梳理的能力,经较长时间的积累,便形成了抄针层负荷 α_s。因为抄针层占据了一定的针隙,妨碍钢针对纤维的握持和分梳作用,影响输出纤维网的质量,故在运转一定时间后要进行停车抄针,清除抄针层。

(2)锡林针面上负荷分布。根据以上分析可知,大锡林各部分的负荷组成是不同的。如图4-12所示,将整个锡林分为Ⅰ、Ⅱ、Ⅲ三种类型的若干区域。

①Ⅰ区:在道夫和运输辊 T 之间,锡林负荷为 $\alpha_b + \alpha_s$。

②Ⅱ区:在运输辊 T 与剥取辊 S_1 之间,锡林负荷为 $\alpha_b + \alpha_s + \alpha_f$。

③Ⅲ区:Ⅲ区分Ⅲ$_1$ 和Ⅲ$_2$ 区,Ⅲ$_1$ 区在剥取辊 S_1 和工作辊 W_1 之间,因大锡林从剥取辊 S_1 上得到 β(又称交工作辊负荷,由 S_1 从工作辊 W_1 上剥取下),所以此处锡林负荷为 $\alpha_b + \alpha_s + \alpha_f + \beta$;Ⅲ$_2$ 区在工作辊 W_1 和下一剥取辊 S_2 之间,因大锡林分配给工作辊 W_1 部分纤维,则此处锡林负荷减少了交工作辊负荷 β,为 $\alpha_b + \alpha_s + \alpha_f$。

依此类推,其余各剥取辊与工作辊间的Ⅲ$_1$ 区域,锡林上的纤维负荷均为 $\alpha_b + \alpha_s + \alpha_f + \beta$;各工作辊到剥取辊的Ⅲ$_2$ 区域,锡林上的负荷均为 $\alpha_b + \alpha_s + \alpha_f$。大锡林上的负荷变化情况有以上三种情况。在工作辊与大锡林之间,三种负荷参与梳理,而在道夫与大锡林之间两种负荷参与梳理,这也表明了梳理机上梳理和混和是非常充分的。

(三)分配系数及影响因素

当两针面的配置为分梳作用时,纤维在梳理作用区内,被相互作用的两针面分成两部分的现象称为分配。相关负荷的比例关系一般用分配系数表示,且分配系数主要有两种,一种是工作辊分配系数,表示纤维在工作辊与锡林之间的分配关系;另一种是道夫转移率(即道夫分配系数),表示纤维在道夫与锡林之间的分配关系。

1. 工作辊分配系数 在罗拉梳理机上,锡林与工作辊对纤维进行分梳后,锡林每平方米针面交给工作辊针面的纤维量与锡林每平方米针面带向工作辊的总纤维量的比值叫作工作辊分配系数。

(1)预梳锡林工作辊分配系数。在预梳锡林上没有返回负荷 α_b,参与梳理作用的只有喂入负荷 α_f 与剥取负荷 β 两种。故预梳理锡林的工作辊分配系数为 K_1。

$$K_1 = \frac{\beta}{\alpha_f + \beta_1} = \frac{\beta}{\alpha_f + \beta}$$

(2)大锡林工作辊分配系数。在大锡林上,参与梳理作用的负荷,除了 α_f、β 外还有喂入负荷 α_b,所以大锡林工作辊分配系数 K_2 用下式表示:

$$K_2 = \frac{\beta}{\alpha_f + \beta_1 + \alpha_b} = \frac{\beta}{\alpha_f + \beta + \alpha_b}$$

事实上,返回负荷 α_b 比喂入负荷 α_f 大得多,且多由单纤维组成易沉于针根,参与梳理和转移的量较小,而喂入负荷的纤维多呈块、束状浮在针尖,易被工作辊针齿抓取,较多地参与梳理分配。为了能较好地反映纤维负荷分配量的波动,工作辊分配系数 K_2 则应以下式表示:

$$K_2 = \frac{\beta}{\alpha_f + \beta}$$

这样在实际应用中预梳锡林和大锡林工作辊分配系数可用同一公式计算。罗拉梳理机上，工作辊的分配系数一般为 20% ~ 40%。

（3）影响工作辊分配系数的因素。分配系数的选择，通常取决于针面的种类、规格及机台的产量和各机件的速比、隔距等条件。

一般情况下，提高分配系数意味着锡林每平方米针面交给工作辊的纤维增多，有利于加强锡林针齿梳理纤维的作用，以及纤维间的混合作用，提高纤维网质量。

工作辊分配系数主要与下列因素有关。

①随着梳理作用的逐渐完善（纤维松散），锡林上各工作辊的分配系数是逐只下降的。

②当锡林负荷较低时，增加喂入负荷，工作辊的分配系数值会增大，但其增量远小于喂入负荷的增量。

③适当增加工作辊表面速度，会提高分配系数。

④适当减少工作辊梳针工作角有利于提高分配系数。

2. 道夫转移率及其影响因素

（1）道夫转移率。锡林向道夫转移的纤维占锡林带向道夫的纤维总量纤维的百分率叫作道夫转移率。无论盖板梳理机或是罗拉梳理机。在锡林与道夫间只有相当于喂入负荷 α_f 及返回负荷 α_b 的纤维量各以不同程度参与梳理，在正常运转时，出机负荷 α_0 与喂入负荷 α_f 基本相等（忽略纤维损耗）。若道夫转移率以 γ 表示，则：

$$\gamma = \frac{\alpha_0}{\alpha_f + \alpha_b} = \frac{\alpha_f}{\alpha_f + \alpha_b}$$

但在盖板梳理机上，道夫转移率习惯上是以锡林转一转交给道夫的纤维量占锡林一转时带向道夫的总纤维量的百分率表示，通常用下列两种方式来表示。

$$\gamma_1 = \frac{q}{Q_0} \times 100\%$$

$$\gamma_2 = \frac{q}{Q_c} \times 100\%$$

式中：q——锡林转一转交给道夫的纤维量，g；

　　Q_0——锡林盖板自由纤维量（指当机器停止喂给后，从锡林盖板针面中释放并经道夫输出的纤维量），g；

　　Q_c——锡林离开盖板区与道夫作用前的针面负荷（α_c）折算成锡林一周针面的纤维量，g。

Q_0 测定较简单方便，故 γ_1 主要用于金属针布盖板梳理机；而弹性针布因随时间延长，针面负荷增加，自由纤维量减少，使用 γ_1 有一定缺陷，通常采用 γ_2。

（2）影响道夫转移率的因素。采取下列措施，都有利于纤维向道夫的转移，适当提高道夫转移率。

①减少道夫针齿的工作角。

②减少道夫与锡林的隔距。

③减少锡林与道夫的速比(道夫速度高,相当于产量提高;锡林速度适当降低,转移率提高)。

④减小锡林直径(同样线速度下,直径小,则转速高,离心力就大,转移率提高)。

道夫转移率高,表明纤维在梳理机中停留时间短,一方面可以减少由于过度梳理而产生的棉结和纤维损伤问题;另一方面也会在一定程度上影响纤维梳理的充分程度,以及纤维间的相互混和、均匀。传统梳棉机的转移率一般为8% ~15%,而目前高产梳棉机转移率可高达20% ~30%。

三、梳理机的混和、均匀作用

(一)混和、均匀作用的意义

梳理机的混和作用表现为输出产品同喂入原料相比,在其成分和色泽上更为均匀一致;而均匀作用则表现为输出产品的片段重量比喂入时更加均匀一致。这两种作用是同一现象的两个方面,它是通过针面对纤维的储存、释放、凝聚、减薄等方式达到的。这实质上是各梳理辊筒上负荷变化的结果。

1. 混和作用　如前所述,纤维在梳理机的锡林与盖板(或工作辊)间的反复梳理和转移,促使在这些机件上的纤维不断变换,从而产生纤维层间乃至单纤维间的细致混和。同时,由于道夫从锡林上转移纤维的随机性,造成纤维在梳理机内停留时间的差异,使同一时间喂入的纤维,分布在不同时间输出的纤维网内,而不同时间喂入的纤维,却凝聚在同时输出的纤维网内,使纤维之间得到混和。

图4-12　纤维在工作辊上分布

在罗拉梳理机上,当锡林上一部分纤维转移到工作辊上时,由于工作辊的表面线速度比锡林的慢,之前分布在锡林较大面积上的纤维,凝聚、转移到工作辊针面上,从而起到混和纤维的作用。而当工作辊上纤维层通过剥取辊的作用返回锡林时,又和锡林带到此处的纤维发生混和,如图4-12所示,当锡林带着纤维进入工作辊的作用区时,锡林上的一部分纤维A被工作辊W_1带走,余下的纤维B继续前行并通过工作辊W_2,其中一部分纤维C再被工作辊W_2带走。当W_1上的纤维A经过剥取辊S_1返回锡林时,与锡林新带向工作区的纤维实现了混和。影响这种混和作用的因素是工作辊抓取纤维的能力,抓取得越多,则混和作用越好。

2. 均匀作用　若将正常运转的梳理机突然停喂,可以发现输出的纤维网并不立即中断,而是逐渐变细。一般使用金属针布梳理时,这种现象可持续几秒钟,而弹性针布则更长些。将变细的条子切断称重,便可得到如图4-13所示的曲线2—7—8。如果在条子变细的过程中恢复喂给,条子也不会立即恢复到正常重量,而是逐渐变重,如图4-13的曲线7—6。可见在机台停止喂给和恢

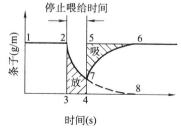

图4-13　均匀作用试验

复喂给过程中,条子并不按图4-13中曲线1—2—3—4—5—6那样变化,而是按曲线1—2—7—6变化。这表明在停止喂给时,针齿放出纤维,放出量为闭合曲线2—3—4—7所围的面积。在恢复喂给后,针齿吸收纤维,吸收量为闭合曲线5—7—6所围的面积。这种针齿吸放纤维,缓和喂入量波动对输出量不匀影响的作用,称为梳理机的均匀作用。

从前面分析可知,当喂入量波动较小,且波动的片段较短时,梳理机有着良好的均匀作用,同时当纤维由锡林向工作辊或道夫转移时,由于锡林表面线速度通常是道夫表面线速度的20~30倍,因而产生20~30倍的并合机会,又使纤维得到进一步的混和、均匀,使输出条的短片段不匀较小。但当喂入纤维量的不匀(重量波动)片段较长,足以引起锡林负荷等发生较大变化时,出条的重量还是会发生显著波动,梳理机的均匀作用只是使其波动得到缓和。

以上所述及的梳理机的混和、均匀作用,只能在机器的纵向(原料在机内前进的方向)实现,不能在横向实施。若要实现原料的横向混和,必须安装专门的机构(如粗纺梳毛机上的过桥机等)才能达到。

(二)影响混和均匀作用的因素

盖板梳理机的混和、均匀作用的完善程度与锡林与盖板之间的分梳、转移作用及自由纤维量或道夫转移率有关;罗拉梳理机混和、均匀作用则取决于工作辊的分配系数、道夫分配系数。

工作辊分配系数较大,表明有较多的纤维被工作辊抓取。这有利于加大纤维在机内的储存量,完善混和、均匀作用。道夫分配系数(即道夫转移率)则正好相反,分配系数(转移率)小时,锡林上的返回负荷大,有利于加大纤维在机内的储存量,也有利于改善混和均匀作用。若适当减小工作辊与锡林间的隔距或减小工作辊速比(即锡林表面线速度与工作辊表面线速度之比),则能加大工作辊的分配系数,改善混和均匀作用;若加大道夫与锡林间的隔距,可使锡林的返回负荷增加,以增强混和、均匀作用,但这又与加强分梳有矛盾。因此,在实际生产中必须根据产品要求适当掌握。

第三节 自调匀整

在现代梳棉机上,为了克服清梳联合机因采用喂棉箱取代了成卷机中的天平杠杆调节装置而造成的出条平均重量偏差和线密度变异系数过大的缺陷,同时,也为了进一步提高梳棉条(生条)的均匀度,通常采用自调匀整装置,其根据输出棉条(生条)的粗细及时地调整棉丛喂入量(即提高或降低给棉罗拉速度),以制成重量均匀的棉条。

一、自调匀整装置的基本原理

自调匀整装置就是根据检测喂入或输出半制品单位长度重量与标准(设计的单位长度重量)的差异,自动调节牵伸倍数,使纺出半制品的单位长度重量保持在标准值。

二、自调匀整装置的组成

自调匀整装置的组成主要有以下三大系统。

1. 检测系统 检测系统是对喂入或输出品在运转中连续测定其不匀的变化,并将测量信号进行转换和传送,因此,这部分也称自调匀整器的传感器。检测传感器的形式主要有电容式、光电式、电磁感应式、位移传感式和气动式等。目前在自调匀整器中使用最广泛的传感器是位移传感器。

2. 调节系统 调节系统就是匀整器的控制电路,包括比较环节和放大器两个组成部分。比较环节是将检测和转换所得到的代表条子重量变化的信号,同给定标准值进行比较,只要条子重量不符合标准,比较环节即可将测得的偏差信号,送给放大器进行放大。

3. 执行系统 执行系统由调速系统和变速机构组成,调速系统按放大器发出的信号,产生相应的速度,通过变速机构把这个速度与需要变速的罗拉速度相叠加,以使牵伸倍数随棉条重量增减而作反比例变化,达到匀整的目的。变速执行结构有多种型式,如机械式、液压机械式、电气式和机电式等。并条机自调匀整装置使用较广的有机械式和电气式等。机械式变速执行机构一般采用差速齿轮箱变速装置,并有差微机构用于速度叠加。电气式变速执行结构一般是伺服电机调速。

三、自调匀整装置的类型

目前,自调匀整装置在梳棉机上得到了广泛的应用,其类型也有多种。

1. 按控制方式分 梳棉机自调匀整装置可分为开环系统、闭环系统和混合环系统,如图4－14所示。

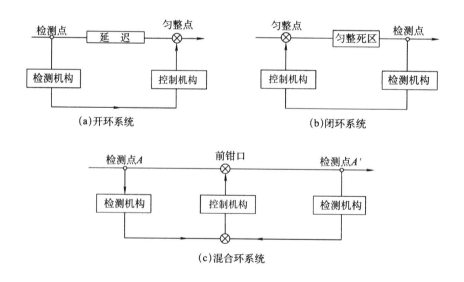

(a)开环系统　　(b)闭环系统　　(c)混合环系统

图4－14　自调匀整系统

开环系统中,检测点靠近系统的输入端,而匀整(变速)点靠近系统的输出端,整个系统的控制回路是非封闭的,如图4－14(a)所示。其特点是:根据输入的情况来进行调节,因而能根据喂入的波动情况及时、有针对性地进行匀整,匀整的片段短,可改善中、短片段的均匀度,但控制系统的延时与喂入品从检测点到变速点间的时间必须配合得当,否则,将超前或滞后变速。而且,开环式只能按调节方程式调节,无法控制实际调节结果,即无法修正各环节或元件变化引起的偏差和零点漂移,缺乏自检能力。闭环系统中,检测点靠近输出端,而匀整(变速)点靠近输入端,即根据输出的结果来进行调节,整个系统是封闭的,如图4-14(b)所示。其特点是:根据输出结果进行调节,故有自检能力,能修正各环节元件变化和外界干扰所引起的偏差,比开环稳定;但由于输出结果与输入情况间滞后时差的存在,影响匀整的及时性和针对性,故无法进行中、短片段的匀整。混合环系统则是开环和闭环两个系统的结合,兼有开环和闭环的优点,既能有长、中、短片段的匀整效果,又能修正各种因素波动所引起的偏差,调节性能较为完善,但系统复杂,如图4-14(c)所示。

2. 按调节效果分 自调匀整系统可分为短片段、中片段和长片段自调匀整系统。一般而言,中、长片段自调匀整装置采用闭环系统,短片段自调匀整装置采用开环系统。

(1)短片段自调匀整系统。短片段自调匀整系统,为开环(或闭环)控制系统,制品的匀整长度为0.1~0.12m。如图4-15所示,图4-15(a)是通过在喂入罗拉处检测喂入棉层的重量,来调节喂入罗拉的速度;图4-15(b)是一些新的梳棉机已带有罗拉牵伸装置,其在棉条输出牵伸装置上方(或下方)的检测喇叭可检测输入棉条的粗细,并将相应的脉冲信号传送到控制器。控制器将产生的控制信号传送至匀整装置(位于牵伸装置下方或牵伸罗拉本身为匀整装置),以调整牵伸罗拉的速度与棉条的粗细相适应。

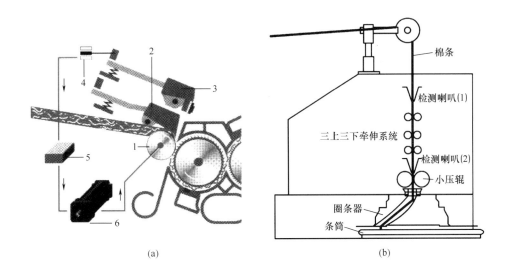

(a)　　　　　　　　　　　　(b)

图4-15 短片段自调匀整系统
1—给棉罗拉 2,3—给棉板 4—位移传感器 5—控制器 6—变速电机

(2)中片段自调匀整系统。制品的匀整长度约3m。如图4-16所示为一种中片段自调匀整系统。在锡林的罩板上安装有光电检测装置,用来检测锡林整个宽度上棉层的厚度变化。通过与设定值的比较,将误差信号传递给匀整机构(调整给棉罗拉速度),以保证锡林上棉层厚度

为常值。

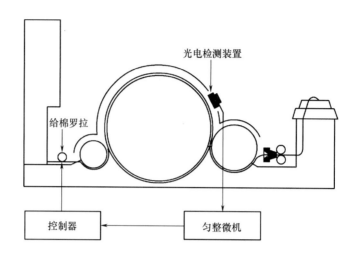

图4-16　中片段自调匀整系统

（3）长片段自调匀整系统。制品的匀整长度在20m以上。长片段自调匀整系统如图4-17所示。它是通过检测输出品的质量再反过来调节喂入的参数，以达到保证输出量恒定的目的。通常在生条的输出部位用气压检测喇叭［如图4-18（a）］替代原来的大喇叭口，或一对阶梯压辊（或凹凸罗拉）［图4-18（b）］代替原来的大压辊，以检测输出棉条粗细，所得到的电信号送入电气控制回路（微机）去改变给棉罗拉速度，以调整给棉量。一般作用时间为10s左右，棉条能在70~100m长度内获得均匀效果。

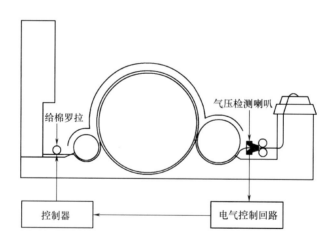

图4-17　长片段自调匀整系统

3. 按组成部分的结构分　自调匀整装置可分为机械式、液压机械式、电气电子式、机电式和气动电子式等。

目前，自调匀整一般都是电气电子式，如上面所提到的类型，机械式的如第三章第三节中开清棉成卷机上的天平调节装置（图3-27）。

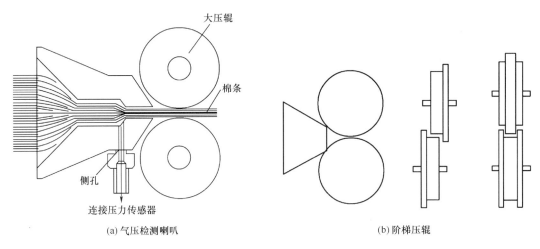

大压辊

棉条

侧孔

连接压力传感器

(a) 气压检测喇叭

(b) 阶梯压辊

图 4 - 18　自调匀整检测装置

第四节　梳棉

一、梳棉机的组成

梳棉机是典型的盖板梳理机,主要由以下三部分组成。

(1)给棉刺辊部分。包括给棉罗拉、给棉板、刺辊、分梳板、除尘刀等。

(2)锡林、盖板、道夫部分。包括锡林、回转盖板、道夫、锡林罩板(前、后)、大漏底等。

(3)出条部分。包括剥棉罗拉、圈条器等。

二、主要工艺参数作用及其选择

(一)给棉刺辊部分

给棉刺辊部分各机构示意如图 4 - 19 所示,其主要作用是喂棉、开松、除杂和排除短绒。

1. 刺辊分梳作用及影响因素　刺辊的分梳属于握持分梳,它与锡林部分的分梳不同,实质上是开松。刺辊分梳时,给棉板工作面托持的棉层形成自上而下逐渐变薄的棉须,锯齿从棉须上层插入,并逐渐深入中下层分割棉须丛,锯齿尖及其侧面接触纤维进行摩擦分梳。当锯齿对纤维或纤维束的摩擦力大于该纤维或纤维束所受的握持力时,纤维或纤维束就从棉须丛中分离而被锯齿带走。

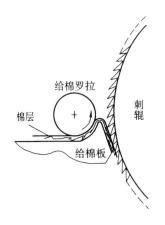

给棉罗拉

棉层

给棉板

刺辊

图 4 - 19　梳棉机的喂入部分

刺辊部分的分梳效果,一般用棉束百分率和短绒率进行评定,分梳后纤维中棉束少而小,或棉束重量百分率较小时,表明分梳效果较好。但在分梳过程中应尽量避免纤维的损伤,以降低短绒百分率。生产中一般控制此处棉束重量百分率为15%～25%，大部分纤维呈单纤状，短绒比喂入增加3%～5%，可见刺辊在整个梳棉分梳作用中占有重要地位。充分发挥刺辊的开松作用可减轻锡林、盖板的负担。影响刺辊分梳作用的主要因素有锯条规格、刺辊转速、给棉握持、给棉板分梳工艺长度、刺辊、给棉板隔距及给棉板形式等。

（1）锯条规格。锯条规格如图4-9所示，其中以工作角α、齿距T和齿尖厚度b对分梳作用影响最大。

①工作角α：其大小直接影响锯齿对须丛的穿刺力，α较小时，有利于锯齿对须丛的穿刺，但α的大小还应结合除杂等问题加以考虑，α过小不利于除杂。一般梳棉时α取75°～80°，梳理易缠绕的化学纤维时α取80°～90°。

②齿距：当刺辊上锯齿横向密度相同时，齿距T即反映锯齿密度，T小则分梳齿数多，效果好，但其影响力小于工作角α。

③齿尖厚度b：齿厚分为厚型（0.3mm以上）和薄型（0.3mm以下）两种。薄齿易刺入须丛，分梳效果好，纤维损伤少，落棉率低，落棉含杂率高，但强度低，易倒齿。

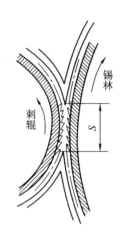

图4-20　纤维从刺辊向锡林的转移

（2）刺辊转速和分梳度。刺辊转速直接影响梳棉机的预分梳程度和后车肚气流及落棉（除杂）。在一定范围内增加刺辊转速，握持预分梳作用增强，棉束的分率降低；但转速增加过多，会加大纤维损伤，短绒率增大，且使后车肚的气流和落棉难以控制。同时还需考虑其与锡林的速度关系，锡林与刺辊的速比影响纤维由刺辊向锡林的转移，不良的转移对棉结、除杂等梳理效果有影响。

如图4-20所示，锡林对刺辊上纤维（长度为L）的剥取（同向剥取）是在S区域内完成，因此，保证纤维顺利转移的速比为：

$$\frac{V_C}{V_T} = \frac{S+L}{S}$$

式中：V_C——锡林的线速度；

　　　V_T——刺辊的线速度。

生产上产量较高时，国产梳棉机纺棉时，此速比宜在1.7～2.0。纺化学纤维时，宜在2.0以上。国外梳棉机锡林与刺辊的速比多在2.0以上。

分梳度即每根纤维上受到的平均作用齿数。分梳度过大，对纤维损伤大；若其过小，则分梳作用不足。一般，梳棉机上刺辊的分梳度控制在0.5～1齿/每根纤维。刺辊的分梳度C（齿/每根纤维）可由下式表示：

$$C = \frac{n \times z \times L_1 \times \mathrm{Tt}}{W \times v \times 1000}$$

式中：n——刺辊的转速，r/min；

　　　z——刺辊上的总齿数；

L_1——纤维平均长度,m;

Tt——喂入纤维平均线密度,tex;

W——棉卷定量,g/m;

v——给棉速度,m/min。

(3)喂入装置结构与喂入方式。棉层在给棉罗拉和给棉板共同握持下喂入,且受到刺辊的作用,这就要求对棉层的握持逐步加强,并在最后握持点 B(即给棉板鼻尖)达到最强握持,故给棉板和给棉罗拉之间应形成一段隔距逐渐减小的圆弧 AB,这是它们的相互位置关系所决定的,给棉板的圆弧(以 O 为圆心)直径($\phi72$)大于给棉罗拉(以 O' 为圆心)的直径($\phi70$),如图 4 - 21(a)所示。

给棉板可以在给棉罗拉下方或上方,给棉板与给棉罗拉位置的相对变化,形成了不同的喂给方式,如图 4 - 21 中的(b)、(c)所示。

顺向给棉,可以使纤维须丛从给棉罗拉和给棉板形成的握持钳口中抽出时更顺利,从而减少纤维损伤;逆向给棉,则可以更有利地握持纤维须丛,保证对纤维的开松和梳理。

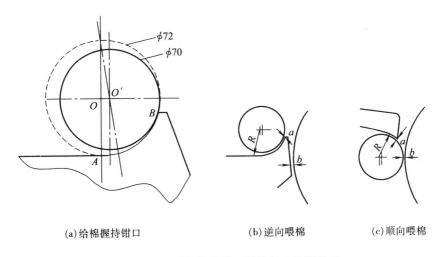

(a)给棉握持钳口　　　　　　(b)逆向喂棉　　　　　　(c)顺向喂棉

图 4 - 21　给棉板与给棉罗拉的相互位置关系

(4)给棉握持力。喂入罗拉和给棉板形成强有力而横向均匀的钳口是刺辊实现良好开松和分梳的必要条件之一。钳口的握持力是用加压方法实施的,一般当喂入棉层厚,定量重,或纤维与给棉罗拉、给棉板的摩擦系数小时,加压量应大些。

(5)给棉板分梳工艺长度。分梳工艺长度是指握持点与刺辊到给棉板间隔距点之间的长度,即给棉板鼻尖宽度与隔距点以上的给棉板工作面长度之和。

如图 4 - 22 所示,给棉板托持须丛的整个斜面长度 L 称为工作面长度;给棉板鼻尖宽度为 a,刺辊与给棉板间的隔距点 A 以上一段工作面长度为 L_1,L_2 为隔距点 A 以下一段工作面长度(又称托持长度),L_3 为刺辊轴心水平线以上一段工作面长度,R 为刺辊半径,Δ 为刺辊与给棉板之间隔距,α 为给棉板工作角,B 为表层纤维的开始梳理点,即始梳点,C 为里层纤维的开始梳理点。可见,表层纤维的梳理开始得早,故其受到的梳理比里层纤维充分,因此梳棉中的未梳透

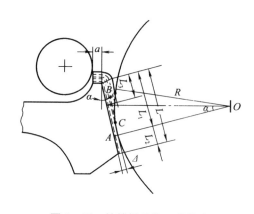

图4-22 给棉板分梳工艺长度

的棉束等多来自于里层纤维,而在刺辊下采用分梳板则有利于改善这种情况。

则分梳工艺长度 $S = a + L_1$,或 $S = a + L_3 + (R + \Delta)\tan\alpha$。

给棉板的分梳工艺长度与刺辊分梳质量关系密切,分梳工艺长度越小,则纤维被梳理的长度越长,纤维被梳理的次数越多,因此,刺辊分梳后的棉束百分率越小,但短绒率增大。分梳工艺长度相同时,加工纤维长度越长,纤维的损伤越大,故分梳工艺长度须与加工纤维长度相适应,一般掌握在主体长度与品质长度之间,加工的纤维越长,给棉板的工作长度应越长。

(6)刺辊与给棉板间隔距。刺辊与给棉板间隔距 Δ 对分梳效果影响很大。如上所述,在其他因素不变时,Δ 直接决定梳理长度的大小。隔距大则分梳工艺长度长,纤维被梳理的长度就短,棉束百分率较多,短绒率较少。一般,(清梳联)棉层(较厚)喂入时 Δ 多为略大于1mm的隔距,棉卷喂入时 Δ 多为0.18~0.30mm。

2. 除杂作用及影响因素 刺辊部分的除杂作用主要发生在给棉板到除尘刀间的第一落杂区 A,第一分梳板中导棉板到第二分梳板中除尘刀间的第二落杂区 B,以及第二分梳板中导棉板到三角小漏底入口间的第三落杂区 C 中,如图4-23所示。

刺辊除杂主要是利用纤维和杂质的物理性质及它们在高速旋转的锯齿上及周围气流中受力的不同。锯齿上的纤维和杂质在刺辊高速回转时会受到空气阻力和离心力的作用。其中的杂质因离心力大而空气阻力小,易脱离锯齿落下,长而轻的纤维正相反,不易落下。在通过除尘刀时,露出锯齿的纤维尾部受刀的托持,杂质被刀挡住而下落。进入分梳板后,由于分梳板与刺辊针面的分梳配置,加强了对纤维的梳理(弥补了刺辊对棉层里层分梳的不充分),使得细小杂质和短绒在第二落杂区及第三落杂区更好地排出。由于刺辊部分有着良好的分梳作用,纤维与杂质得到充分分离,为刺辊除杂创造了极为有利的条件,一般刺辊部分能除去棉卷含杂的50%~60%,落棉含杂率达4%左右。但是,分离后的单纤维或小棉束,其运动也易受气流的影响。若控制不当会产生后车肚落白花、落杂少等不良情况,必须掌握刺辊部分的气流规律,加以控制,使之有利于除杂和节约用棉。

(1)刺辊部分的气流。刺辊转速很高,回转时会带动其周围的空气流动,由于空气分子间的摩擦和黏性,里层空气带动外层空气,层层带动,在刺辊周围形成气流层即附面层,如图4-24所示。附面层中的各层气流速度形成一种分布,同锯齿直接接触的一层,气流速度最大,等于刺辊的表面速度 u,设受它带动的其余各层气流速度为 u_f,由于受到空气黏性阻力的影响,其由里到外逐层减小,最外层流速为零。δ 为附面层厚度,它随附面层长度增加而增加。设 δ_y 为附面层中任一点与刺辊表面距离,n 为与附面层性质有关的系数,则

$$u_f = u\left[1 - \left(\frac{\delta_y}{\delta}\right)^{\frac{1}{n}}\right]$$

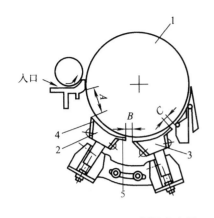

图 4 - 23 刺辊落杂区

1—刺辊 2—第一分梳板 3—第二分梳板
4—除尘刀 5—导棉板

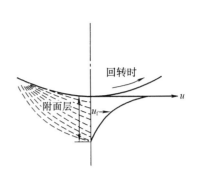

图 4 - 24 附面层示意图

运用附面层理论可以简单方便地说明刺辊部分的气流运动情况。如图 4 - 25 所示,刺辊与给棉板隔距很小,且有纤维须丛,故该隔距点可看作是刺辊带动的附面层的起点。在给棉板与除尘刀间的第一落杂区,刺辊带动的气流逐渐增加,附面层厚度也随着增加。附面层的形成与增厚,要求从给棉板下补入一定向气流,这对刺辊上的纤维有托持作用。增厚的附面层至除尘刀处,因刀与刺辊间的隔距很小,大部分气流被刀背挡住,形成沿刀向下的气流。部分气流进入第一分梳板,顺导棉板流出后,附面层又开始逐渐增厚,至第二分梳板处(第二落杂区)其间气流情况与第一落杂区情况类似,附面层开始处的导棉板背有气流补入,在第二分梳板入口除尘刀处,部分气流沿刀向下,小部分气流进入第二分梳板。由于位于第二分梳板与三角小漏底间的第三落杂区长度很短,附面

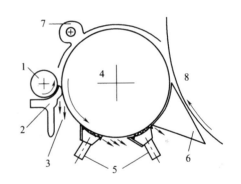

图 4 - 25 刺辊下气流示意图

1—喂给罗拉 2—给棉板 3—气流 4—刺辊
5—分梳板 6—三角漏底 7—吸尘罩 8—锡林

层厚度很小,此处落出的细小杂质和短绒比第二落杂区量少。

(2)影响刺辊部分除杂落棉的因素。为了控制刺辊落棉,增加除杂,就必须了解影响除杂和落棉的因素。影响落棉因素很多,除了上述所讨论的既影响分梳作用又影响落棉的因素如刺辊转速、给棉板与刺辊间隔距等外,还有一些不影响分梳只影响落棉的因素(分梳板除尘刀厚度及导棉板弦长)。下面主要说明后一类影响因素。

当给棉板至三角小漏底间距离一定时,第一除尘刀厚度及导棉板弦长影响第一落杂区和第二落杂区长度。通常分梳板的位置是固定不变的,因此减小第一除尘刀厚度,增加第一导棉板弦长,可使第一落杂区长度增加,第二落杂区长度减小。这样在第一落杂区,较大的杂质有较多的机会落下,同时刺辊带动的气流附面层随落杂区长度增长而增厚,浮在附面层中的纤维和杂质被除尘刀挡落的也较多。虽然第二落杂区长度缩短,落棉量减少,但整个后车肚落棉率仍然

增加。反之,增加除尘刀厚度,减少导棉板弦长。第一落杂区的落棉减少,第二落棉区长度增长,带纤维的杂质下落较多,但整个后车肚落棉率仍然减少。因此,对除尘刀厚度及导棉板弦长的选择,应根据棉卷含杂率、含杂内容及生条中含杂和短绒率的要求而定。

锡林、刺辊高速回转时,刺辊周围各处封闭部分会形成高压,以刺辊罩壳处最为明显。若此处气压过大,会迫使给棉板隔距点处气流加速向下喷射,使刺辊抓取的(部分)纤维脱离锯齿而下落,故一般在刺辊上装有吸尘罩,使各部分压力显著降低,落杂区下落的纤维减少,落棉含杂率提高。

刺辊预梳部分的除杂隔距选择如下。

①刺辊与第一除尘刀的隔距为 0.35 ~ 0.42mm。

②刺辊与第二除尘刀的隔距为 0.25 ~ 0.35mm。

③刺辊与三角小漏底的隔距一般为 0.45 ~ 0.53mm。

(二)锡林、盖板、道夫部分

锡林、盖板和道夫部分各机构如图 4 - 1 所示。锡林、道夫上包有条状针布,盖板上覆有块状针布。其主要作用是锡林、盖板对经刺辊初步分梳后的纤维作进一步细致的分梳,并除去一部分细小杂质,然后道夫将锡林上梳理过的部分纤维凝聚成纤维层,进一步均匀与混和。

1. 锡林盖板间的分梳作用及影响因素　锡林与盖板间针面为分梳配置,盖板工作区弧面长度占锡林周长的 1/3 左右,所以纤维在锡林盖板间能受到良好的梳理,棉层经刺辊分梳后,留下的 20% ~30% 的棉束,在此处基本能分梳成单纤维。

锡林携带从刺辊表面剥下的纤维或纤维束向前运动时,因锡林高速回转,纤维和纤维束在离心力的作用下尾端扬起,进入盖板工作区时,由于锡林盖板间隔距很小,锡林针面扬起的纤维或纤维束极易被盖板针面握持,转移到盖板上,这样盖板和锡林各抓住一部分纤维和纤维束,随盖板、锡林两针面高速相对运动。被盖板握持的纤维尾端被锡林针面的针齿梳理伸直,而被锡林握持的纤维尾端则被盖板针齿梳理伸直。若纤维束同时被两针面握持且握持力都大于纤维强力,则纤维被一分为二。在分梳过程中纤维与针齿的夹角是随时发生变化的,有时处于沉降区,有时处于滑脱区,使纤维在锡林盖板针面间来回转移,这可使纤维两端都受到梳理,随锡林盖板间隔距逐渐减小,上述的分梳和转移会进行得更细致。影响锡林盖板间梳理作用的因素除针布规格外,还有锡林转速和隔距等。

(1)锡林转速。当锡林转速增加,锡林盖板工作区中的针面负荷必然减少,单位时间内作用于纤维上的针齿数增加,有利于提高分梳质量,即棉束的分解和棉结的减少;同时,离心力得到提高,这也有利于锡林上的纤维向盖板转移,使纤维在盖板锡林间转移的次数增加,从而提高工作区中纤维的分梳质量,并加强排杂能力。锡林转速一般为 300 ~450r/min,生产上品种改变不大时,锡林转速很少改动。

(2)锡林盖板间隔距。锡林盖板间隔距按五点(俗称五点隔距)校正,活动盖板数量少时按四点甚至三点校正。一般进口处大,中间小,出口处略大。进口一点隔距大些,可减少纤维充塞,并符合棉束逐步被分解的要求,出口一点位于盖板传动部分,盖板上下位置易走动,隔距必须稍大些。锡林和盖板间采用小于 0.25mm 的紧隔距,可充分发挥盖板工作区分梳的效能。隔距越小,针齿刺入纤维层越深,接触的纤维越多,纤维被针齿握持或分梳的长度长,两针面间转移的纤维量多,分梳较充分,易使棉束获得分解;同时,浮于两针面间的纤维少,不易被搓成棉结。常用的锡林与盖板间隔距、锡林与固定盖板间的隔距以及锡林与道夫间的隔距如下。

①锡林—盖板五点隔距:一般为 0.18 ~ 0.25mm,0.16 ~ 0.23mm,0.16 ~ 0.20mm,0.16 ~ 0.20mm,0.18 ~ 0.23mm。

②锡林—后固定盖板隔距:一般自下而上为 0.37 ~ 0.55mm,0.30 ~ 0.45mm,0.25 ~ 0.40mm。

③锡林—前固定盖板隔距:一般自上而下为 0.20 ~ 0.25mm,0.18 ~ 0.23mm,0.15 ~ 0.20mm;0.15 ~ 0.20mm。

④锡林—道夫隔距:一般为 0.10 ~ 0.125mm,国外高产机为 0.08 ~ 0.10mm。

2. 锡林盖板的除杂作用及影响因素 棉层在经刺辊加工后,纤维中尚留有原棉层所含杂质的 30% ~ 50%,杂质多为带纤维破籽、软籽表皮、小籽壳、棉结等,这需在锡林盖板部分除去。锡林和盖板的除杂作用主要表现为盖板花去除杂质。盖板花中主要是短纤维和杂质,其中,约 40% 是 16mm 以下的短纤维,大部分杂质是带纤维籽屑、软籽表皮、僵瓣和棉结。通常,锡林和盖板分梳时大部分杂质不是随纤维一起充塞针隙,而是随同纤维在锡林和盖板间上下转移,当杂质与纤维分离后,因锡林回转的离心力而被抛向盖板纤维层上,因此,盖板针面的表面附有较多的杂质。

对工作盖板按其在工作区的顺序逐根检验其含杂,所得结果如图 4 – 26 所示。从图中可看出,盖板花的含杂粒数和含杂量都随盖板参与梳理时间的延长而增加,且开始增加较快,之后逐步减少,到盖板走出工作区时趋于饱和。

盖板上杂质的多少与针面负荷密切相关,而盖板将走出工作区时的针面负荷与盖板斩刀剥下的盖板花量是有区别的。盖板走出工作区时,前上罩板的上口可以把部分纤维(主要是长纤维)压向锡林,被其带走。因此,合理选择盖板速度、前上罩板上口和锡林隔距,以及前上罩板

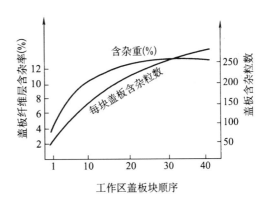

图 4 – 26 工作区盖板上的含杂量

的高低位置,使盖板针面负荷不致过多,是提高盖板除杂能力和节约用棉的关键。

(1)盖板速度。当盖板速度较快时,盖板在工作区内停留的时间按比例减少,而每块盖板针面负荷只略有减少,盖板花含杂率也只略有降低,但单位时间内走出工作区的盖板块数却增加得较多,总的盖板花和除杂效率是增加的。因此,加快盖板速度可以提高盖板的除杂效率、减少棉结,但盖板花增多,不利于节约用棉。在纺杂质少的原料时,盖板速度通常较低,以减少落棉。常用的盖板线速度范围见表 4 – 1。

表4-1 常用的盖板线速度范围

纺纱线密度(tex)		31 及以上	20~30	19 及以下
盖板线速度 (mm/min)	棉	150~200	90~170	80~130
	化学纤维	—	70~130	—

（2）前上罩板上口和锡林间隔距。前上罩板上口与锡林间隔距对盖板花影响很大,且对长纤维尤甚,如图4-27(b)所示。由于受前上罩板的机械作用和该处的气流作用,当较长纤维离开锡林和盖板工作区的最后一两块盖板时,纤维易于脱离盖板而转向锡林。机械作用是因纤维遇到前上罩板时,其尾端被迫弯曲而贴于锡林针面,增加了针齿对纤维的握持,使纤维易于从盖板针齿上脱落。气流作用是当锡林走出盖板工作区时,由于附面层作用,使盖板握持的纤维尾端易于吸入前上罩板。因此从机械角度分析,当此隔距减小时,纤维被前上罩板压下,使纤维与锡林针齿的接触数较隔距大时为多,锡林针齿对纤维的握持力增大,纤维易于被锡林针齿抓取,使盖板花减少。反之隔距增大,盖板花会增多。此隔距通常选用0.47~0.65mm。

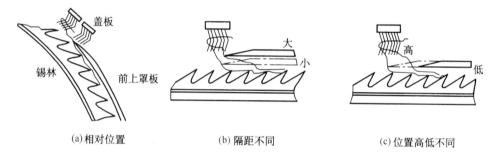

(a)相对位置　　　　　　(b)隔距不同　　　　　　(c)位置高低不同

图4-27 前上罩板上口与锡林相对位置对盖板花的影响

（3）前上罩板位置的高低。前上罩板位置的高低对盖板花多少也有影响,如图4-27(c)所示。从机械角度分析,当前上罩板位置较高时,其作用与减小前上罩板上口和锡林间的隔距相似,使盖板花减少。从气流角度研究,前上罩板较高,则此处锡林针面的附面层较薄,并使大部分或全部气流进入罩板,其作用和上述减小前上罩板上口隔距相当,同样使盖板花减少。反之前上罩板较低时,会使盖板花增加,除杂效果增强,但不利于节约用棉。

3. 锡林盖板的均匀混合作用及影响因素 本部分的均匀混合作用如本章第一节所述。其影响因素主要为相互作用部件的规格、速度、运动方向及相互位置等。

4. 生条定量 一般生条定量轻,有利于提高转移率,改善锡林盖板间的分梳作用,但生条定量过轻会影响产量。不过也不宜过重,以免影响梳理质量,故一般定在20~25g/5m。生条定量范围见表4-2,在锡林转速更高(450~600r/min)的梳棉机上,表中定量可增加10%。

表4-2 不同线密度纱线生条定量范围

线密度(tex)	32 及以上	20~30	12~19	11 及以下
生条定量(g/5m)	22~28	19~26	18~24	16~22

（三）出条部分

出条部分各机构如图 4 - 1 所示,主要作用是其剥棉机构(14～16)将道夫 12 表面的棉网剥下,经喇叭口集合和压辊压后形成棉条,再导入圈条器 18 按一定规律放在棉条筒 19 内,供下一工序使用。

1. 剥棉及影响因素　根据工艺要求,剥棉机构应具有以下功能。剥下棉网时,保持棉网结构均匀;原料性状、工艺参数或温度变化时剥棉稳定,能剥尽或不绕花;机构简单,使用和维护方便。目前主要有四罗拉剥棉机构(图 4 - 28)和三罗拉剥棉机构(图 4 - 29)。

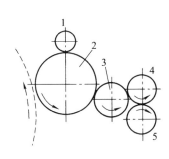

图 4 - 28　四罗拉剥棉机构

1—绒辊　2—剥棉罗拉　3—转移罗拉　4—上轧辊　5—下轧辊

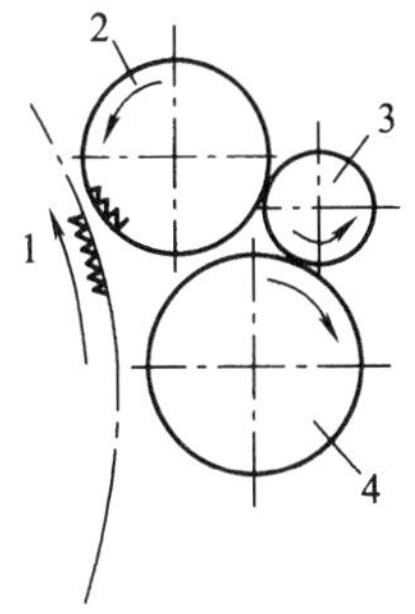

图 4 - 29　三罗拉剥棉机构

1—道夫　2—剥棉罗拉　3—上轧辊　4—下轧辊

四罗拉剥棉机构(图 4 - 28)中剥棉罗拉和转移罗拉包有同样规格的"山"形齿的锯条(图 4 - 30)。齿部一侧与垂直线间夹角为 20°,另一侧为 35°,以适应既能有效地从道夫上剥取棉网,又有利于光滑轧辊从转移罗拉剥取棉网,锯条齿尖密度以 12 齿/cm² 为宜。

道夫表面上的棉网,大部分纤维被针齿握持而浮于道夫表面,当与剥棉罗拉相遇时,因道夫与剥棉罗拉间隔距很小(0.125～0.225mm),罗拉与纤维接触产生的摩擦力加上纤维间的黏附作用,纤维被剥棉罗拉剥离。剥棉罗拉的表面速度略大于道夫,形成稍大于 1 的张力牵伸,这既不会破坏棉网结构,还可增加棉网在剥棉罗拉上的黏附力,使棉网能连续地从道夫上剥下并转移到剥棉罗拉上去。

转移罗拉和剥棉罗拉间的作用,因它们包覆的"山"形齿两侧倾斜方向与角度不同,故与剥棉罗拉与道夫间的作用基本相似,俗称刷剥。上轧辊和转移罗拉之间隔距很小(0.125～0.225mm),而下轧辊和转移罗拉间隔距则有 10mm 左右,轧辊与转移罗拉间有略大于 1.1 倍张力牵伸,因而使棉网比较张紧,正是这个张紧的拉剥力使棉网由一对轧辊从转移罗拉锯齿上剥下,可见转移罗拉锯齿的后倾角(背角)的大小及棉网张力方向会影响到剥取效果。

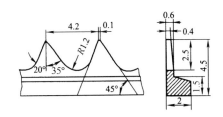

图 4 - 30　"山"字形锯齿

上下轧辊间隔距很小。轧辊的自重对棉网的杂质有压碎作用,便于后道工序清除。上下轧辊的刮刀用以清除飞花、杂质,防止棉网断头后卷绕在轧辊上。此外,若锯齿毛糙或沾有油污将使棉网不能完全由轧辊输出或出现破洞。

三罗拉剥棉的作用基本上与四罗拉剥棉相似,但机构比较简单。上、下轧辊直径大且外表有螺纹沟槽,对从剥棉罗拉剥下的棉网有一定的托持作用,并使棉网以较小的下冲角输出,避免棉网下坠而引起的断头。剥棉罗拉与道夫间的张力牵伸为略大于1,轧辊和剥棉罗拉间为1.14 ~ 1.23 倍,这可使棉网结构不被破坏且易被剥下输出。

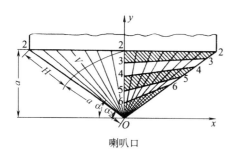

图4-31　棉网成条示意图

2. 成条及影响因素　如图4-31所示,在棉网从上、下轧辊输出到喇叭口间的一段行程中,由于棉网横向各点(2、3、4、5、6)到喇叭口的距离不等,因而从轧辊钳口同时出来的棉网各点却不同时到达喇叭口,经大压辊紧压后再输出,从而在棉条纵向产生了一定的混和与均匀作用。

3. 圈条及影响因素　圈条(见动画视频4-6)是将经大压辊压紧后输出的棉条有规则地圈放在条筒中,以便储运,供下道工序使用。圈条时,应避免条子的表面纤维间相互粘连,并使条筒中圈放的条子尽可能多。

(1)圈条半径。棉条筒放置在圈条筒底盘上,随条筒底盘一起回转,棉条圈放在条筒内,圈放的形式有两种:凡条圈直径大于条筒半径者称作大圈条;凡条圈直径小于条筒半径者称作小圈条。在梳棉机高产高速和卷装尺寸不断增大的情况下,条筒直径一般都达到600 ~ 1200mm,因而都采用小圈条(图4-32)。

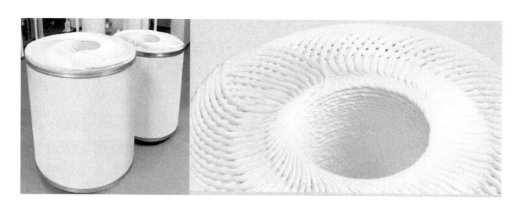

图4-32　圈条

条筒圈放棉条后中心必留有圆孔,圆孔的作用是使筒中空气可以逸出,孔的大小与偏心距成正比。孔的大小影响条筒的容量。气孔过小,看起来可以提高条筒的容条量,实际上因气孔周围条圈重叠,厚度增加,当条筒高度一定时,圈放的层数减少,而使条筒容量减少;气孔过大,气孔周围条圈重叠厚度减少,一定高度的条筒内圈放的层数虽增加,但气孔容积与条筒总容积的比例增大,因此也使条筒容条量减少。只有气孔为某一特定值时,条筒的容条量才能达到最大,此气孔径值可以通过数学计算得到。

（2）偏心距。圈条底盘回转中心与圈条斜管的回转中心不在同一直线上,而是相隔一个距离（偏心距）e,如图 4 – 33 所示。

设 c 为条子与条筒壁的间隙,r 近似等于圈条轨迹的半径,则偏心距 e 与条筒直径 D、圈条半径 r_0 的关系可表示为：

$$e = \frac{1}{2}D - \left(\frac{1}{2}d + r + c\right)$$

$$r = r_0 + \frac{1}{2}d$$

（3）圈条速比。圈条速比是指圈条盘与底盘的转速比。圈条时,圈条斜管每转一周,圈条底盘转过一个适当的角度,这角度使圈条底盘齿轮在以偏心距 e 为半径的圆周上转过的弧长恰好等于棉条直径 d,如图 4 – 34 所示。这样由于放置棉条筒的底盘与圈条斜管反向转,可使得生条在条筒内有规则地圈放起来,其关系为：

$$d = \frac{2\pi e}{i}$$

式中：d——棉条直径；

　　　e——偏心距；

　　　i——圈条斜管和圈条底盘的转速比或每层棉条的圈数；

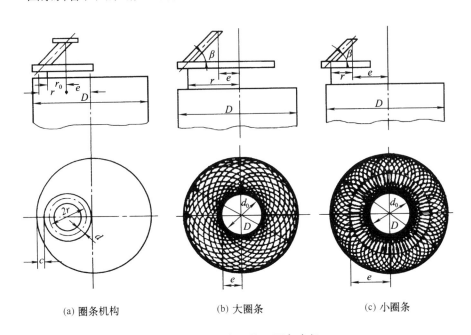

(a) 圈条机构　　　　　　(b) 大圈条　　　　　　(c) 小圈条

图 4 – 33　圈条机构及圈条半径

可见,棉条直径一定时,圈条速比随着偏心距的增大而增大。实际生产中,实际圈条速比比理论值大,以使相邻条子的圈与圈之间出现空隙,防止条子粘连。

（4）圈条牵伸。圈条牵伸是指一圈圈条的轨迹长度与圈条斜管一转时小压辊输出的条子长度之间的比值。它与圈条的轨迹半径和圈条速比等因素有关。圈条牵伸过小,条子易堵塞斜

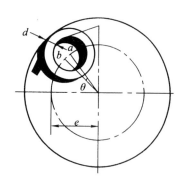

图4-34 圈条速比的选择

管;圈条牵伸过大,则条子易产生意外牵伸。一般纺棉时,圈条牵伸倍数常用1~1.06;纺化学纤维时,圈条牵伸倍数小于1。

三、生条质量控制

(一)生条质量指标

生条质量指标有生条条干不匀率、生条重量不匀率、生条短绒率、生条中棉结杂质粒数和落棉率等。

(二)生条质量指标的影响因素

1. 条干不匀率 生条条干不匀率对成纱的重量不匀、条干不匀及强力影响很大。影响生条条干不匀率的主要因素有分梳质量、机械状态和棉网质量。其控制范围见表4-3。2007年乌斯特公报棉生条条干 CV 值水平见表4-4。

表4-3 生条不匀率控制范围

等 级	萨氏生条条干不匀率(%)	条干不匀 CV(%)
优	<18	2.6~3.7
中	18~20	3.8~5.0
差	>20	5.1~6.0

表4-4 2007年乌斯特公报棉生条条干 CV 值水平(%)

CV 值水平(%) ＼ 条子定量(ktex)	2.5~3.5	3.5~4.5	4.5~5.5	5.5~6.5
5	2.00~2.02	2.02~2.03	2.03~2.04	2.04~2.05
25	2.26~2.28	2.28~2.30	2.30~2.32	2.32~2.33
50	2.58~2.59	2.59~2.63	2.63~2.65	2.65~2.66
75	2.90~2.94	2.94~2.96	2.96~3.01	3.01~3.02
95	3.28~3.36	3.36~3.40	3.40~3.43	3.43~3.45

注 乌斯特公报自2007年后,条子部分只有末道并条的质量统计,而取消了生条和精梳条的质量统计。

2. 重量不匀率 生条重量的不匀率与成纱重量不匀和重量偏差有关,影响它的主要因素为喂入棉层的重量不匀、各机台的落棉差异等。其控制范围见表4-5。

表4-5 生条重量不匀率控制范围

重量不匀率(%)	有自调匀整	无自调匀整
优	≤1.8	≤4
中	1.8~2.5	4~5
差	>2.5	>5

3. 棉结杂质粒数　生条中棉结杂质对纱线和布面质量,对后道工序正常运转有直接关系。影响它的主要因素有喂入品的性状、分梳质量及刺辊、盖板除杂效果。其控制范围见表4-6。

表4-6　生条结杂控制范围

棉纱线密度(tex)	棉结数/结杂总数(粒/g)		
	优	良	中
32以上	25~40/110~160	35~50/150~200	45~60/180~220
20~30	20~38/100~135	38~45/135~150	45~60/150~180
19~29	10~20/75~100	20~30/100~120	30~40/120~150
11以下	6~12/55~75	12~15/75~90	15~18/90~120

4. 短绒率　生条短绒率直接影响成纱条干、粗细节和强力。影响它的主要因素有喂入品短绒率,梳棉机的分梳质量和短绒排出效果等。其控制范围见表4-7。生条棉洁杂质短绒的乌斯特公报(2018年水平)见表4-8。

表4-7　生条短绒率一般控制范围

生条短绒率	控制范围
生条短绒率同比棉卷短绒增加率(%)	2~6
中特纱短绒率(%)	14~18
细特纱短绒率(%)	10~14

表4-8　生条棉结杂质短绒的乌斯特公报(2018年水平)

	水平	5%	25%	50%	75%	95%
普梳	总棉结个数(个/g)	46.5	71.8	101.6	148.9	207.1
	杂质(个/g)	1.8	3.6	6.5	10.4	17.5
	短绒率*(%)	18.7	21.3	24.0	26.5	29.1
精梳	总棉结个数(个/g)	38.4	54.3	75.3	99.8	140.8
	杂质个数(个/g)	1.2	2.1	3.6	6.2	10.7
	短绒率(%)	17.2	20.3	23.9	27.0	30.5

注　*此处短绒率指标为根数短绒率SFC(n),短绒长度定义为小于12.7mm的纤维。

(三)生条质量控制

由上面分析可知,控制生条质量除做好配棉、选择优质的梳理机件、保证良好机械状态等基础工作外,还需采取"强分梳、紧隔距"等工艺措施。分梳质量是提高生条质量的基础,分梳质量越好,单纤维的分率越高,纤维间的杂质在分梳过程中易被清除,生条的结杂一般也较少。同时单纤维在锡林与盖板间有足够反复转移和充分混合的机会,有利于纤维从锡林向道夫均匀转移,棉网质量好,生条条干不匀率较低。影响分梳质量的因素很多,主要有刺辊的分梳程度和锡林与盖板的分梳程度。在生产上主要通过调节生条定量,刺辊、锡林、盖板速度及工作件间的隔距等工艺参数来实现。

四、梳棉机的新发展

目前,梳棉机的自动化和连续化程度有了很大的发展,产量也在不断提高。例如,梳理过程中对各梳理元件的隔距实施在线测定的系统,对梳理棉网、棉条质量实时监测的系统等,使梳棉的运行和生条质量更稳定。还有为了解决宽幅高产梳棉机条子偏重的问题,在圈条器前加装与并条机类似的牵伸装置(模块),从而实现了梳棉机与并条牵伸相联合,形成梳并联合机的雏形,如图4-35所示。

图4-35 梳并联合机

在梳棉机上配置牵伸模块可缩短纺纱工序,牵伸装置(图4-36)上可配有自调匀整系统,从而进一步改善输出棉条的重量不匀。在加工生产质量要求不高的纱线时,可省去一道并条工序,实现生产的连续化,节约场地,减少用工。

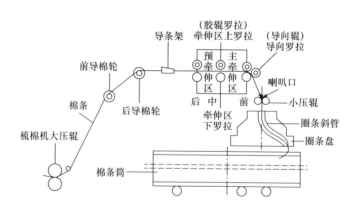

图4-36 梳棉机上的牵伸装置

但目前的梳并联还没有达到真正意义上的梳棉、并条联合,因为其只有一根梳棉机输出的生条,经过小的牵伸(最大牵伸倍数为3~5倍,实际常用的在2倍以下),与常规并条的8根条子并合,牵伸倍数为8倍左右还存在较大的差距,但无疑为今后实现多台梳棉机联合,将各自输出的生条直接并合喂入一台并条机,实现真正的梳并联提供了基础。

思考题

1. 何谓切向运动、沿针运动、绕针运动？

2. 梳理机中相邻两针面对纤维的作用有哪几种？图解之。

3. 何谓针面负荷？画出并标明大锡林上负荷的分布。

4. 简述梳理机混和作用和均匀作用的意义。何谓工作辊分配系数？简述其大小对梳理和均匀混和作用的影响。

5. 梳棉机上刺辊的除杂作用是如何实现的？说明之。

6. 说明梳棉机上给棉板分梳工艺长度的意义。试述其对纤维分梳的影响。

7. 如何提高锡林与盖板间的分梳作用？

8. 生条的质量应如何控制？

9. 什么是自调匀整装置？其原理和作用是什么？

10. 自调匀整装置有哪几种形式？各自的特点是什么？

第五章　精梳

本章知识点

1. 精梳工序的任务。
2. 精梳准备工序的任务,精梳准备的主要设备。
3. 精梳准备设备道数的准则,精梳准备工艺流程的特点。
4. 精梳机的分类,棉精梳机工作循环的四个阶段及各部件的主要运动。
5. 毛型精梳机与棉型精梳机的主要区别。
6. 棉精梳机的工艺过程及其特点。
7. 精梳机主要工艺参数的作用及其确定与调整方法。
8. 精梳工序的质量指标及其控制方法。

第一节　概述

由梳理机生产出的条子(生条)在质量上还存在较多缺陷,如条子中含有较多的短纤维、杂质和疵点(如棉结、毛粒及麻粒等),纤维的伸直平行度也较差。这些缺陷影响后道加工、成纱质量及成纱的细度。而精梳就是指当纤维须丛一端被握持时,另一端受到梳理,因此,精梳对细小杂质和短纤维的排除、伸直纤维是非常有效的。故精梳纱的强度、均匀度、光洁程度等都明显优于普梳纱。在棉纺中,对细度细、质量要求高的产品和特种纱线,如特细纱、轮胎帘子线等通常采用精梳纺纱系统;而在毛纺、麻纺和绢纺中,由于它们的纤维长度长且长度整齐度差,故一般都采用精梳,以去除短纤维,降低长度不匀。有时为提高产品质量还采用第二次精梳即复精梳。

一、精梳的任务

(1)排除条子中的短纤维,以提高纤维的平均长度及整齐度,改善成纱条干,减少纱线毛羽,提高成纱强力。

(2)排除条子中的杂质和疵点,以减少成纱疵点及细纱断头,提高成纱的外观质量。

(3)使条子中纤维伸直、平行和分离,以利于提高成纱的条干、强力和光泽。

(4)均匀、混和与成条。通过精梳准备、精梳机喂入(及输出)时的并合,使不同条子中的纤维充分混和与均匀,并制成精梳条,以便下道工序加工。

精梳工序由精梳前准备和精梳组成,精梳前准备是提供质量好的小卷或条子喂入精梳机供其加工。

二、精梳机分类

按照精梳机的结构不同,主要可分为直型精梳机和圆型精梳机两种,而目前主要应用的是直型精梳机。直型精梳机适应加工细而较短的纤维,它的工作特点是间歇式、周期性进行梳理工作,去除杂质、棉结、毛粒及麻粒的效果较好,精梳落纤率较低,精梳机的产量也相对较低。

在直型精梳机中,根据其分离(拔取)部分和喂入钳板部分的摆动方式不同,可分为后摆动精梳机(钳板喂入部分摆动)、前摆动精梳机(拔取部分摆动)和前后摆动精梳机(拔取、钳板喂入部分都做前后摆动)。

三、精梳机的工艺过程

直型精梳机的工艺过程是周期性的往复运动。棉纺精梳和毛型(毛、麻和绢纺)精梳机虽然在机构上有一定差别,但其工作原理基本相同,即都是周期性地分别梳理纤维须丛的两端,再将梳理过的纤维丛与已梳理过又由分离(或拔取)罗拉倒入机内的纤维网搭接,从而使新梳理好的纤维丛输出机外。

(一)棉型精梳机的工艺过程

棉型精梳机的工艺过程见动画视频5-1。如图5-1(b)所示,小卷放在一对承卷罗拉7上,随承卷罗拉的回转而退解棉层,棉层经导卷板8喂入置于下钳板上的给棉罗拉9与给棉板6组成的钳口。给棉罗拉周期性间歇回转,每次将一定长度的棉层(给棉长度)送入上、下钳板5组成的钳口。钳板做周期性的前后摆动,在后摆中途,钳口闭合,有力地钳持棉层,使钳口外棉层呈悬垂状态。此时,锡林4上的针面恰好转至钳口下方,针齿逐渐刺入棉层进行梳理,清除棉层中的部分短绒、结杂和疵点。随着锡林针面转向下方位置,嵌在针齿间的短绒、结杂、疵点等被高速回转的毛刷3清除,经风斗2吸附在尘笼1的表面,或直接由风机吸入尘室。锡林梳理结束后,随着钳板的前摆,须丛逐步靠近分离罗拉11钳口。与此同时,上钳板逐渐开启,梳理好的须丛因本身弹性而向前挺直,分离罗拉倒转,将上一周期输出的棉网倒入机内。当钳板钳口外的须丛头端到达分离钳口时,与倒入机内的棉网相叠合而后由分离罗拉输出。在张力牵伸的作用下,棉层挺直,顶梳10插入棉层,被分离钳口抽出的纤维尾端从顶梳片针隙间拽过,纤维尾端黏附的部分短纤维、结杂和疵点被阻留于顶梳梳针后边,待下一周期锡林梳理时除去。当钳板到达最前位置时,分离钳口不再有新纤维进入,分离结合工作基本结束。钳板开始后退,钳口逐渐闭合,准备进行下一个循环的工作。由分离罗拉输出的棉网,经过一个有导棉板12的松弛区后,通过一对输出罗拉13,穿过设置在每眼一侧并垂直向下的喇叭口14聚拢成条,由一对导向压辊15输出。各眼输出的棉条分别绕过导条钉16转向90°,进入牵伸装置17。牵伸后经集束喇叭口18形成精梳条,并由输送压辊19和输送带20托持,通过圈条集束器及一对压辊21和圈条盘22中的斜管圈放在条筒23中。

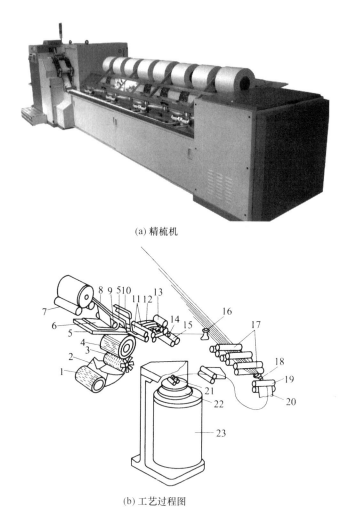

(a) 精梳机

(b) 工艺过程图

图 5 - 1 棉型精梳机及其工艺过程图

(二)毛型精梳机的工艺过程

毛型精梳机的工艺过程见动画视频 5 - 2。如图 5 - 2 所示,10 只毛条筒中的 20 根毛条,经导条辊导出后,按顺序穿过导条板 1 和 2 的孔眼,移至托毛板 3 上。毛条在托毛板上均匀地排列成毛片,喂给喂毛罗拉 4,喂毛罗拉作间歇性运动,使毛片沿着第二托毛板 5 周期性前进。当毛片进入给进盒 6 中时,受给进梳 7 上的多片针排控制,喂给时给进盒与给进梳握持毛片,向张开的上、下钳板 8 移动一个距离,每次喂毛长度为 5.8 ~ 10mm。毛片进入钳板后,上、下钳板闭合,把悬垂在圆梳 14 上的毛片须丛牢牢地握持住,并由装在上钳板上的小毛刷,将须丛纤维的头端压向圆梳的针隙内,接受圆梳梳针的梳理,并分离出短纤维及杂质。圆梳上有 19 排针板,从第一排到最后一排,其针的细度和密度逐渐增加,且作不等速回转。这样可以保证圆梳对须丛纤维的头端具有良好的梳理效果,并能保护纤维少受损伤。

纤维须丛经圆梳梳理后得以顺直。除去的短纤维及杂质,由圆毛刷 15 从圆梳针板上刷下来。圆毛刷装在圆梳的下方,其表面速度比圆梳快 3.1 倍,以保证清刷的效果。被刷下的短纤

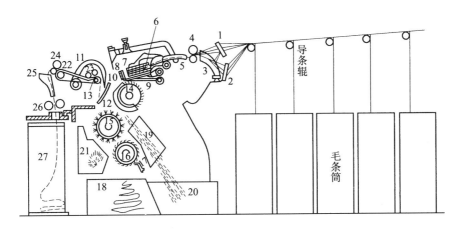

图 5 - 2 毛型精梳机的工艺过程

维由道夫 16 聚集,经斩刀 17 剥下,储放在短毛箱 18 中;而草杂等经尘道 19,被抛入尘杂箱 20、21 中。

当圆梳梳理纤维须丛头端时,拔取车便向钳板方向摆。此时拔取罗拉 13 作反方向转动,把前一次已经梳理过的纤维须丛尾端退出一个长度,以备与新梳理的纤维头端搭接。为了防止退出的纤维被圆梳梳针拉走,下打断刀 12 起挡护须丛的作用。

当圆梳梳理纤维须丛头端完毕,上、下钳板张开并上抬,拔取车向后摆至离钳板最近处,此时拔取罗拉正转,由铲板 9 托持须丛头端送给拔取罗拉拔取,并与拔取罗拉退出的须丛叠合而搭好头。此时,顶梳 10 下降,其梳针插入被拔取罗拉拔取的须丛中,使纤维须丛的尾端接受顶梳的梳理。拔取罗拉在正转拔取的同时,随拔取车摆离钳板,以加快长纤维的拔取。此时,上打断刀 11 下降,下打断刀 12 上升成交叉状,压断须丛,帮助进一步分离出长纤维。

纤维须丛被拔取后,成网状铺放在拔取皮板 22 上,由拔取导辊 23 将其压紧,再通过卷取光罗拉 24、集毛斗 25 和出条罗拉 26 聚集成毛条后,送入毛条筒 27 中。由于毛网在每一个工作周期内随拔取车前后摆动,拔取罗拉正转前进的长度大于反转退出的长度,因而毛条周期性地进入毛条筒中。

第二节　精梳前准备

梳理机输出的条子,通常称为生条,表示其虽然已具有条子的外形,但其内在质量(如条子中纤维的伸直度、均匀度等)还不够好,因此生条必须先经过精梳前准备才能在精梳机上加工。精梳前准备的目的如下。

一是提高条子中纤维的伸直度、分离度及平行度,减少精梳过程中对纤维、机件的损伤,以及降低落纤量。

二是将生条做成符合精梳机喂入的卷装。

一、棉纺精梳前准备

(一)棉精梳前准备工序道数的偶数法则

棉精梳前准备的工艺道数应按照偶数法则配置。根据梳棉机锡林与道夫之间的作用分析及实验结果可知,道夫输出的棉网中后弯钩纤维所占比例最大,占50%以上。每经过一道工序,纤维弯钩方向改变一次,如图5-3所示。

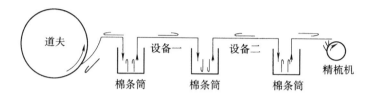

图5-3 设备道数与纤维弯钩方向的关系

由精梳机的工艺过程可知,精梳机在梳理过程中,上、下钳板握持棉丛的尾部,锡林梳针梳理棉丛的前部,因此,当喂入精梳机的大多数纤维呈前弯钩状态时,易于被锡林梳直;而纤维呈后弯钩状态时,无法被锡林梳直,在被顶梳梳理时会因后部弯钩被顶梳阻滞而进入落棉,因此,喂入精梳机的大多数纤维呈前弯钩状态时,有利弯钩纤维的梳直,并可减少可纺纤维的损失。故在梳棉与精梳之间设备道数按偶数配置时,可使喂入精梳机的多数纤维呈前弯钩状。一般从梳棉机到精梳机之间安排2台设备。

(二)棉精梳前准备工序的设备

棉精梳前准备机械有预并条机、条卷机、并卷机和条并卷联合机四种,除预并条机外,其他三种均为精梳准备专用机械。

1. 条卷机 目前国内使用的条卷机型号较多,但其工艺过程基本相同(见动画视频5-3),如图5-4所示。棉条2从机后导条台两侧导条架下的20~24个棉条筒1中引出,经导条辊5和压辊3引导,绕过导条钉转向90°后在V形导条板4上平行排列,由导条罗拉6引入到牵伸装置7,经牵伸后的棉层由紧压辊8压紧后,由棉卷罗拉10卷绕在筒管上制成小卷9。筒管由棉卷罗拉的表面摩擦传动,两侧由夹盘夹紧,并对精梳小卷加压以增大卷绕密度。满卷后,由落卷机构将小卷落下,换上空筒后继续生产。一般情况下,一台条卷机可配4~6台精梳机。

(a) 条卷机

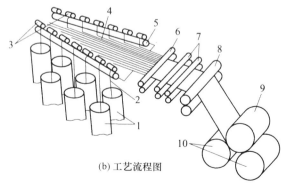

(b) 工艺流程图

图5-4 条卷机及其工艺流程图

2. 并卷机　并卷机的工艺流程如图5-5所示。六只小卷1放并卷机后面的棉卷罗拉2上,小卷退解后,分别经导卷罗拉3进入牵伸装置4,牵伸后的棉网通过光滑的曲面导板5转向90°,经输出罗拉6在输棉平台上六层并和后进入紧压罗拉7,再由成卷罗拉8卷绕成精梳小卷9。

(a) 并卷机

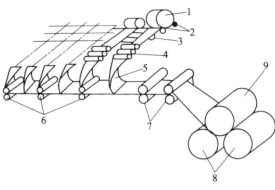

(b) 工艺流程图

图5-5　并卷机及其工艺流程图

3. 条并卷联合机　条并卷联合机(见动画视频5-4)的条子喂入由三个部分组成,如图5-6所示。每一部分各有16~20根棉条从条筒1中引出并经导条罗拉进入导条台2,棉层经牵伸装置3牵伸后成为棉网,棉网通过光滑的曲面导板4转向90°,在输棉平台上将二至三层棉网并合后,经输出罗拉进入紧压罗拉5,再由成卷罗拉7卷绕成精梳小卷6。

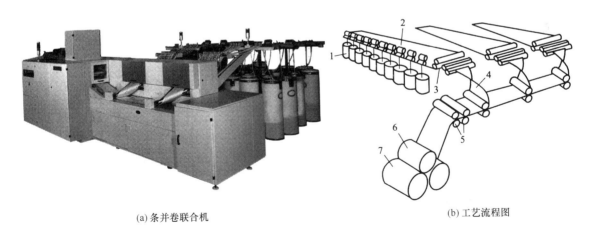

(a) 条并卷联合机　　　　　　　　　　　　　　(b) 工艺流程图

图5-6　条并卷联合机及其工艺流程图

条并卷联合机有罗拉卷绕式(图5-7)和带式卷绕式(图5-8)两种成卷方式。

罗拉卷绕式成卷机构存在以下两个问题:一是成卷过程中意外牵伸大,易使小卷的纵向均匀度恶化;二是成卷过程中,精梳小卷与两只承卷罗拉始终为两点接触,接触点的摩擦力会对精梳小卷结构产生局部破坏,从而影响小卷质量。

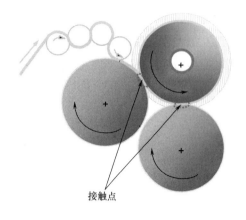

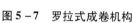

接触点

图5-7 罗拉式成卷机构

图5-8 带式成卷机构

带式成卷机构由一个专用的皮带张紧压力机构组成，如图5-8所示。在成卷过程中，卷绕皮带始终以"U"方式紧紧包围精梳小卷，并对小卷产生周向压力。卷绕过程中皮带与棉卷的位置关系随棉卷的直径的变化而变化，在开始成卷时，皮带与小卷的包围角为180°，满卷时为270°。带式卷绕工艺的优点如下：从成卷开始到成卷结束，皮带始终以柔和的方式控制纤维的运动，将压力均匀地分布在棉卷的圆周上，不会对小卷结构产生局部的破坏，可减少精梳小卷在退绕过程中产生的黏卷现象。

（三）棉精梳前准备的工艺流程

根据精梳准备工艺道数的偶数配置准则，从梳棉机到精梳机工艺流程有以下三种。

1. 预并条机→条卷机 这种流程机器占地面积小，结构简单，便于管理和维修；但小卷中纤维的伸直平行不够，且制成的小卷有条痕，横向均匀度差，精梳落棉多。

2. 条卷机→并卷机 其特点是小卷成形良好，层次清晰，且横向均匀度好，有利于梳理时钳板的横向握持均匀，精梳落棉率低，适于纺特细特纱。

3. 预并条机→条并卷联合机 此种流程占地面积大，条子并合数多，精梳小卷纤维伸直平行度好，小卷的重量不匀率小，有利于提高精梳机的产量和节约用棉。但在纺制长绒棉时，因牵伸倍数过大易发生黏卷。

二、毛精梳前准备的设备

毛精梳前的准备工序一般由2~3台针梳机组成。针梳机采用6~10根毛条并合后喂入由前、后罗拉组成的牵伸装置，在牵伸装置中有许多以后罗拉速度运动的针板，形成较长的中间梳理区，毛条中的纤维在牵伸过程除受到周围纤维的摩擦作用外，还受到针板上梳针的梳理作用。梳毛之后的弯钩纤维经2~3次的针梳之后大部分弯钩可以消除。由于使用6~10根毛条喂入及二、三道针梳机的反复并合，故对精梳条的均匀度有较大的改善作用。一般当加工品质好、支数高的毛条时，由于羊毛较细、卷曲较多、长度较短，多采用三道针梳；当加工粗支羊毛时，多采用二道针梳机。

三、麻纺、绢纺精梳前准备

苎麻纺、亚麻纺(短麻纺)和绢纺采用直型精梳机时,精梳前准备的要求与毛纺精梳前准备基本相同,但在进行麻、绢精梳加工时,因纤维的伸直度与分离度较好,一般精梳前准备工序均采用两道(偶数)针梳机。对亚麻长麻纤维而言,为使纤维具有一定的强度、油性、成条性及吸湿性,消除纤维的内应力,以便于纤维的梳理,梳理前须先加湿、给乳与养生,再将成捆养生后的纤维打成麻,分成一定量的麻束(称为分束),以满足栉梳机的喂入要求。

第三节 精梳基本原理

一、精梳的工作原理

精梳的实质是握持梳理,它能有效除去短纤维、细小杂质并提高纤维伸直平行度。

直型精梳机虽有多种机型,但其工作原理基本相同,即都是周期性地分别梳理纤维丛的两端,其头端由锡林梳理,而其后端由顶梳被动梳理,梳理过的纤维丛与分离(拔取)罗拉倒入机内的纤维网接合(搭接),再将纤维网输出机外。

二、精梳机运动周期

由于精梳机的给棉、梳理、分离(拔取)接合等工作都是间歇周期性地进行的,为了连续生产,精梳机上各主要机件的运动相互间必须紧密配合。这种配合关系在棉型精梳机上,是由装在动力分配轴(锡林轴)上的分度指示盘指示和调整的;分度指标盘沿圆周分为40等分,第一等分称为1分度。而在毛型精梳机上,则是由装在凸轮轴上的9只凸轮控制的。精梳机上或锡林回转一周(上、下钳板开合一次),称为一个运动周期或称为一钳次。精梳机的一个运动周期可分为锡林梳理、分离前准备、分离接合、锡林梳理前准备四个阶段。

(一)棉型精梳机工作的四个阶段

1. 锡林梳理阶段 如图5-9(a)所示,锡林梳理阶段从锡林第一排针接触棉丛时开始,到末排针脱离棉丛时结束。上、下钳板闭合,牢固地握持须丛;钳板运动先向后到达最后位置时,再向前运动;锡林梳理须丛前端,排除短绒和杂质;给棉罗拉停止给棉;分离罗拉处于基本静止状态;顶梳先向后再向前摆,但不与须丛接触。一般精梳机锡林梳理阶段约占8~10个分度。

2. 分离前的准备阶段 如图5-9(b)所示,分离前的准备阶段从锡林末排针脱离棉丛时开始,到棉丛头端到达分离钳口时结束。上、下钳板由闭合到逐渐开启,钳板继续向前运动;锡林梳理结束;给棉罗拉开始给棉(对于前进给棉而言);分离罗拉由静止到开始倒转,将上一工作循环输出的棉网倒入机内,准备与钳板送来的纤维丛接合;顶梳继续向前摆动,但仍未插入须丛梳理。分离前的准备阶段占12~14个分度。

3. 分离接合阶段 如图5-9(c)所示,分离接合阶段从棉丛到达分离钳口时开始,到钳板到达最前位置时结束。上、下钳板开口增大,并继续向前运动,同时将锡林梳过的须丛送入分离

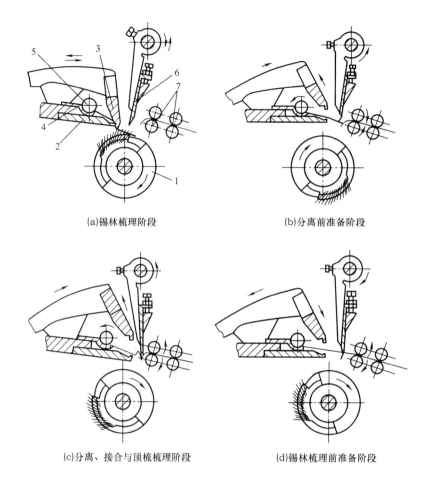

(a)锡林梳理阶段　　　　　　　　　　(b)分离前准备阶段

(c)分离、接合与顶梳梳理阶段　　　　　(d)锡林梳理前准备阶段

图5-9　棉型精梳机工作周期中的四个阶段

1—锡林　2—下钳板　3—上钳板　4—给棉板　5—给棉罗拉　6—顶梳　7—分离罗拉

钳口;顶梳向前摆动,插入须丛梳理,将棉结、杂质及短纤维阻留在顶梳后面的须丛中,在下一个工作循环中被锡林梳针带走;分离罗拉继续顺转,将钳板送来的纤维牵引出来,叠合在原来的棉网尾端上,实现分离接合;给棉罗拉继续给棉直到给棉结束。分离接合阶段占5～6个分度。

4. 锡林梳理前的准备阶段　如图5-9(d)所示,锡林梳理前的准备阶段从分离结束开始,到锡林梳理开始为止。上、下钳板向后摆动,逐渐闭合;锡林第一排针逐渐接近钳板钳口下方,准备梳理;给棉罗拉停止给棉;分离罗拉继续顺转输出棉网,并逐渐趋向静止;顶梳向后摆动,逐渐脱离须丛。梳理前的准备阶段占11～13个分度。

　　精梳机的机构比较复杂,又是周期性运动,各部件必须协调有序地工作,各主要机件间的运动必须密切配合。这种配合关系可由精梳机上的分度盘指示,分度盘将精梳机的工作周期分成40分度。在一个工作循环中,各主要部件在不同时刻(分度)的运动和相互配合关系可从配合图上看出,如图5-10所示。不同型号、不同工艺条件下精梳机的运动配合也有所不同。

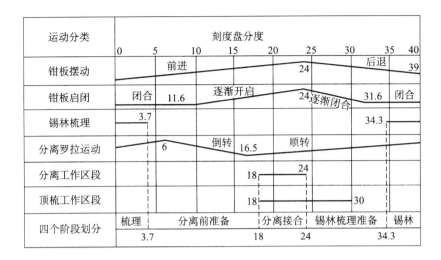

图 5 – 10　JSFA 588 型棉精梳机的运动配合图

(二)毛型精梳机工作的四个阶段

在毛纺、麻纺和绢纺中,由于纤维长度长,故均采用毛型精梳机进行精梳加工。毛型精梳机的四个阶段与棉型精梳机的基本相同。

1. 圆梳梳理阶段　此阶段从圆梳第一排钢针刺入须丛开始,到最后一排钢针越过下钳板结束。圆梳上的有针弧面从钳口下方转过,梳针插入须丛内,梳理须丛纤维头端,并清除未被钳口钳住的短纤维;上、下钳板闭合,静止不动,牢固地握持住纤维须丛;给进盒和给进梳退回到最后位置,处于静止状态,准备喂入;拔取车向钳口方向摆动,然后处于静止状态;顶梳在最高位置,并处于静止状态;铲板缩回到最后位置,处于静止状态;喂毛罗拉处于静止状态;拔取罗拉反转,倒入一定长度的精梳毛网;上、下打断刀关闭,然后静止。

此阶段大部分机构处于静止状态,如图 5 – 11(a)所示,且图中箭头表示机构处于运动状态,未用箭头表示的为静止状态。

2. 拔取前准备阶段　如图 5 – 11(b)所示,此阶段从梳理完毕开始,到拔取罗拉开始正转结束。圆梳继续转动,无梳理作用;上、下钳板逐渐张开,做好拔取前的准备;给进盒、给进梳仍在最后位置,处于静止状态;拔取车继续向钳口方向摆动,准备拔取;顶梳由上向下移动,准备拔取;铲板慢慢向钳口方向伸出,准备托持钳口处的须丛;喂毛罗拉(未画出)处于静止状态;拔取罗拉静止不动;上、下打断刀张开,准备拔取。

3. 拔取、叠合与顶梳梳理阶段　如图 5 – 11(c)所示,此阶段从拔取罗拉开始正转到正转结束。圆梳继续转动,无梳理作用;上、下钳板张开到最大限度,然后静止;给进盒、给进梳向前移动,再次喂入一定长度的毛片,然后静止;拔取车向钳口方向摆动,使拔取罗拉到达拔取隔距的位置,开始夹持住钳口外的须丛,准备拔取;顶梳下降,刺透须丛并向前移动,做好拔取过程中梳理须丛纤维尾端的工作;铲板向前上方伸出,托持和搭接须丛;喂毛罗拉转过一个齿,喂入一定长度的毛片;拔取罗拉正转,拔取纤维;上、下打断刀由张开、静止到逐渐闭合。

4. 梳理前准备阶段　如图 5 – 11(d)所示,此阶段从拔取结束到再一次开始梳理前。圆梳上的有针弧面转向钳板的正下方,准备再一次梳理工作开始;上、下钳板逐渐闭合,握持须丛,准

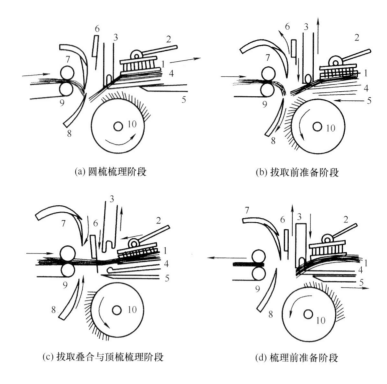

(a) 圆梳梳理阶段 (b) 拔取前准备阶段

(c) 拔取叠合与顶梳梳理阶段 (d) 梳理前准备阶段

图 5-11 毛型精梳机的工作周期

1—给进盒 2—给进梳 3—上钳板 4—下钳板 5—铲板

6—顶梳 7—上打断刀 8—下打断刀 9—拔取罗拉 10—圆梳

备梳理;给进盒、给进梳在最前方,处于静止状态;拔取车离开钳口向外摆动,拔取结束;顶梳上升;铲板向后缩回;喂毛罗拉处于静止状态;拔取罗拉先静止,然后开始反转;上、下打断刀闭合静止。

三、精梳机给棉作用分析

精梳就是排除短纤维和杂质,提高纤维的伸直度、分离度及平行度。精梳机的落纤率与梳理质量都与喂给长度、喂给方式、落纤隔距(拔取隔距)等因素有关。

(一)喂给系数

1. 棉精梳 棉精梳机的喂给长度是指喂棉罗拉在一个周期(钳次)中喂入梳理区的纤维丛长度,又称为喂棉长度或给棉长度。它可根据加工原料和产品质量来选定,通过更换喂入变换齿轮来调节。棉精梳机的喂棉方式有两种。一种是喂棉罗拉在钳板前摆过程中给棉,称作前进给棉;另一种是喂棉罗拉在钳板后摆过程中给棉,称作后退给棉。一般精梳机上都配有前进给棉及后退给棉两种给棉机构,以供选择。

(1)前进给棉喂棉系数。在前进给棉过程中,顶梳插入须丛之前已经开始给棉,并且顶梳插入须丛后给棉仍在继续,此时喂给的棉层因受顶梳的阻止而涌皱在顶梳的后面,直到顶梳离开须丛时,涌皱的棉层才能因弹性而挺直,如图 5-12 所示。把顶梳插入须丛前的喂棉长度与总喂棉长度的比值称作喂棉系数 K，用下面公式表示为：

$$K = \frac{X}{A}$$

式中：X——顶梳插入前喂棉罗拉的喂棉长度，mm；

　　　A——每钳次喂棉罗拉的总喂棉长度，mm。

顶梳插入须丛越早或给棉开始越迟时，X 越小，则 K 也越小，即表示须丛在顶梳后涌皱越多；反之，X 越大，则 K 也越大，即表示须丛在顶梳后涌皱越少；$0 \leqslant K \leqslant 1$。

（2）后退给棉喂棉系数。在后退给棉过程中，须丛的涌皱受到钳板闭合的影响，钳板闭合后给出的棉层长度将涌皱在钳唇的后面，如图 5 – 13 所示，它的影响程度可用喂棉系数 K' 表示：

$$K' = \frac{X'}{A}$$

式中：X'——钳板闭合前喂棉罗拉的喂棉长度，mm；

　　　A——每钳次喂棉罗拉的总喂棉长度，mm。

钳板闭合越早，X' 越小，K' 也越小，钳口外的棉丛长度越短，受锡林梳理的须丛长度也越短；$0 \leqslant K' \leqslant 1$。

2. 毛精梳机　钳板固定式毛精梳机的喂给部分主要由喂给罗拉、给进梳及给进盒组成。在喂给罗拉喂给一定长度毛层的同时，给进梳插入给进盒内的毛层中，并一起向前移动相同的距离；另外给进梳对被拔取的纤维的后端进行梳理。拔取结束后，给进盒抬起，并脱离毛层，退至原位。毛精梳机的喂给与拔取同时进行，喂给长度与顶梳向前移动的距离相等。喂毛系数 K'' 可表示为：

$$K'' = \frac{X''}{A}$$

式中：X''——拔取结束时喂给的毛丛长度，mm；

　　　A——喂毛长度，mm。

一般情况下，拔取结束时顶梳与给进盒、给进梳移动的距离等于喂毛长度 A，即 $X'' = A$，所以 $K'' = 1$。

（二）精梳机喂给过程

1. 棉型精梳机

（1）前进给棉过程分析。前进给棉过程如图 5 – 12 所示。图中Ⅰ—Ⅰ为钳板在最后位置时钳唇啮合线，此时钳板为闭合状态；Ⅱ—Ⅱ为钳板在最前位置时下钳板钳唇线，此时钳板为开启状态；Ⅲ—Ⅲ为分离罗拉钳口线；B 为钳板最前位置时钳板钳口与分离罗拉钳口之间的距离，称作分离隔距。

如图 5 – 12（a）所示，分离结束时，钳板钳口外须丛的垂直投影长度为 B，而顶梳后面须丛的涌皱长度为：

$$A - X = (1 - K)A$$

如图 5 – 12（b）所示，钳板后退，顶梳退出，须丛靠弹性挺直，钳板钳口外的须丛长度为：

$$B + (1 - K)A$$

如图 5 – 12（c）所示，钳板继续后退、闭合，锡林对钳口外的须丛进行梳理，未被钳口握持的

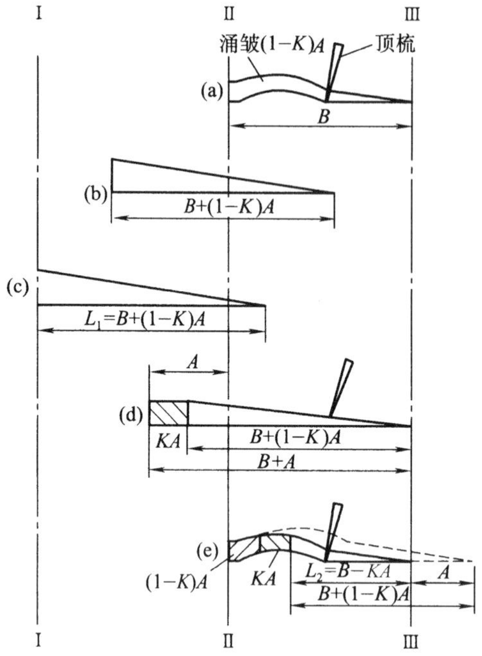

图 5 – 12 前进给棉过程分析

纤维进入落棉,故进入落棉的最大纤维长度为:

$$L_1 = B + (1-K)A$$

如图 5 – 12(d)所示,钳板前摆,钳口逐渐开启,喂棉罗拉给棉,当须丛前端进入分离钳口而顶梳同时插入须丛时,钳板钳口外的须丛长度为:

$$L_1 + X = B + (1-K)A + KA = B + A$$

如图 5 – 12(e)所示,钳板继续前摆,给棉罗拉仍在继续给棉,当钳板钳口到达最前位置Ⅱ—Ⅱ时,给棉罗拉的继续给棉量为:

$$A - X = (1-K)A$$

这一部分棉层受到顶梳的阻碍而涌皱在顶梳后的须丛内,回复到第一步骤,以后每一个工作循环,重复上述过程。

由于分离钳口每次从须丛中分离的长度即为给棉长度 A,故进入棉网的最短纤维长度为:

$$L_2 = L_1 - A = B + (1-K)A - A = B - KA$$

图中的虚线表示被分离的纤维。

(2)后退给棉过程分析。后退给棉过程如图 5 – 13 所示,图中的符号意义和图 5 – 12 的相同。在后退给棉过程中,须丛的涌皱不受顶梳插入的影响,而是受钳板闭合的影响。

如图 5 – 13(a)所示,分离结束时,钳板钳口外须丛长度为 B,须丛无涌皱现象。

如图 5 – 13(b)所示,钳板后退到钳口闭合位置时的喂给长度为:

$$X' = K'A$$

故钳口外的须丛长度为:

$$B + K'A$$

如图 5 – 13(c)所示,钳板继续后退,锡林对钳口外的须丛进行梳理,未被钳口握持的纤维有可能进入落棉,故进入落棉的最大纤维长度为:

$$L'_1 = B + K'A$$

钳板闭合后继续喂给的须丛长度为:

$$A - X' = (1 - K')A$$

如图 5 – 13(d)所示,钳板向前摆动,钳口逐渐开启,钳口后面的须丛因弹性伸直,故钳口外的须丛长度为:

$$L'_1 + (1 - K')A = B + A$$

如图 5 – 13(e)所示,每次分离的须丛长度为 A,故进入棉网的最短纤维长度为:

$$L'_2 = L'_1 - A = B + K'A - A = B - (1 - K')A$$

分离结束时,回复到第一步骤,进入下一循环。

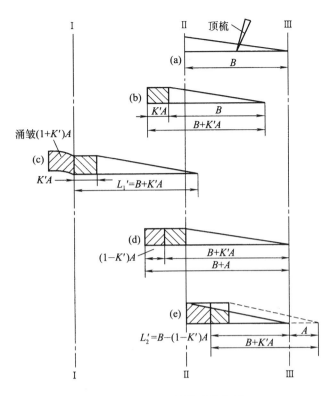

图 5-13 后退给棉过程分析

2.毛型精梳机 毛型精梳机的喂给过程如图 5-14 所示。Ⅰ—Ⅰ为钳板钳口线,Ⅱ—Ⅱ为拔取罗拉钳口线,Ⅲ—Ⅲ为须丛前端最前位置线,B 为拔取钳口线至钳板钳口线的最小距离,即拔取隔距。

如图 5-14(a)所示,锡林梳理结束时,钳板钳口外的须丛长度为 B,未被钳板握持的纤维有可能进入落毛,进入落毛的最大纤维长度为:

$$L''_1 = B$$

如图 5-14(b)所示,锡林梳理结束时,钳板开启,拔取开始,须丛向前移动一个毛丛长度 A,故进入毛网的最短纤维长度为:

$$L''_2 = B - A$$

如图 5-14(c)所示,拔取结束后,钳板外的毛丛长度为 B。

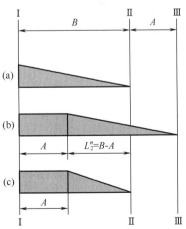

图 5-14 毛精梳机喂给过程

(三)理论落纤率

1.棉精梳机的理论落棉率 对于前进给棉而言,进入落棉的最大纤维长度为 L_1,而进入棉网的最短纤维长度为 L_2,则长度介于 L_1 和 L_2 之间的纤维既可进入落棉又可进入棉网,为计算方便,选用它们的中间值 L_3 为分界纤维长度,则:

$$L_3 = \frac{L_1 + L_2}{2} = \frac{B + (1 - K)A + B - KA}{2} = B + (0.5 - K)A$$

在给棉罗拉喂入的棉丛中，凡长度等于或短于 L_3 的纤维进入落棉，长度长于 L_3 的纤维进入棉网。已知小卷内纤维的长度分布，各组纤维的重量百分率为 g_L 如图 5 – 15 所示，则可求得精梳机的理论落棉率 y（%）为：

$$y = \sum_{L=0}^{L_3} g_L$$

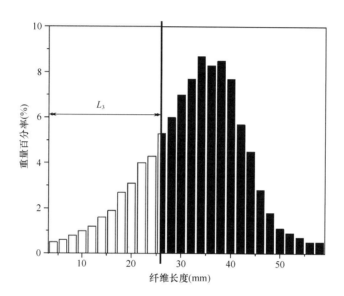

图 5 – 15　精梳喂入小卷中纤维长度分布图

利用前进给棉中的分析方法，求得后退给棉时的分界纤维长度 L'_3 和理论落棉率 y'（%）分别为：

$$L'_3 = \frac{L'_1 + L'_2}{2} = \frac{B + K'A + B - (1 - K')A}{2} = B - (0.5 - K')A$$

$$y' = \sum_{L=0}^{L'_3} g_L$$

根据分界纤维长度的表达式，可分析影响精梳落棉率的因素如下。

（1）无论是前进给棉或是后退给棉，分离隔距（拔取隔距）B 大时，分界纤维长度长，精梳落棉多。

（2）在前进给棉中，喂棉系数 K 大时，分界纤维长度 L_3 小，落棉率低；在后退给棉中，喂棉系数 K' 大时，分界纤维长度 L'_3 大，则精梳落棉率大。

（3）喂棉长度 A 对精梳落棉的影响比较复杂。在前进给棉中，当 $K > 0.5$ 时，加大 A，则落棉率小；当 $K < 0.5$ 时，加大 A，则落棉率大。在后退给棉中，当 $K' > 0.5$ 时，加大 A，则落棉率大；当 $K' < 0.5$ 时，加大 A，则落棉率小。在现代新型精梳机（如 JSFA 588 型）上，当采用前进给棉时，经计算可知 K 值大于 0.5；当采用后退给棉时，因给棉动作在钳口闭合时已经完成，故 K' 近似为 1。

（4）由本节的 L_3 表达式及 L_3' 表达式可知，在现代精梳机上，当原料、分离隔距及喂棉长度都相同时，采用后退给棉时的分界纤维长度大于前进给棉时的分界纤维长度，因此，采用后退给棉时精梳落棉率较大。

在 JSFA 588 型精梳机上，当采用前进给棉时，经计算可知 K 值大于 0.5；当采用后退给棉时，因给棉动作在钳口闭合时已经完成，故 K' 近似为 1。

2. 毛精梳机的理论落毛率 利用棉精梳机的分析方法，可得出进入落毛与进入毛网的分界纤维长度 L_3'' 为：

$$L_3'' = \frac{L_1'' + L_2''}{2} = \frac{B + B - A}{2} = B - \frac{A}{2}$$

故理论落毛率 y'' 为：

$$y'' = \sum_{L=0}^{L_3''} g_L$$

在实际生产中，只有在钳板的钳口外，且受到锡林针齿梳理到的纤维才会被梳掉，而不是所有短于分界长度的纤维都能直接落掉，所以，实际的落棉（落毛）率是低于理论落棉（落毛）率的。

（四）重复梳理次数

锡林对须丛的梳理程度可用须丛所受到的重复梳理次数表示。由于梳理时钳口外棉丛的梳理长度大于喂棉罗拉的每次喂棉长度，因此，钳口外的须丛要经过锡林的多次梳理后才被分离。自须丛受到锡林梳理开始到被完全分离时为止，所受到锡林梳理的次数称为重复梳理次数，重复梳理次数大，短绒、结杂被排除的机会多，梳理效果好。

从给棉过程分析可知：对于棉精梳机而言，锡林梳理时前进给棉与后退给棉钳口外的须丛长度分别为 L_1 及 L_1'；毛精梳机锡林梳理时钳口外的须丛长度为 L_1''；棉精梳机前进给棉与后退给棉钳口外须丛实际受到的梳理长度分别为 $(L_1 - a)$、$(L_1' - a)$；毛精梳机钳口外毛丛实际受到梳理长度为 $(L_1'' - a)$。其中 a 为钳板钳口的死隙长度（即锡林针齿梳理不到的纤须丛长度，如图 5-16 所示）。

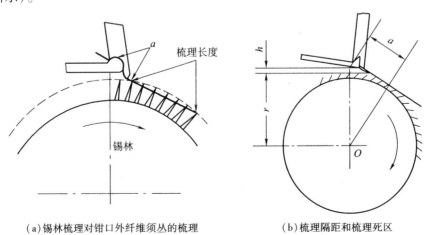

（a）锡林梳理对钳口外纤维须丛的梳理　　（b）梳理隔距和梳理死区

图 5-16 锡林对须丛的梳理情况

由此得到棉精梳前进给棉与后退给棉时重复梳理次数分别为:

$$n = \frac{L_1 - a}{A} = \frac{B - a}{A} + 1 - K$$

$$n' = \frac{L'_1 - a}{A} = \frac{B - a}{A} + K'$$

式中:n——前进给棉时的重复梳理次数;

n'——后退给棉时的重复梳理次数。

毛精梳机的重复梳理次数为:

$$n'' = \frac{B - 0.5 \times A - a}{A} = \frac{B - a}{A} - 0.5$$

由以上三式可分析影响重复梳理次数的因素如下。

(1)分离隔距(拔取隔距)B 大时,重复梳理次数增大;死隙长度 a 小时,重复梳理次数增大;喂棉长度 A 小时,重复梳理次数增大。

(2)在现代棉纺精梳机上,由于前进给棉和后退给棉的给棉系数一般都是大于0.5的。因此,采用前进给棉时,喂棉系数大,则重复梳理次数少;在后退给棉时,喂棉系数大,则重复梳理次数多。在分离隔距 B、死隙长度 a、给棉长度 A 相同时,采用前进给棉时的重复梳理次数较后退给棉时小,因此,采用后退给棉时锡林对棉丛的梳理效果较好。

四、精梳机的分离与接合

分离接合(毛型精梳机上称为拔取)是精梳机的主要作用之一。为了将头端经过锡林梳理后的新纤维丛输出精梳机,需要先由分离(或拔取)罗拉倒转,将已输出精梳机的旧纤维丛重新倒退一部分长度回到精梳机内,与新的纤维丛搭接后,分离(或拔取)罗拉再正转,将其输出精梳机。在新纤维丛与旧纤维丛搭接并输出精梳机的同时,由于顶梳已插入新纤维丛,故对新纤维丛的尾端进行梳理。因此,新输出的纤维丛的两端都得到了握持梳理。

棉型精梳机上的分离接合,除了分离罗拉的正、反转,还有上、下钳板的前后移动,使纤维丛完成搭接;毛型精梳机上的拔取过程中,除了有拔取罗拉的正、反转外,还有拔取架的前后摆动带动拔取罗拉的前后移动。

自分离开始到分离结束,分离(拔取)罗拉输出的纤维丛长度称为分离丛长度。如图 5 – 17 所示,设分离丛长度为 L,新、旧纤维丛的搭接长度为 G,精梳机(每钳次)的有效输出长度为 S,则有:

$$L = G + S$$

或

$$G = L - S$$

在棉精梳机上,有效输出长度经机械设计优选后为一定值,工艺上不再作调节,分离丛纤维长度和接合长度的工艺调整变化也不大。增大分离丛长度 L 或减小有效输出长度 S,可增大新旧棉丛的接合长度 G,从而增大分离罗拉输出棉网的接合牢度,提高棉网的质量。因此,在高速精梳机上缩短分离罗拉的有效输出长度,可以减少输出棉网的破边、破洞及断裂现象,有利于提高速度、实现高产。在现代棉纺精梳机上,较好的接合长度 G 的经验范围是$(0.62 \sim 0.71)L$。

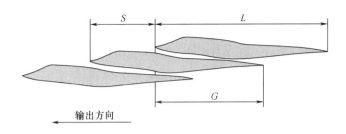

图5-17　分离接合须丛

毛型精梳机上,使精梳条不匀较小的接合长度 G 的经验范围为$(3/5\sim2/3)L$。为进一步减小精梳条的不匀,需根据纤维性能和精梳的工艺,对接合长度作进一步调整。

第四节　棉型精梳机

一、棉型精梳机组成

棉型精梳机由钳持给棉机构、梳理机构、分离接合机构、排杂机构、输出机构、牵伸机构、圈条机构等组成。

二、主要工艺参数作用及其选择

(一)钳板运动定时

(1)钳板最前位置定时。钳板最前位置定时是指钳板到达最前位置时,分度盘指针指示的刻度数。钳板最前位置定时是精梳机工艺参数调整的基础。JSFA 588 型及瑞士立达系列精梳机钳板最前位置定时为24分度。

(2)钳板闭口定时。钳板的闭口定时是上、下钳板完全闭口时的分度盘指针指示的分度数。钳板的闭口定时要与锡林梳理开始定时相配合,一般情况下钳板的开口定时要早于或等于锡林开始梳理定时,否则锡林梳针有可能将钳板钳口中的纤维抓走,使精梳落棉中的可纺纤维增多。锡林梳理开始定时的早晚与锡林定位及落棉隔距的大小有关。JSFA 588 型精梳机及瑞士立达系列精梳机钳板闭合定时一般为 33~35 分度,锡林梳理开始定时为 35~36 分度。

(3)钳板开口定时。钳板开口定时是指上下钳板开始开启时分度盘指针指示的分度数。钳板开口定时晚时,被锡林梳理过的棉丛受上钳板钳唇的下压作用而不能迅速抬头,因此,不能很好地与分离罗拉倒入机内的棉网进行搭接,从而使分离罗拉输出棉网会出现破洞与破边现象。从分离接合方面考虑,钳板钳口开启越早越好。由于精梳机的落棉隔距对钳板运动有较大影响,因此,钳板开口定时随落棉隔距的变化而变化,JSFA 588 型精梳机及瑞士立达系列精梳机的钳板开口定时一般为 8~11 分度。

(二)喂棉方式

棉精梳机的喂棉方式有两种,一种是喂棉罗拉在钳板前摆过程中给棉,称为前进给棉;另一种是喂棉罗拉在钳板后摆过程中给棉,称为后退给棉。一般在新型高速精梳机上都配有前进给棉和后退给棉两种给棉机构,以供选择。精梳机的给棉方式不同,则给棉机构也不同。前进给棉机构如图5-18(a)所示,当钳板前进时上钳板2逐渐开启,带动装于上钳板支架上的棘爪3将固装于给棉罗拉轴端的给棉棘轮S拉过1齿,使给棉罗拉转过一定角度而产生给棉动作;当给棉罗拉随钳板后摆时,棘爪3在棘轮S上滑过,不产生给棉动作。如果采用后退给棉,则采用如图5-18(b)所示的后退给棉机构,当下钳板1后退、上钳板2逐渐闭合时,带动装于上钳板支架上的棘爪3将固装于给棉罗拉轴端的给棉棘轮S撑过1齿,使给棉罗拉转过一定角度而产生给棉动作;当给棉罗拉随钳板前摆钳口打开时,棘爪3在棘轮S上滑过,不产生给棉动作。

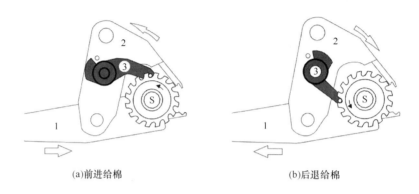

(a)前进给棉　　　　　　　　　　　　(b)后退给棉

图5-18　喂棉方式

1—下钳板　2—上钳板　3—棘爪　S—棘轮

由给棉过程的分析可知,在其他工艺条件不变时,采用后退给棉与前进给棉相比,精梳过程中的落棉量大,但梳理效果好。因此,当精梳纱质量要求较高或加工长绒棉时,可采用后退给棉,但生产中精梳落棉率的大小确定精梳机的给棉方式,当精梳落棉大于17%时采用后退给棉,精梳落棉率小于17%时采用前进给棉。喂棉方式的调整方法是更换喂棉机构。

(三)喂棉罗拉的给棉长度

给棉长度对精梳机的产量及质量均有影响,可根据加工原料和产品质量来选定,通过更换喂入变换齿轮来调节。当给棉长度大时,精梳机的产量高,分离罗拉输出的棉网较厚,分离罗拉输出棉网的破洞破边现象减少,开始分离接合的时间提早,但会使精梳锡林的梳理负担加重而影响梳理效果,另外,精梳机牵伸装置的牵伸负担也会加重。因此,给棉罗拉的给棉长度应根据纺纱特数、精梳机的机型、精梳小卷定量等情况而定。几种精梳机的给棉长度见表5-1。

表5-1　精梳机的给棉长度　　　　　　　　　　　　　　单位:mm

机型	前进给棉	后退给棉
A201C 型、A201D 型	5.72,6.86	—
FA 251A 型	6,6.5,7.1	5.2,5.6
FA 261 型	5.2,5.9,6.7	4.3,4.7,5.2,5.9
JSFA 588 型	4.3, 4.7,5.2,5.9	4.3,4.7,5.2,5.9

给棉长度可通过改变棘轮(图5-18)的齿数进行调整,JSFA 588型精梳机不同棘轮所对应的给棉长度见表5-2。

表5-2 JSFA588型精梳机每钳次的喂棉量

喂棉方式	棘轮齿数	每钳次喂棉量(mm)
前进给棉和后退给棉	16	5.9
	18	5.2
	20	4.7
	22	4.3

(四)精梳小卷的定量

精梳小卷的定量大小影响精梳机的产量与质量。适当增大精梳小卷定量可提高精梳机的产量,增大分离罗拉输出棉网厚度,减少棉网破洞、破边的现象,同时也有利于上、下钳板对棉层的横向握持均匀。但当精梳小卷定量过大时,锡林梳理时不能完全穿透棉层而出现漏梳,同时也会使精梳机的牵伸负担加重。在确定精梳小卷的定量时,应考虑纺纱特数、设备状态、给棉罗拉的给棉长度等因素。几种常见精梳机的精梳小卷定量范围见表5-3。

表5-3 精梳小卷的定量

机型	A201型	FA251型	JSFA588型
定量(g/m)	39~50	45~65	60~80

(五)落棉隔距

在棉纺精梳机上,当钳板到达最前位置时,下钳板前缘与分离罗拉表面的距离,称为落棉隔距,如图5-19所示。落棉隔距越大,则分离隔距B越大(指钳板最前位置时钳板钳口与分离

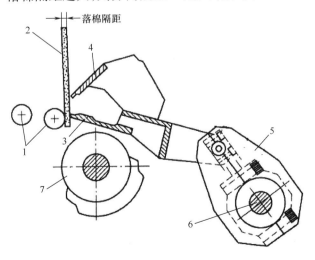

图5-19 落棉隔距

1—分离罗拉 2—落棉隔距块 3—下钳板 4—上钳板 5—摆臂 6—钳板摆轴 7—锡林

罗拉钳口之间的距离,如图5－12所示),棉丛的重复梳理次数及分界纤维长度越大,故可提高梳理效果及增大精梳落棉率。改变落棉隔距是调整精梳落棉率和梳理质量的重要手段。一般情况下,落棉隔距改变1mm,精梳落棉率改变约2%。落棉隔距的大小应根据纺纱特数及纺纱的质量要求而定。

精梳机落棉隔距调整有两种方式,其一是整机调整,即改变车头内落棉刻度盘的刻度;其二是逐眼调整,即用落棉隔距块对8个眼分别进行调整。JSFA 588型及瑞士立达系列精梳机落棉隔距调整的范围为7.5～13.5mm。

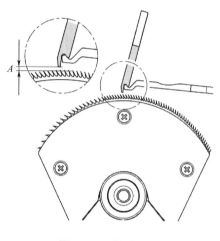

图5－20　梳棉隔距

(六)梳理隔距

如图5－20所示,在锡林梳理过程中,上钳板钳唇下沿与锡林针尖的距离称为梳理隔距(图中用 A 表示)。棉纺精梳机上,由于梳理时钳板前后摆动,故其梳理隔距是变化的,最紧点隔距一般在0.2～0.4mm。梳理隔距变化越小时,梳理效果越好。

(七)锡林定位

锡林定位也称弓形板定位,其目的是改变锡林与钳板、锡林与分离罗拉运动的配合关系,以满足不同纤维长度及不同品种的纺纱要求。

如图5－21所示,锡林定位的方法是先松开锡林体的夹紧螺钉,使其能与锡林轴相对转动;再利用锡林专用定规的一侧紧靠分离罗拉表面,且定规的另一侧与锡林上第一排梳针相接;最后转动锡林轴,使分度盘指针对准设定的分度数。JSFA 588型精梳机的锡林定位是在36分度、37分度及38分度。

锡林定位的早晚,影响锡林第一排及末排梳针与钳板钳口相遇的分度数,即影响开始梳理及梳理结束时的分度数。锡林定位早时,锡林开始梳理定时和梳理结束定时均提早,同时还要求钳板闭合定时要早,以防止棉丛中的纤维被锡林梳针抓走。

锡林定位的早晚还对锡林末排梳针通过锡林与分离罗拉最紧隔距点时的分度数产生影响。锡林定位晚时,锡林末排针通过最紧隔距点时的分度数亦晚,有可能将分离罗拉倒入机内的棉网抓走而形成落棉。所用纤维越长,锡林末排针通过最紧隔距点时分离罗拉倒入机内的棉网长度越长,且越易被锡林末排针抓走;因此,当所纺纤维越长时,要求锡林定位提早为好。锡林定位不同时,

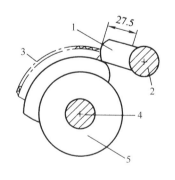

图5－21　锡林定位
1—锡林定规　2—分离罗拉
3—梳针　4—锡林轴　5—锡林体

JSFA 588型精梳机锡林末排针通过最紧隔距点的分度数见表5－4。

表5-4 锡林末排针通过最紧隔距点的分度数

锡林定位(分度)	36	37	38
末排针通过最紧隔距点的分度(分度)	9.5	10.5	11.5

(八)锡林齿面角及锡林运动方式

在棉纺精梳机上,锡林第一排针与末排针的夹角(简称齿面角)有90°、110°及130°(图5-22)三种类型。在保证锡林针齿穿透棉层的情况下,锡林的齿面角越大,一个工作周期中参与梳理的针齿数越多,排除结杂及短绒的概率越高,梳理效果越好。

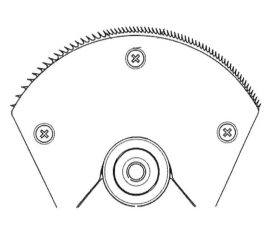

图5-22 130°锡林

棉纺精梳机锡林运动方式有两种:其一是恒速运动,即在一个工作周期内锡林每分度运动的角速度为一定值;其二是锡林变速运动,即在一个工作周期内锡林每分度运动的角速度为一变量,且在梳理棉丛时角速度大,梳理结束后锡林角速度减小。锡林变速运动与恒速运动相比,梳理过程的时间减少,锡林末排针通过分离罗拉的时间大幅度提早,大大减少了锡林末排针抓走分离罗拉倒入机内纤维的概率(图5-23)。因此,锡林变速运动可采用大齿面角(如130°锡林)的锡林梳理,同时也提高了对长纤维(如长绒棉、各种棉型化纤等)的适纺性。在锡林恒速梳理的精梳机上,所适应的锡林齿面角最大值为110°。

图5-23 锡林与分离罗拉的运动配合

(九)顶梳插入深度及进出隔距

1. 顶梳插入深度 顶梳的插入深度是指顶梳在梳理时插入棉丛的深度。插入棉丛越深,在梳理过程中顶梳对棉丛的阻力越大,梳理作用越好,精梳落棉率就越高。另外,顶梳的插入深度过大会影响分离接合开始时棉丛的抬头。如图 5 - 24(a)所示,顶梳插入棉丛深度随标值 B 增加而增大。标值 B 共分五档,分别用 -1、-0.5、0、+0.5、+1 表示,其对应的 B 值分别为 51.5mm、52mm、52.5mm、53mm、53.5mm。当 B 增大时,顶梳插入棉丛就越深,落棉率越大。一般情况下,B 每增加一档,精梳落棉约增加 1%。标值 B 的调整在专用工具上进行。如图 5 - 24(b)所示,在专用工具 6 上装有两个偏心轮 5,其圆周上标有刻度 -1、-0.5、0、+0.5、+1。在进行标值 B 设定时,将顶梳 1 放入专用装置 6 上,并用板簧使顶梳紧压在专用工具边缘 4 上。将两个偏心轮 5 调整到设定的刻度上,松开螺钉 2,将顶梳针片与偏心轮 5 接触后紧固螺钉 2。

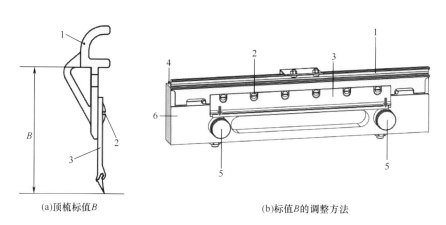

(a)顶梳标值 B (b)标值 B 的调整方法

图 5 - 24 顶梳插入棉丛深度的调整

1—顶梳支架 2—螺钉 3—顶梳针片 4—专用工具的支撑 5—偏心轮 6—专用工具

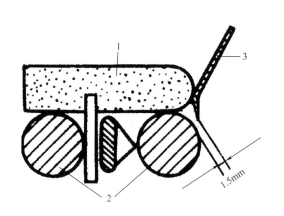

图 5 - 25 顶梳的进出隔距

1—定规 2—分离罗拉 3—顶梳

2. 顶梳的进出隔距 顶梳的进出隔距是指顶梳在最前位置时,顶梳针尖与分离罗拉表面的距离,如图 5 - 25 所示。进出隔距越小,顶梳梳针将棉丛送向分离罗拉就越近,从而越有利于分离接合工作的进行。但进出隔距过小,易造成梳针与分离罗拉表面碰撞,JSFA 588 型精梳机顶梳的进出口隔距一般为 1.5mm。

(十)分离罗拉的顺转定时

分离罗拉顺转定时是指分离罗拉由倒转结束开始顺转时,分离盘指针指示的分度数。精梳机的分离接合工艺,主要是利用改变分离罗拉顺转定时的方法调整分离罗拉与锡林、分离罗拉与钳板的相对运动关系,以满足不同长度纤维及不同纺纱工艺的要求。

根据分离接合的要求,分离罗拉顺转定时要早于分离接合开始定时,否则分离接合工作无法进行。因此,分离罗拉顺转定时应满足以下要求。

（1）分离罗拉顺转定时的确定,应保证开始分离时分离罗拉的顺转速度大于钳板的前摆速度。

（2）分离罗拉顺转定时的确定,应保证分离罗拉倒入机内的棉网不被锡林末排梳针抓走。

在 JSFA 588 型精梳机分离罗拉顺转定时的调整方法是改变曲柄销与 143^T 大齿轮（或称分离罗拉定时调节盘）的相对位置。分离罗拉定时调节盘上刻有刻度,称作搭接刻度。搭接刻度从"-2"到"$+1$",其间以 0.5 为基本单位。分离刻度与分离罗拉顺转定时的关系见表 5 – 5。

表 5 – 5 搭接刻度与分离罗拉顺转定时的关系

搭接刻度	+1	+0.5	0	-0.5	-1	-1.5	-2
分离罗拉顺转定时（分度）	14.5	15.2	15.8	16.2	16.8	17.5	18

分离罗拉顺转定时根据所纺纤维长度、锡林定位、给棉长度及给棉方式等因素确定。当采用长给棉时,由于开始分离的时间提早,分离罗拉顺转定时也应适当提早,以防止在分离接合开始时,钳板的前进速度大于分离罗拉的顺转速度而产生棉网头端弯钩。当纤维长度越长时,倒入机内棉网的头端到达分离罗拉与锡林隔点时的分度数越早,从而易于造成棉网被锡林末排梳针抓走,因此,当所纺纤维长度长时,分离罗拉顺转定时应相应提早。当锡林定位晚时,锡林末排针通过锡林与分离罗拉隔距点的分度数推迟,分离罗拉顺转定时不能过早,以防止倒入机内的棉网被锡林末排梳针抓走。分离罗拉顺转定时的调整方法是调整 143^T 齿轮上的搭接刻度,如图 5 – 26 所示。

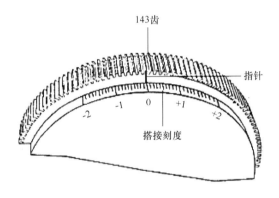

图 5 – 26 搭接刻度

（十一）精梳条定量

精梳条定量对精梳机的产量及质量均有影响。适当增大精梳条定量,可使精梳机产量提高,精梳条条干不匀 CV 值降低（因牵伸装置的牵伸倍数减小）。在确定精梳条定量时,应考虑成纱的细度及精梳机的机型。一般精梳条定量的范围是 15 ~ 25g/5m。

三、棉精梳质量控制

（一）精梳小卷质量控制

精梳小卷质量指标的 2018 年乌斯特公报见表 5 – 6。

表 5 – 6 2018 年乌斯特公报的精梳条质量

指标	5%	25%	50%	75%	95%
总棉结个数（个/g）	33.3	46.1	60.8	83.4	114.1
杂质个数（个/g）	1.1	1.8	3.2	5.7	9.8
短绒率（%）	15.1	18.5	21.7	25.2	28.8

(二)棉精梳条的质量指标

由于精梳机机型及所使用原料的不同,精梳条的质量会有较大差异。在正常配棉的情况下,一般棉精梳条质量指标的控制内容及控制范围参考值见表 5 - 7,精梳落棉率的控制范围见表 5 - 8,精梳条质量的 2018 年乌斯特公报及精梳条干不匀的 2007 年乌斯特公报分别见表 5 - 9、表 5 - 10。

表 5 - 7 精梳条质量参考指标

精梳条干 CV 值(%)	精梳条短 绒率(%)	精梳条重量 不匀率(%)	精梳后棉结 清除率(%)	精梳后杂质 清除率(%)	机台间条子重量 不匀率(%)
<3.8	<8	<0.6	<17	<50	<0.9

表 5 - 8 精梳落棉率参考指标

纺纱线密度(tex)	30 ~ 14	14 ~ 10	10 ~ 6	<6
精梳落棉率(%)	14 ~ 16	15 ~ 18	17 ~ 20	>19
落棉含短绒率(%)	>60			

表 5 - 9 2018 年乌斯特公报的精梳条质量

指标	5%	25%	50%	75%	95%
总棉结个数(个/g)	10.1	15.9	23.1	34.9	51.7
杂质个数(个/g)	0.4	0.7	1.3	2.2	3.5
短绒率(%)*	6.1	8.4	10.8	13.8	17.2

注 *此处短绒率指标为根数短绒率 SFC(n),且将短绒定义为长度小于 12.7mm 的纤维。

表 5 - 10 2007 年乌斯特公报棉精梳条干 CV 值水平

水平	5%	50%	95%
条干 CV 值(%)	2.74 ~ 2.93	3.16 ~ 3.40	3.59 ~ 3.81

注 乌斯特公报自 2007 年后,条子部分只有末道并条的质量统计,而取消了生条和精梳条的质量统计。

(三)棉精梳条品质控制

1. 精梳条的结杂控制 精梳后棉结杂质的清除率的高低与精梳机工艺参数设计、机械状态、精梳准备工艺等因素有关。当精梳条的结杂过高时,可采取以下措施:一是放大落棉隔距;二是采用后退给棉;三是采用大齿密的整体锡林;四是合理确定毛刷对锡林的清扫时间;五是调整毛刷插入锡林的深度;六是改进小卷准备工艺,提高小卷质量。

2. 棉精梳条条干不匀的控制

(1)精梳条条干 CV 值过大的原因。

①棉网成形不良,如棉网中纤维前弯钩、鱼鳞斑、破洞等。

②精梳机牵伸装置不良,如牵伸罗拉及胶辊弯曲、牵伸齿轮磨灭等。

③牵伸工艺不合理,如牵伸罗拉隔距过大、胶辊加压不足等。

④小卷、棉网及台面条张力过大,意外牵伸大。

(2)降低精梳条的条干不匀 CV 值措施。

①合理确定弓形板定位、钳板闭口定时及分离罗拉顺转定时,弓形板定位过早、过晚对棉丛的分离接合工作都不利。弓形板定位的掌握原则是在分离罗拉倒入机内的棉丛不被锡林末排针抓走的情况下,弓形板定位越晚越好。一般情况下,弓形板定位应根据所用纤维的长度而定;钳板闭合定时应根据弓形板定位而定,且在锡林第一排针与钳板相遇时闭合即可;分离罗拉顺转定时应根据弓形板定位、落棉隔距、纤维长度及给棉长度确定。

②合理确定精梳机各部分的张力牵伸,减少意外伸长。如在不涌条的情况下,尽可能把分离罗拉输出的棉网张力牵伸倍数及牵伸后的棉网张力牵伸降低到最小,以减小意外伸长,提高精梳条的条干均匀度。

③保证良好的机械状态,如保持锡林与顶梳梳针不嵌花,钳板的握持力良好,分离罗拉、牵伸罗拉及分离牵伸胶辊回转灵活,棉网及棉条通道光洁等。

④合理确定牵伸装置的牵伸工艺参数及精梳条定量,正确制定牵伸装置的牵伸倍数、罗拉隔距及胶辊加压量,从而使牵伸波降低到最小限度。尽可能采用较大的精梳条定量,以减小精梳机牵伸装置的牵伸倍数,减小牵伸造成的附加不匀,有利于提高精梳条的条干质量。

👉 思考题

1. 精梳工序的任务是什么? 精梳纱与普梳纱的质量有什么区别?

2. 精梳前准备工序的任务是什么? 棉精梳前准备工序有哪些机械? 其作用是什么?

3. 棉精梳前准备工艺路线有几种方式? 各有什么特点?

4. 为什么精梳前准备工序道数要遵守偶数准则?

5. 棉型精梳机及毛型精梳机一个工作循环可分为哪几个阶段? 试说明精梳机各主要机件在各阶段中的运动状态。

6. 什么是喂给系数? 什么是分界纤维长度? 什么是重复梳理次数?

7. 什么是给棉长度? 给棉长度的大小对梳理质量及精梳落棉率有何影响?

8. 什么是前进给棉? 什么是后退给棉? 试比较两者的梳理效果及精梳落棉率高低。

9. 什么是棉型精梳机的分离隔距、落棉隔距及梳理隔距? 它们与精梳机的梳理效果及精梳落棉率的关系如何?

10. 在进行棉型精梳机喂棉方式、喂棉长度选择时应考虑哪些因素?

11. 棉型精梳机锡林定位的实质是什么? 锡林定位过早、过晚会产生什么后果? 为什么?

12. 棉精梳机锡林变速运动的意义何在?

13. 棉精梳条有哪些质量指标? 其控制范围是多少?

14. 降低棉精梳条棉结应采取哪些技术措施?

第六章　并条

本章知识点

1. 并条工序的任务。
2. 牵伸的基本概念、牵伸的表征、实施牵伸的条件。
3. 摩擦力界的概念、摩擦力界的形成、影响因素、摩擦力界的布置原则。
4. 并条中的主要牵伸装置的形式及其特点。
5. 牵伸区中纤维的类型、数量分布、受力、变速点分布及其对须条不匀的影响。
6. 牵伸过程中纤维的伸直。
7. 并合的基本概念、并合与不匀的关系、并合与牵伸的关系。
8. 棉型并条机组成、工作过程、工艺配置、棉型并条的品质控制。

第一节　概述

纤维材料经前道工序的开松、梳理,已制成了连续的条状半制品,即条子,又称生条,但还不能将它直接纺成细纱,因为生条的质量和结构状态离最终成纱的要求还有很大差距,纤维的伸直度和分离度都较差。如生条中大部分纤维还呈屈曲或弯钩状态,并有部分小纤维束存在;而精梳条虽然其纤维的伸直度较好,但条干均匀度较差。并条机的作用是提高生条的纤维伸直平行度,改善条子长、短片段均匀度以及纤维的混合均匀度。它是前纺控制和调整成纱线密度偏差的工序,是纺纱中间衔接最重要的工序。

一、并条的任务

1. 并合　并合是将若干根条子并合,使不同条子的粗细段能够随机的叠合,改善条子的中长片段均匀度。

2. 牵伸　牵伸是利用罗拉牵伸将喂入条拉细,同时改善条子中纤维的伸直平行度及分离度,这是保证成纱强力和条干均匀度达到一定标准的重要前提。

3. 混和　用反复并合的方法进一步使条子中各种不同性状的纤维得到充分混和,保证条子的混和成分、色泽达到均匀。

4. 成条　将制成的条干均匀的纤维条,有规律地卷绕成适当的卷装,供后工序使用。

由于纤维条中纤维的均匀混和作用要求一定倍数的并合,而且纤维的伸直平行作用也要求多次反复掉头牵伸,因此,并条(针梳)工序每道并合数常为6根以上,工艺道数都是两道以上,且工艺道数的多少应具体视纤维的性状及对混合作用的要求而定。

二、并条的工艺过程

并条机由喂入、牵伸和成型卷绕三个部分组成,棉型并条机的工作过程如图6-1(b)所示

(a) 并条机

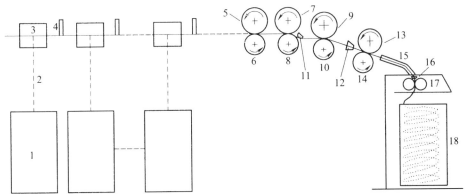

(b) 工艺过程图

图6-1　棉型并条机及其工艺过程图

1—喂入条筒　2—棉条　3—导条罗拉　4—导条柱　6,8,10—后、中、前罗拉

5,7,9—胶辊　11—压力棒　12—集束器　13,14—集束罗拉及其胶辊

15—导条管　16—喇叭头　17—紧压罗拉　18—输出条筒

（见录像6-1），喂入条筒中引出的棉条经过导条罗拉和导条柱后在导条台上并列向前输送，进入牵伸装置。牵伸后的纤维网经集束器初步收拢后由集束罗拉输出，进入导条管，再经喇叭头凝聚成条，被紧压罗拉压紧后，由圈条器将纤维条有规律地圈放在机前的输出条筒内。

毛纺、麻纺及绢纺等毛型纤维的纺纱中，并条是通过针梳完成的。针梳机的工作过程如图6-2所示，毛条由毛球或条筒退绕后，经导条罗拉、导条棒进入由后罗拉、前罗拉、针板组成的牵伸机构，再经卷绕成形机构形成一定卷装（毛球或条筒）。

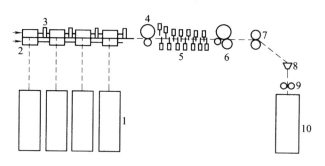

图6-2　针梳机工艺简图

1—毛条筒　2—导条罗拉　3—导条棒　4—后罗拉　5—针板　6—前罗拉

7—出条罗拉　8—喇叭口　9—圈条压辊　10—毛条筒

第二节　牵伸

一、牵伸的基本原理

（一）牵伸的概念

牵伸是把纤维集合体（如条子、粗纱等）有规律地抽长拉细的过程。其实质是纤维沿集合体的轴向作相对位移，使其分布在更长的片段上。其结果是使集合体的线密度减小，同时纤维进一步伸直平行。

（二）牵伸的实施

通常将借助于气流而实施的牵伸称作气流牵伸，而借助于表面速度不同的罗拉实施的牵伸称作罗拉牵伸。罗拉牵伸被广泛应用于各种类型的传统纺纱中，而气流牵伸多用于非传统纺纱中。

要实现罗拉牵伸，必须具备下列条件。

（1）至少有两个积极握持的钳口。

（2）每两个钳口之间要有一定的距离。

（3）每两个钳口要做相对运动。

图6-3所示为两对罗拉组成的一个牵伸

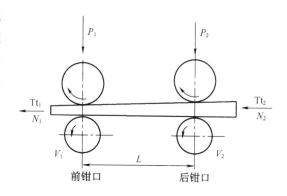

图6-3　简单罗拉牵伸区

区(见动画视频6-1)。上、下罗拉构成一个钳口,在其前、后上罗拉(胶辊)上施加一定的压力(P_1、P_2),才能使上下罗拉对罗拉钳口下的须条构成强有力的握持,其输出罗拉(前罗拉)表面速度V_1大于喂入罗拉(后罗拉)表面速度V_2才能形成牵伸,两钳口间的距离一般大于纤维的品质长度,以避免纤维被两钳口同时握持而被拉断或牵伸不开。因此,罗拉的加压、隔距和表面速比构成了罗拉牵伸的三要素。在生产上,因喂入半制品或输出半制品质量的变化,常需调节这三个基本参数。

(三)牵伸倍数

纤维集合体被抽长拉细的程度即被牵伸的程度用牵伸倍数E表示。在实际罗拉牵伸过程中,又有实际牵伸倍数和机械牵伸倍数之分,其比值称作牵伸效率η。

1.实际牵伸倍数

$$E_{实} = \frac{L_1}{L_2} = \frac{Tt_2}{Tt_1}$$

式中:L_1、L_2——输出条子、喂入条子的长度;

Tt_1、Tt_2——输出条子、喂入条子的线密度(定量)。

2.机械牵伸倍数 机械牵伸倍数又称理论牵伸倍数或计算牵伸倍数。

$$E = \frac{V_1}{V_2}$$

式中:V_1、V_2——输出(前)罗拉、喂入(后)罗拉的表面速度。

3.牵伸效率 须条在实际牵伸时,由于纤维散失、罗拉滑溜、须条的回弹收缩及捻缩等因素影响,使实际牵伸倍数与机械牵伸倍数常常不相等,实际牵伸倍数与机械牵伸倍数之比称作牵伸效率η。

$$\eta = \frac{实际牵伸倍数}{机械牵伸倍数} \times 100\%$$

在纺纱工艺中,牵伸效率一般小于1,但当纤维散失或捻缩是主要影响因素时,牵伸效率也会大于1。为了控制纺出须条的定量,降低须条的重量不匀率,必须根据实际情况调整机械牵伸倍数。在实际生产中常使用一个经验数值即牵伸配合率(牵伸效率的倒数)来进行调整。生产上根据同类机台、同类产品的长期实践积累,找出牵伸配合率的变化规律,在工艺设计时,需根据牵伸配合率及实际牵伸倍数计算出机械牵伸倍数,才可纺出预定定量的须条。

4.总牵伸和部分牵伸 一个牵伸装置常由几对牵伸罗拉(即多个牵伸区)组成,相邻两对罗拉间的牵伸倍数为部分牵伸倍数,而最后一对(喂入)罗拉与最前一对(输出)罗拉间的牵伸倍数称为总牵伸倍数,并且总牵伸倍数等于各部分牵伸倍数的乘积。根据工艺要求按总牵伸倍数来分配各部分牵伸倍数(即各牵伸区牵伸倍数)的大小,称为牵伸分配。

二、摩擦力界

由于牵伸过程中,纤维在牵伸区中的受力、运动和变速等是变化的,导致牵伸后纱条的短片段均匀度恶化。其恶化的程度与牵伸形式、工艺参数等设置有关。摩擦力界就是牵伸中控制纤维运动的一个摩擦力场,通过合理设置摩擦力界,可以实现对牵伸中纤维运动的良好控制,从而减少输出条的均匀度恶化。

(一)摩擦力界的形成

须条进入罗拉钳口,受到上、下罗拉的紧压而使纤维与牵伸部件之间、纤维与纤维之间产生摩擦力,摩擦力所作用的空间称为摩擦力界。为简化起见,假设各处的摩擦系数相同,则摩擦力界的分布通常用牵伸区中纤维须条所受的压强来大致地表示,它具有一定的长度、宽度与高度,其分布是一个三维空间,一般将其分解为两个平面分布,把沿须条长度方向的分布称作纵向摩擦力界分布,把罗拉钳口下垂直于须条方向的分布称作横向摩擦力界分布。

罗拉钳口握持下须条的纵向压力分布曲线如图 6-4(a)所示,因为上罗拉(胶辊)以压力 P 作用在一定厚度的须条上,压力不仅作用在钳口线 O_1O_2 截面上,而且沿须条一定长度方向延伸,形成压力分布,如曲线 m_1 所示。当须条被牵伸时,因纤维间产生相对滑动必产生摩擦力,摩擦力分布同样是在钳口线 O_1O_2 上为最大,沿须条轴线方向向两边逐渐减小。在 ab 线左方或 cd 线右方,胶辊对须条的摩擦力影响趋近于零。但因纤维间存在抱合力而仍有一定的摩擦力强度,其形状与 m_1 相同。

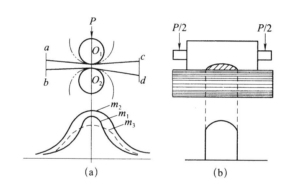

图6-4 罗拉钳口下摩擦力界分布曲线

如图 6-4 中(b)曲线所示,在须条横断面上,在罗拉钳口下,由于上罗拉(通常是胶辊)表面具有弹性,当其受压后表面变形,须条表面被包围使其内纤维也受到较大压力,同样纤维作相对滑动时横向也形成摩擦力的分布,但分布较为均匀。

生产实践中对于摩擦力界分布的讨论一般是指纵向分布,其横向分布要求均匀即可。因为摩擦力界的分布是否合理,直接关系到牵伸区中纤维的运动状况,所以生产中必须十分重视牵伸区中摩擦力界的布置。

(二)影响摩擦力界分布的因素

1. 罗拉所受压力 上罗拉的压力 P 增加时,钳口内的纤维所受压力增加,由于上罗拉(胶辊)的变形以及须条本身的变形,须条与上、下罗拉接触的边缘点外移,使摩擦力界的长度扩展,而且摩擦力界的峰值也扩大,如图 6-4(a)中曲线 m_2 所示。若加压减小时,所产生的情况与此相反。

2. 罗拉的直径 罗拉直径增大时,因为同样的压力分布到了更大的面积上,使摩擦力界的峰值减小,但长度分布扩大,如图 6-4(a)中曲线 m_3 所示。

3. 纱条的定量　纱条定量增加时,钳口下须条的厚度和宽度均有所增加,此时摩擦力界的长度扩大,但因须条单位面积上的压力减小,摩擦力界的峰值降低。

4. 其他　罗拉隔距、附加牵伸部件的布置等对摩擦力界的分布也有影响。

(三)摩擦力界布置

摩擦力界布置应该使其既能满足作用于个别纤维上的力的要求,同时又能满足作用于整个牵伸须条上的力的要求。

简单罗拉牵伸区的摩擦力界分布状态如图6-5所示。理想情况下,在牵伸区纵向,应将后钳口的摩擦力界向前扩展,并使其向前逐渐减弱,以加强慢速纤维对浮游纤维的控制,同时又能让比例逐渐加大的快速纤维从须条中顺利滑出,而不影响其他纤维的运动;前钳口摩擦力界的纵向分布状态应高而狭,以便其在前钳口附近能可靠地发挥对浮游纤维的引导作用,从而保证纤维集中在前钳口附近变速。因此,理想的摩擦力界分布如图6-5中虚线所示。

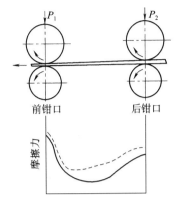

图6-5　简单罗拉牵伸区
内须条的摩擦力界分布

(四)附加摩擦力界的应用

仅有两对简单罗拉所组成的摩擦力界分布是不能满足较好控制牵伸区中纤维运动的要求的。在牵伸区域中,由于两对罗拉之间有一定的距离,因此,其摩擦力界扩展到牵伸区的中部时,强度已很弱,甚至在牵伸区中部的较长一段距离上,纤维之间的摩擦力主要依靠其微弱的抱合力来形成,因此,浮游纤维的运动不稳定且波动大,由于浮游纤维得不到很好的控制,必然增加须条的不匀程度。因此,附加摩擦力界机构应满足下列要求,以尽量形成如图6-5所示的理想摩擦力界分布。

(1)应适当加强牵伸区内须条的中后部摩擦力界强度和扩展幅度,防止纤维提早变速。

(2)形成"弹性"控制,既能够对浮游纤维运动进行有效的控制,又能够使快速纤维从这种钳口中顺利地滑出。

(3)附加摩擦力界分布要稳定,而且在一定程度上允许须条通过它传递适当的张力。

(4)使纤维变速点尽量向前钳口靠近,且分布稳定。如果采用的是运动的中间机构,则其运动速度(引导浮游纤维向前运动的速度)应该和后罗拉的表面速度接近。

(5)在牵伸过程中有助于保持须条的紧密度,防止纤维的扩散,以使纤维的运动保持稳定。

目前常使用的附加摩擦力界机构有压力棒、轻质辊、皮圈、针板、气泡罗拉等形式。

(五)并条中主要的牵伸装置形式

为加强对牵伸中的纤维运动的控制,合理布置牵伸区中的摩擦力界,一般采用曲线牵伸的形式。

1. 三上四下型　三上四下式采用双区牵伸工艺,有前置式[图6-6(a)](见动画视频6-2)和后置式[图6-6(b)](见动画视频6-3)两种,该形式的罗拉钳口的打滑率比简单罗拉连续牵伸的小,但中间的小罗拉易绕棉,不适合高速和轻定量,另外常用的前置式的后牵伸区在E处有反包围弧$\overset{\frown}{DE}$,不利于后牵伸区中纤维变速点的集中、向前,但有利于前弯钩的伸直。

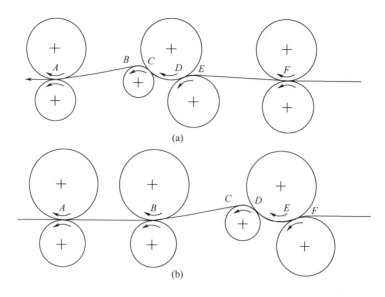

图6-6 三上四下牵伸装置

2. 五上三下型 如图6-7所示(见动画视频6-4),其结构简单、适合高速、胶辊上的包围弧有利于加强摩擦力界、对纤维长度的适应性较强。

3. 三上三下(或四上四下)压力棒型 如图6-8所示(见动画视频6-5),这种牵伸装置的握持距较大,但压力棒可调,可通过调节附加摩擦力界来控制纤维运动,且对纤维长度的适应性好,另外这种牵伸中反包围弧很小或没有,也有利于纤维的运动。

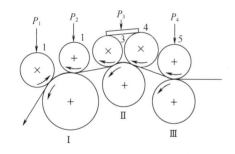

图6-7 五上三下牵伸装置

1—前胶辊 2—二胶辊 3—三胶辊 4—四胶辊

5—后胶辊 Ⅰ—前罗拉 Ⅱ—中罗拉 Ⅲ—后罗拉

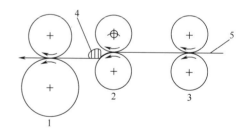

图6-8 压力棒牵伸装置

1—前罗拉 2—中罗拉 3—后罗拉

4—压力棒 5—须条

上述牵伸主要应用于棉纺的并条牵伸中,且压力棒牵伸目前得到了广泛的应用。而在毛型纤维(包括麻和绢)的并条(针梳)牵伸中,主要采用下列牵伸装置。

4. 针板牵伸 由于毛型纤维的长度长,且长度不匀大,因此为兼顾控制纤维运动和保证顺利牵伸的要求,在并条中多采用针板牵伸装置(图6-9),故其工序又称作针梳(见动画视频6-6~动画视频6-8)。

在针板牵伸中,针板是控制纤维运动的中间机构,其控制区长度长,后钳口的摩擦力界能够逐渐向前扩展且均匀,摩擦力界形态较好,横向摩擦力界也较均匀,防止纤维扩散。且针板对纤维不是积极控制,纤维可以从中被较顺利地抽取,而不致产生太大的牵伸力(图6-10)。

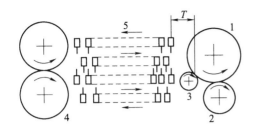

图6-9　交叉式针板牵伸机构

1—前胶辊　2,3—前大、小罗拉　4—后罗拉　5—针排

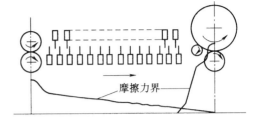

图6-10　针板牵伸及其摩擦力界分布

　　针板的速度一般略大于后罗拉速度,且对纤维有一定的梳理作用,有利于纤维的伸直。但针板在走出和进入牵伸控制区时靠打击而有上、下运动,不仅声音响,对机台产生的震动也大,尤其是每块工作针板在走出牵伸控制区脱离纤维的瞬间产生周期性的相对停顿,并使最前一块针板与前钳口间的距离(又称无控制区或前隔距,如图6-9所示的T)也发生周期性变化,妨碍了纤维的正常运动,从而影响输出条子的条干。针板牵伸的机构复杂,速度受限于针板的上、下运动,且机件易损坏。

　　5. 皮板牵伸　为了克服针板牵伸的缺点,毛型纤维牵伸中有时还采用皮板牵伸,如图6-11所示。它也是一种曲线牵伸,其中部摩擦力界是连续的,牵伸区域较大,且摩擦力界强度较强,与针板牵伸相比,更适应高速。

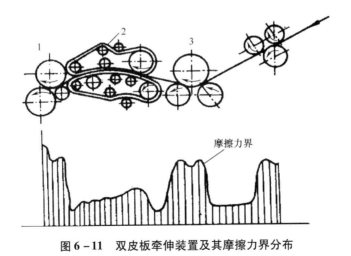

图6-11　双皮板牵伸装置及其摩擦力界分布

1—前罗拉　2—牵伸皮板　3—后罗拉

三、纤维变速点分布与须条不匀

(一)纤维变速点分布

牵伸过程中纤维头端变速的位置称作变速点。由于纤维在牵伸区中的受力和运动状态不

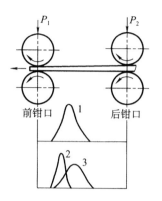

同,它们的变速位置也会不同,因而各纤维的变速点距离前钳口会形成一种分布,即为变速点分布。如图6-12中的曲线1所示。

纤维变速点的分布与牵伸区中摩擦力界的分布及纤维的长度均匀度等因素有关。纤维的长度均匀度好,则变速位置比较集中,如图6-12中的曲线2所示;反之则变速点位置比较分散,如图6-12中的曲线3所示。变速点的分布越集中、越靠近前钳口,则牵伸后须条的不匀就越小。

(二)理想牵伸

理想牵伸是指假设须条中纤维都是平行、伸直、等长的,并且设每根纤维都是到达前罗拉钳口线(或牵伸区中同一位置 x)时变速,即所有纤维都在同一截面变速。

图6-12　简单罗拉牵伸区内纤维的变速点分布

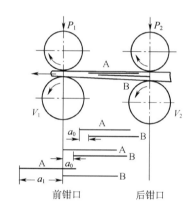

图6-13　理想牵伸时纤维的头端移距

设在牵伸区须条中的两根纤维 A、B,如图6-13所示为其在原须条中的排列位置,若两者之间的头端距离为 a_0 ,这个距离称为这两根纤维的头端"移距",当纤维 A 的头端到达变速点 x 时则 A 变速,即以快速(前罗拉速度) V_1 运动,而此时纤维 B 仍然以慢速(后罗拉的速度) V_2 运动,于是 A、B 两根纤维发生相对运动,移距开始变化。而当纤维 B 在 t 时间后到达变速点 x 时,也开始以 V_1 速度运动,两纤维间不再有相对运动,此时,A、B 两根纤维的头端移距为 a ,可计算如下:

$$t = \frac{a_0}{V_2}$$

则:
$$a = V_1 t = a_0 \frac{V_1}{V_2} = a_0 E \qquad (6-1)$$

式中:a_0、a——牵伸前、后两根纤维间的头端距离;

　　　E——牵伸倍数。

由式(6-1)可见,在理想牵伸条件下,须条中任意两根纤维间的距离都是按照牵伸倍数放大了 E 倍,须条的条干不匀率没有因牵伸而变化,只是按牵伸倍数被抽长拉细。

(三)移距偏差

在实际牵伸中,喂入须条并非理想状态,须条并非都在同一个变速截面变速,变速点一般也不在前罗拉钳口,则须条经牵伸后,须条中任意两根纤维中的距离并非都是按照牵伸倍数放大了 E 倍,而是产生了一定的移距偏差,且任意两根纤维的头端移距偏差是随机的,所以须条经牵伸后不匀率总是增加的。

如图6-14所示,可得两根原始头端距离为 a_0 的纤维 A、B,分别在牵伸区中相距 X 的不同截面 X_1—X_1 和 X_2-X_2 处变速。

(1)当领先的纤维先变速。即 A 在 X_1—X_1 处由原来的慢速 V_2 变成快速 V_1 运动,B 纤维经过 t 时间后,到达 X_2—X_2 处才由慢速 V_2 变成快速 V_1 。则牵伸后 A 与 B 的头端距离为 a 可计算

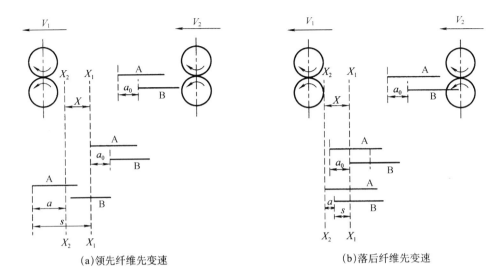

(a)领先纤维先变速　　　　　　　　(b)落后纤维先变速

图 6 - 14　纤维头端在不同位置上变速时的移距

如下。

A 到达变速点后,B 到达其变速点$(X_2$—$X_2)$所需的时间为:

$$t = \frac{a_0 + X}{V_2}$$

而在 t 时间内,A 又由 X_1—X_1 向前运动了 s 距离,则:

$$s = V_1 t = V_1 \frac{a_0 + X}{V_2} = E(a_0 + X)$$

因此,A 与 B 的距离变为:

$$a = s - X = E(a_0 + X) - X = Ea_0 + (E - 1)X$$

(2)当落后的纤维先变速。即 B 在 X_1—X_1 处由慢速 V_2 变成快速 V_1,而 A 纤维经过 t 时间后,到达 X_2—X_2 处,即也由慢速变为快速。此时,两者的头端距离可以计算如下。

B 到达变速点后,A 到达其变速点$(X_2 - X_2)$所需的时间为:

$$t = \frac{X - a_0}{V_2}$$

而在 t 时间内,B 又由 X_1—X_1 向前运动了 s 距离,则:

$$s = V_1 t = V_1 \frac{X - a_0}{V_2} = E(X - a_0)$$

因此,A 与 B 的距离变为:

$$a = X - s = X - E(X - a_0) = Ea_0 - (E - 1)X$$

由上述可知,任意两根初始头端距离为 a_0 的纤维在牵伸后,形成的新的头端移距可归纳为:

$$a = a_0 E \pm X(E - 1) \tag{6 - 2}$$

式(6 - 2)中,$a_0 E$ 为须条经 E 倍牵伸后纤维头端的正常移距,$\pm X(E - 1)$ 为牵伸过程中纤维头端在牵伸区中不同截面变速而引起的移距偏差，X 为不同变速截面间的距离。当移距偏差为"正"时，表示领先的纤维先变速则牵伸后纤维的头端移距进一步拉大（比理想牵伸时大），且牵伸后的须条比正常值细；反之，当移距偏差为"负"时，表示落后的纤维先变速，则牵伸后纤维的头端移距有所缩小（比理想牵伸时小），且牵伸后的须条比正常值粗。

在实际牵伸中，各纤维的变速是波动的，有时是领先纤维先变速，有时是落后纤维先变速；此外，变速点间的距离 X 也是变动的，因此，纤维牵伸后，其排列比原来有所恶化，即条子的短片段（条干）不匀增加了。又由式（6－2）可以看出，牵伸后条子的不匀所增加的程度与变速点的波动和牵伸倍数的大小是正相关的。

四、牵伸区中纤维受力分析

（一）牵伸区中纤维的类型

牵伸区内的纤维按控制情况可分为被控制纤维和浮游纤维两类。凡被某一罗拉所控制并以该罗拉表面速度运动的纤维称作被控制纤维，如被后罗拉钳口所握持并按后罗拉表面速度运动的纤维称作后纤维；被前罗拉钳口所握持并按前罗拉表面速度运动的纤维称作前纤维。这两种纤维都属于被控制纤维，纤维越长，被控制的时间就越长。当纤维的两端在某瞬时既不被前罗拉控制又不被后罗拉控制，而处于浮游状态时则称作浮游纤维。

牵伸区内的纤维按运动速度可分为快速纤维和慢速纤维两类。凡以前罗拉表面速度运动的纤维，包括前纤维和已经变为前罗拉表面速度的浮游纤维称作快速纤维；凡以后罗拉表面速度运动的纤维，包括后纤维以及未变速的浮游纤维称作慢速纤维。

（二）牵伸区内各类纤维的数量分布

简单罗拉牵伸区内的纤维数量分布如图 6－15 所示。F—F' 表示前钳口，B—B' 表示后钳口，L 为前后钳口间的距离。图 6－15（a）中的 $N(X)$ 是须条在各截面内纤维数量的分布曲线，$N_1(X)$ 是前钳口握持的纤维数量分布曲线，$N_2(X)$ 是后钳口握持的纤维数量分布曲线。

后钳口位置线上的纤维数量 N_2 等于喂入须条截面内的平均纤维根数，前钳口位置线上的纤维数量 N_1 等于输出须条截面内的平均纤维根数，则牵伸倍数 $E = N_2/N_1$。

图 6－15（b）中竖线部分为前钳口握持纤维的分布，即将图 6－15（a）中的 $N_1(X)$ 以 $N(X)$ 为底线而得，空白部分为浮游纤维的数量分布，可见牵伸区中部浮游纤维数量最多，向两端逐渐减少。如图 6－15（c）所示，为便于对牵伸区中纤维运动进行分析，可以将上述三种纤维数量分布归结为快速纤维曲线 $k(x)$ 和慢速纤维曲线 $K(X)$，总的纤维数量则为：

$$N(X) = k(x) + K(X)$$

图 6－15（c）中快速纤维和慢速纤维曲线的交点为 M，在

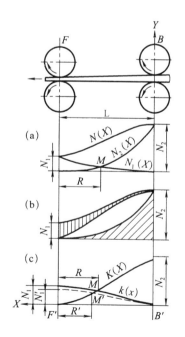

**图 6－15　简单罗拉牵伸区内
纤维数量的分布**

该点快速纤维数量和慢速纤维数量相等,浮游纤维从慢速变为快速的可能性最大,因此,该点可看作浮游纤维的变速点,该点距前钳口的距离为 R。R 与牵伸倍数有关,牵伸倍数越大(如 N_2 固定而 N_1 越小时,即图中的虚线),则快速纤维曲线和慢速纤维曲线的交点越靠近前钳口(如 M' 点),R 就越小(图中为 R')。

(三)浮游纤维的受力分析

1. 控制力和引导力　以后罗拉速度运动的纤维作用于浮游纤维上的力称作控制力,以前罗拉速度运动的纤维作用于浮游纤维上的力称作引导力。控制力使浮游纤维保持慢速,引导力使浮游纤维快速运动。当引导力大于控制力时,浮游纤维会变速。所以,浮游纤维的运动状态主要取决于作用在该纤维上的引导力和控制力的大小。

图 6 – 16 为浮游纤维在牵伸区内的受力情况,其中图 6 – 16(b)为牵伸区内摩擦力界分布图,图 6 – 16(c)为快慢速纤维分布图。

设在 $x—x$ 截面上的摩擦力界强度为 $P(x)$,则作用在一根纤维单位长度上的摩擦力为 $\mu P(x)$(μ 为纤维间的摩擦系数)。设快、慢速纤维对浮游纤维的接触概率分别为 $k(x)/N(x)$ 和 $K(X)/N(X)$,则作用在浮游纤维整个长度上的引导力 F_A 与控制力 F_R 分别是:

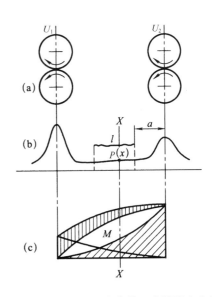

$$F_A = \int_a^{a+l} \frac{k(x)}{N(x)} \mu_v P(x)\,\mathrm{d}x$$

$$F_R = \int_a^{a+l} \frac{K(x)}{N(x)} \mu_0 P(x)\,\mathrm{d}x$$

式中: μ_v——纤维间相对速度为 V 时的动摩擦系数;

　　μ_0——纤维间相对速度为 0 时的静摩擦系数;

　　l——纤维长度;

　　a——纤维后端到后罗拉钳口间的距离;

图 6 – 16　浮游纤维在牵伸区中的受力分析

$P(x)$——牵伸区中摩擦力界的分布函数。

显然,该浮游纤维由慢速转为快速的条件为 $F_A > F_R$,而当 $F_R \geqslant F_A$ 时,纤维保持慢速。

如图 6 – 15 和图 6 – 16 所示,在 M 点处快速纤维和慢速纤维数量相等,即 M 点处的纤维受到的引导力和控制力相等,以慢速运动的浮游纤维在这点最有可能开始变为快速。该点也可称为浮游纤维的理论变速点。

2. 牵伸力与握持力

(1)牵伸力的概念。牵伸区中把以前罗拉速度运动的全部快速纤维,从以后罗拉速度运动的慢速纤维中抽引出来时,所需克服的摩擦阻力的总和称作牵伸力。

牵伸力与控制力、引导力有区别,牵伸力是指整个须条在牵伸过程中所受的摩擦阻力之和,而控制力和引导力是对一根纤维而言。牵伸力与快、慢速纤维的数量分布及牵伸工艺参数有关。牵伸力 F_d 的计算公式如下。

$$F_{d} = \int_{0}^{lm} \mu P(x) \frac{k(x)}{N(x)} K(x) \mathrm{d}x \qquad (6-3)$$

式中:l_m——最长纤维长度。

（2）影响牵伸力的因素。从式（6-3）可以看出,影响牵伸力的因素有以下三个方面。

①牵伸倍数:当喂入须条定量不变时,牵伸力与牵伸倍数的关系如图6-17(a)所示,曲线由三部分组成。

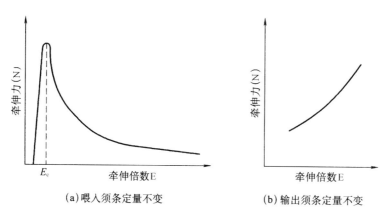

（a）喂入须条定量不变　　　　　　　（b）输出须条定量不变

图6-17　牵伸力与牵伸倍数的关系

a.牵伸倍数小于临界牵伸 E_c 的区域:在此区内主要是须条的弹性伸长或纤维伸直,随着牵伸倍数的增加,牵伸力亦逐渐增大。当牵伸倍数近于 E_c 时,快、慢速纤维间产生微量相对位移。在 E_c 处,牵伸力最大,该牵伸倍数称作临界牵伸倍数。

b.牵伸倍数临近临界牵伸 E_c 的区域:这部分的牵伸过程较为复杂,牵伸力大且波动大。在实际的牵伸中,应避开此区域,以免伸力过大而牵伸不开。临界牵伸倍数的大小与纤维种类、纤维长度和细度、须条特数、罗拉隔距和纤维平行伸直等因素有关,一般为1.1~1.6。

c.牵伸倍数大于临界牵伸 E_c 的区域:在此区内,快速纤维与慢速纤维间产生相对位移,快、慢速纤维的数量比取决于牵伸倍数,牵伸倍数越大,则快速纤维数量越小,牵伸力越小。

当须条输出定量不变,仅改变喂入须条定量时,则牵伸力与牵伸倍数的关系如图6-17(b)所示。若牵伸倍数增大,即意味着喂入须条定量增加,此时前罗拉握持的快速纤维数量虽然不变,但由于慢速纤维数量增加以及后钳口摩擦力界向前扩展,因而每根快速纤维受到的阻力增大,牵伸力亦增大。当牵伸倍数一定,而增加喂入量时,同样由于慢速纤维数量的增加以及摩擦力界的扩展,而使牵伸力增大。

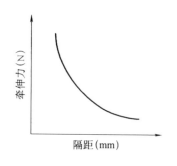

图6-18　隔距与牵伸力的关系

②摩擦力界:牵伸区中摩擦力界分布对牵伸力的大小有很大影响,包括罗拉隔距、牵伸区中附加摩擦力界的分布以及喂入须条的宽度、厚度等。

当罗拉隔距变化时,牵伸力的变化曲线如图6-18所示。罗拉隔距增大,牵伸力减小,但到一定程度后,隔距再增大,牵伸力几乎不受影响。如果隔距过小,则因为此时快速纤维的后端受摩擦力界的影响较大,甚至部分长纤维可能同时受到前、后罗拉控制,牵伸力剧增,从而导致纤维被拉断或牵伸不开而出现"硬头",恶化输出须条的均匀度,严重的甚至无法开车。

喂入须条厚度和宽度的改变,对牵伸力亦有影响,但影响摩擦力界扩展的主要因素是厚度,所以喂入须条加粗时,摩擦力界分布长度扩展,牵伸力增大。牵伸区中带附加摩擦力界时,牵伸力增大。

③纤维性能:纤维长,则纤维将在较大长度上受到摩擦阻力,所以其所受牵伸力大;纤维细,则同样特数的须条截面中纤维根数多,同时接触的纤维数量较多,摩擦、抱合力增大,牵伸力亦增大;纤维的平行伸直度越差,则纤维相互交叉纠缠,摩擦力较大,牵伸力亦较大。相对湿度和牵伸方向(与须条中纤维的弯钩方向有关)等因素会影响到纤维间的摩擦系数,故对牵伸力也有一定影响。

(3)握持力的基本概念。在罗拉牵伸中,为了能使牵伸顺利进行,罗拉钳口对须条要有足够的握持力。所谓罗拉钳口对须条的握持力,实际上就是罗拉钳口对纤维的摩擦、控制力,其大小取决于钳口对须条的压力及上下罗拉与须条间的摩擦系数。如果罗拉握持力过小,须条就不能正确地按罗拉表面速度运动,而在钳口下打滑,造成牵伸效率降低、输出须条不匀,甚至出硬头等不良后果。因此罗拉钳口对须条要有充分握持,且握持力必须大于牵伸力,这是进行正常牵伸的前提。

(4)影响握持力的因素。影响握持力的因素,除罗拉压力外,主要还有胶辊的硬度、罗拉表面沟槽形状及槽数,同时胶辊磨损中凹、胶辊芯子缺油而回转不灵活、罗拉沟槽棱角磨光等,对握持力亦有很大影响。牵伸装置各对罗拉所加压力的大小是通过实际试验确定的,一般应使钳口的握持力比最大牵伸力大2~3倍。罗拉加压的方式有重锤加压、弹簧加压、气体加压和液流加压等。

(四)罗拉钳口下须条的受力分析

在并条机上,由于喂入须条比较粗厚,上、下罗拉一般不能直接接触,所以罗拉压力全部作用在须条上。牵伸装置中须条的受力情况如图6-19所示。

上罗拉(胶辊)由须条摩擦带动,前、后胶辊对须条的摩擦力 f_1、f_2 同须条的运动方向相反,如牵伸力 F_d 大于张力 T_a、T_b,须条在前钳口有向后滑的趋势,则前罗拉作用于须条上的摩擦力 F_1 的方向向前;须条在后钳口有向前滑的趋势,则后罗拉作用于须条上的摩擦力 F_2 的方向向后,因而,在正常牵伸时,罗拉钳口握持须条的条件是:

(1)前钳口。$F_1 + T_a \geqslant F_d + f_1$,或 $F_1 - f_1 \geqslant F_d - T_a$。

(2)后钳口。$F_2 + T_b + f_2 \geqslant F_d$,或 $F_2 + f_2 \geqslant F_d - T_b$。

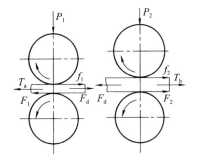

图6-19 钳口下须条受力分析

由此可见,在须条张力 T_a、T_b 较小时,为使牵伸能顺利进行,前、后钳口的实际握持力($F_1 - f_1$)和($F_2 + f_2$)均须同牵伸力相适应,同时前胶辊上的压力 P_1 应略大于后胶辊上的压力 P_2。前罗拉因转速高,而容易打滑、跳动,也应加重压力。如果须条在罗拉钳口下发生打滑现象,其原因从本质上来说,无非是握持力同牵伸力不相适应,或者握持力太小,或者牵伸力太大而导致。

(五)对牵伸力和握持力的基本要求

牵伸力反映了牵伸区中快速纤维与慢速纤维之间的联系力,由于这种联系力的作用,使得须条张紧,并引导慢速纤维在张紧伸直的状态下转变速度,因此,牵伸力应具有适当的数值,并保持稳定,这是保证牵伸区中纤维运动稳定的必要条件。牵伸力不应过大,因为过大就意味着快速纤维与慢速纤维之间联系非常紧密,易带动慢速纤维过早地改变速度,而使变速点分布离散度增加,恶化须条品质。牵伸力过小,意味着快、慢速纤维之间联系力很弱,对纤维稳定而连续的变速和牵伸都不利。牵伸力的大小可以用专门的牵伸仪测定。

(六)牵伸力的控制

通过对握持力和牵伸力的分析,不仅阐明了引起须条在罗拉钳口下打滑的原因,更重要的是揭示了牵伸倍数、罗拉钳口间隔距和加压三项牵伸基本要素间的内在联系。

牵伸装置应适应加工不同特数须条的要求。在一定的胶辊压力或握持力条件下,可以通过合理设计工艺参数,使牵伸过程中的牵伸力保持在一定限值以下,不能超过已定的握持力。纺不同细度或不同纤维原料的细纱时,可以通过调整工艺参数(如罗拉钳口间隔距及罗拉加压等)来调整牵伸力,使之与握持力相适应。为了减少牵伸力的波动,原料选配时,在批与批的交替中,纤维性能差异应控制在一定范围内。总之,应根据须条牵伸后输出产品质量的具体情况,合理调整工艺参数,如须条在罗拉钳口下打滑比较严重时,就需要适当放大罗拉钳口之间的间隔或增加罗拉加压等。因此,必须从实际出发,掌握各种有关因素对牵伸力的影响程度,进行有效的调整。

五、牵伸过程中纤维的伸直

(一)伸直系数和弯钩

如图 6 – 20(a)所示,伸直长度为 L(即$\overline{ad} = L$)的纤维由于弯曲或卷曲,其投影长度 $l(\overline{bc})$ 小于其实际长度 L,则该纤维的弯曲程度可由伸直系数 η 表示如下:

$$\eta = \frac{\overline{bc}}{\overline{ad}} = \frac{l}{L}$$

η 大,则表明该纤维伸直程度高。显然,$0.5 \leqslant \eta \leqslant 1$。

通常,将弯钩纤维中长的部分$\overline{bc}$称作主体,短的部分$\overline{ab}$和$\overline{cd}$则称作弯钩,弯钩与主体相连处 b 和 c 称作弯曲点。并根据纤维的运动方向分为后弯钩和前弯钩,如图 6 – 20(b)、(c)所示。

(a)弯钩及其伸直系数　　　　(b)后弯钩　　　　(c)前弯钩

图 6 – 20　纤维的弯钩及伸直系数

(二)牵伸过程中纤维伸直的基本条件

在牵伸过程中,纤维的伸直就是纤维自身各部分间发生相对运动的过程。

在须条中纤维的形态一般分为无弯钩的卷曲纤维、前弯钩纤维和后弯钩纤维三类。

纤维伸直,必须具备三个条件,即速度差、延续时间及作用力。主体与弯钩之间产生速度差,根本原因是作用在主体与弯钩上的作用力不同,其速度差还必须具有一定的延续时间,才能使纤维完全伸直。

无弯钩的卷曲纤维的伸直过程很容易实现,当纤维的前端进入变速点后,前端与其他部分便产生相对运动,纤维即开始伸直;但是有弯钩纤维的伸直过程较为复杂。如图 6 –21 所示,R 表示纤维理论变速点 M 与前钳口的距离。纤维理论变速点就是指在该点处,由于浮游纤维受到的引导力和控制力是相等的,从而该点是浮游纤维变速概率最大的点。弯钩的消除过程,即弯钩纤维的伸直过程,应看作是主体与弯钩产生相对运动的过程。主体与弯钩如同时以快速或慢速运动,则都不能使弯钩消除。

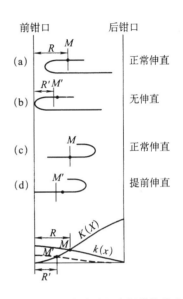

图 6 –21　牵伸过程中纤维的伸直

(三)牵伸对弯钩纤维伸直的效果

由于牵伸区中后部慢速纤维数量多,前部快速纤维数量少,变速点靠近前钳口,故一般来说,后弯钩易被伸直,而前弯钩不易被伸直。

如图 6 –15 所示,由于牵伸倍数大小不同,其变速点位置不同,在图 6 –21 中,M 为牵伸倍数小时的变速点,其距前钳口的距离为 R,而 M' 为牵伸倍数大时的变速点,其距前钳口的距离为 R'。当前弯钩纤维的弯钩部分的中点到达变速点 M 时(此时,牵伸倍数较小),弯钩部分即开始变速,从而与仍保持慢速的主体部分产生相对速度,实现弯钩的伸直(即正常伸直);而在牵伸倍数很大(即变速点为 M')时,前弯钩的中点还没到达变速点 M',但弯钩的头端已到达前钳口,此时弯钩和主体部分一起被前钳口握持而同时变为快速,无法实现纤维的伸直。

对于后弯钩纤维,如图 6 –21 所示,在牵伸倍数较小时,当主体部分的中点到达变速点 M 时,其就开始以快速运动(弯钩部分仍以慢速运动)而实现纤维的伸直;当牵伸倍数很大时,主体部分的中点虽然还未到达变速点 M',但主体部分的头端已到达前钳口,使主体部分提前变为快速,即开始伸直时间提前了,从而有利于纤维的伸直。

牵伸倍数对前后弯钩的伸直效果如图 6 –22 所示,E 为牵伸倍数,η 为纤维牵伸前的伸直系数,η' 为牵伸后的伸直系数。①、②、③分别代表牵伸倍数与伸直效果之间关系的三个区域。

如图 6 –22 所示,后弯钩易被牵伸伸直,随着牵伸倍数的增大,后弯钩的伸直系数总是随之增大。而前弯钩就比较复杂,当牵伸倍数较小时,随着牵伸倍数的增大,前弯钩伸直系数也增大,当牵伸倍数较大时,前弯钩的伸直效果反而随着牵伸的增大而减少;当牵伸倍数更大时,前弯钩无伸直。因此,在牵伸前弯钩纤维为主的条子时,较小的牵伸倍数更有利于条子中纤维的伸直。

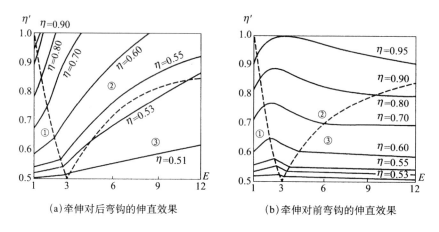

(a)牵伸对后弯钩的伸直效果　　　　(b)牵伸对前弯钩的伸直效果

图6-22　牵伸倍数对弯钩伸直的影响

第三节　并合与匀整

一、并合的基本原理

(一)并合的基本概念

所谓并合,就是将两根或两根以上的须条,沿其轴向平行地叠合起来成一整体的过程。并合后须条集合体的均匀度不论是短片段或长片段均会得到改善。同时也使须条中的不同种纤维得到混合。在纺纱流程中,并合作用主要在并条机上完成。

(二)并合与须条不匀的关系

现以最简单的两根条子并合为例加以说明。如图6-23(a)所示为最简单的两根条子a、b并合成为条子c。把每根条子划为6个有粗有细、也有粗细适中的片段。当a、b两根条子并合时,当粗段同细段并合(如片段5和片段6)时,有着明显的均匀作用;当粗段同粗段(如片段1)或细段同细段(片段3)相并合,不匀虽没有改善,但也没有恶化。然而这两种情况是小概率情

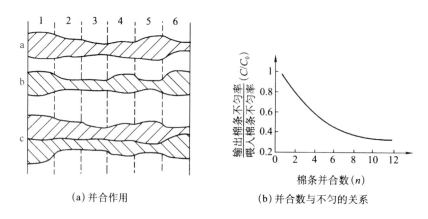

(a)并合作用　　　　　　　　(b)并合数与不匀的关系

图6-23　并合作用及其与须条不匀的关系

况,因为并合是随机性的,多数情况是粗段与较细段或粗细适中的条子(片段2和片段4)相并合,致使并合后条子的单位长度重量或粗细的差异有所减少。这种差异减少的程度与并合数有关。根据数理统计原理,当 n 根条子随机并合时,若它们的初始不匀率相等,都为 C_0 ,且参与并合的各条子的粗细相关系数均为 r ,则条子并合前后不匀的关系可用下式表示。

$$C^2 = \frac{[1 + (n-1)r]}{n} C_0^2$$

当 $r = 0$ 时,
$$C = \frac{C_0}{\sqrt{n}}$$

式中:C——并合后的条子不匀率;

$\quad C_0$——并合前的条子不匀率;

$\quad\ n$——并合根数;

$\quad\ r$——并合前条子粗细相关系数。

并合数与不匀的关系如图6－23(b)所示,图中曲线表示并合后的不匀率随着并合数的增加而降低,但从曲线的斜率可以看出,当并合数 n 较小时,增加 n 可显著地减少不匀,而当 n 增加到一定值时,不匀率的减少就不显著了。另外,并合数越多,以后的牵伸负担越重,而牵伸倍数的增加又会使纤维条均匀度变差,故并合数不宜过多。

(三)并合与牵伸的关系

并合在一定程度上会改善须条不匀的效果,但并合后纱条变粗,又必须施加一定的牵伸使之变细,从而又附加了不匀。牵伸与并合对纱条不匀来说是彼此联系而又相互制约的。

在纺纱过程中,对某台设备而言,牵伸与并合不是同时进行的。可以先牵伸后并合,也可以先并合后牵伸。如并条机的喂入方式,大多采用平行喂入,从表面上看纱条在进入牵伸机构前就已经并在一起,但从实际上看,由于喂入的各根条子是平行的,而不是叠合成一束后喂入的,故这种牵伸对各根纱条是单独起作用的,属于先牵伸后并合。牵伸与并合的次序对纱条均匀度的影响可推导如下。

设将 n 根不匀均为 C_0 的须条分别经过并合与牵伸,牵伸中产生的附加不匀均为 $C_{附}$ 。

(1)先牵伸后并合时。最终须条的不匀率为:

$$C^2 = \frac{C_0^2 + C_{附}^2}{n}$$

(2)先并合后牵伸时。最终的须条不匀率为:

$$C^2 = \frac{C_0^2}{n} + C_{附}^2$$

可见,采用先牵伸后并合所纺出纱条的不匀率要小于先并合后牵伸所纺出纱条的不匀率。即采用先牵伸后并合的工艺可以得到不匀率更小的产品。

二、自调匀整

并条(针梳)工序的主要作用是通过随机并合来改善前道工序条子的粗细不匀。但仅靠随机并合,匀整的效果还不够理想。因此,为了进一步改善输出条子的均匀度,缩短工艺流程,国内外先进的并条(针梳)机均带有自调匀整系统,以积极地实现在线检测和在线控制,以并合和自调匀整相结合来控制并条的重量不匀和重量偏差。

由于并条机的速度很高,如采用闭环式的自调匀整系统,易产生很长的匀整死区,大大降低匀整效果,因此,并条机上一般都是采用开环式的短片段自调匀整系统,为了防止由于各环节参数变化或干扰引起的条子定量偏差,一般先进的系统都在前罗拉之后加装监测装置,如图6-24的FP喇叭头,当条子定量偏差超标或 CV 值过大,就报警或停车。

如图6-24所示是并条机上一种开环式自调匀整装置的原理示意图,它可匀整短片段不匀。

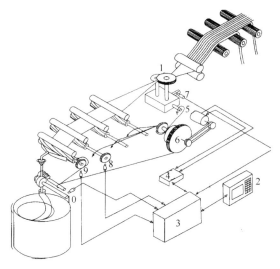

图6-24 自调匀整控制示意图

1—凸凹罗拉 2—控制监视盘 3—主控制器 4—伺服驱动器 5—伺服电动机 6—差动齿轮箱
7—重量感测器(喂入) 8—速度感测器(第二罗拉) 9—速度感测器(第一罗拉) 10—重量感测器(输出)

该装置由远离后罗拉的喂入部分的凸凹罗拉检测,连续测量喂入条粗细,凸凹罗拉产生位移时,通过位移传感器变换成电流信号反馈至微机,与标准设计值对比后指令伺服无电刷直流电动机,结合差动齿轮系装置调节前区牵伸,后区牵伸保持恒定不变。同时,在并条机输出端装有检测喇叭头,在线检测匀整效果,信息再反馈传递至微机,并在显示屏上以数字及图表方式显示条子质量数据(但不起调节作用)。在线检测的喇叭头还能不断核对出条定量和实际条干不匀率。如果超出已设定的警报界限时,并条机自动停车,同时相应的信号灯发出警报信号。

第四节 棉纺并条

一、棉型并条机的组成

(一)喂入部分

并条机的喂入机构一般由分条叉1、导条辊2、弧形导架和导条板组成,如图6-25所示。

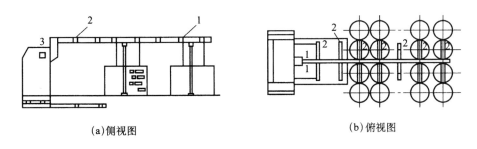

(a)侧视图　　　　　　　　　　　(b)俯视图

图6-25　并条机喂入机构

1—分条叉　2—导条辊　3—光电管

分条叉引导棉条有秩序地进入导条辊,防止棉条自棉条筒中引出后纠缠成结。导条辊的作用是把棉条从棉条筒内引出,减少意外牵伸。在导条辊到后罗拉之间有微小的张力牵伸,可使棉条在未进入牵伸机构前保持伸直状态。弧形导架的作用是使棉条换向,并按一定的排列次序经导条板进入牵伸机构。

(二)牵伸机构

并条机的牵伸一般都由罗拉牵伸装置来完成,牵伸机构主要是由罗拉、胶辊、加压机构组成。目前,棉纺的高速并条机多采用压力棒附加摩擦力界装置(图6-26),以缩小主牵伸区的罗拉握持距,适应较短纤维的加工。压力棒形式有上托式、下压式、回转式。也有一些机型(主要是旧机器)采用三上四下、五上三下、三上五下、五上四下等曲线牵伸形式,依靠罗拉的反包围弧来增加附加摩擦力界,以增强对浮游纤维的控制,使纤维变速点集中、前移。

压力棒曲线牵伸有如下优点。

(1)由于压力棒的高低可以调节,所以很容易使须条沿前罗拉的握持点切向喂入。

(2)压力棒下压使须条在第二罗拉表面和压力棒下面产生了两端接触的圆弧,从而加强了主牵伸区后部的摩擦力界(图6-27),使变速点向前钳口集中。

(3)适纺纤维长度为25~80mm,加工纤维长度的适应性强,如纺原棉及棉型化学纤维时,

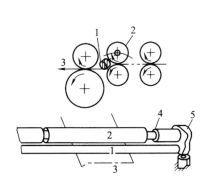

图6-26　压力棒的安装形式

1—压力棒　2—中胶辊　3—须条　4—胶辊轴承　5—套架

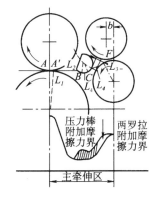

图6-27　压力棒牵伸的摩擦力界

前区的罗拉隔距都可以不变;当原料长度有较大变动需要调整罗拉握持距时,则不需要移动罗拉的位置,而只需要移动前胶辊和中胶辊连同压力棒的位置即可。

(4)压力棒对须条的法向压力具有自调作用,相当于弹性钳口的作用。当喂入须条粗细有波动时,压力棒的正压力也会随之自动调整,以自动调整牵伸区后部摩擦力界强度的方式,保持纤维变速点分布的相对稳定,从而减小输出须条条干均匀度的波动。

胶辊和罗拉组成的钳口必须具有一定的压力才能对纤维有足够的握持能力。目前,并条机的罗拉加压多采用弹簧摇架或气动加压装置来实现,即通过摇架将弹簧产生的压力或压缩空气产生的压力施于胶辊的两端。

(三)成条机构

并条机的成条机构一般为圈条装置。它与梳棉机上的圈条装置一样,将经集束器集合后的条子,有次序地圈放在棉条筒中,便于下一工序继续加工。

为减轻劳动强度、提高劳动生产率,棉纺行业中已推行大容量棉条筒,采用扩大条筒直径或气压增容、底盘升压控制等方法增加棉条筒容量。并条机输出条筒除转杯纺用 200~250mm 直径的小条筒外,一般条筒直径已从早期的 250mm 增加至 300~600mm,最大的达 1000mm。甚至采用矩形棉条筒的,同样占地面积,容量可加大 20%。

二、并条机主要工艺参数作用及其选择

(一)主要工艺参数及作用

并条机的主要工艺参数选配是罗拉牵伸原理的实际应用,即根据使用的机型和加工品种,设计合理的总牵伸倍数、部分牵伸倍数、罗拉握持距及罗拉加压量等工艺参数,其目的是合理布置摩擦力界,以提高条子的质量。

(二)工艺参数及其选择

1. 牵伸倍数及其分配

(1)总牵伸倍数。并条机的总牵伸倍数应接近于并合数,一般选择范围为并合数的 0.9~1.2倍。在纺细特纱时,为减轻后续工序的牵伸负担,可取上限;在对均匀度要求较高时,可取下限。同时,还应结合各种牵伸形式及不同的牵伸张力,综合考虑,合理配置。总牵伸倍数配置范围见表 6-1。

表 6-1 总牵伸倍数选择范围

牵伸形式 项目	四罗拉双区牵伸		单区牵伸	曲线牵伸	
并合数	6	8	6	6	8
总牵伸倍数	5.5~6.5	7.5~8.5	6~7	5.6~7.5	7~9.5

(2)各道并条机的牵伸分配。通常各道并条机有两种工艺路线可供选择。一是头并牵伸大、二并牵伸小,又称倒牵伸,这种牵伸的配置对改善熟条的条干均匀度有利。二是头并牵伸小、二并牵伸大,又称顺牵伸,这种牵伸配置有利于纤维的伸直,对提高成纱强力有利。在纺特

细特纱时,为了减少后续工序的牵伸,可采用头并略大于并合数,二并可更大的牵伸,如并合数为 8 根时,可用 9 倍或 10 倍以上的牵伸倍数。原则上一般头并牵伸倍数要小于并合数,头并的后区牵伸选 2 倍左右;二并的总牵伸倍数略大于并合数,后区牵伸维持弹性牵伸,即其牵伸倍数小于 1.2 倍。

(3)牵伸分配的确定。目前并条机虽牵伸形式不同,但大都为双区牵伸,所以牵伸分配主要指后区和前区(主牵伸区)牵伸倍数的分配问题。由于主牵伸区的摩擦力界较后区布置的更合理,所以牵伸倍数主要靠主牵伸区承担。一方面,后牵伸区的摩擦力界分布特点不适宜进行大倍数牵伸,这是因为后区牵伸一般为简单罗拉牵伸,故牵伸倍数要小,其只是为前区牵伸做好准备的辅助作用,一般头道并条的后区牵伸为 1.6 ~ 2.1 倍,二道并条的后区牵伸倍数为 1.06 ~ 1.15 倍;另一方面,由于喂入后区的纤维排列十分紊乱,棉条内在结构较差,也不适宜进行大倍数牵伸。另外,后区采用小倍数牵伸,则牵伸后进入前区的须条,不至于严重扩散,须条中纤维抱合紧密,有利于前区牵伸的进行。

由于后区牵伸倍数的合理确定对输出品的质量影响非常关键,因此,目前有的机型设置了并条机后牵伸自动优选检测装置。该机对喂入棉条作时限为 1min 的运行测试,并条机中罗拉单独传动,根据传动电机消耗功率,可测出后牵伸区牵伸力的大小,在保持纺出定量达到设定值时,测出最大牵伸力时的后牵伸为设定优选值。

①主牵伸区:主牵伸区具体牵伸倍数配置应主要考虑摩擦力界布置、纤维伸直状态、加压等因素。

②张力牵伸:前张力牵伸应考虑加工的纤维品种、出条速度及相对湿度等因素,且一般控制在 0.99 ~ 1.03 倍。出条速度高、相对湿度高时牵伸倍数宜大。纺纯棉时前张力牵伸倍数宜小,一般应在 1 倍以内。化学纤维的回弹性较大,混纺时由于两种纤维弹性伸长不同,前张力牵伸倍数应略大于 1 倍。后张力牵伸与棉条喂入形式有关,主要应使喂入条子不起毛,避免意外牵伸。

2. 罗拉握持距 罗拉握持距为牵伸区中相邻两对罗拉握持点间须条所经过的各直线段与弧线段之和。在直线牵伸区中,罗拉握持距与罗拉中心距是相等的,但在曲线牵伸区中,罗拉握持距大于罗拉中心距。握持距的大小要适应加工纤维的长度并兼顾纤维的整齐度。为了既不损伤长纤维,又能控制绝大多数纤维的运动,并且考虑到胶辊在压力作用下的变形,使实际钳口偏离钳口线向两边扩展的因素,所以罗拉握持距必须大于纤维品质长度,这是各种牵伸形式的共同原则。如下式所示:

$$S = L_p + P$$

式中:S——罗拉握持距;

L_p——纤维品质长度;

P——附加长度(根据摩擦力界及牵伸力的差异而确定的)。

握持距的大小又必须适应各牵伸区内牵伸力的要求,握持距大,则牵伸力小,但牵伸力还与牵伸倍数、摩擦力界强度、须条定量、纤维性质和温湿度等有关。由于牵伸力的差异,在纤维长度一定的条件下,各牵伸区的握持距应取不同数值。即上式中的 P 值不同。

当罗拉握持力充分,或牵伸倍数较大、纤维长度短但整齐度好、须条定量轻时,握持距可偏小掌握,即采用"紧隔距"工艺,有利于控制纤维运动,提高条子的均匀度。但握持距过小,会使牵伸力剧增,出现胶辊打滑、牵伸不开或拉断纤维等现象,破坏后续工序的产品质量。

在压力棒牵伸中,由于压力棒起到了附加摩擦力界的作用,又由于罗拉加压量较大,而使后部摩擦力界的峰值增高,所以主牵伸区的握持距可设置为 $L_p + (6 \sim 10)$ mm。生产实践表明,压力棒牵伸装置的前区握持距对条干均匀度的影响较大,在前罗拉钳口握持力充分的条件下,握持距越小,则条干不匀率越小;后牵伸区的罗拉握持距为 $L_p + (11 \sim 14)$ mm。

另外,压力棒牵伸中主牵伸区罗拉握持距的设置,还要考虑须条对压力棒的接触弧长及包围角的大小,包围弧长度太大或包围角太小,会引起牵伸力过大,使条干恶化。

有些先进并条机可实行罗拉隔距的在线检测和控制。如 LVDT 系统可测试输出棉条条干不匀的波谱图,并反复变动隔距,将不同隔距下的波谱图进行比较,直至波谱图山形的面积最小时,设定罗拉隔距。

3. 罗拉加压　合理加压是实现对纤维运动有效控制的有效手段,它对摩擦力界分布的影响最大,其他工艺效果的发挥都要以罗拉钳口有足够的握持力为前提。罗拉速度快、须条定量重、牵伸倍数高时,罗拉加压宜重。棉纤维与化学纤维混纺时,加压量须比纯棉纺时高 20% 左右;纯化学纤维加工时应增加 30% 左右。使用弹簧摇架加压的国产并条机,一般主牵伸区的罗拉加压为 300 ~ 450N。重加压工艺对机械制造和罗拉刚度等提出了更高的要求。

三、熟条质量控制

(一)熟条的质量指标

熟条的质量指标主要有条干不匀率、重量不匀率及重量偏差、条子的内在质量(条子中纤维的分离度、伸直度、短绒含量等)等项指标,其中前三项为工厂常规检验项目,最后一项(条子的内在质量)则一般为机械、工艺实验研究以及其他科学研究时的附加检验指标。熟条均匀度质量的一般控制范围见表 6 - 2。表 6 - 3 和表 6 - 4 为 2018 年的乌斯特棉熟条质量水平公报。

表 6 - 2　熟条均匀度质量参考指标

纺纱类别		回潮率(%)	萨氏条干均匀度(%)	条干不匀率 CV(%)	重量不匀率(%)
纯棉	细特纱	6 ~ 7	≤18	3.5 ~ 3.6	≤0.9
	中、粗特纱	6.3 ~ 7.3	≤21	4.1 ~ 4.3	≤1
涤/棉		2.4 ± 0.15	≤13	3.2 ~ 3.8	≤0.8

表 6 - 3　熟条的棉结杂质短绒质量乌斯特公报(2018 年水平)

指标		5%	25%	50%	75%	95%
普梳	总棉结个数(个/g)	30.4	43.4	68.2	103.4	151.5
	杂质个数(个/g)	1.1	2.0	3.4	5.8	9.5
	短绒率(%)	15.5	18.6	21.5	23.7	26.6

	指标	5%	25%	50%	75%	95%
精梳	总棉结个数（个/g）	10.1	15.9	23.1	34.9	51.7
	杂质个数（个/g）	0.3	0.5	0.9	1.5	2.5
	短绒率（%）	5.4	7.8	10.0	13.1	16.0

注　此处短绒率指标为根数短绒率 $SFC(n)$，且将短绒定义为长度小于 12.7mm 的纤维。

表 6−4　熟条条干不匀乌斯特公报（2018 年）

水平 熟条	5%	25%	50%	75%	95%
普梳棉熟条（4~6.5ktex）	2.45~2.89	2.61~3.07	2.84~3.26	3.05~3.46	3.31~3.67
精梳棉熟条（3~6.5ktex）	2.01~2.29	2.30~2.61	2.61~2.93	3.04~3.36	3.38~3.78
涤/棉熟条（2013 年公报）	1.75~1.91	—	2.27~2.47	—	3.01~3.18
化学纤维熟条（2007 年公报）	2.19~2.73	—	2.70~3.39	—	3.37~4.20

（二）品质控制

1. 定量控制　棉条定量的配置应根据纺纱线密度、产品质量要求和加工原料的特性等来决定。一般纺细特纱及化学纤维混纺时，产品质量要求较高，定量应偏轻掌握。但在罗拉加压充分的条件下，可以适当加重定量。设计棉条定量时要考虑的因素见表 6−5，棉条定量的选用范围见表 6−6。

表 6−5　棉条定量设计的参考因素

参考因素	纺纱线密度		加工原料		罗拉加压		工艺道数		设备台数	
	细特、特细特	中粗特	纯棉	化学纤维及混纺	充足	不足	头并	二并	较多	较少
棉条定量	宜轻	宜重	宜重	宜轻	宜重	宜轻	宜重	宜轻	宜轻	宜重

表 6−6　棉条定量的选用范围

纺纱线密度（tex）	30 以上	20~30	13~19	9~13	7.5
棉条干定量（g/5m）	20~25	17~22	15~20	13~17	13

当熟条定量出现偏差时，应及时分析偏差产生的原因，采取针对性措施（如确保喂入条线密度准确、控制好喂入条重不匀等）来纠正定量偏差。

2. 条干均匀度控制　条干不匀率是指棉条在其长度方向的短片段粗细不匀的程度，即棉条各截面积的变异系数。它是直接影响后道工序产品质量以至棉纱、棉布质量指标的重要因素，因此它是并条质量控制的主要项目之一。

条干不匀按出现的规律性分类，可分为有规律的条干不匀和无规律的条干不匀两大类，前者如规律性的竹节条,表现在细纱检验黑板上为"斜纹",在布面上为"条影"疵点,后者如飞花、操作不良、胶辊带花所造成的竹节条;按产生条干不匀的原因分类,则可分为牵伸波不匀(由牵伸工艺所引起的不匀,随机产生的)、机械波不匀(由机械缺陷或故障引起的不匀,规律性、周期性很强)和操作性条干不匀。因此,根据不同的情况分析、推断、进行校正。

同时,准确有效加压、确保牵伸部件运转正常和做好清洁工作等,都是常用的稳定条干均匀度的措施。

☞ 思考题

1. 什么是牵伸? 牵伸的实质是什么? 牵伸程度用什么表示? 如何实施牵伸?

2. 什么是摩擦力界? 影响摩擦力界的因素是什么? 摩擦力界应如何布置?

3. 何谓引导力、控制力、牵伸力和握持力? 它们之间有何区别与关联?

4. 牵伸力的大小与牵伸倍数的关系是怎样的? 什么是临界牵伸倍数?

5. 要实现正常牵伸,牵伸力和握持力应满足怎样的关系?

6. 牵伸区中纤维的变速点分布对须条不匀如何影响?

7. 并条中有哪些主要牵伸装置? 其设计思路和特点各是什么?

8. 纤维弯钩的伸直应满足什么条件? 牵伸倍数对前、后弯钩纤维伸直有什么影响?

9. 并合的作用有哪些?

10. 并合与牵伸对纱条的不匀率是如何影响的?

11. 棉纺并条中的自调匀整主要是什么形式? 为什么?

12. 并条的主要质量指标有哪些?

第七章　粗纱

本章知识点

1. 粗纱工序的任务。
2. 加捻的基本概念。重点掌握加捻的目的、加捻的实质、捻回的度量以及捻度的获得等。
3. 捻度分布及纱条结构。
4. 粗纱的加捻和卷绕及张力影响。
5. 掌握棉型粗纱机的工艺过程、组成、特点和工艺质量控制。

第一节　概述

一、粗纱的任务

由熟条纺成细纱需 150~400 倍的牵伸。目前大部分环锭细纱机还没有这样的牵伸能力，因此，在并条工序与细纱工序之间设置粗纱工序来承担纺纱中的一部分牵伸负担。粗纱工序的任务如下。

(1)牵伸。将熟条抽长拉细，施以 5~12 倍的牵伸，使之适应细纱机的牵伸能力，并进一步改善纤维的平行伸直度与分离度。

(2)加捻。将牵伸后的须条加上适当的捻度，使其具有一定的强力，以承受粗纱卷绕和在细纱机上退绕时的张力，防止意外牵伸。

(3)卷绕与成形。将加捻后的粗纱卷绕在筒管上，制成一定形状和大小的卷装，便于搬运、储存，并适应细纱机的喂入。

二、粗纱的工艺过程

棉型粗纱机的工作过程如图 7-1(b)所示(见动画视频 7-1)。熟条从机后条筒 1 引出，经导条辊 2 和喇叭口喂入牵伸装置 3，熟条被牵伸成设定线密度的须条，然后由前罗拉输出，经锭翼 5 加捻成粗纱 4，粗纱穿过锭翼的顶孔和侧孔，进入锭翼导纱臂，然后从导纱臂下端引出，在压掌曲臂上绕几圈，再引向压掌叶卷绕到筒管上。为了将粗纱有规律地卷绕在筒管 6 上，筒管一方面随锭翼回转，另一方面又随下龙筋 10 作升降运动，最终将粗纱以螺旋线状绕在纱管表面。随着纱管卷绕半径的逐渐增大，筒管的转速和龙筋的升降速度必须逐层递减。为了获得两端呈截头圆锥形、中间为圆柱形的卷装外形,龙筋的升降动程必须逐层缩短。图7-1中7为上龙筋,8为锭杆,9为升降摆杆。

毛纺、麻纺和绢纺的粗纱机工作过程与棉纺的类似。

(a) 粗纱机

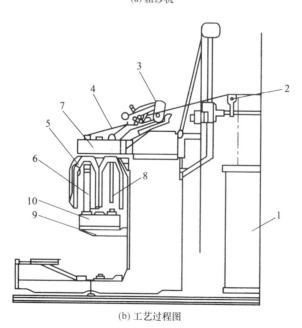

(b) 工艺过程图

图7-1 棉型粗纱机及其工艺过程图

第二节　加捻的基本原理

一、加捻的基本概念

(一) 加捻的目的

加捻的对象是松散的纤维须条或纤维集合体以及单纱、单丝的集合体。加捻的目的是给这些纤维须条或纤维集合体的总体或局部加以适量的捻度使之成纱或把纱、丝捻合成股线、缆线。加捻后，纤维、单纱、单丝在纱或线中获得一定的结构形态，使制品具有一定的力学性质和外观结构。

加捻有时还用在须条加工过程中的某一时间或某一区域，使须条获得暂时捻度，以帮助工艺过程的进行。

(二) 加捻的实质

传统的加捻概念是须条一端被握持、另一端绕自身轴线回转，从而形成了捻回，如图 7-2(a) 所示。设须条近似圆柱体，如图 7-2(b) 所示，AB 为加捻前基本平行于纱条轴线的纤维，当 O 端被握持，O' 端绕轴线回转，纤维 AB 就形成螺旋线到 AB' 的位置，在 O' 截面上产生角位移 θ，螺旋线 AB' 和纱轴线间的夹角 β，称为捻回角。当 $\theta = 360°$，即须条绕本身轴线回转一周时，这段纱条上便获得一个捻回，如图 7-2(c) 的螺旋线 AB'' 所示。可见捻回的获得是由于纱条各截面间产生角位移的结果。

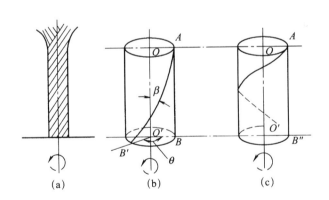

图 7-2　纱条加捻时外层纤维的变形

在近代纺纱技术中，出现了众多的新型纺纱技术。为了适应高速高产，它们所用的加捻机件和方法与传统的不同，并且各具特点，如转杯加捻、涡流加捻、搓捻、假捻，甚至使长丝束产生交缠、网络等，因此，随着纺纱实践的发展，需对加捻的实质给以广泛的定义，即凡是在纺纱过程中，纱条(须条、纱线、丝)绕其轴线加以扭动、搓动、缠绕、交结，使纱条获得捻回、包缠、交缠、网络等都称为加捻。但传统或者是广义的加捻，其实质均是通过使纱条中各纤维相互紧密结合而提高纱的强力，可用如下的力学分析来简要说明。

取纱条中一小段纤维 l 作分析。如图 7-3 所示,设 ϕ 为 l 对纱条的包围角,当纱条受轴向拉伸时,如不计 l 段产生的摩擦力,则 l 两端存在张力 t。令 q 为两端张力 t 在纱条 l 中央法线方向的投影之和,即:

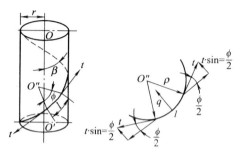

$$q = 2t \cdot \sin \frac{\phi}{2}$$

式中:q——纤维 l 对纱条的向心压力。

当 ϕ 很小时,$\sin \dfrac{\phi}{2} = \dfrac{\phi}{2}$,则:

$$q = t\phi \qquad\qquad (7-1)$$

图 7-3 外层纤维对纱心的压力分解

由式(7-1)可知,当 l 对纱条存在包围角时,纤维对纱条便有向心压力,包围角越大,向心压力越大。由于向心压力的存在,使外层纤维向内层挤压,增加了纱条的紧密度和纤维间的摩擦力,从而改变了纱条的结构形态及其力学性能,这就是真捻成纱的实质。向心压力 q 反映了加捻程度的大小。在图 7-3 中,r 为纱条半径,β 为捻回角,ρ 为螺旋线的曲率半径,可以推导出向心压力与捻回角的关系为:

$$q = t\theta \cdot \sin \beta \qquad\qquad (7-2)$$

式中:t, θ ——常量。

由于 $0 < \beta < \dfrac{\pi}{2}$,故 q 与 β 成正比。可见,捻回角的大小能够代表纱线加捻程度的大小,且它对成纱的结构形态和物理机械性质起着重要的作用。

(三)捻回的度量

虽然捻回角能直接反映纱线的加捻程度,但实际中,却主要是用操作性更强的捻度、捻系数这两个指标来衡量纱线的加捻程度,在讨论股线时,捻幅也用来表示加捻程度。

1. 捻度 纱条相邻截面间相对回转一周称作一个捻回。单位长度纱条上的捻回数称作捻度,当采用国际单位制时,捻度的单位以捻回个数/10cm 表示。捻回数越多,则捻度越大。虽然捻度的意义很简单、明确,但在应用上有明显的局限性,捻度与加捻程度的关系如图 7-4 所示。

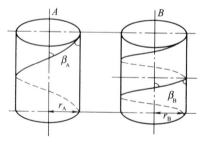
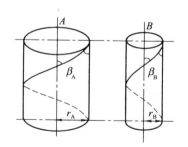

(a)相同特数纱条加捻时的捻度与捻回角   (b)不同特数纱条加捻时的捻度与捻回角

图 7-4 纱条的特数与加捻

(1)纱线特数相同。取同样长度的 A、B 两段纱条。当 A、B 两段纱条的特数相同时,即 $r_A = r_B$,A 纱上有一个捻回,B 纱上有两个捻回,如图 7-4(a)所示。由图中知,$\beta_B > \beta_A$,按式(7-2)

知,$q_B > q_A$,说明 B 纱条比 A 纱条的加捻程度大,即捻度大的纱其加捻程度也大。故捻度可以用来直接衡量相同特数纱线的加捻程度。

(2)纱线特数不同。如图 7-4(b)所示,设 A、B 为两段特数不同、长度相同的纱段,即 $r_A > r_B$,纱上都有一个捻回,即捻度相同。由图中知,$\beta_A > \beta_B$,即捻度相同时,粗的纱加捻程度大,细的纱加捻程度小。可见,不能直接用捻度来衡量不同特数纱线的加捻程度。

2. 捻系数 从加捻的实质来看,最能反映加捻程度的是捻回角 β,它直接反映了纤维因扭曲而产生向心压力使纱条中各纤维相互紧密结合的程度。捻回角与纱的粗细、捻度有关。

如图 7-5 所示,把半径为 $r(\mathrm{cm})$、具有一个捻回的纱条圆柱体展开,设此段纱条上的捻度为 $T(捻/10\mathrm{cm})$,则纱条的捻回角可表示为:

$$\tan\beta = \frac{2\pi r}{h} \qquad (7-3)$$

式中:h——捻回螺旋线的螺距。

又由于 $h = \dfrac{10}{T}$,则

$$\tan\beta = \frac{2\pi rT}{10} \qquad (7-4)$$

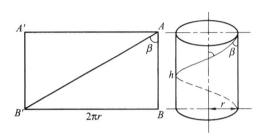

图 7-5 圆柱螺旋线的展开

则式(7-4)表示捻回角与纱条捻度和纱条直径间的关系。如果纱条特数相同,即半径 r 不变,则捻回角随捻度的改变而改变;如果纱条捻度相同,则捻回角又随纱条特数的改变而改变。因此,捻回角既可反映相同特数纱条的加捻程度,又可反映不同特数纱条的加捻程度。但由于纱条半径不易测量,捻回角的运算又较繁,因此,在实用上又将其转化为与捻回角具有同等物理意义的另一个参数,即捻系数。

设:纱条的长度为 $L(\mathrm{cm})$,重量为 $G(\mathrm{g})$,半径为 $r(\mathrm{cm})$,密度为 $\delta(\mathrm{g/cm}^3)$。

根据纱条线密度的定义,有纱条的线密度(特数)$\mathrm{Tt} = 1000 \times 100\dfrac{G}{L}$。因 $G = \pi r^2 \cdot L \cdot \delta$,则 $r = \sqrt{\dfrac{\mathrm{Tt}}{\pi\delta \times 10^5}}$,以此代入式(7-4),得:

$$T = \frac{10\tan\beta}{2\pi r} = \frac{\tan\beta\ \sqrt{\delta \times 10^7}}{2\sqrt{\pi}} \times \frac{1}{\sqrt{\mathrm{Tt}}} \qquad (7-5)$$

令 $\alpha_t = \dfrac{\tan\beta\ \sqrt{\delta \times 10^7}}{2\sqrt{\pi}}$,则:

$$T = \frac{\alpha_t}{\sqrt{\mathrm{Tt}}} \qquad (7-6)$$

式中:α_t——(线密度制)捻系数。

因为 δ 可视作常量,由式(7-5)知,捻系数 α_t 只随 $\tan\beta$ 的增减而增减。因此,采用 α_t 度量纱条的加捻程度和用捻回角 β 具有同等的意义,而且运算简便。

当采用公制或英制时,同样可以导出捻度公式如下。

$$T_m = \alpha_m\ \sqrt{N_m}$$

$$T_e = \alpha_e \sqrt{N_e}$$

式中：T_m，T_e——分别为公制捻度(捻/m)和英制捻度(捻/英寸)；

α_m，α_e——分别为公制捻系数和英制捻系数；

N_m，N_e——分别为公制支数和英制支数。

3. 捻幅　单位长度纱线加捻时，截面上任意一点在该截面上相对转动的弧长称为捻幅，如图 7-6(a)、(b) 所示，AA_1 因加捻而倾斜至 AB_1 位置，纤维 AB_1 与纱条构成捻回角 β，B_1 转动角 θ，纱段长度为 h，则 $\overset{\frown}{A_1 B_1}$ 就是该纤维 A_1 点在截面上的位移弧长，称为捻幅，以 P_0 表示，T 表示该纱条上的捻度。

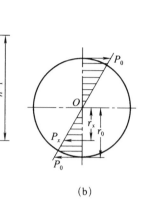

$$P_0 = \frac{r_0 \theta}{h} = 2\pi r_0 T$$

为计算方便起见，令 $\overset{\frown}{A_1 B_1} \approx \overline{A_1 B_1}$，则：

图 7-6　单纱中捻幅分布

$$\tan\beta = \frac{\overline{A_1 B_1}}{h} = P_0$$

对于纱线截面内任意一点的加捻程度都可用捻幅表示，如 $A'A'_1$ 纤维，加捻后的捻幅为 $\overset{\frown}{A'_1 B'_1}$(可简化为 $\overline{A'_1 B'_1}$)。假设截取纱线横端面如图 7-6(b) 所示，截面中任意一点捻幅 P_x 为：

$$\frac{P_x}{r_x} = \frac{P_0}{r_0}$$

则：
$$P_x = P_0 \frac{r_x}{r_0} \qquad\qquad (7-7)$$

由式(7-7)可见，捻幅 P_x 与该点距纱条中心距离 r_x 成正比。

捻幅的物理意义可以理解为纤维与轴线的倾斜程度，表示纤维变形和应力的大小。因此，捻幅的大小表示纱线截面内捻度与应力的分布状态。实际生产中，股线或缆绳的加捻程度虽然也用捻度和捻系数来衡量，但在研究股线或缆线结构及讨论纱线捻度与股线或缆绳机械性质的关系时常用捻幅分析的方法。

4. 捻度矢量　捻度是一个矢量，它既有大小又有方向，它的大小用单位长度上的捻回数表示，方向则由回转角位移的方向(螺旋线的方向)来决定。纱条回转方向可分为顺时针或逆时针，而生产上常用螺旋倾斜的方向来确定纱条捻向是 Z 捻(正手捻)还是 S 捻(反手捻)，如图 7-7 所示。

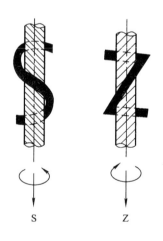

图 7-7　纱条捻向

二、捻度的获得

(一)真捻的获得

1. 获得方法　纱条上获得真捻的方法，一般有以下三种情况。

（1）如图 7-8（a）所示，A 为须条喂入点，B 为加捻点并以转速 n 回转，则 AB 段纱条便产生倾斜螺旋线捻回，AB 段获得的捻度 T 为：

$$T = \frac{nt}{L}$$

式中：t——加捻时间；

　　　L——喂入点至加捻点的距离。

这种方法如手摇纺纱和走锭纺纱等，加捻时不卷绕，卷绕时不加捻，属于间隙式的真捻成纱方法，且生产率低。

（2）如图 7-8（b）所示，A、B、C 分别为喂入点、加捻点和卷绕点，纱条以速度 v 自 A 向 C 运动，A、C 在同一轴线上，B、C 同向但不同速回转，当 B 以转速 n 绕 C 回转时，则 AB 段纱条上便产生倾斜螺旋线捻回，AB 段获得的捻度 $T_1 = \frac{n}{v}$。由于 B 和 C 在同一平面内同向回转，其转速差只起卷绕作用，BC 段的纱条只绕 AC 公转，不绕本身轴线自转，没有获得捻回，故由 C 点卷绕的成纱捻度 T_2 等于由 AB 段输出的捻度 T_1，即 $T_2 = T_1 = \frac{n}{v}$。在这种方法中，加捻和卷绕是同时进行的，能进行连续纺纱，又因在喂入点 A 至加捻点 B 的须条没有断开，属于连续式的非自由端真捻成纱方法，生产率高，如翼锭纺纱和环锭纺纱（见动画视频 7-2）等。

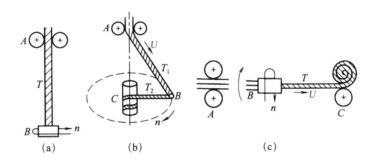

图 7-8　真捻的获得

（3）如图 7-8（c）所示，A、B、C 分别为喂入点、加捻点和卷绕点，A 点和 B 点之间的须条是断开的，B 端一侧的纱尾呈自由状态，当 B 以转速 n 回转时，B 端左侧呈自由状态的须条在理论上也随 n 回转，没有加上捻回，只在 BC 段的纱条上产生倾斜螺旋线捻回，BC 段获得的捻度 $T = \frac{n}{v}$，即为成纱捻度。在这种方法中，卷绕时也不需停止加捻，只要保证在 B 的左侧不断喂入呈自由状态的须条或纤维流，就能连续纺纱，属于连续式的自由端真捻成纱方法，生产率更高，如转杯纺纱、（无芯）摩擦纺纱和涡流纺纱等。

2. 真捻的形成过程　将图 7-8（b）展开，如图7-9所示。图中 A 为喂入点，（无捻）须条以速度 v 自 A 向 B 运动，B 为加捻点，并以转速 n 回转，A 与 B 间的距离为

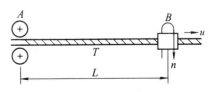

图 7-9　真捻的形成过程

L,AB 段上的捻度为 T。

在稳定状态下,AB 段上单位时间中加上的捻回数应该等于输出的捻回数。单位时间 t 中,加上的捻回数系加捻器回转所致,即为 nt,而同时间中输出的捻回是由有捻纱条带出 AB 段的,为 vtT,因此,稳定状态下有:

$$nt = vtT$$

即:

$$T = \frac{n}{v} \tag{7-8}$$

由式(7-8)可知,在稳定状态下获得的纱条的最终捻度,与加捻时间和加捻区的长度无关,仅与加捻器转速和纱条线速度有关。

(二)假捻的获得

1.静态假捻过程 静态假捻过程见动画视频 7-3,如图 7-10 所示,须条无轴向运动且两端分别被 A 和 C 握持,若在中间 B 处施加外力,使须条按转速 n 绕本身轴线自转,则 B 的两侧产生大小相等、方向相反的扭矩 M_1 和 M_2,B 的两侧获得数量相等、捻向相反的捻回,一旦外力除去,在一定的张力下,两侧的捻回便相互抵消,这种暂时存在于 B 两侧的反向捻回,称为假捻,B 为假捻器。可见,形成假捻的基本条件是纱条两端握持,中间加捻。假捻的基本特征是纱条上存在数量相等、捻向相反的捻回。

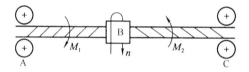

图 7-10 静态假捻过程

2.纱条沿轴向运动时的假捻过程 纱条沿轴向运动时的假捻过程见动画视频 7-4。

(1)如图 7-11(a)所示,AC 为加捻区,加捻区内有一个假捻器 B。设(无捻)须条以速度 v 自 A 向 C 运动,B 以转速 n 回转,L_1 和 L_2 表示 AB 段和 BC 段的长度,T_1 和 T_2 表示加捻过程中 AB 段和 BC 段的捻度。经时间 t 后,AB 段和 BC 段的捻回变化如下。

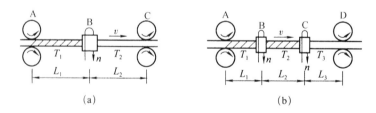

图 7-11 动态假捻过程

①AB 段:单位时间 t 内由 B 加给纱条的捻回为 nt,同一时间内自 AB 带出的捻回为 T_1vt,则 $n = T_1v$,得:

$$T_1 = \frac{n}{v}$$

②BC 段：单位时间 t 内由 B 加给纱条的捻回为 $-nt$（与加给 AB 段的捻回相反），同一时间内，由 AB 段带入 BC 段的捻回为 T_1v，自 BC 段带出的捻回为 T_2v，则 $-nt + T_1vt = T_2vt$，得：

$$T_2 = \frac{T_1v - n}{v} = T_1 - T_1 = 0$$

由上述两式（T_1 和 T_2）的结果可知，在稳定状态下，假捻器的纱条喂入端 AB 段存在捻度 $\frac{n}{v}$，输出端 BC 段没有捻度。

（2）在图 7-11（b）中，加捻区内有两个假捻器 B 和 C。须条以速度 v 自 A 向 D 运动，B 和 C 分别以转速 n 和 n' 回转，T_1、T_2 和 T_3 分别表示 AB 段、BC 段和 CD 段的捻度。

①单位时间 t 内，由 B 加给 AB 的捻回为 nt，同一时间内，自 AB 段经 B 带出的捻回为 T_1vt。根据稳定捻度定理，则 $nt = T_1vt$，得：

$$T_1 = \frac{n}{v}$$

②单位时间 t 内，由 B 加给 BC 段的捻回为 $-nt$，同一时间内，由 AB 段带入 BC 段的捻回为 T_1vt，由 C 加给 BC 段的捻回为 $n't$，自 BC 段经 C 带出的捻回为 T_2vt。根据稳定捻度定理，则 $-nt + T_1vt + n't = T_2vt$，得：

$$T_2 = T_1 + \frac{n'}{v} - \frac{n}{v} = \frac{n'}{v}$$

③单位时间 t 内，由 C 加给 CD 段的捻回为 $-n't$，同一时间内，BC 段带入 CD 段的捻回为 T_2vt，自 CD 段经 D 带出的捻回为 T_3vt。根据稳定捻度定理，则 $-n't + T_2vt = T_3vt$，得：

$$T_3 = \frac{T_2v}{v} - \frac{n'}{v} = T_2 - T_2 = 0$$

由上式的结果（T_3）可知，在稳定状态下，不管中间假捻器有多少个，仅起到假捻的作用，最终输出的纱条上的捻回数与喂入时的相同，均不会获得新增加的捻度，且某纱段上的加捻仅决定于该纱段出口处的加捻器。

三、捻度分布与纱条结构

（一）捻度分布

上述捻度的获得都假设纱条是均匀的圆柱体。实际上，纱线的粗细是不均匀的，各截面面积不相等，截面转动惯性矩 J 的数值相差很大，对于圆柱体，$J = \frac{\pi}{32}d^4$。若截面形状不同就更为复杂，而纱条的抗扭刚度 G 取决于 J，因此，由于纱条各处的抗扭力矩不同，在一定的加捻扭转力矩下，各纱条截面上获得的捻回是不同的。从上述可知，捻度与纱条直径的四次方成反比，即 $T \propto \frac{1}{d^4}$；与纱条特数的平方成反比，$T \propto \frac{1}{\mathrm{Tt}}$。因此，纱条截面粗的地方捻度少，截面细的地方捻度多。加捻后，在某一平衡状态下，纱条上有一个捻度分布状态。

当纱所受外力发生变化，如张力和截面粗细改变时，各截面在外力作用下就产生新的扭转力矩和变形，使应力发生变化而产生各截面上扭转力矩的不平衡，捻回重新发生转移自行调整，达到新的平衡,获得新的捻度分布,这种现象称为捻度重分布。这种现象在后面涉及的有捻纱条牵伸如细纱的后区牵伸中尤其典型。

(二)捻回传递

捻回从加捻点沿轴向向握持点传递,称为捻回传递。传递过程中有速度的传递和数量的传递。由于纱条是非完全弹性体,因此,传递过程中有捻回损失,传递也需要一定的时间。

影响捻回传递的因素有纱条的扭转刚度、纱条的长度、纱条上的捻回数、纱条张力以及传递过程受摩擦阻力的情况。

(三)捻陷

如图7－12,由于加捻区 AB 中的摩擦件 C 对捻回传递的影响,致使 BC 段的捻度在传递到 AC 段的过程中有一部分损失,其传递效率为 η。

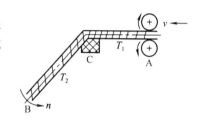

图7－12　捻陷

根据稳定捻度定理,BC 段的捻度可以求出:

$$nt - T_2 vt = 0$$

则:

$$T_2 = \frac{n}{v}$$

AC 段的捻度为 T_1,则有:

$$\eta T_2 vt - T_1 vt = 0$$

则:

$$T_1 = T_2 \eta = \frac{n}{v} \cdot \eta$$

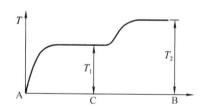

图7－13　捻陷时纱条上的捻度分布

由上述关于 AC 和 BC 段的捻度表达式可以看出,摩擦件 C 使纱条 AC 段的捻度比正常捻度减小了,但对最终输出纱条上的捻度无影响,这种现象称为捻陷,其捻度在纱条的 AB、BC 段上的分布如图7－13所示。

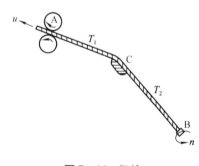

图7－14　阻捻

(四)阻捻

如图7－14所示,同样在加捻区 AB 中间有摩擦件 C,但纱条运动方向则是从加捻点向握持点运动,摩擦件 C 的摩擦阻力阻止捻回 T_2 完全传至 AC 段,因此 AC 段上只有 $T_2 v\lambda t$ 捻回传递过去,λ 为阻捻系数,$\lambda < 1$。根据稳定捻度定理可知:

BC 段:$nt - \lambda T_2 vt = 0$,则 $T_2 = \dfrac{n}{\lambda v}$

AC 段:$\lambda T_2 vt - T_1 vt = 0$,则 $T_1 = \dfrac{n}{v}$

从以上分析看出,摩擦件 C 对 BC 段纱条有增捻作用,这种现象称为阻捻,但对最终输出纱条的捻度无影响。

阻捻与捻陷,两者的区别在于纱条的运动过程,是捻度传递方向和摩擦阻力作用的不同所致,两者在各纱段上的捻度分布有所不同,但对最终输出纱条的捻度都无影响。

(五)纱条结构

如本章开始所述,纱条绕其轴线转动、搓动,轴向缠绕、交缠、网络,广义上统称为加捻。由于加捻前纤维喂入方式不同,如呈圆柱形、扁平状、一边加捻一边添加纤维等,以及对须条加捻的方法的不同,都会使加捻后的成纱结构产生很大的差别,捻度的概念和测定表示的方法也有所区别。传统纺纱的加捻有以下两种。

(1)实捻。加捻须条基本上呈圆柱体形,如长丝、单纱在纱条中呈圆柱螺旋线状态(如股线)。

(2)卷捻。加捻须条呈扁平状。加捻时,钳口处的须条围绕轴线回转,须条宽度逐渐收缩,两侧逐渐折叠而卷入纱条中心,形成三角形。

目前,加捻的一些基本原理是以传统纺纱的加捻方法为基础的,传统加捻的基本概念是由此引导出来的。随着加捻的发展,这些概念已不能完全描述加捻实质,必须针对不同的加捻方法引申出新的概念和新的表达方法。具体的有以下几种。

层捻。纤维一边凝聚一边加捻,凝聚一层加捻一层,先凝聚的多加捻,后凝聚的少加捻,成为分层加捻状态(如转杯纺纱和摩擦纺纱)。

缠捻。部分纤维绕纱条主体包缠(如喷气纺纱)。

搓捻。纱条作圆周搓动(如自捻纺纱)。

同时,还有长丝的假捻变形,空气交缠及网络等。

四、粗纱中的加捻

(一)加捻的目的

粗纱加捻是粗纱机的主要工艺目的之一。前罗拉输出的纱条,结构疏松,抱合力很差,很难卷绕成形,故须对粗纱进行加捻。粗纱加捻的作用如下。

加捻使粗纱强力增加,减少卷绕和退绕过程中的意外伸长或断头。

加捻粗纱绕成的管纱,层次清楚,不互相粘连,搬运和储存过程中也不易损坏。

适量的粗纱捻度,有利于细纱机牵伸过程中对纤维运动的控制,对改善成纱质量有利。

(二)加捻机构组成及加捻过程

(1)组成。如图 7-15 所示,粗纱机的加捻机构主要由锭子、锭翼、假捻器等组成。

(2)加捻过程。粗纱机对粗纱的加捻由锭翼来完成。加捻过程如图 7-15 所示,从前罗拉 1 输出的纱条,穿过锭翼顶孔 2,由锭翼顶端侧孔 3 穿出,在锭翼顶端绕 1/4 或 3/4 圈后,进入锭翼空心臂 4,从其下端穿出的粗纱在压掌 5

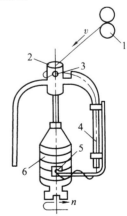

图 7-15 粗纱机的加捻示意图

上绕2~3圈,经压掌导纱孔绕向粗纱筒管6。这样,当锭翼每转一周时,由锭翼侧孔带动粗纱绕其本身轴线自转一周,使锭翼侧孔至前罗拉钳口的一段纱条上获得捻回。侧孔以下的纱条,只绕锭子中心线公转,而不绕本身轴线自转,因此没有加捻。粗纱最终获得的捻度为:

$$T = \frac{n}{v}$$

式中:n——锭子回转速度;

$\quad$ v——前罗拉输出纱条速度。

第三节 粗纱的卷绕

粗纱加捻后还必须卷绕成适当的卷装形式,以便搬运、存储及后道工序的顺利退绕。

图7-16 粗纱管纱

粗纱的卷装形式如图7-16所示。粗纱以螺旋线形式一圈挨一圈地绕在筒管圆柱形卷绕面上。为了防止两端纱圈脱落,绕纱层的高度逐层递减,最后制成两端为截头圆锥体,中间为圆柱体的卷装形式。

一、实现粗纱卷绕的条件及其卷绕方程

要将粗纱管纱制成中间呈圆柱体,两端呈截头圆锥体的卷装形式,粗纱的卷绕必须符合以下四个条件。

(一)管纱的卷绕速度与卷绕直径成反比

为了实现正常卷绕,任一时间内前罗拉输出的粗纱实际长度应与筒管卷绕粗纱的长度相等,即:

$$N_{\mathrm{w}} = \frac{v_{\mathrm{F}}}{\pi D_{\mathrm{x}}}$$

式中:N_{w}——管纱的卷绕转速,r/min;

$\quad$ v_{F}——单位时间内前罗拉输出粗纱的长度,mm/min;

$\quad$ D_{x}——管纱的卷绕直径,mm。

在一落纱时间内,前罗拉的输出速度不变,但管纱的卷绕直径逐层增大,因此,管纱卷绕转速在同一层纱内相同,而随着卷绕直径的变大应逐层减慢。

(二)筒管与锭翼有相对运动

粗纱通过筒管和锭翼之间的转速差异来实现卷绕,如图7-17所示。筒管和锭翼是同向回转的,当筒管转速 n_b 大于锭翼转速 n_s 时称作导管;当锭翼转速 n_s 大于筒管转速 n_b 时称作翼导。

采用翼导时,粗纱断头后容易产生飘头而影响邻纱;筒管转速随着卷绕直径的增加而增大,致使管纱回转不稳定,动力消耗不平衡;开车启动时,张力增加而导致断头等。由于翼导存在这些缺点,所以在粗纱机上,都采用管导式卷绕。在管导卷绕中,筒管转速与锭翼转速之差称为卷

绕转速 n_w ,即:

$$n_w = n_b - n_s$$

或 $$n_b = n_s + n_w = n_s + \frac{v_F}{\pi D_x} \qquad (7-9)$$

式中: n_b ——筒管的回转速度,r/min;

　　　n_s ——锭翼的回转速度,即锭子转速,r/min。

由式(7-9)可知,筒管的回转速度由恒速和变速两部分组成,筒管的恒速与锭速相等,筒管的变速为卷绕速度,与管纱的卷绕直径成反比。

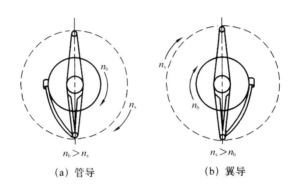

$$n_b > n_s \qquad n_s > n_b$$

（a）管导　　　　　　　　（b）翼导

图7-17　卷绕方法

(三)龙筋(管纱)的升降速度与管纱的卷绕直径成反比

粗纱在筒管轴向的紧密排列,是由升降龙筋带动筒管升降运动而实现的。在正常卷绕时,任一时间内龙筋升降的距离必须和相同时间内前罗拉输出的粗纱在筒管轴向卷绕的高度(圈数)相适应。即:

$$v_L = \frac{v_F}{\pi D_x} \cdot h \qquad (7-10)$$

式中: v_L ——龙筋升降速度,mm/min;

　　　h ——粗纱轴向卷绕圈距,即相邻两层粗纱的中心距,与粗纱的粗细(线密度)有关,mm。

由式(7-10)可知,在一落纱的时间内,粗纱线密度不变,轴向卷绕圈距是个常量,因此,升降龙筋的升降速度在同一卷绕纱层内相同,随管纱的卷绕直径的增加而减少。

(四)升降龙筋的升降运动换向和动程逐层缩短

为了使管纱绕成两端呈截头圆锥体的形状,升降龙筋的升降动程需要逐层缩短,以使管纱各卷绕层高度逐层缩短。

综上所述,式(7-9)和式(7-10)给出了实现粗纱正常卷绕运动的一般规律,亦称作粗纱的卷绕方程。

二、粗纱机的卷绕机构

从粗纱的卷绕过程和卷绕方程来看,粗纱卷绕时,随着卷绕的进行,筒管上卷绕的粗纱层数越来越多,筒管直径就越来越大,因此,每卷绕一层,筒管的速度就应相应降低一些,如式(7-9),

龙筋的升降速度也要相应降低,如式(7-10)。另外,龙筋做升降运动,意味着其运动方向是周期性改变的,且动程也是逐渐缩短的,以形成锥形的卷装,防止脱圈。

上述运动在传统的粗纱机上是由一个电动机以及一系列机械装置如锥轮变速机构、成形机构、差动机构、换向机构、摆动机构和张力微调机构等共同完成的,如图7-18所示。

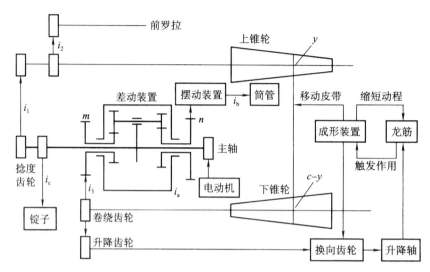

图7-18 传统(FA401型)粗纱机传动系统图

现代新型粗纱机中,因计算机、变频电动机和传感器的应用实现了多电动机变频调速传动,取消了传统粗纱机中的锥轮变速机构、成形机构、差动机构、换向机构、摆动机构和张力微调机构等机械装置,大大简化了机构和传动系统,提高了传动精度。在主传动系统中,有的使用三台电动机分别传动锭翼和罗拉、筒管、龙筋这三大独立运动部分;也有的使用四台电动机分别传动锭翼、罗拉、筒管、龙筋,只保留了牵伸变换齿轮;还有用七台电动机分别传动前罗拉、中罗拉、后罗拉、锭翼、筒管、下龙筋升降和喂入机构,则更可取消全部变换齿轮,牵伸罗拉间的牵伸倍数可无级调节,牵伸倍数的调整精度更高,范围更广。由工业控制计算机通过数学模型控制变频电动机,实现粗纱机同步卷绕成形的要求,不仅减少了变换齿轮,还可通过CCD张力传感器保证纺纱过程的张力恒定,较精确地控制粗纱的伸长,改善了粗纱质量。

(一)无锥轮粗纱机的传动控制

如图7-19所示,在粗纱运转中,变频电动机M_1、M_2、M_3、M_4分别控制锭翼转速、罗拉速度、龙筋升降速度和筒管速度。

(二)无锥轮粗纱机的传动数学模型

由粗纱的卷绕方程式(7-9)和式(7-10)可知,在一落纱中,随着卷绕的进行,纱层增加,则筒管的卷绕直径逐步增大,且每层的厚度基本无差异,故其规律可求得为:

$$D_X = D_0 + 2n\delta_1 + n(n-1)\Delta \tag{7-11}$$

式中:D_X——卷绕第n层粗纱时的卷绕直径,mm;

D_0——空筒管直径,mm;

n——粗纱卷绕的层数;

δ_1——粗纱始绕厚度,mm;

Δ——粗纱每层厚度的增值差,mm。

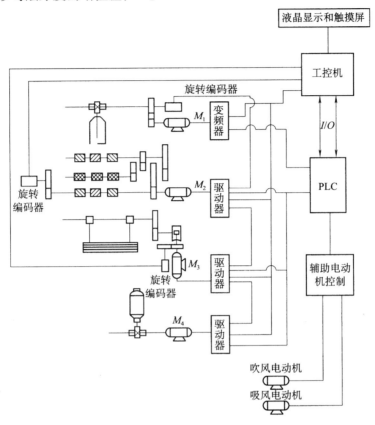

图 7 - 19 无锥轮粗纱机的传动系统

由此可得,无锥轮粗纱机的筒管卷绕方程为:

$$n_b = n_s + \frac{v_F}{\pi[D_0 + 2n\delta_1 + n(n-1)\Delta]} \qquad (7-12)$$

粗纱始绕厚度主要是与粗纱的定量(粗细)有关,一般,可按下式而定:

$$\delta_1 = 0.1596\sqrt{\frac{W}{\gamma}} \qquad (7-13)$$

式中:W——粗纱定量,g/10m;

γ——粗纱密度,不同原料其粗纱密度也不同,g/cm³。

粗纱每层增值差 Δ 的大小与锭翼结构、一落纱中的压掌压力变化等有关,但对某一机型的 Δ 的影响规律是一致的。Δ 一般为 δ_1 的 $0.3\% \sim 0.4\%$。Δ 主要影响中、大纱的筒管转速,亦即影响中、大纱的卷绕张力,因此,Δ 应在 δ_1 设定后再相应设定或调整。

三、粗纱的张力

(一)粗纱的形成与分布

为实现粗纱的正常卷绕,必须使其在卷绕过程中始终保持一定的张紧程度,即使粗纱受到

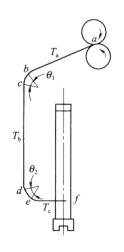

图7-20 粗纱的张力及其分布

一定的张力。

1. 粗纱张力的形成 粗纱张力的来源主要有以下两个方面。

(1)在卷绕中,为保证筒管成形良好,筒管的卷绕速度通常略大于前罗拉的输出速度。

(2)在粗纱从前罗拉输出到筒管的过程中,还需克服锭翼顶端、空心臂及压掌等处对其运动的摩擦阻力。

2. 粗纱张力的分布 如图7-20所示,其中 a 点为前罗拉钳口,bc 表示粗纱从锭翼顶端到侧孔处的包围弧,θ_1 为对应的圆心角,cd 段表示空心臂,de 段表示粗纱对压掌的包围弧,其对应的圆心角为 θ_2,f 为筒管上的卷绕点。

T_a 和 T_b 分别为 ab 段与 cd 段粗纱受的张力,T_a 称作纺纱张力,ef 段的张力 T_c 称作卷绕张力。由欧拉公式可知:

$$T_b = T_a e^{\mu \theta_1}$$

$$T_c = T_b e^{\mu \theta_2} = T_a e^{\mu(\theta_1 + \theta_2)} \tag{7-14}$$

式中:μ——机件对粗纱的摩擦系数。

由式(7-14)可知:ab、cd、ef 段所受张力的关系为:$T_c > T_b > T_a$,即纺纱张力最小,卷绕张力最大。但在纺纱中,由于 ab 段长度长,故对纺纱影响最大的是纺纱段张力 T_a。因此,通常用纺纱张力来表示粗纱的张力,此段的粗纱松弛下垂时,表示粗纱张力小,此段粗纱绷紧时,表示粗纱的张力大。

(二)粗纱张力的影响

粗纱张力的大小及其波动对粗纱乃至细纱的条干均匀度、重量不匀和断头率有很大的影响。粗纱张力太大,则易产生意外牵伸而恶化条干,甚至断头;粗纱张力太小,又会使粗纱在筒管上卷绕松散,成形不好,从而使搬运、储存和退绕困难;纺纱段张力过小时,还易引起粗纱飘头,甚至断头。

粗纱张力控制中更为重要的一个方面就是纺纱过程中张力的均匀性。小纱、中纱、大纱时,张力要尽量均匀一致;不同粗纱机台之间,同一机台前、后排之间,不同锭之间的粗纱张力要尽量均匀一致。否则,断头率上升,粗纱不匀率增大,从而直接影响细纱的重量不匀率和重量偏差。

(三)粗纱张力的度量

由于粗纱的强力很低,无法直接测试其所受的张力,因此,粗纱张力一般用粗纱的伸长率来间接表示。当粗纱捻度一定时,粗纱张力大,粗纱的伸长率就大,因此,粗纱伸长率的大小就反映了粗纱张力的大小。粗纱伸长率是以同一时间内,筒管上卷绕的粗纱实测长度与前罗拉输出粗纱的计算长度之差对前罗拉输出粗纱的计算长度之比,且用百分数表示,即:

$$\varepsilon = \frac{L_2 - L_1}{L_1} \times 100\% \tag{7-15}$$

式中:ε——粗纱伸长率;

L_1——某一段时间内前罗拉输出粗纱的计算长度;

L_2——同一时间内筒管上卷绕粗纱的实测长度。

当测得的粗纱平均伸长率超出规定范围时,要对粗纱张力进行调整。

(四)粗纱张力的调整

由于粗纱张力主要是由粗纱在运动中受到的摩擦和粗纱卷绕速度比前罗拉速度略高引起的,因此粗纱张力的调整,主要有以下几个方面。

(1)调节粗纱在运动中的摩擦力。由上面的粗纱张力公式可知,调节粗纱在锭翼顶端和压掌上的包围弧,可以调节纺纱张力和卷绕张力的比例。

(2)调整粗纱的卷绕速度。

①在传统粗纱机上,由粗纱传动及其卷绕方程可知,通过升降速度(升降齿轮)、卷绕直径(空筒管直径)、锥轮皮带起始位置和每次移动距离(成形齿轮)等的调整,都可以调节粗纱的张力。

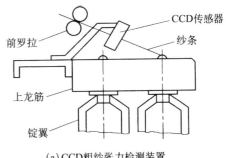

(a)CCD粗纱张力检测装置

②在无锥轮粗纱机上,粗纱的张力控制是依靠在粗纱机上的3个CCD张力传感器对前罗拉输出的纱条进行检测,如图7-21所示,CCD光电全景摄像系统作为张力的自动控制,它在粗纱通道侧面方向判别粗纱条通过时所处位置线,通过纱条实际位置与基准位置的变化来反映粗纱张力的大小。即CCD在运转中连续摄取计算实测位,比较其与预拟位置线(基准线)的距离,从而判定粗纱的张力状态,然后由电控装置进行在线调节。在更换品种时,一般可自动选择最佳的张力状态,不必重新手动设定。

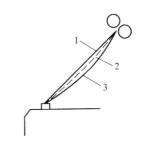

(b)纺纱段粗纱状态

图7-21　粗纱机的CCD张力测试示意图
1—张力过大(粗纱张紧)　2—张力合适
3—张力过小(粗纱松弛)

但在实际生产中,由于CCD检测的取样量较少,有一定的局限性,因此,必须首先正确设定纺纱张力,在此基础上,再由CCD进行在线微调。

粗纱纺纱时的张力设定,可以通过经验或张力测试初步确定,再在实际开车时稍作调整修改。在正确设定了纺纱的张力后,由于CCD对纱条位置的检测精度可以达到0.1mm,所以,可以较好地控制纺纱中的张力波动,从而改善粗纱质量。

另外,当粗纱捻度大时,可承受的张力也相应增大,因此,也可以通过捻度的改变来适应张力,但要注意不能使捻度太大而影响后道细纱的牵伸。如由于前排粗纱的纺纱段长度长,纱条抖动较大,还因有些老的粗纱机其前排导纱角较小,锭翼顶孔的捻陷现象较大,致使前排粗纱伸长率较大且不匀,这时可以通过使前排得到更大的假捻效应(如锭翼顶端刻槽或加假捻器等)来加以改善。

第四节 棉型粗纱

一、棉型粗纱机的组成

棉型粗纱机主要由喂入、牵伸、加捻、卷绕和成形等部分组成。另外,为了保证产品的产量和质量,粗纱机还有一些辅助机构,如清洁装置、光电自停装置,传统的粗纱机上还有防细节装置及张力补偿装置等。

1.喂入机构 并条机实现了大卷装后,为便于工人在机后操作,粗纱机采用高架喂入方式。粗纱机的喂入机构由分条器、导条辊、导条喇叭和横动装置等组成。

2.牵伸机构 一般粗纱机采用双胶圈牵伸形式,如图7-22所示。牵伸装置主要由罗拉、胶圈、胶辊、胶圈销、集合器、加压装置、清洁装置及胶圈控制元件(上下胶圈或上下胶圈架、胶圈张力装置及隔距块)等组成。

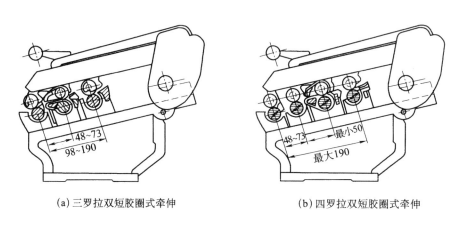

(a) 三罗拉双短胶圈式牵伸　　　　　(b) 四罗拉双短胶圈式牵伸

图7-22 粗纱机牵伸装置

(1)罗拉、胶辊和胶圈。它们均是牵伸机构的主要元件,罗拉与胶辊组成钳口用以牵伸纤维条,胶圈主要用来控制纤维运动。

(2)胶圈销与隔距块。胶圈销分为上胶圈销与下胶圈销,其作用是固定胶圈位置,把上下胶圈引至前钳口。隔距块作用是使上、下销弹性钳口间的最小间距保持统一而准确。

(3)加压装置。为保证各钳口对须条的可靠握持,加压装置须对胶辊加上足够的压力。目前,粗纱机多采用弹簧摇架或气动摇架加压,如图7-22所示。

3.加捻机构 粗纱机加捻机构主要由锭子、锭翼(包括空心臂、实心臂、中管和压掌)、假捻器等组成。且对粗纱的加捻由锭翼来完成。

4.粗纱的卷绕机构及其作用 如上节所述。

5.清洁装置 粗纱机的清洁装置主要由积极式回转绒带的上下罗拉清洁盖板装置、巡回式吹吸风清洁器及吸风风道等组成。

6.光电自停装置 粗纱机光电自停装置从功能上可分为光电断头自动控制装置、连锁保护自停控制装置和安全保护光电控制装置三种。

7. 防细节装置　传统粗纱机防细节装置采用电磁离合器,装在被动铁炮至差动装置的传动路线中,使切断主电源至机器完全停止这一段时间内筒管和锭翼同速回转而不产生卷绕,避免了细节的产生。

8. 张力补偿装置　传统粗纱机张力补偿装置主要通过调节偏心齿轮微调铁炮皮带附加移距大小,以减少张力波动,使粗纱在一落纱中张力基本保持稳定。新型智能型(无锥轮)粗纱机则采用 CCD 张力自动监控,如图 7-21 所示。

二、主要工艺参数作用及其选择

(一)粗纱定量

粗纱定量应根据熟条定量、细纱机牵伸能力、成纱线密度、纺纱品种、产品质量要求以及粗纱设备性能和供应情况等各项因素综合选择。一般粗纱定量在 2~6g/10m。纺特细特的纱时,粗纱定量以 2~2.5g/10m 为宜。粗纱定量选用范围见表 7-1。

表 7-1　粗纱定量选用范围

细纱线密度(tex)	30 以上	20~30	9.0~19	9.0 以下
粗纱干定量(g/10m)	5.5~10.0	4.1~6.5	2.5~5.5	1.6~4.0

注　表中所列范围包括化学纤维纯纺、混纺和纺中长纤维。

(二)锭速

它主要与纤维特性、粗纱卷装、锭翼性能等有关。一般纺涤棉混纺纤维的锭速可略低于纺棉纤维的锭速,而略高于纺中长化学纤维的锭速。卷装较小的锭速可高于卷装较大的锭速。对于化学纤维纯纺、混纺粗纱,由于其捻系数较小,锭速将比表 7-2 中数据降低 20%~30%。

表 7-2　纯棉粗纱锭速选用范围

所纺纱线		粗特纱 (30tex 以上)	中、细特纱 (9~30tex)	特细特纱 (9tex 以下)
锭速范围(r/min)	托锭式	500~700	650~850	800~1000
	悬锭式	800~1000	900~1100	1000~1200

(三)牵伸

1. 总牵伸倍数　粗纱机的总牵伸倍数主要根据细纱线密度、细纱机的牵伸倍数、熟条定量、粗纱机的牵伸效能确定。在细纱牵伸能力较强时,粗纱机可配置较低的牵伸倍数以有利于成纱质量。目前,双胶圈牵伸装置粗纱机的牵伸倍数为 4~12 倍,且一般常用 5~10 倍。粗纱机在采用四罗拉(D 型)牵伸形式时,对重定量、大牵伸倍数有较明显的效果。

2. 牵伸分配　粗纱机的牵伸分配主要根据粗纱机的牵伸形式和总牵伸倍数决定,同时参照熟条定量、粗纱定量和所纺品种等合理配置。粗纱机的前牵伸区采用双胶圈及弹性钳口,对纤维的运动控制良好,所以牵伸倍数主要由前牵伸区承担;后区牵伸是简单罗拉牵伸,控制纤维能力较差,牵伸倍数不宜过大,采用张力牵伸,牵伸倍数一般为 1.12～1.48 倍,有利于改善条干。一般化学纤维混纺、纯纺包括中长纤维的后区牵伸配置与纺纯棉纱相同。四罗拉双胶圈牵伸较三罗拉双胶圈牵伸的后区牵伸倍数可略大一些。四罗拉双胶圈牵伸前部为整理区,由于该区不承担牵伸任务,所以只需 1.05 倍的张力牵伸,以保证纤维在集束区中的有序排列。

(四)罗拉握持距

粗纱机的罗拉握持距主要根据纤维品质长度 L_p 而定,并参照纤维的整齐度和牵伸区中牵伸力的大小综合考虑,以不使纤维断裂或须条牵伸不开为原则。主牵伸区握持距的大小对条干均匀度影响很大,其值一般等于胶圈架长度加自由区长度。

(五)罗拉加压

在满足握持力大于牵伸力的前提下,粗纱机的罗拉加压主要根据牵伸形式、罗拉速度、罗拉握持距、牵伸倍数、须条定量及胶辊的状况而定。罗拉速度慢、隔距大、定量轻、胶辊硬度低、弹性好时加压轻,反之则重。粗纱机罗拉加压量见表 7-3。

表 7-3 粗纱机罗拉加压量

牵伸形式	纺纱品种	罗拉加压(N/双锭)			
		前罗拉	二罗拉	三罗拉	四罗拉
三罗拉双短胶圈	纯棉	166.6～215.6	98～166.6	78.4～137.2	—
	化学纤维混纺、纯纺	196～254.8	117.6～166.6	137.2～166.6	—
四罗拉双短胶圈	纯棉	137.2～205.8	88.2～117.6	88.2～117.6	68.6～98
	化学纤维混纺、纯纺	156.8～225.4	88.2～147	88.2～147	78.4～117.6

注 纺中长化学纤维时,罗拉加压可按上列配置加重 10%～20%。

(六)胶圈原始钳口隔距和上销弹簧起始压力

胶圈原始钳口隔距是上、下销弹性钳口的最小距离,其大小依据粗纱定量以不同规格的隔距块来确定,见表 7-4。

表 7-4 胶圈原始钳口隔距与粗纱定量

粗纱干定量(g/10m)	2.0～4.0	4.0～5.0	5.0～6.0	6.0～8.0	8.0～10.0
胶圈原始钳口隔距(mm)	3.0～4.0	4.0～5.0	5.0～6.0	6.0～7.0	7.0～8.0

上销弹簧起始压力是上销处于原始钳口位置时的片簧压力。上销弹簧起始压力以 7～10N 为宜,起始压力过大,形成死钳口,上销不能起弹性摆动的调节作用;起始压力过小,上销摆动频繁甚至"张口",起不到弹性钳口的控制作用。在弹簧压力适当的条件下,配以较小的原始钳口,对条干均匀有利。但应定期检查弹簧变形情况,如果各锭弹簧压力不一致,将造成锭与锭间的质量差异,如果钳口太小,有时会出硬头。

(七)集合器

粗纱机上使用集合器,主要是为了防止纤维扩散。集合器口径的大小,前区与输出定量相适应,后区与喂入定量相适应。集合器规格可参考表 7-5 与表 7-6。

表7-5 前区集合器规格

粗纱干定量 （g/10m）	2.0~4.0	4.0~5.0	5.0~6.0	6.0~8.0	9.0~10.0
前区集合器口径 ［宽×高（mm）］	(5~6)×(3~4)	(6~7)×(3~4)	(7~8)×(4~5)	(8~9)×(4~5)	(9~10)×(4~5)

表7-6 后区集合器、喂入集合器规格

喂入干定量 （g/5m）	14~16	15~19	18~21	20~23	22~25
后区集合器口径 ［宽×高（mm）］	5×3	6×3.5	7×4	8×4.5	9×5
喂入集合器口径 ［宽×高（mm）］	(5~7)×(4~5)	(6~8)×(4~5)	(7~9)×(5~6)	(8~10)×(5~6)	(9~10)×(5~6)

（八）捻系数

粗纱捻系数的选择主要根据所纺品种、纤维长度和粗纱定量而定，还要参照温湿度条件、细纱后区工艺、粗纱断头情况等多种因素来合理选择。

当纤维长、整齐度好时，采用的捻系数小。当粗纱线密度大、粗纱内纤维伸直度差时，所采用的捻系数应小。细纱后区工艺和粗纱捻系数关系密切，直接影响成纱质量的好坏，而调整粗纱捻系数比调整细纱后区工艺简单，因此，生产上通过调整粗纱捻系数来协助细纱机后区工艺的调整。当细纱机的牵伸机构完善、加压条件好时，粗纱捻系数一般可偏大掌握。

另外，粗纱捻系数对气候季节非常敏感，气候潮湿，粗纱发涩，捻系数应小；气候干燥，纤维发硬，捻系数应大。粗纱的具体捻系数由实践得出，一般可参见表7-7。

表7-7 几种不同品种粗纱捻系数 α_t 的选择

细纱品种	纯棉机织纱	纯棉针织纱	棉型化学纤维 混纺纱	涤/棉纱 （65/35、45/55）	棉/腈（60/40） 针织纱	黏/棉 （55/45）纱	中长涤/黏 （65/35）纱
粗纱捻系数	86~102	104~115	55~70	63~70	80~90	65~70	50~55

三、质量控制

1. 粗纱的合理结构　粗纱的合理结构包括粗纱条内含棉结、杂质和短纤维要少，若棉结、杂质和短纤维过多将影响细纱条干及断头率；粗纱内纤维基本伸直，经粗纱工序后，须条内纤维的伸直度可达到90%~93%，粗纱的重量不匀率应控制在0.7%~1.1%，较差的粗纱重量不匀率应控制在1.2%~1.7%。重量不匀率低，说明纱条内单位长度的质量比较均匀，这就为优良的细纱条干均匀度奠定了较好的基础。粗纱的重量不匀率影响细纱的重量不匀率和条干不匀 CV 值以及单纱强力和强力不匀率。

2. 粗纱条干 CV 值与重量不匀率　这两者同等重要。粗纱条干虽好，若粗纱重量不匀率高,则对细纱条干等指标极为不利。一般来说,要求细纱条干达到乌斯特公报25%水平,则粗纱条干要达到乌斯特公报5%~10%水平。

3. 粗纱伸长率 它是影响粗纱重量不匀率及细纱重量不匀率的重要因素。粗纱机台与台之间或一落纱内大、中、小纱间的伸长率差异过大,将影响细纱重量不匀率,使其增大;伸长率过大易使粗纱条干不匀率恶化;伸长率过大或过小都会增加粗纱机的断头率。

粗纱机牵伸差异率也能反映粗纱伸长率的大小。粗纱机的牵伸差异率与牵伸、加捻、卷绕部分都有关,且在很大程度上取决于粗纱在卷绕过程中的伸长、喂入部分的意外牵伸和粗纱在加捻后的捻缩,与化学纤维的弹性回缩也有关系,一般不包括导条的张力牵伸。粗纱机伸长率还能反映喂入部分的意外牵伸情况。粗纱的伸长率,纯棉一般在 -0.5%~1.5%,涤棉混纺一般在 -1%~2%。表7-8为粗纱质量控制指标示例,表7-9为乌斯特2018年粗纱棉结杂质和短绒的质量水平公报,表7-10为乌斯特2018年的粗纱条干不匀水平公报。

表7-8 粗纱质量控制参考指标

纺纱类别		回潮率(%)	萨氏条干不匀率(%)	乌斯特条干不匀率(%)	重量不匀率(%)	粗纱伸长率(%)	捻度(捻/10cm)
纯棉纱	粗	6.8~7.4	40	6.1~8.7	1.1	1.5~2.5	以设计捻度为准
	中	6.7~7.3	35	6.5~9.1	1.1	1.5~2.5	
	细	6.6~7.2	30	6.9~9.5	1.1	1.5~2.5	
精梳纱		6.6~7.2	25	4.5~6.8	1.3	1.5~2.5	
化学纤维混纺纱		2.6±0.2	25	4.5~6.8	1.2	0.5~1.5	

表7-9 乌斯特粗纱棉结杂质和短绒(2018年公报水平)

指标		5%	25%	50%	75%	95%
普梳	总棉结个数(个/g)	30.1	43.4	67.0	101.6	151.5
	杂质个数(个/g)	1.1	1.9	3.3	5.5	8.9
	短绒率(%)	15.5	18.6	21.5	23.7	26.6
精梳	总棉结个数(个/g)	10.1	15.9	23.1	34.9	51.7
	杂质个数(个/g)	0.3	0.5	0.9	1.4	2.4
	短绒率(%)	5.4	7.8	10.0	13.1	16.0

表7-10 乌斯特粗纱条干不匀率(%)(2018年公报水平)

粗纱 水平	5%	25%	50%	75%	95%
纯棉普梳粗纱(660~1480tex)	4.61~5.14	4.92~5.41	5.21~5.65	5.50~5.90	5.85~6.22
纯棉精梳粗纱(350~1180tex)	3.22~3.67	3.60~4.07	4.05~4.55	4.59~5.11	5.14~5.57

注 纯棉普梳粗纱线密度为984.2~421.8tex,纯棉精梳粗纱线密度为984.2~203.6tex。

👉 思考题

1. 粗纱工序的目的与任务。

2. 什么是捻陷、阻捻和假捻？举例说明假捻效应在纺纱中的应用。

3. 衡量加捻程度的指标有哪些？它们有何相同点和不同点？

4. 利用稳定捻度定理，分析捻陷和阻捻对加捻区内捻度分布的影响。

5. 分析实现粗纱卷绕的基本条件。

6. 设粗纱机的锭速为 700r/min，前罗拉直径为 28mm，转速为 210r/min，当粗纱筒管卷绕直径为 50mm、90mm 和 130mm 时，求筒管的卷绕速度各是多少？

7. 详细分析粗纱捻系数的选择原则和依据。

8. 拟纺定量为 3g/10m 的纯棉粗纱，其捻系数（线密度制）选择为 100，锭速设计为 900r/min，请问粗纱捻度为多少？粗纱的前罗拉线速度为多少？

第八章 细纱

本章知识点

1. 细纱的目的。

2. 环锭细纱机的组成及工艺过程,重点了解其牵伸机构和加捻卷绕机构。

3. 环锭细纱的张力、强力与断头。

4. 各类环锭细纱机的主要工艺参数作用及选择。

5. 棉纺细纱的质量控制。

6. 了解环锭纺纱自动化和智能化发展方向。

7. 新型纺纱的类型及加捻成纱的特点,重点了解转杯纺、喷气涡流纺、赛络纺以及集聚纺。

第一节 概述

一、细纱的目的

细纱是纺纱的最后一道工序,细纱工序的目的是将粗纱加工成一定线密度且符合质量标准或用户要求的细纱。为此,细纱工序要完成以下任务。

(1)牵伸。将粗纱均匀地抽长拉细到所需要的线密度。

(2)加捻。给牵伸后的须条加上适当的捻度,赋予成纱以一定的强度、弹性和光泽等力学性能。

(3)卷绕成形。将细纱按一定要求卷绕成形,便于运输、储存和后道加工。

二、细纱的工艺过程

细纱机由喂入、牵伸、加捻卷绕和成形四部分组成。典型的传统环锭细纱工作过程如图8-1所示(见动画视频8-1)。

粗纱从粗纱架吊锭上的粗纱管1上退绕出来,经过导纱杆2、3及缓慢往复运动的横动导纱喇叭口4,喂入牵伸装置5进行牵伸。牵伸后的须条由前罗拉6输出进行加捻,并通过导纱钩7穿过套在钢领上的钢丝圈8,卷绕到紧套在锭子上的筒管9上。锭子高速回转,通过有一定张力的纱条带动钢丝圈在钢领上高速回转,钢丝圈每一回转就给牵伸后的须条加上一个捻回。由

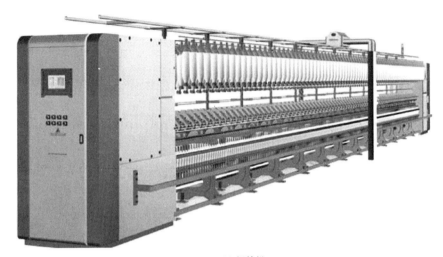

(a) 细纱机

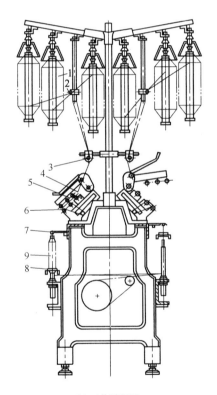

(b) 工艺过程图

图 8 - 1　细纱机及其工艺过程图

于钢丝圈的速度落后于纱管的回转速度,因而使前罗拉连续输出的纱条卷绕到纱管上。钢丝圈与纱管的转速差,就是纱管单位时间的卷绕圈数。依靠成形机构的控制,钢领板按一定规律升降,使纱条绕成等螺距圆锥形的管纱。

第二节　细纱的牵伸与加捻卷绕

一、细纱的牵伸

细纱由于喂入和输出的定量轻、纤维少,所以在牵伸时主要采用双胶圈牵伸形式,如图8-2(a)所示,以便更好地控制纤维运动,减少牵伸后的条干恶化。

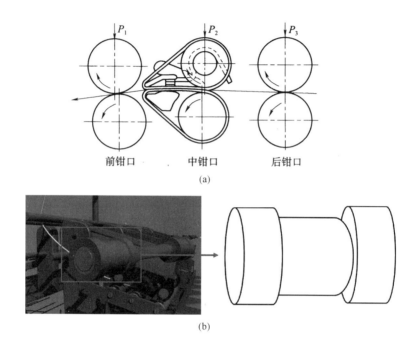

图8-2　双胶圈牵伸示意图

在毛纺、麻纺和绢纺的双胶圈牵伸中,由于其纤维长度长且长度不匀大,为了兼顾对长、短纤维的控制,通常采用双胶圈滑溜牵伸(见动画视频8-2),即中(上)胶辊上开有一定宽度和深度的槽,形成柔和控制的中钳口,既可以对纤维起到一定的控制,又可在长纤维被前钳口握持时,仍能从中钳口中抽拔出来而不致造成牵伸不开[图8-2(b)]。

亚麻纺纱多采用湿纺,其牵伸主要采用轻质辊和胸板等形式(详见第十一章第三节)。

二、细纱的卷绕

环锭细纱机的加捻和卷绕是同时完成的,其加捻卷绕部分包括导纱钩、锭子、筒管、钢领、钢丝圈、钢领板、气圈环等。

(一)细纱的加捻卷绕过程

要获得具有一定强力、弹性、伸长、光泽、手感等力学性能的细纱,必须通过加捻改变须条内纤维的排列状态来实现。

细纱加捻过程如图 8 – 3 所示(也可见动画视频 7 –2)。前罗拉 1 输出的纱条 2 经导纱钩 3,穿过钢领 6 上的钢丝圈 4,绕到紧套于锭子的筒管 5 上。锭子回转时,借助纱线张力的牵动,使钢丝圈沿钢领回转,钢丝圈带动纱条沿钢领回转一圈纱条就获得一个捻回。同时,因摩擦阻力等作用,钢丝圈回转总滞后于筒管转速,它与筒管的转速差(即细纱的卷绕转速)使纱条卷绕到筒管上。

(二)管纱的卷绕成形

如上所述,钢丝圈在钢领上的回转一方面实现了对细纱的加捻,另一方面随着钢领板的升降完成了具有一定成形要求的卷绕。

管纱的成形要求卷绕紧密、层次清楚、不相纠缠,有利于后道工序高速(轴向)退绕。细纱管纱都采用有级升的圆锥形交叉卷绕形式(又称短动程升降卷绕),如图

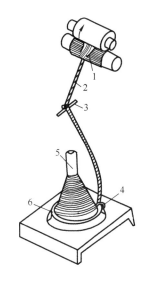

图 8 –3 细纱加捻卷绕过程

8 –4 所示,管纱成形角为 $\frac{\gamma}{2}$,截头圆锥形的大直径,即管身的最大直径 $d_{\max}$(通常比钢领直径约小 3mm),小直径 d_0 就是筒管的直径。每层纱有一定的绕纱高度 h。为了完成管纱的全程卷绕,每次卷绕一层纱后钢领板要有一个很小的升距 m(俗称为级升),一般由级升轮及凸钉式机构来完成,其级升轨迹如图 8 –5 所示,为保证气圈的形态,有利于纺纱的进行,导纱钩也有相应的升降和级升。在管底卷绕时,为了增加管纱的容量,每层纱的绕纱高度和级升均较管身部分卷绕时小。从空管卷绕开始,绕纱高度和级升由小逐层增大,直至管底卷绕完成,才转为常数 h 和 m,即管底阶段卷绕时,$h_1 < h_2 < h_3 < \cdots < h_n = h$,$m_1 < m_2 < m_3 < \cdots < m_n = m$。为使相邻的纱层次分清,不相重叠纠缠,防止退绕时脱圈,一般钢领板向上卷绕时纱圈密些,称作卷绕层,钢领板向下卷绕时纱圈稀些,称作束缚层。这样在两层密绕纱层间有一层稀绕纱层隔开。

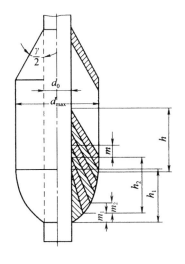

图 8 –4 管纱的成形

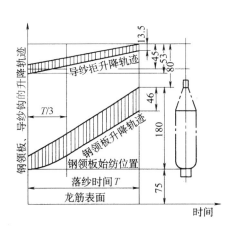

图 8 –5 钢领板和导纱钩的级升与升降

因此,要完成纱圈的圆锥形卷绕,钢领板的运动应满足以下要求。

(1)短动程升降,一般上升慢、下降快。

(2)钢领板每次升降后要改变方向,还应有级升。

(3)管底成形阶段绕纱高度和级升由小逐层增大。

(三)细纱的卷绕方程

细纱的成形与粗纱的成形类似,即细纱也有卷绕方程。由于卷绕的进行而使纱管直径不断增大,致使卷绕转速必须相应减少,以保证卷绕的线速度等于前罗拉输出的线速度。其卷绕方程为:

$$n_t = n_S - \frac{v_F}{\pi d_x} \tag{8-1}$$

$$v_H = \Delta \cdot \frac{v_F}{\pi d_x} \tag{8-2}$$

式中:n_t——钢丝圈的转速,r/min;

n_S——锭子的转速,r/min;

v_F——前罗拉的线速度,m/min;

v_H——钢领板的升降(线)速度,m/min;

Δ——细纱的卷绕圈距,mm;

d_x——纱管直径,mm。

但由于细纱的卷绕速度等于锭子转速和钢丝圈的转速差,而钢丝圈是被纱条拖动而自动调节转速的,所以式(8-1)是由钢丝圈转速的自动调节而满足的,而式(8-2)则是由细纱机上的卷绕机构来积极控制钢领板的升降速度而满足的。

三、环锭细纱断头分析

(一)纺纱张力

细纱中,纱的断头主要与其强力及受到的张力有关。在加捻卷绕过程中,因为纱线要拖动钢丝圈高速回转,必须克服钢丝圈与钢领之间的摩擦力、导纱钩和钢丝圈给予纱线的摩擦阻力及气圈段纱线回转的空气阻力和离心力等,因此,纱线必须承受一定的张力。在纺纱过程中,保持适当的张力,是保证正常加捻卷绕的必要条件。过大的张力不仅增加每锭功率消耗,而且会使断头增加;张力过小,会降低卷绕密度,影响细纱强力,也会因气圈膨大碰隔纱板,使细纱毛羽增多,光泽较差,同时还会造成钢丝圈运行不稳定而增加断头。所以张力大小应恰当,并与纱线的特数、强力相适应,达到既提高卷绕质量,又降低断头率的目的。

如图8-6所示,在加捻卷绕过程中,细纱的张力可分为三段,前罗拉至导纱钩之间的纱线张力称作纺纱张力 T_S;导纱钩至钢丝圈之间的纱线张力称作气圈张力(又分导纱钩处气圈顶端张力 T_O 和钢丝圈处气圈底部张力 T_R);钢丝圈到管纱

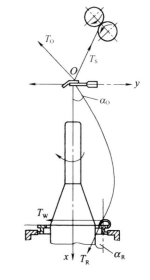

图8-6 细纱上的张力分布

之间的纱线张力称作卷绕张力 T_W。气圈顶部和气圈底部与垂直线(X轴)的夹角分别称作气圈顶角 α_0 和气圈底角 α_R。

T_R、T_0、T_W、T_S 之间是密切相关的,它们的变化规律是一致的,其表达式可推导(略)如下所示。

$$T_0 = T_S e^{\mu_1 \theta_1}$$

式中:μ_1——纱条与导纱钩间的摩擦系数;

θ_1——纱条在导纱钩上的包围角。

$$T_W = T_R e^{\mu_2 \theta_2} = K T_R$$

式中:μ_2——纱条与钢丝圈间的摩擦系数;

θ_2——纱条在钢丝圈上的包围角。

$$T_R = \frac{C_t}{K\left(\cos \gamma_x + \dfrac{1}{f}\sin \gamma_x \times \sin \theta\right) - \sin \alpha_R}$$

式中:γ_x——卷绕张力 T_W 与 y 轴间的夹角;

θ——钢领对钢丝圈的反力与 x 轴间的夹角;

α_R——气圈底角;

C_t——钢丝圈离心力。

$$T_0 = T_R + \frac{1}{2}mR^2\omega_t^2$$

式中:R——钢丝圈回转半径,近似为钢领半径;

ω_t——钢丝圈回转角速度,近似为锭子回转的角速度。

从上述各式中可以看出,在加捻卷绕过程中,张力的分布规律是卷绕张力 T_W 最大,T_0 次之,T_R 再次之,纺纱张力 T_S 最小,一般 T_W 是 T_R 的 $1.2 \sim 1.5$ 倍。

与粗纱一样,尽管纺纱张力最小,但由于纺纱段长度最长,捻度小,易发生断头等,因此,纺纱张力对细纱纺纱的影响最大。

为了获得各张力的实际数值,一般采用动态应变仪对 T_S 进行测定,而 T_0 与 T_S 间可用欧拉公式计算。

(二)张力与断头

1. 张力与断头的关系 在纺纱过程中,如果纱线某截面处强力小于作用在该处的张力时,就会发生断头,因此,断头的根本原因是强力与张力的矛盾。如图 8-7 所示为实测的纺纱张力 T_S 和纺纱强力 P_S 的变化曲线示意图。从图中曲线可知,纺纱张力平均值 $\overline{T}_S$ 比细纱强力平均值 $\overline{P}_S$ 小得多,即正常情况下,纱的强力平均值远高于其所受张力的平均值,但张力和强力都是在波动的,因此,当某一时刻张力超过强力(如图中 A、B 点)时,就会产生断

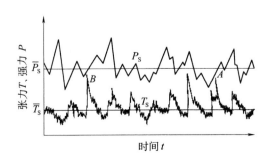

图 8-7 纺纱强力 P_S 和纺纱张力 T_S 的变化曲线

头。如高速元件质量不良、钢丝圈圈形不当、楔住或飞脱,一落纱过程中张力波动过大等都会产生突变张力而引起断头。

因此,降低张力较高的波峰值或提高强力较低的波谷值,即控制和稳定张力,提高细纱强力,降低强力不匀率,尤其是减少突变张力和强力薄弱环节,是降低断头率的主攻方向。

2. 纱线张力变化规律 细纱中张力的变化和影响因素可从上面的 T_R 表达式中看出,钢丝圈离心力 C_t、钢领和钢丝圈之间的摩擦系数以及钢领半径 R 都是与纺纱张力 T_R 成正比的,而钢丝圈的重量和转速则直接影响钢丝圈的离心力大小。

在一落纱中,纺纱品种与线密度确定后,锭子速度、钢领半径、钢丝圈型号等也随之确定,纱线张力将随着气圈高度和卷绕直径的变化而变化,其规律如图8-8所示。

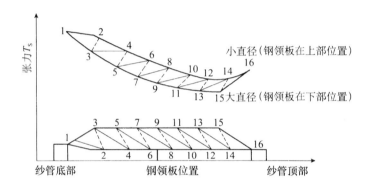

图8-8 固定导纱钩时一落纱过程中张力 T_S 的变化

(1)一落纱中,在小纱管底成形阶段,由于气圈长、离心力大、凸形大、空气阻力大,因此张力大。随着钢领板的上升,张力有减小的趋势;在中纱阶段,气圈高度适中,凸形正常,张力小;在大纱阶段(尤其是大纱的钢领板上部位置),气圈短而平直,弹性调节作用差,造成张力增大。因此,卷绕直径的变化对张力的大小起主导作用。

(2)在钢领板一次升降中,钢领板在底部(筒管的下部位置)时,卷绕直径大,卷绕角大,张力小;钢领板在顶部(筒管的上部位置)时,卷绕直径小,卷绕角小,张力大。

3. 减少细纱断头 细纱生产中,降低细纱断头率的主要措施是稳定细纱张力和提高(纺纱段)强力。

(1)稳定张力的措施。

①钢领和钢丝圈的合理选配:钢领是钢丝圈的回转轨道,两者的配合至关重要。钢丝圈在钢领上高速回转时,其一端与钢领的内侧圆弧相接触、摩擦,因此,要求钢领圆整光滑、表面硬度高,从而使钢丝圈在其上的运动稳定。钢领因几何形状、制造材料及直径等不同而有所不同,一般用型号来区别,如PG2、PG1和PG1/2等,生产中可根据需要选择钢领的型号,如图8-9所示。

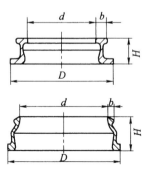

图8-9 平面钢领(上)和锥面钢领(下)

②钢丝圈的合理选择:钢丝圈的型号(几何形状)和号数(重量)对纺纱张力和断头率影响较大,必须根据纺纱线密度、钢领型号及锭速加以选择。一般,棉纺中主要采用 C 型、FL型、FE 型及 R 型钢丝圈,而毛纺中多采用耳型钢丝圈,如图 8 - 10 所示。在生产中根据所用钢领型号合理选配钢丝圈型号,根据纺纱的线密度选择合适的钢丝圈号数来控制纺纱张力,维持正常气圈形态和较低的断头率。一般不同线密度纱线的纺纱需选用不同号数的钢丝圈。由于锭速高低、钢领新旧、卷装尺寸大小等纺纱条件的不同,纺相同线密度的细纱,所用钢丝圈号数也不尽相同。在新钢领上机时,钢领与钢丝圈间摩擦系数较大,钢丝圈要偏轻选用,而随着钢领使用时间的延长,生产中会出现气圈膨大、纱发毛的现象,导致断头增加,此时应加重钢丝圈重量。

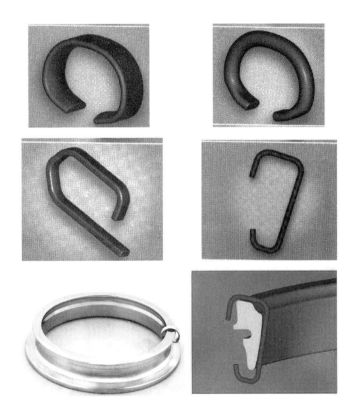

图 8 - 10 钢丝圈形状及其与钢领的配合

纺纱时,钢丝圈号数应根据细纱线密度、钢领直径、导纱钩至锭子端的距离、管纱长度、原纱强力、锭子速度、钢领状态、钢领和钢丝圈的接触状态、气候干湿等条件来综合选择。

a. 纺纱的线密度愈小,所用钢丝圈愈轻。

b. 钢领直径大,锭子速度快,钢丝圈宜稍轻。

c. 新钢领较毛,摩擦力大,钢丝圈宜减轻 2 ~ 5 号。

d. 锥边钢领和钢丝圈是两点接触,钢丝圈宜减轻 1 ~ 2 号。

e. 原纱强力高,管纱长,导纱钩至锭子端的距离大,钢丝圈可加重。

f. 气候干燥,湿度低,钢丝圈和钢领的摩擦系数小,钢丝圈宜稍重。

③提高钢丝圈抗楔性能,减少张力产生突变的方法有以下几种:

a. 降低钢丝圈的重心。

b. 提高钢领与钢丝圈的接触位置,以稳定钢丝圈的运动状态。

c. 加深钢领内跑道,在不影响刚度与强度的条件下,尽量减薄颈壁厚度,防止钢丝圈内脚碰钢领颈壁。

④恒张力纺纱:细纱纺纱中的张力变化如图8-8所示,小纱时,张力大,大纱时张力波动大,而中纱时张力稳定;在钢领板的一个升降动程中,顶部小直径时张力大,底部大直径时张力小。同时,张力又与锭速直接相关,锭速高则张力大,因此,可以在小纱、中纱和大纱时(甚至在钢领板的一个升降动程中)采用控制系统自动调节锭速,保证一落纱中张力尽量恒定,达到减少断头或提高产量的目的。

(2)减少断头的措施。在实际生产中,大部分细纱断头发生在前罗拉钳口至导纱钩间的纺纱段上,而且大都发生在加捻三角区,即此处为纱条强力的"弱环"。故减少断头的措施还有下面几种。

①减小无捻纱段的长度:从前罗拉钳口输出的纱条在前罗拉上存在一包围角 γ,如图8-11所示,其与导纱角 β、罗拉座倾角 α 之间的关系为:

$$\gamma = \beta - \alpha$$

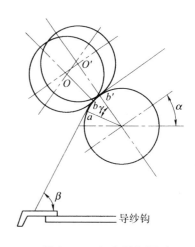

γ 的大小影响加捻三角区的无捻纱段的长度,即影响罗拉钳口握持的须条中伸入已加捻纱线中的纤维数量和长度,是对纺纱段动态强力颇有影响的一项参数。要减小 γ,可减小导纱角 β 或增大罗拉座倾角 α,而 α 在细纱机设计时已确定,而导纱角 β 的减小受到纱条在导纱钩上包围弧增大和由此而引起的捻陷增大的限制;若 β 增大,捻陷虽小,但在导纱钩与前罗拉水平距离不变时,纺纱段长度较长,也使纺纱段捻度减少。在 α 和 β 已定的情况下,通常采用胶辊前冲来减小包围弧长度,

图8-11 须条的包围弧

即从 ab',减小为 ab。但胶辊前冲会增大浮游区长度,所以前冲量一般控制在 $2 \sim 3$ mm。

②增加纺纱段纱条的动态捻度:纱线上的捻度分布由钢丝圈到前罗拉钳口是逐渐减小的,如图8-12所示。因为钢丝圈回转产生的捻回先传向气圈,然后通过导纱钩传向前罗拉钳口。在捻回传递过程中,由于捻回传递的滞后现象及导纱钩的捻陷作用,使纺纱段捻度 T_S 逐渐减小。特别是在靠近前罗拉钳口附近捻度最小,通常被称为弱捻区。

对一落纱的 T_S 进行测定,其结果如图8-13所示。从图可见空管始纺时捻度较小,满纱时捻度较大,中纱阶段捻度居中;在钢领板短动程升降中,卷绕小直径时捻度大,大直径时捻度小。因此,在小纱管底成形完成卷绕大直径时,捻度是一落纱中的最小值,此时纱线强力明显降低,这也是此处断头率较多的原因之一。

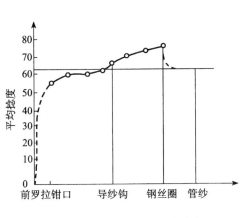

图 8-12 加捻纱条上捻度分布

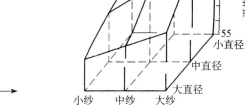

图 8-13 一落纱中纺纱段动态捻度分布

第三节 棉纺细纱

一、棉纺细纱机的组成

1. 喂入部分 喂入部分包括粗纱架、粗纱支持器、导纱杆、横动导纱装置等。此部分主要作用是顺利地使粗纱管上的粗纱逐步退绕,并喂入牵伸机构,而不产生意外牵伸。

2. 牵伸部分 牵伸部分包括牵伸罗拉、胶辊、胶圈、胶圈销、集合器、摇架等。

3. 加捻卷绕部分 加捻卷绕部分包括导纱钩、锭子、筒管、钢领、钢丝圈、钢领板、气圈环等。

二、细纱的牵伸

棉纺的细纱牵伸是在双胶圈牵伸的基础上,不断完善和改进,形成了多种牵伸形式和工艺。目前主要有以下两种牵伸形式:即曲面牵伸(也称 V 形牵伸)和平面牵伸(也称直线牵伸),比较成熟的牵伸工艺有:"二大一小"针织纱工艺(即大粗纱捻系数、大细纱后区隔距、小细纱后牵伸)、R_2P 工艺、V 形牵伸工艺和 R_2V 工艺等,并且这几种牵伸装置的前区工艺基本相同。为了加强对浮游纤维的控制,前区应贯彻"重加压、强控制"的工艺原则,体现"三小"工艺(即小浮游区长度、小胶圈钳口、小罗拉中心距)。最近出现的压力棒弹性上销和隔距块压力棒等装置,使细纱工艺更趋完善。

(一)V 形牵伸

V 形牵伸中,后罗拉比前、中罗拉抬高 12.5mm,后胶辊相对后罗拉后移,偏转 65°并缩小后隔距,使后区由原来的直线牵伸改变为曲线牵伸。这样使得后部摩擦力界得到拓宽和加强[图 8-14(b)所示,阴影部分为曲线牵伸的附加摩擦力界],使纤维的变速点得到前移和集中,牵伸的附加不匀因而减小,后牵伸倍数可以增大。

当须条脱离包围弧 OO' 后,由于捻度的重分布作用(捻度的重分布是指当有捻纱条在牵伸

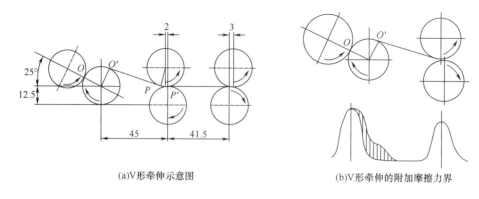

(a)V形牵伸示意图　　　　　　　　(b)V形牵伸的附加摩擦力界

图8-14　V形牵伸及其摩擦力界示意图

变细时,纱条上原有的捻度重新分布,向细的部位集中的现象),捻度向中罗拉钳口传递,须条不仅不扩散,反而增加了紧度,宽度变窄,并呈V字形喂入中罗拉钳口,加强了前区牵伸中纤维的后部摩擦力界,改善了前区牵伸条件。由于V形牵伸具有改善后区和前区牵伸条件的双重效应,不仅提高了条干均匀度,还可增大牵伸倍数,实用后牵伸可增大至1.36倍,总牵伸50倍(直线牵伸一般为38倍),因此V形牵伸适宜纺特细线密度的纱。

（二）压力棒弹性上销

压力棒弹性上销是在原细纱上销的基础上,后区附加一根(V形牵伸中)或两根(直线牵伸中)控制辊(又称压力棒),在后区形成压力棒曲线牵伸,如图8-15(a)所示。也有在前牵伸区附加一根压力棒的,如图8-15(b)所示。在V形牵伸中,压力棒改变了纱条的运动路径[图8-15(c)中实线所示,虚线为无压力棒时的纱条路径],它不仅消除了中胶辊上的反包围弧,同时进一步拓长了后罗拉上的包围弧长度;在直线型牵伸中,也因为压力棒的加入增强了对纤维运动的控制,如图8-15(d)所示。因此,压力棒可使得后牵伸区中完全非控制的浮游区进一步减小,使后区的附加摩擦力界进一步加强,纤维的变速点因而更加前移和集中,后区牵伸的附加牵伸不匀更加减小,后牵伸倍数有条件进一步加大。采用后区压力棒牵伸后,成纱的条干等有显著改善。

（三）隔距块压力棒

隔距块压力棒是在现有的细纱隔距块上加一根钢辊,以加强对前牵伸区的浮游区中纤维运动的控制,如图8-16所示。

同样,由于压力棒对浮游区中的纤维有较强的控制,有利于改善成纱条干。

三、主要工艺参数作用及其选择

棉纺细纱机的主要工艺参数可以分成牵伸工艺和加捻卷绕工艺两大部分。

（一）牵伸工艺参数

1. 总牵伸倍数　在保证成纱质量的前提下,提高细纱机的总牵伸倍数,可以获得较大的经济效益。总牵伸倍数的选择与成纱线密度有关,如成纱线密度为9tex以下、9~19tex、20~30tex、30tex以上时,所用的总牵伸倍数一般分别为40~50倍、25~50倍、20~35倍、12~25

(a) 后区压力棒 　　　　　　　　　　(b) 前区压力棒

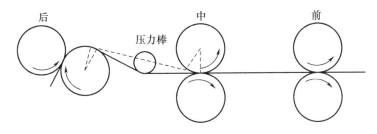

(c) V形牵伸的压力棒上销

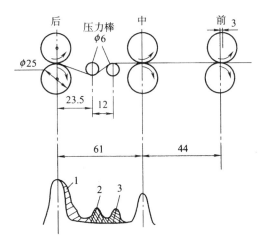

(d) 常规牵伸的压力棒上销及其摩擦力界分布

图 8 – 15　压力棒上销(后牵伸区)及其牵伸示意图

倍。另外,总牵伸倍数的选择还与喂入粗纱定量、喂入粗纱结构、细纱机的牵伸能力等因素有关,以上纺纱条件对总牵伸倍数的影响见表 8 – 1。

表 8 – 1　纺纱条件对总牵伸倍数的影响

总牵伸	纤维及其性质				粗纱性能			细纱工艺与机械			
	原料	长度	细度	长度均匀度	纤维伸直度分离度	条干均匀度	捻系数	细纱号数	罗拉加压	前区控制力	机械状态
可偏高	化学纤维	较长	较细	较好	较好	较好	较高	较细	较重	较强	良好
可偏低	棉纤维	较短	较粗	较差	较差	较差	较低	较粗	较轻	较弱	较差

注　纺精梳纱与化学纤维时,牵伸倍可偏上限选用;固定钳口式牵伸的牵伸倍数偏下限选用。

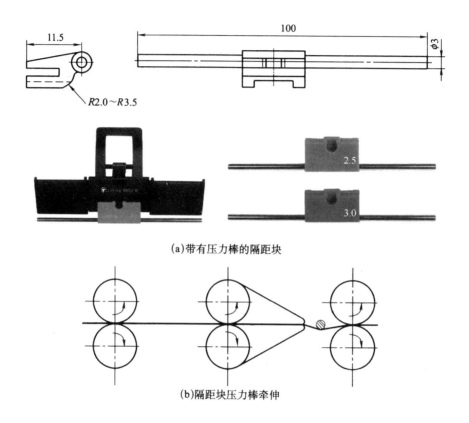

图 8 - 16　隔距块压力棒及其牵伸示意图

总牵伸倍数过高,对细纱机的牵伸质量有较大影响,突出地表现为棉纱条干不匀率和单纱强度不匀率增大,细纱机的断头率也会增加。总牵伸倍数过小,对产品质量也未必有利,反而会增加前纺的负担,造成经济上的损失。

2.后牵伸工艺　细纱机的后区牵伸与前区牵伸有着密切的关系。大牵伸细纱机提高前区牵伸倍数的主要方式是合理布置胶圈工作区的摩擦力界,使其有效地控制纤维的运动,提高条干均匀度。后区牵伸质量是前区牵伸的基础,保证前区有较均匀的喂入纱条结构、纤维间有足够的紧密程度,使前区能充分发挥胶圈牵伸的作用。

为保证成纱条干均匀度,细纱的后区牵伸倍数一般都比较小,纺机织用纱时,牵伸倍数为1.25~1.5倍,常在1.36倍左右;纺针织用纱时,牵伸倍数为1.02~1.15倍。为提高细纱机的牵伸倍数,利用 V 形牵伸和后区压力棒牵伸的形式,通过加强对后区纤维运动的控制,可适当提高后区牵伸倍数。

理论与实践都证明,利用粗纱捻回在细纱机后牵伸区中产生附加摩擦力界控制纤维运动是有效的,对提高成纱均匀度有积极作用。在后罗拉加压足够的条件下,应适当增加粗纱捻系数。如果后区牵伸倍数较大(1.36~1.5倍),粗纱捻系数宜较大,一般取100~110;如果后区牵伸倍数较小(1.25~1.36倍),粗纱捻系数可略小,一般取95~105。由于针织用纱对成纱条干均匀度要求较高,其后区牵伸比机织用纱的小,导致牵伸力增大,容易牵伸不开,故应适当放大后区隔距,而为了较好地控制后区的纤维运动,则粗纱捻系数要求较大,一般取 105~115。生产上常用的后牵伸区工艺参数见表 8-2。

表 8-2 细纱机后牵伸区工艺参数选择

项 目		纯 棉		化学纤维纯纺及混纺	
		机织纱工艺	针织纱工艺	棉型化学纤维	中长化学纤维
后牵伸倍数	双短胶圈	1.20~1.40	1.04~1.15	1.14~1.54	1.20~1.70
	长短胶圈	1.25~1.50	1.08~1.20		
后牵伸区罗拉中心距(mm)		44~52	48~54	45~60	60~88
后牵伸罗拉加压(daN/2 锭)		6~14	6~14	10~18	14~20
粗纱捻系数		90~105	105~120	56~86	48~67

3. 前牵伸区工艺 前牵伸区是细纱机的主要牵伸区,为适应较大的牵伸倍数,应尽量形成合理的附加摩擦力界,使纤维的变速点尽量靠近前钳口,且分布集中,同时还应保持牵伸力与握持力相适应。前牵伸区工艺的选择一般根据所用原棉的长度、线密度、均匀度以及喂入半制品的质量情况、后牵伸倍数、纺纱线密度、产品质量要求、前牵伸区对纤维的控制能力等来决定。

(1)前区罗拉隔距。一般而言,双胶圈牵伸装置细纱机的前区罗拉隔距不必随纤维长度、纺纱线密度等的变化而调节。前区罗拉隔距应根据胶圈架长度(包括销子最前端在内)和胶圈钳口至前罗拉钳口之间的距离来决定,由于罗拉隔距与罗拉中心距是正相关的,因此,通常用前罗拉中心距来表示前罗拉隔距的大小,即前区罗拉中心距为胶圈架长度与胶圈钳口至前罗拉钳口之间的距离之和。

胶圈架长度通常根据原棉长度来选择,以不小于纤维长度为适合。胶圈钳口至前罗拉钳口之间的距离,又称浮游区长度,其随销子和胶圈架的结构、前区集合器的形式以及前罗拉和胶辊直径等而异,缩小此处距离有利于控制游离纤维的运动,有利于改善棉纱条干均匀度。不同胶圈前牵伸区罗拉中心距与浮游区长度的关系见表 8-3。

表 8-3 前牵伸区罗拉中心距与浮游区长度　　　　　单位:mm

牵伸形式	纤维长度	胶圈架或上销长度	前牵伸区罗拉中心距	浮游区长度
双短胶圈	棉纤维(31 以下)	25	36~39	11~14
	棉纤维(33 以上)	29	40~43	11~14
长短胶圈	棉及化学纤维混纺(40 以下)	33(34)	42~45	11~14
	棉及化学纤维混纺(50 以上)	42	52~56	12~16
	中长化学纤维混纺(40 以下)	56	62~74	14~18
	中长化学纤维混纺(40 以上)	70	82~90	14~20

（2）胶圈钳口隔距。弹性钳口的原始隔距应根据纺纱线密度、胶圈厚度、弹性上销弹簧的压力、纤维长度及其摩擦性能以及其他有关工艺参数确定。胶圈钳口在胶圈材料和销子形式确定以后，销子开口就成了调整胶圈钳口部分摩擦力界强度的工艺参数。纺不同线密度细纱时的销子开口不同，线密度小，则开口小。纺相同线密度细纱时，因各厂所用纤维长度、喂入定量、胶圈厚薄和性能、罗拉加压等条件的不同，销子开口也稍有差异。常用的胶圈钳口隔距见表8-4。

表8-4　胶圈钳口隔距常用范围　　　　　　　　　　　单位：mm

纺纱线密度（tex）	双短胶圈固定钳口		长短胶圈弹性钳口
	机织纱工艺	针织纱工艺	
9 以下	3.0～3.8	3.2～4.2	2.0～3.0
9～19	3.2～4.0	3.5～4.4	2.3～3.5
20～30	3.5～4.4	4.0～4.6	3.0～4.0
30 以上	4.0～5.2	4.4～5.5	3.5～4.5

（3）罗拉加压。加压使罗拉钳口具有足够的握持力，以克服牵伸力而顺利进行牵伸。如果钳口握持力小于牵伸力，则须条在罗拉钳口下就会打滑、出硬头。但胶辊上加压又不能过重，否则会引起胶辊严重变形，罗拉弯曲、扭振，从而造成规律性条干不匀，甚至引起牵伸部分传动齿轮爆裂等现象。当提高牵伸倍数时，由于喂入纱条粗，摩擦力界相应加强，应增大加压。前区罗拉加压范围见表8-5。

表8-5　前、中罗拉加压常用范围

原料	牵伸形式	前罗拉加压（N/2 锭）	中罗拉加压（N/2 锭）
棉纤维	重加压、曲面销、双短胶圈牵伸	100～150	60～80
	摇架加压、弹性销、长短胶圈牵伸	100～150	70～100
棉型化学纤维	摇架加压、弹性销、长短胶圈牵伸	140～180	100～140
中长化学纤维	摇架加压、弹性销、长短胶圈牵伸	140～220	100～180

（二）加捻卷绕工艺参数

1. 细纱捻系数的选择　在选择捻系数时，须根据成品对细纱品质的要求，综合考虑、全面平衡。细纱因用途不同，其捻系数也应有所不同。例如，经纱要求强力较高，所以捻系数应适当大些；纬纱和针织用纱要求光泽好、柔软，所以捻系数应适当小些。一般同线密度的经纱捻系数应比纬纱的大 10%～15%；针织品大多数为内衣，对针织纱要求手感柔软，故捻系数应比纬纱的捻系数再小些；起绒织物用纱的捻系数也应适当小些。

为了保证不同线密度成纱所应有的品质和满足最后产品的需要，成纱捻系数已有国家标准。在实际生产中，适当提高细纱捻系数，可减少断头，但是细纱捻系数过高，会影响其产量。

因此,在保证产品质量和正常生产的前提下,细纱捻系数选择应偏小掌握。

2. 锭子速度 锭子是加捻机构中的重要机件之一。随着细纱机单位产量的提高,锭速一般为14000～18000r/min,国外最高锭速可达25000r/min左右,因此对锭子要求振动小、运转平稳、功率小、磨损小、结构简单。

细纱机锭速的选择与纺纱线密度、纤维特性、钢领直径、钢领板升降动程、捻系数等有关。一般纺制纯棉粗特纱时的锭速为10000～14000r/min,纺棉中特纱时锭速为14000～18000 r/min,纺细特纱时锭速为14300～16500r/min,纺中长化学纤维时锭速为10000～13000r/min。

高速纺纱是现代环锭细纱机技术发展的必然趋势。现代加捻卷绕机构普遍采用高速节能防震锭子、高速钢领钢丝圈和高速细纱管,使纺纱速度显著提高。现代新型细纱机的锭速可以达到25000r/min,纺纱效率显著提高。

(1)锭子新技术。随着棉纺环锭细纱机的发展,细纱锭子的支承结构形式也经历了一个由刚性支承向弹性支承(下支承弹簧)及向双弹性支承(上下支承均有弹性)的发展进程。像德国绪森公司NASA型锭子,HP-368型锭子及SKF公司的Csis锭子,锭速可开到30000r/min,噪声比普通锭子低6%～7%。耗能低,每锭每年可节能2～4W。使用寿命达10年以上。锭子新技术的发展归纳为如下几点。

①采用更小的纺锭轴承(φ6.8mm 或 φ5.8mm)使锭盘做得更小(φ18.5mm 或 φ17mm),为细纱机高速节能创造条件。

②采用双弹性支承结构,利于防震,降低噪声,减少磨损。

③采用双油腔结构。使润滑油与阻尼油分离,以增强锭子的阻尼,降低锭子的振动。

④采用径向支持和轴向承载分离的分体式锭底,克服原锥形底条件下锭杆盘的窜动,吸振作用滞后的现象。

⑤锭尖大球面支持有利于减小下支承的接触应力,提高承载能力和耐磨寿命。

(2)钢领钢丝圈新技术。国外钢领材料主要选用轴承钢、高级合金钢等表面硬度在600～800HV的高硬度耐磨材料,并在金属加工、热处理及动力学理论等方面做了许多突破性的研究与开发,推出了耐摩寿命长、散热性好、抗楔性好的新型高速钢领。使用寿命为5～8年,有的达到10年,并出现了新型滚动钢领钢丝圈。

3. 钢丝圈选择

(1)钢丝圈型号的选配。如果钢丝圈重心位置高,则纱线通道通畅、钢丝圈拎头轻,但因磨损位置低,易飞钢丝圈,并且可能碰钢领外壁而引起纺纱张力突变。如果钢丝圈重心位置低,其运转稳定,但纱线通道小且钢丝圈拎头重。钢丝圈型号要与相应的钢领配套。

(2)钢丝圈号数的选择。除了纺制富有弹性的棉纱外,只要在细纱可以承受的张力范围内,一般选用稍重的钢丝圈,以保持气圈的稳定性,特别是对减少小纱断头有显著效果。如果钢丝圈过重,反而会增加断头。大纱时的气圈张力可以通过调节导纱钩动程来解决。纯棉纱钢丝圈号数选用范围参见表8-6。

表 8-6　纯棉纱钢丝圈号数选用范围

钢领型号	纺纱线密度（tex）	钢丝圈号数	钢领型号	纺纱线密度（tex）	钢丝圈号数	钢领型号	纺纱线密度（tex）	钢丝圈号数
PG2	96	16～22	PG1	29	1/0～4/0	PG1/2	19	4/0～6/0
	58	6～10		28	2/0～5/0		18	5/0～7/0
	48	4～8		25	3/0～6/0		16	6/0～10/0
	36	2～4		24	4/0～7/0		15	8/0～11/0
	32	2～2/0		21	6/0～9/0		14	9/0～12/0
				19	7/0～10/0		10	12/0～15/0
				18	8/0～11/0		7.5	16/0～18/0
				16	10/0～14/0			

四、细纱质量控制

细纱的质量指标按照国家标准 GB/T 398—1993 的规定有六个，即单纱断裂强力及其变异系数、百米重量偏差及重量变异系数、黑板条干或乌斯特条干均匀度变异系数、1g 纱内的棉结粒数、1g 纱内的杂质粒数、10 万米纱疵；细纱的质量水平按规定分为优等、一等、二等三档，其中优等考核六个指标，一、二等考核前五个指标。采取下列措施减少细纱工序主要的疵病、疵点，提高千锭时断头合格率，生产优质细纱是细纱品质控制的主要目的。

（一）降低成纱条干不匀率

降低成纱条干不匀率有以下四个方面的措施。

（1）加强对原料的管理及其性能的试验分析工作。在充分掌握原料性能的基础上，合理配料，特别是对原料长度、细度的差异以及短绒和有害疵点的控制，要严格执行配棉规程。

（2）合理进行工艺设计，充分发挥各牵伸机件对纤维运动的控制能力，使纤维在牵伸过程中有规律地运动，以减小因纤维运动控制不良而造成的"牵伸波"。这对成纱工序的细纱机来说，尤为重要。

（3）提高半成品的质量，严防半成品中的周期波及潜在不匀的存在。除此以外，提高半成品中纤维的分离度和伸直平行度，以及在细纱工序的牵伸过程中使纤维呈规律性的运动也是至关重要的。

（4）提高机械设备的设计合理性及制造精密度，特别是牵伸部件的精密度。加强机械的维修保全、保养工作，确保设备状态良好，减少因机械故障而引起的"机械波"。

（二）降低成纱重量不匀率

成纱重量不匀率，也称作特数不匀率。实际上都是表示成纱长片段之间的重量不匀。重量不匀率的大小，不仅关系到成纱的强力不匀、品质指标以及细纱车间的断头多少，而且与织物的质量、织造的工艺都有密切关系。

1. 降低成纱重量不匀率的注意事项　要降低成纱重量不匀率，除细纱工序外，更重要的是在前纺各工序中注意以下几个方面。

（1）提高梳理前道半制品的均匀度。

（2）降低生条重量不匀率。

（3）降低熟条重量不匀与重量偏差。

（4）控制粗纱重量不匀率。

（5）细纱工序应注意的问题。

2. 防止重量不匀恶化的注意事项　细纱工序和粗纱工序一样,主要的问题是防止重量不匀的恶化。为此,应注意以下三个方面。

（1）同一品种应使用同一机型,尽可能做到所有变换齿轮（包括轻重牙）的齿数统一。

（2）值车工加强巡回,将不合格的粗纱（过粗或过细、接头不良）及时摘去或换下,并正确使用粗纱机上的前后排粗纱。

（3）加强保全、保养及维修工作,特别要加以注意的是胶辊、胶圈的回转灵活性和罗拉加压可靠性。

（三）减少成纱棉结、杂质

（1）合理配棉。原棉的成熟度系数与成纱中的棉结数几乎呈直线的负相关关系,因此,配棉时合理控制原棉的成熟度系数是非常重要的,且其值一般控制在 1.56 ~ 1.75 为宜。另外,原棉中僵棉、软籽表皮等疵点极易造成染色过程中的白星,所以亦应给以严格的控制。短绒率的控制也是配棉中的重要问题,因为短绒不仅影响条干、强力,而且也是形成棉结的主要因素。

（2）选择合理的清、梳工艺,减少棉网棉结、杂质。棉网结杂粒数与成纱结杂粒数关系密切,因此,如何减少棉网结杂数、提高梳棉机的分梳效果对控制成纱结杂是非常关键的。然而,梳棉机分梳、除杂作用的好坏,除与梳棉机本身的机械状态有关外,很大程度上还依赖棉卷结构质量的好坏。为此,应做好以下几方面的工作。

①合理分配清梳落棉:即所谓合理分配清棉与梳棉,以及梳棉机本身各部除杂的分工问题。一般情况下,棉卷含杂应控制在 1% 左右,清棉机的除杂效率（对原棉含杂）控制在 40% ~ 60%。

②增强分梳,充分排杂:梳棉机的强分梳可使纤维呈现单根状态,从而使杂质与纤维分离。因此,对主要分梳隔距,如锡林—盖板,锡林—道夫,给棉板—刺辊,应当配置合理。生产实践证明,这些隔距以偏小为宜,隔距小可增强分梳,有利于减少结杂。充分排杂必须以合理分配梳棉机各落杂区的负担为基础。一般刺辊部分的除杂效率（对棉卷含杂）控制在 50% ~ 60%,盖板除杂效率控制在 3% ~ 10%,生条含杂率一般控制在 0.15% 以下。

③减少搓揉:梳棉机上新棉结的形成,主要是返花、绕花和纤维搓揉。为了减少纤维的搓揉,应做好梳棉机各主要分梳部件的维修保养工作,确保良好的机械状态,从而达到工艺正确上车。另外,对刺辊与锡林,锡林与道夫的速比应慎重选择,工厂一般都是根据具体情况,经过试验而选择良好的速比。

（3）提高棉网清晰度,减少后工序棉结的增长。棉网中纤维的伸直平行度,单纤维间的扭结与分布均匀状况,用棉网清晰度表示。棉网清晰度愈差,意味着生条中的纤维分离度、伸直平行度均差,有许多相互交叉、纠结的纤维,这对棉结数的影响很大。大量松散的纤维交叉和扭结,尽管在生条中未形成棉结,但在牵伸过程中由于牵伸力的作用,促使这些松散的扭结抽紧后形成了新的棉结。故必须重视棉网清晰度这个质量指标。

(4)严格控制生条短绒率,减少浮游纤维率。构成棉结的纤维有60%～70%是长度在16mm以下的短绒。这是由于短绒本身在纺纱过程中不易被控制而扩散,形成毛羽,经摩擦后易成棉结。

梳棉工序是产生短绒的主要工序。为了减少生条短绒,应注意减少纤维的损伤、断裂,并加强短绒的排除。

(5)加强温湿度管理,减少结杂。清棉和梳棉工序所处环境应有较低的相对温度,以便使纤维处于连续放湿状态,以控制清梳工序半制品的回潮率。这样可使纤维间抱合力减小,保持较好的弹性和刚性,有利于开松、除杂、分梳和转移,从而减少粘连和扭结,降低棉结杂质粒数。

(6)提高纤维的平行伸直度,加强对浮游纤维的控制。纤维的平行伸直度越高,形成棉结的机会就越少,特别在罗拉牵伸过程中,减少棉结的形成就尤为明显。

(四)减少成纱毛羽

(1)合理选择原料。纤维越细,即纱线内纤维根数越多,其头尾端露出的可能性就越大。纤维越短,整齐度越差,头尾端露出纱主干外的概率越大。在原料选择中,应按照要求,注意控制纤维的细度、长度、整齐度及其短绒率,为减少纱线毛羽创造良好的条件。

(2)合理设计前纺工艺,提高纤维平行伸直度。对前纺各工序,除要求半制品均匀、光洁,不发毛外,还要求成形良好,防止人为破坏纤维伸直度,选择有利于提高纤维伸直度的牵伸工艺和适当的温湿度条件。

(3)防止纤维的扩散。适当选择各牵伸区的工艺参数,如罗拉隔距、牵伸倍数、捻系数等,对减少毛羽也是很有益的。特别是细纱工序,罗拉隔距必须与纤维长度相适应,加强对纤维运动的控制,最大限度地减少浮游纤维量。细纱的牵伸倍数,特别是后区牵伸倍数,必须与适当的粗纱捻系数相配合,既能防止纤维的扩散,又能加强对纤维运动的控制。在前区,可选用适当形式的集合器,以便在较大牵伸时控制纤维扩散,减少加捻三角区的宽度,降低成纱毛羽。

(4)减少对纤维的摩擦,减少毛羽。减少摩擦的措施除保持通道光洁外,还应尽量减小其接触面(减小纺纱角是减小纱与导纱钩接触面的有效措施)。气圈控制环的使用,原则上对减少毛羽是有利的,这是因为它可以约束气圈不要过大。但其作用的大小则与其直径有关,气圈控制环的直径以偏大为宜。

(5)合理选择钢丝圈。钢领、钢丝圈的配合以及各自的状态,如钢丝圈的圈形、截面形状、重量、使用寿命以及钢领的衰退等,都对毛羽有极大的影响,必须合理选择与搭配。

(6)加强对加捻、卷绕机件的保养。锭子、筒管是主要配件和器材。锭子偏心会导致气圈偏心,从而增加毛羽;锭子和筒管的振动,会加剧钢丝圈运转的不稳定性,使毛羽增加。若锭子偏心纱管振动超过1.5mm,毛羽数量会剧烈增加。

(7)采用新型的纺纱技术,如赛络纺、集聚纺等,可以显著地减少毛羽。

(五)提高成纱强力

成纱强力与原料性状及工艺、设备诸多因素有关,故应采取下列措施以提高成纱强力。

（1）合理配棉。

（2）合理设置工艺,充分开松,减少短纤与结杂。

开清工序应提高各机的开松效率,充分排除大杂与有害疵点,减少对原料的猛烈打击,以防损伤纤维。除合理选择各机工艺参数外,合理减少打击点或以梳代打也是有效的措施。

梳理工序主要充分发挥梳理作用,排除短绒和结粒杂质。也应减少对纤维的损伤,采用"紧隔距、强分梳"的工艺原则,已被实践证明是行之有效的措施,可以达到加强分梳,充分排除结杂与短纤的效果。对提高成纱强力有利。

（3）提高粗纱均匀度。

（4）提高细纱条干均匀度,改善须条结构。

（5）合理选择细纱捻系数,降低捻度不匀。临界捻度时,细纱具有最高的强力,临界捻度所对应的捻系数称作临界捻系数。考虑到生产效率,一般生产中所选用的捻系数小于临界捻系数。

（6）加强车间温湿度管理。回潮率增大会增加纤维间的抱合力和摩擦力,并有利于消除静电,所以,在纱条回潮率适当偏高的情况下进行纺纱,不但能提高成纱的强力,而且能改善细纱条干和外观。因此,应适当提高粗纱回潮率,保证在加工时纱条处于放湿状态。

第四节　环锭纺的自动化与智能化

随着技术的发展,纺纱工序的连续化和自动化乃至智能化也取得了显著的进展。如现代新型环锭细纱机采用自动落纱装置,细纱机与前后工序自动连接,实现连续化生产,大大节省占地面积、减少用工、提高劳动生产率,特别适用于中细特纱的批量稳定生产。

一、粗细联

粗细联是指将粗纱机和细纱机联接在一起。它以全自动落纱粗纱机为中心或发起点,实现全自动纺纱、自动落纱、自动生头;满纱与空管自动交换、自动输送至纱库储存、粗纱到细纱的自动输送、粗纱尾纱的自动在线清理、纱管尾纱筛选,纱管颜色识别、射频品种识别等功能。多台粗纱机可共用一个智能纱库,纱库可以存放不同品种的满纱和空管,采用射频识别（RFID）,纱管可不区分颜色,从而大量减少纱管数量。用户可以根据实际生产需要,通过触摸屏设置每台细纱机所用的粗纱品种。细纱工序可从纱库中"按需"取用满管粗纱,适应小批量、多品种的生产管理。

粗细联所需的设备包括自动落纱粗纱机、换纱机械手、粗纱输送系统、尾纱清除机、空管筛选系统等。图8-17和图8-18分别为粗纱到纱库的输送和粗纱到细纱机的输送。

系统由计算机集中控制,可根据不同生产工艺的设置进行全自动运行,通过网络通信系统实时监控粗纱供需,进行生产运行、统计分析和管理,实现设备的远程控制和诊断。最终实现粗纱纺制和输送的自动化、连续化,满足纺纱厂多品种生产的自动化需求。

图8-17　粗纱到纱库输送

图8-18　粗纱到细纱机输送

1. 粗细联系统按连接形式分　目前主要分为封闭式和开放式两大类。

(1)封闭式。一台或两台粗纱机固定和一组细纱机联接(图8-19)。

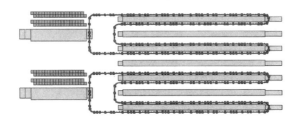

图8-19　封闭式粗细联系统

（2）开放式。任何一台粗纱机可向每一台细纱机供应粗纱，输送灵活（图8-20）。

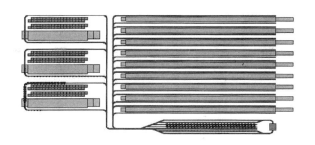

图8-20　开放式粗细联系统

2. 粗细联系统按自动化程度分　　可以分为手动、半自动、全自动三类。

（1）手动式。粗纱空筒管输送、粗纱满纱到纱库输送、纱库到细纱机输送这三个过程均采用人工（图8-21）。

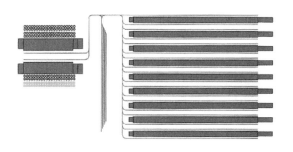

图8-21　手动式示意图

（2）半自动。粗纱空筒管输送、粗纱满纱到纱库输送这两个过程均采用自动化方式，纱库到细纱机输送这一过程采用人工（图8-22）。

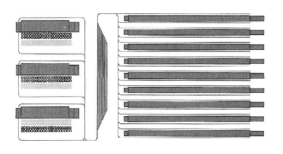

图8-22　半自动示意图

（3）全自动。粗纱空筒管输送、粗纱满纱到纱库输送、纱库到细纱机输送这个过程均采用自动化方式，如图8-23所示。同时，细纱机上被换下的粗纱管上未用完的粗纱，由尾纱清理装置实现自动化清理，确保生产的连续性，如图8-24所示。

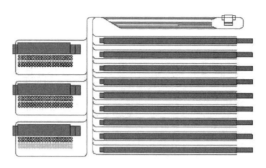

图 8 - 23　全自动示意图

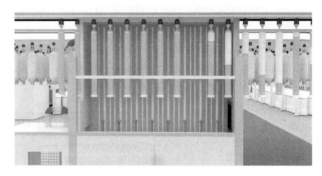

图 8 - 24　粗纱的纱尾处理

二、细络联

细络联是在细纱机和络筒机之间增加一个连接系统,将经细纱机自动落纱装置落下的管纱自动运输到自动络筒机,并将空管自动运回细纱机,实现自动重启、自动生头、自动落纱输送等连续化生产。改善了纱线的清洁情况,避免了纱线接触损伤,减少了毛羽增量,使纺纱工序的产品质量与劳动生产率进一步提高。提高了细纱机的生产效率。

目前,细络联形式主要有以下三种形式:一对一单连、多对一连接、组对组群联。目前,国内应用最多的为第一种形式,后两种应用较少。如图 8 - 25 和图 8 - 26 所示,图 8 - 25 为三种细络联形式示意图,图 8 - 26 为细络联一对一单连式工作图。

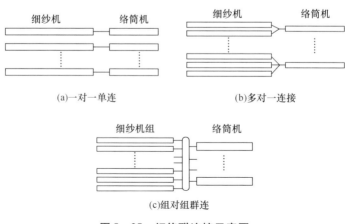

图 8 - 25　细络联连接示意图

图 8-26　细络联一对一单连式工作图

三、在线监测技术

目前,在线监测技术主要包含了断纱检测、粗纱自停装置两大主要技术。

断纱检测包括两类形式如下。

(1)巡回式断头检测装置。沿着细纱机往返,巡回检测传感器对每一个锭位进行检测。

(2)固定式检测装置。在每一锭位设置固定的检测传感器。当细纱断头后,钢丝圈停止运动,传感器即可检测到断头信号。主要检测参数有产量、停机时间、落纱时间、生产效率、断头率、接头时间、落后锭子和打滑锭子等;同时还可以对细纱机的实际功率和牵伸效率进行实时监测。应用断纱检测技术可使挡车工巡回路径缩短,接头更及时,工作效率提升。

目前,国内外断纱检测装置主要有浙江浩铭、印度普瑞美、西班牙品特、瑞士乌斯特等。

粗纱自停装置是当出现断头时,自动停止粗纱喂入,减少粗纱浪费和断头后的纤维缠绕罗拉和胶辊,减少了配件损耗。

四、数字化牵伸、卷捻系统

1. 数控牵伸系统　在传统环锭细纱机的牵伸传动机构中,车尾主电动机驱动主轴,主轴进入车头后经一系列的齿轮啮合来传动车头的牵伸机构。在 600 锭以上的环锭细纱长机中,增加了车尾的同步牵伸机构,由前罗拉从车头传动,驱动源来自车尾主电动机,纺纱工艺调整依靠一系列的变换齿轮来完成,操作不便,车尾的同步牵伸机构由前罗拉从车头传动,增加了前罗拉的负荷,易产生前罗拉扭曲变形。

现代环锭细纱机的牵伸传动与主传动分离,三组罗拉分别由变频调速同步或异步电动机按照工艺牵伸设计的要求传动(图 8-27);长车的牵伸传动靠车头车尾同步驱动,前罗拉不再传动中后罗拉,克服了传统细纱机前罗拉负载过重的不足;配备的纺纱专家系统,能进行纺纱过程中的人机对话。

2. 数控卷捻系统　传统细纱机的钢领板升降运动与锭子、牵伸罗拉共同由主轴传动,其中钢领板升降由棘轮机构和凸轮机构控制,锭子和牵伸罗拉传动之间有捻度变换齿轮,前后牵伸罗拉之间有总牵伸变换齿轮,牵伸罗拉和成形凸轮机构之间有卷绕密度变换齿轮,成形凸轮也是变换零件。

现代环锭细纱机的钢领板升降运动由交流伺服电动机通过油浴齿轮减速箱传动,取消了棘轮机构、凸轮机构、卷绕密度变换齿轮等,系统传动及控制方式如图8-27所示。其中,锭子由变频器调速的主电动机 M_1 通过主轴、滚盘传动;前罗拉、中后罗拉分别采用交流伺服电动机 M_2 和 M_3 传动,取消了捻度变换和总牵伸变换齿轮。

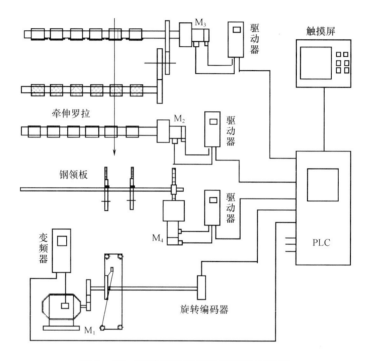

图8-27　细纱机系统传动及控制示意图

第五节　新型的纺纱技术

新型的纺纱技术主要包括环锭改革的纺纱新技术和新型纺纱。前者是在传统的环锭细纱机的基础上进行革新,但其成纱机理还是与环锭纺相同,如集聚纺（也称紧密纺）、赛络菲尔纺、缆型纺等,它们也可以说是环锭纺纱技术的新发展;后者则是成纱机理与环锭纺的完全不同的成纱方法,因而,统称为新型纺纱。

目前,得到较广泛应用的新型纺纱技术有转杯纺、喷气纺、喷气涡流纺、摩擦纺等,它们是为了克服环锭纺成纱机理的局限性,从20世纪后半期开始研究、发展起来的,因此,相较于环锭纺,它们具有卷装大、流程短、速度高的优点,但也存在强力低等缺点。这些新型纺纱方法,按其纺纱的原理还可进一步分为自由端纺纱和非自由端纺纱两大类。

自由端纺纱的原理是在纺纱过程中,使连续的喂入须条产生断裂,形成自由端,并使自由端随加捻器一起回转而达到使纱条获得真捻的目的。自由端纺纱方法有转杯纺、摩擦纺、涡流纺、静电纺等,其中转杯纺是最为成熟、应用最广的一种。

非自由端纺纱与自由端纺纱的主要不同点在于纺纱过程中,喂入须条没有产生断裂,须条两端被握持,借助假捻、包缠、黏合等方法将纤维抱合到一起,使纱条获得强力。非自由端纺纱方法有喷气纺、自捻纺、包缠纺等。

一、集聚纺

集聚纺纱技术是在传统的环锭纺基础上发展起来的一种环锭纺纱新技术。如图8-28所示,在传统的环锭纺中,从前罗拉钳口引出的具有一定宽度(w)的纤维须条受到加捻作用时,在前罗拉钳口附近便形成加捻三角区,加捻三角区的外侧纤维承受较大的张力,中间的纤维承受的张力较小。大部分纤维会加捻成纱,而部分未受控制的边纤维会形成纱线毛羽及飞花。集聚纺纱技术是使从前罗拉钳口引出的纤维束在牵伸区完成牵伸后,在前罗拉钳口下受到气压(负压)或机械装置的集聚作用,在集聚力的作用下,须条的宽度减小,原有的纺纱加捻三角区消除或大大减少,从而使所有纤维被紧密地集聚加捻到纱体中,大大减少了成纱的毛羽,并提高了纱的强度(见动画视频8-3)。

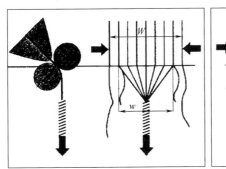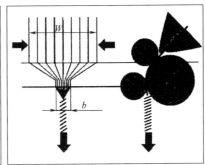

(a)常规环锭纺前钳口输出的须条宽度　　(b)集聚后,前钳口输出的须条宽度

图8-28　集聚纺纱的原理图

(一)集聚纺纱类型

集聚纺纱类型可分为气压式和机械式两大类。气压式多为负压吸风式,对纤维的控制柔和、有效,减少毛羽的效果更明显,但胶圈、风机等消耗很大。而机械式的机构简单,运转维修成本低,但成纱的毛羽指标等不及前者。

1. 立达(Rieter)ComforSpin 纺纱装置　立达公司生产的集聚纺纱装置名称为 ComforSpin,其装置结构如图8-29所示。

ComforSpin 纺纱装置的结构特征如下。

(1)在原牵伸区前增加一个气动集束区。

(2)将原来的前罗拉改为钢质空心网眼滚筒(罗拉),直径比一般前罗拉的大,其上装有两个胶辊,第一胶辊(握持胶辊)与前罗拉组成纱条加捻握持钳口,第二胶辊(牵伸胶辊)与前罗拉

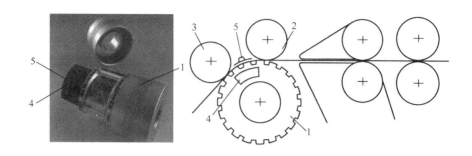

图 8 - 29 立达 ComforSpin 纺纱装置

1—网眼吸风罗拉(前罗拉) 2—第二胶辊(牵伸胶辊) 3—第一胶辊(握持胶辊) 4—吸风组件 5—气流导向装置

组成牵伸区的前牵伸钳口。第一胶辊与第二胶辊间为须条的集聚区。

（3）前罗拉为钢质网眼滚筒,形似一个小尘笼,内有圆形截面吸聚管(负压)与吸风风机等组成吸聚罗拉,即有负压的前罗拉。圆形截面吸聚管上装有一块开了一个由后向前逐渐变窄的V形狭槽的工程塑料部件组成的吸气槽,V形槽长度跟须条与前罗拉接触长度相适应,并与输出方向有一定偏斜度,当在主牵伸区须条离开牵伸钳口时,因负压的吸附作用,须条由V形槽控制在网眼前罗拉上,并向前输送到第一胶辊处,即握持钳口处。

2. 绪森(Suessen)Elite 纺纱装置 绪森公司集聚纺纱装置名称为 Elite,其装置结构如图 8 -30所示。

Elite 纺纱装置结构特征如下。

（1）在传统的牵伸装置前加一组气动集聚装置。

（2）原牵伸装置不变,在前罗拉的前面加装一套组合件,包括一个异形截面吸聚管,上套一个网格多孔胶圈(通常是化学纤维织成)和一个牵伸前上胶辊(握持胶辊),组成加捻握持钳口。新增加的前上胶辊通过一个啮合齿轮由原来的牵伸前上胶辊传动。吸聚管上套着一个网格多孔胶圈,它有无数微孔,允许气流通过,但纤维不能通过。胶圈由牵伸前上胶辊摩擦传动。

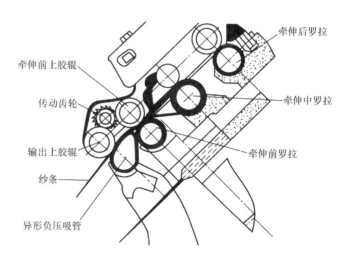

牵伸后罗拉
牵伸前上胶辊
传动齿轮
输出上胶辊
纱条
异形负压吸管
牵伸中罗拉
牵伸前罗拉

图 8 -30 绪森 Elite 纺纱装置

（3）异形截面吸聚管表面在每个纺纱部位都开有呈斜向的吸气槽,便于纤维的轴向旋转并向纱轴靠拢,其结果使纤维尾端紧贴于纱条上。吸聚管表面的流线型设计使纱线在前罗拉表面的包围弧完全消失,也就是须条离开牵伸钳口时受负压的作用被吸附在网格多孔胶圈的狭槽部位并向前输送到握持钳口,再加上握持胶辊加压很小,使纺纱三角区基本消失,因此,纱线毛羽减少,提高了可纺性。

3. 罗特卡夫特(Rotocraft)的 RoCos 纺纱装置　瑞士罗特卡夫特公司的集聚纺装置名称为 RoCos,其装置结构如图 8-31 所示。

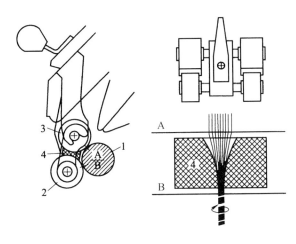

图 8-31　RoCos 纺纱装置

RoCos 纺纱装置的结构特征如下。

(1)在原牵伸区前增加一个机械(集合器)集束区。

(2)在原来的前罗拉 1 上装有两个胶辊,第一胶辊 2(握持胶辊)与前罗拉组成纱条加捻握持钳口 B,第二胶辊 3(牵伸胶辊)与前罗拉组成牵伸区的前牵伸钳口 A。第一胶辊与第二胶辊间的集合器 4 为须条的集聚区。

(3)起集束作用的集合器依靠磁性紧贴在前罗拉表面,依靠机械力的作用使须条紧密集合,避免了依靠吸风负压进行集聚时所必需的风机、吸风管和网格圈等附件。

另外还有青泽公司、马佐里公司、丰田公司等生产的集聚纺纱装置。

上述各种集聚纺纱技术虽然结构各有不同,但都是在原有环锭纺纱的基础上,在前罗拉钳口产生对纤维的集聚作用以减小或消除加捻三角区,这一特有的成纱机理使集聚纺纱在成纱质量、后道加工、产品风格、经济效益等方面均表现出一定的优越性。

(二)集聚纺工艺及其纱的品质

集聚纺的工艺与传统环锭纺的类似。气压式的负压为 1800~2200Pa,凝聚罗拉与牵伸罗拉之间的牵伸倍数为 1.03~1.05 倍,由于集聚纺的纱毛羽少,与钢丝圈间的摩擦严重,所以,一般选用耐磨性好的钢丝圈。又由于集聚纺的加压一般比传统环锭纺的略大,所以其锭速一般与传统环锭纺的相同。

集聚纺的纱线毛羽明显减少,尤其是 3mm 及以上长度的毛羽更少,同时,由于原来形成毛羽的纤维都被加捻到纱中,因而提高了纱的强力。与同特数传统环锭纱相比,一般管纱毛羽降低 50%,筒纱毛羽降低 70% 左右,细纱强力可提高 5%~10%,当细纱捻度减少 15%,股线捻度减少 20% 时,集聚纺纺制的纱的强力仍可与传统环锭纱相当。

二、赛络纺

如图 8-32 所示,赛络纺(Sirospun)是在环锭纺纱机上把两根粗纱平行喂入细纱牵伸区,两根粗纱间保持一定的间距,且处于平行状态下被牵伸后由前罗拉输出,前罗拉输出的两束纱条分别受到初步加捻后,再汇聚并经进一步加捻,形成纱(线),因此,其成纱具有接近股线的风格和优点。在某种程度上,赛络纺纱可以看作是一种在细纱机上直接纺制股线的新技术,它把细纱、络筒、并纱和捻线合为一道工序,缩短了工艺流程。

赛络纺中,两根粗纱的原料、色彩等可以相同,也可以不同,用这种方法可以纺出具有多种风格特征的纱(线)。

赛络纺中,两根粗纱的间距是非常重要的工艺参数,直接影响到最终成纱的毛羽、强力和均匀度等质量指标,其值一般在 4 ~ 10mm。纤维长度长,则粗纱间距可大。粗纱间距适当增大,则成纱的毛羽少,强力高,但条干和细节易恶化。

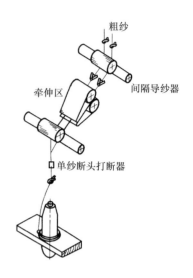

图 8 - 32　赛络纺纱示意图

因为赛络纺是在细纱机喂入两根粗纱,所以其粗纱定量要偏轻掌握,以便减轻细纱的牵伸负担,减小细纱机的总牵伸倍数,有助于减少纤维在牵伸运动中的移距偏差,从而改善纱条均匀度和提高成纱质量。

赛络纺中,一般采用"重加压、大隔距、低速度、中钳口隔距"的工艺原则,以解决因双股粗纱喂入牵伸力过大,易出现牵伸不开、出硬头的问题。赛络纺中采用的主要工艺为以下两种。

(1)在细纱机上要重新排列粗纱架,使粗纱架数量增加一倍。

(2)选择适当的粗纱喂入喇叭口,使两根粗纱分开喂入;前后牵伸区内加装双槽集合器,以控制被牵伸须条的间距;安装单纱断头打断装置。适当选择细纱后区牵伸倍数,较好地控制浮游区中的纤维,使纤维间结构紧密,从而提高条干水平。锭速不匀是纱线产生捻度不匀的重要原因,要使锭带长度和锭带张力一致且稳定,从而减少锭速差异导致的纱线捻度不匀。采用优质的、高弹性、低硬度胶辊和内外花纹胶圈,选择正确的罗拉钳口压力和适宜的钳口隔距,有利于提高复合纱的质量。赛络纺纱若用于针织物,其较小的捻度能使细纱结构蓬松,有利于提高纱线的染色牢度,从而使织物具有独特的染色效果。

赛络纺中,由于纱条在输出前罗拉后有一个并合(汇聚)环节,从而可以有效地减少毛羽,若并合前的两根纱条太细,也容易受意外牵伸而产生细节。

三、赛络菲尔纺

赛络菲尔纺与赛络纺类似,只是它将赛络纺中的一根粗纱换成长丝,它是在传统环锭细纱机上加装一个长丝喂入装置,使长丝在前罗拉处喂入时与经正常牵伸的须条保持一定间距,并在前罗拉钳口下游汇合加捻成纱,成纱装置如图 8 - 33 所示。赛络菲尔纺技术形式新颖、工艺简单、成本低廉,已在国内外广泛使用。

(一)装置结构

赛络菲尔纺纱装置总体结构如图 8 - 33 所示,它是由以下三个部分组成。

1. 长丝(或纱)喂入装置　长丝喂入装置包括长丝筒子架与导丝器两个部分,筒子垂直向

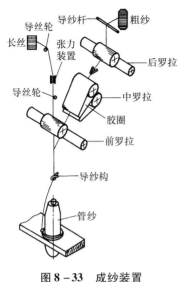

图 8-33 成纱装置

上放置,长丝引出的第一导丝眼位于筒子轴线上方,以保证长丝退绕张力均匀一致,且须控制长丝走向与毛纱始终分离,以免相互缠绕。

2. 张力装置 张力装置由芯轴与若干个金属张力片组成,安装在牵伸摇架的壳体座上。长丝在张力片间通过时,利用张力片重量加压产生的摩擦阻力,控制长丝张力。由于该摩擦阻力与张力片重量成正比,而各张力片的规格一致、重量基本相等,因此,可利用张力片数量的增减,很方便地调节长丝张力,且可控制长丝张力一致。

3. 断头检测与自动切断装置 这是保证赛络菲尔纱质量与效率的关键。由于赛络菲尔纱强力较低,断头绝大部分发生在纱,故断头时应及时打断长丝。打断器的形式很多,其主要由检测装置和自动切断装置组成。

(二)主要工艺参数作用及选择

1. 捻系数 由于赛络菲尔纱中引入了长丝,使纤维间抱合力增加,且使松散纤维得到包缠,从而使成纱强力大幅度提高,即使得在较低的捻系数下也能获得较高的成纱强力,但较低的捻系数对成纱的断裂伸长、断裂功有一定影响。适当增加捻系数,可使纱中纤维排列紧密,减少前罗拉钳口吐出纤维被吸风口吸入的机会,有利于改善成纱条干,减少细节的产生。同时,增大捻系数有利于降低捻度不匀,而捻度不匀的降低又将使得纱线的耐磨性能得到提高。

2. 长丝张力片重量、长丝与粗纱间距 增大长丝张力片重量和间距都有利于成纱强力的提高,这是因为长丝张力和间距增大以后,有利于增大纤维间的摩擦力与抱合力以及减少松散纤维,从而使成纱强力提高,并使断裂伸长增加,最终使断裂功增加。

而对于 Uster 的条干 CV 值、粗节和细节数等指标则都呈现先降后增的趋势,这是因为当长丝张力、长丝与粗纱间距过大时,单纱条上的捻回数不再增加,同时纤维到达汇聚点的距离增加,使得某些纤维尚未到达汇聚点就已离开前罗拉钳口。此外,长丝张力的增加也使一部分纤维被挤出纱体的机会增多,从而最终导致条干恶化和粗、细节增加。

长丝张力片重量、长丝与粗纱间距的增加可使捻回的传递更为均匀,有利于降低捻度不匀和提高成纱的耐磨性能。

综上所述,不同的工艺参数对性能指标的影响各不相同,且相互影响,只有最佳的配合,才能使成纱综合性能达到最优。常用的公制捻系数为 150 左右,长丝张力片重量为 15g 左右,粗纱与长丝间距为 8~14mm。

四、缆型纺

缆型纺是通过在传统环锭细纱机前钳口前加装一个分割辊以改变成纱结构的纺纱新技术,纺出来的纱有着和传统单纱不同的纱线结构,一般用在毛纺等长度较长的纤维纺纱中。其纺纱过程是经牵伸后的须条在出细纱机前钳口时,有一个分割辊将其分割成若干股纤维束,那些纤维束在纺纱张力的作用下进入分割辊的分割槽内,并在纺纱加捻力的作用下,围绕自身的捻心回转,从而具有一定捻度(纤维束加捻);随着纱线的卷绕运动,这些带有一定捻度的纤维束又向下移动,离开分割辊后汇交于一点,再围绕整根纱线的捻心作回转运动(纱线加捻),两次加捻最后形成一种具有特殊的、不同于传统纱线结构的新型纱线。如图 8-34 所示。

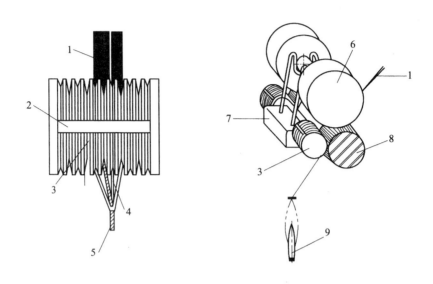

图 8-34　缆型纺纱原理示意图

1—须条　2—过渡段　3—分割辊　4—分割后的纤维束

5—纱段　6—前胶辊　7—弹簧架　8—前罗拉　9—管纱

　　缆型纺的关键是分束,分割槽的宽度、深度、形状直接关系到纺纱支数及纱线的质量。

　　缆型纺的捻度选择一般是根据原料的可纺性能和产品的要求来确定,但其也有一定的特殊性。缆型纺需要分束,捻度太小,虽然有分束的现象存在,但每一股纤维束的捻度不大,纤维抱合不紧,纱线耐摩擦性能的提高不明显;而捻度太大,强大的加捻力将阻止纤维的分束,纱线也就没有缆型结构,因此,缆型纺不适宜纺强捻纱。

　　缆型纱的特殊结构决定了它毛羽少和耐摩擦这两个特点。在原料及捻度选择合理的条件下缆型纱的物理性能及织造效率明显优于传统的单纱。缆型纺面料的抗起球能力、弹性、透气性都明显优于传统的同品种单经单纬产品。

五、转杯纺纱

(一)组成及工艺过程(见动画视频 8-4)

　　转杯纺属自由端纺纱。一般包括喂给、开松、凝聚、剥取、加捻和卷绕等作用。

　　转杯纺纱机的工艺过程如图 8-35 所示,棉条 1 由给棉罗拉 2 和给棉板 3 握持,输送给分梳辊 4,表面包有锯条的分梳辊将其分解成单纤维。转杯 6 高速回转,产生的离心力使空气从排气孔溢出(自排风式),或通过风机将空气抽走(抽气式),在转杯内形成真空,迫使外界气流从补风孔和引纱管补入,于是被分梳辊分解的单纤维,随同气流通过输送管 5 被吸入转杯,气流

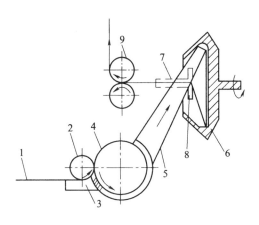

图 8-35 转杯纺纱机的工艺过程

从排气孔溢出或被抽走。纤维沿转杯壁滑入凝聚槽内,形成凝聚须条。开始纺纱时,引纱经引纱管 7 被吸入转杯,纱尾在离心力的作用下紧贴附于凝聚槽内,与凝聚槽内排列的须条相遇并一起回转加捻成纱,以后即连续成纱。引纱罗拉 9 将纱从转杯内经假捻盘 8 和引纱管 7 引出,卷绕成筒子。

(二)主要工艺参数作用及选择

首先要根据所纺原料品种、纤维线密度和长度以及纺纱线密度来决定喂入条定量,其重量应适中,一般为 18g/5m 左右,然后确定纺纱所采用的零部件规格和速度,最后进行纺纱工艺参数计算。

1. 转杯规格和速度 根据所采用机型和所纺制纤维品种、线密度及成品要求来确定转杯规格和速度。转杯规格主要是转杯直径、转杯形式和凝聚槽形状,各种机型所配置的转杯直径是不同的,目前,转杯直径在 28 ~ 66mm 的有很多档。一方面转杯直径与转杯速度有关,速度高时配置小直径转杯,速度低时配置大直径转杯,这主要是考虑降低动力消耗的原因;另一方面,应根据所纺纤维长度确定配置转杯直径的大小,纤维长度长时,应采用大直径转杯,纤维长度短时,可采用小直径转杯,否则成纱容易产生缠绕纤维的现象。转杯有抽气式和自排风式两种形式,各自配置在抽气式转杯纺纱纱机和自排风式转杯纺纱机上。凝聚槽形状基本上有 U 形和 V 形两种槽,纺制纱线密度比较大时,采用 U 形凝聚槽,而纺制纱线密度比较小时,采用 V 形凝聚槽。

转杯速度的高低决定了产品产量和成纱的捻度,一般抽气式转杯纺纱机的转杯速度高于自排风式转杯纺纱机的转杯速度。在纺制细特纱时,配置的转杯速度都比较高,这主要是因为考虑到经济效益问题。

2. 分梳辊形式、规格和速度 根据所采用机型和纺制纤维品种、纺纱线密度及成品要求确定分梳辊形式、规格和速度。转杯纺纱机的分梳辊形式有锯齿辊和针辊等,目前采用锯齿辊较多。

在实际生产中,根据纺制原料的不同选择不同锯齿规格时,还应该与合理选择分梳辊速度综合起来考虑。分梳辊的主要作用是分解纤维。对分梳辊速度的要求,既要分解纤维,又要尽可能减少纤维损伤、减少纤维弯钩,并有一定的排杂作用,同时还要求纤维容易转移。

不同机型采用的分梳辊转速不同,一般在 5000 ~ 11000r/min。

3. 捻系数和捻度 转杯纱捻系数要根据原料性能、纺纱线密度和纱线用途而定。根据生产经验,纺纯棉中、粗特机织物用纱时,经纱捻系数为 450,纬纱捻系数为 430;纺细特针织纱时,适当降低捻系数;纺其他原料时,应根据纺纱原料的可纺性和用户要求而定。一般推荐的转杯纱捻系数见表 8-7。

表 8-7 纱线种类与捻系数

纱线种类	经纱	纬纱	针织纱	针织起绒纱
捻系数	430 ± 50	400 ± 50	370 ± 50	350 以下

4. 假捻盘规格 假捻盘规格应根据原料品种、纺纱线密度和成品要求而定。假捻盘的主要作用是起假捻作用(假捻效应)。在转杯纺纱加捻过程中,由于回转纱条本身围绕其轴线回转,使回转纱条上产生瞬时捻度(假捻),以增加剥离点处纱条的强力,达到减小成纱捻系数、降低断头、提高成纱稳定性的目的。假捻作用的大小主要由纱条与假捻盘接触时所受的力和力矩来决定。

加捻盘规格有盘径、曲率半径和孔径,根据所采用的原料和成品要求确定采用哪种加捻盘。如纺制化学纤维纱、粗特纱和低捻纱时,成纱容易断头,就采用假捻效应较强的加捻盘,以减少纱线断头。几种不同形式的加捻盘和阻捻器如图 8-36 所示。

图 8-36 不同形式的假捻盘和阻捻器

5. 牵伸倍数 牵伸系数根据转杯纺落棉率、纤维损伤、捻缩、卷绕张力、牵伸倍数等综合因素而定,一般为 1.02~1.05。纺纱线密度和条子定量及牵伸倍数的关系见表 8-8。

表 8-8 纺纱线密度和条子定量及牵伸倍数关系

纺纱线密度(tex)	条子定量(g/5m)	牵伸倍数
72~96	20~25	41~69
29~72	18~20	49~137
24~29	16~18	110~148

卷绕张力牵伸倍数由卷绕槽线速度 $V_卷$ 和输出线速度 $V_{输出}$ 决定,即 $V_卷$ 与 $V_{输出}$ 的比值一般控制在 0.98~1.08,且其要求卷装成形既不松弛又不因张力过大而增加断头。一般纺制纯棉中低特纱时,可采用 1 倍左右的卷绕张力牵伸,而纺纯棉细特纱和非棉原料时要适当减小牵伸倍数,以降低断头。

(三) 品质控制

(1)波纹纱产生的主要原因。转杯凝棉槽内嵌杂、积灰;顶口或内壁上有凹口。

(2)黑灰纱(又称铝灰纱)产生的主要原因。纺纱器内部尤其网状补风窗集聚金属铝灰、短绒的混合物;龙带拖动压轮、转杯和分梳辊时产生尘埃;铝转杯与纤维摩擦产生铝灰。

(3)细节产生的主要原因。纺纱器喂给系统(如喂给板压力过重、喇叭口太小、断头自停失灵、电磁离合器有杂物进入等)局部故障;转杯内积杂过多。

(4)粗节产生的主要原因。输送管道、分梳辊、纺纱器的积花;机件有毛刺、缺口;条子接头包卷太粗;凝聚槽局部积杂;排杂回收积杂堵塞;接头不当产生粗节。

（5）棉球纱产生的主要原因。自排风式转杯气孔阻塞后容易产生棉球纱;排杂区气流不畅;分梳辊锯齿出现挂花。

（6）弱捻纱产生的主要原因。纺纱器密封不佳,负压不足;假捻盘、阻捻器的假捻作用过分激烈,缠绕纤维过多;龙带传动转杯时打滑。

（7）个别筒子纱偏细产生的主要原因。个别条筒的条子偏细;纤维输送通道出口位置高出转杯顶口,使部分纤维直接进入风道不进入转杯;条子在喂给系统打滑或阻滞,造成喂给不足。

六、喷气纺纱机

（一）喷气纺纱机的组成及工作过程（见动画视频 8 - 5）

喷气纺机有两种喂入方式,即粗纱喂入和条子喂入,其前纺工艺流程与环锭纺的工艺流程无太大区别。目前传统的喷气纺纱机大都是双喷嘴形式,且由于喷气纺纱的原理和技术的限制,主要适宜纺制涤棉混纺纱和纯涤纶纱,其纺纱速度可达 250～300m/min。

通常喷气纺纱机由牵伸、加捻、卷绕等机构组成。工艺过程如图 8 - 37 所示,喂入棉条 1 经四罗拉双短胶圈牵伸装置 2 的牵伸后,牵伸成规定的细度,由前罗拉输出,依靠第一喷嘴 8 入口处的负压,被吸入加捻器,接受空气喷嘴加捻器 3 的加捻。加捻器是由第一喷嘴 8 和第二喷嘴 9 串接而成,两个喷嘴所喷出的气流旋转方向相反,第一喷嘴主要使前罗拉输出须条的边纤维与

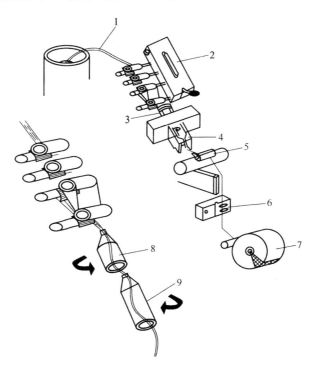

图 8 - 37 喷气纺机工艺过程

1—棉条 2—牵伸 3—空气喷嘴加捻器 4—喷嘴盒 5—引纱罗拉
6—电子清纱器 7—筒子纱 8—第一喷嘴 9—第二喷嘴

受第二喷嘴作用的主体须条以相反的方向旋转,须条在这两股反向旋转气流的作用下获得包缠(加捻)成纱。加捻后的纱条由引纱罗拉5引出,经电子清纱器6后,绕成筒子纱7。

前罗拉输出速度略大于引纱罗拉输出速度的现象称为超喂,且超喂率一般控制在1%～3%,使纱条在气圈状态下加捻。

(二)主要工艺参数作用及选择

1. 喷射角 α 喷射角 α 减小,气流的轴向速度分量增大,轴向吸引力增大,但切向速度分量减小,对纱条加捻不利。为了既要有一定的吸引前罗拉输出纤维的能力,又要有较大的旋转速度,第一喷嘴的喷射角一般为45°～55°,第二喷嘴的喷射角一般为80°～90°,且常以接近90°为宜,即可获得较好的加捻效果。

2. 纱道直径及长度 根据喷气纺纱喷嘴的纱道中旋转流场的测定数据,得出纱道各截面上的切向速度沿半径的变化在相当大的范围内类似刚体涡的速度分布,因此,空气的旋转速度 n(r/min)可近似按下式计算。

$$n = \frac{V_T}{\pi D} \times 60 \times 1000$$

式中:V_T——压缩空气的切向速度,m/min;

$\quad\quad D$——纱道的直径,mm。

为了获得较高的纱条气圈转速,应尽量选择较小的纱道直径 D。但同时考虑所纺纱线密度的大小,使纱条在纱道内有足够的空间旋转,纺细特纱时,纱道直径 D 应小些;纺粗特纱时,纱道直径应大些。第一喷嘴的纱道直径一般为2～2.5mm(入口孔径1～1.5mm)。为了使纱条在喷嘴内形成稳定的气圈,改善包缠效果,减小排气阻力,则第二喷嘴的纱道截面积应逐步扩大,设计成一定的锥度,一般进口端直径为2～3mm(喷射孔截面处),出口端直径为4～7mm。

纱道的长度选择是以稳定涡流和气圈为原则,第一喷嘴纱道长度 l_1 为10～12mm,第二喷嘴纱道长度 l_2 为30～50mm。

3. 喷射孔的直径及孔数 喷孔直径与孔数是两个相互制约的参数,因为在保持一定的流量条件下,增加孔数就意味着减小孔径。喷孔数减少,流场的均匀度较差,纱条受到的涡流强度发生变化。因而,在保持流量不变的情况下,适当地增加喷孔数不仅有利于纱条气圈转速的稳定,而且气圈转速略有提高。但喷孔直径过小,对气流的洁净度要求高,对喷孔的加工精度要求也高。因此,在最经济的流量条件下,应综合考虑加工技术条件等因素,然后决定孔径和孔数。一般第一喷嘴喷射孔直径为0.3～0.5mm时,喷孔数为2～6个。第二喷嘴喷孔直径为0.35～0.5mm时,喷孔数为4～8个。

4. 中间管 第一喷嘴的开纤管又称中间管,它起着抑制气圈形态和阻止捻度传递的作用。在实际纺纱时,由于气压的波动,条干的不均匀,都能引起气圈的不稳定。为了减小排气阻力和增加轴向摩擦阻力,增加对气圈的撞击作用,并使之有利于前钳口处须条扩散成头端自由纤维,所以,中间管内壁设计成沟槽状态。沟槽形式有直线式和螺旋式等,直线式沟槽数有3～8条不等,多数采用4条,槽深为0.5mm左右,宽0.5mm左右。中间管内径 $d_0 = (0.8～0.9)D_1$,D_1 为第一喷嘴纱道直径,但中间管的总截面积(包括沟槽截面积)应大于纱道截面,这样有利于排气。中间管的长度以5mm左右为宜。喷射孔至中间管的距离一般取3~6mm,以能保证旋涡的完整。

5.加捻器吸口　喷嘴吸口不仅需保持一定的负压,以利于吸引纤维和纱条,而且也起控制和稳定气圈的作用,其内径一般为1~1.5mm。第一喷嘴吸口长为6~15mm,第二喷嘴吸口长度大于5mm。

6.第一喷嘴与第二喷嘴的间距　两喷嘴间距会影响气圈的稳定性。如两级喷嘴是分离式,可适当调整两者的间距达到正常纺纱的目的,但一般可在4~8mm变动,通常采用5mm。

7.气压　第一和第二喷嘴的气压对成纱质量和包缠程度有较大的影响,对压缩空气的低消耗也有直接影响。一般第一喷嘴的气压低于第二喷嘴,两者的取值范围通常分别为245.2~343.2kPa(2.5~3.5kgf/cm²)和392.2~490.3kPa(4.0~5.0kgf/cm²)。

(三)品质控制

1.规律性条干不匀的产生原因与防治措施　按喷气纺标准纺纱条件表设定主牵伸比后,可用条干仪波谱图检查是否有牵伸不匀现象,如图8-38所示,当成纱出现周期性不匀(图8-38中A区域表示短周期不匀,B区域表示长周期不匀)时,可采取相应的措施进行防治,具体措施可见表8-9。

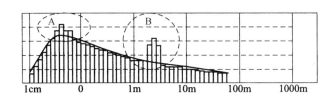

图8-38　条干仪波谱图

2.喷气纱的成纱质量指标　喷气纱的成纱质量指标与水平在USTER统计值中已有资料,可作参考。

表8-9　规律性条干不匀的产生原因和措施

不匀的表现	可能产生的原因	建议采取的措施
短周期不匀(图8-38中A区域)	主牵伸太大	缩小主牵伸
8cm周期的不匀增大	前下罗拉偏心或跳动大	更换相应的罗拉
10cm周期的不匀增大	上胶辊偏心或跳动大	更换胶辊
长周期不匀(图8-38中B区域)	后区牵伸比太大	缩小后区牵伸
		加大主牵伸
		减小喂入棉条的定量
	集棉器的尺寸(W)小	更换尺寸大的集棉器
	罗拉隔距不合适	重新调整罗拉的隔距

七、喷气涡流纺纱

(一)组成及工艺过程(见动画视频8-6)

喷气涡流纺纱机是在喷气纺纱机的基础上发展改进而来,因此,除了喷嘴以外,喷气涡流纺纱机与喷气纺纱机是基本相同的。它的工艺过程如图8-39所示。棉条喂入并经过四罗拉(或者五罗拉)牵伸机构牵伸后达到需要的纱线线密度,须条被吸入喷嘴前端的螺旋导引体1,导引体中的螺旋曲面导引块对纤维有良好的控制作用,同时和导引针2一起,防止了捻回向前罗拉钳口的传递,使得纤维须条是以平行松散的带状纤维束形式输送到锥面体7前端。纺纱器的多个喷射孔4与圆形涡流室3相切,形成旋转气流,并沿锥面体7的锥形顶端。在锥形通道旋转下移,从排气孔排出。当纤维的末端脱离喷嘴前端的导引块和导引针的控制时,由于气流的膨胀作用,对须条产生径向的作用力,依靠高速气流与纤维之间的摩擦力,使之足以克服纤维与纤维之间的联系力,使须条的纤维相互分离,形成自由端,同时对短绒也有清除作用。自由端纤维5倒伏在锥面体7的锥形顶端6上,另一端根植于纱体内,在锥面体入口的集束和高速回转涡流的旋转作用力的共同作用下,使自由端纤维绕着纱线中心轴沿着锥面体顶端旋转,当纤维被牵引到锥面体内时,须条就获得一定捻度,从而形成喷气涡流纱8。

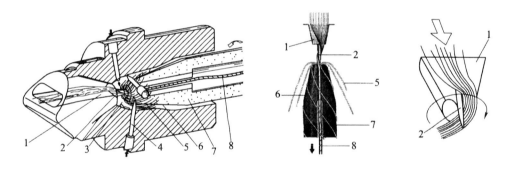

图8-39 喷气涡流纺纱装置

(二)主要工艺参数作用及选择

喷气涡流纺的主要工艺参数与喷气纺的基本相同,主要有纺纱速度、前罗拉钳口到喷嘴空心管前端的距离、纺纱气压、张力牵伸、喷射孔(角度、孔数、孔径)、引导针长度和空心管内径等。

1. 纺纱速度 喷气涡流纺纺纱速度可达400~500m/min。纺纱速度快,纤维须条经过喷嘴的时间变短,则尾端自由纤维受到的其他不确定因素的影响减小,因此,纤维会螺旋规则地包缠在纱体上,纱线的成纱结构良好。纺纱速度对成纱强力有较大影响,适当增大纺纱速度有利于成纱强力的提高,但纺纱速度过高,纤维须条在喷嘴中运动时间过短,须条在喷嘴内完不成分离、凝聚和加捻,成纱质量也会有所下降。喷嘴内的纤维的滞留时间和喷射空气的量,决定纤维的变化,从而影响纱线的特性。速度高,成纱软;速度慢,纱线硬。在保证空气喷射量的前提下,可适当提高纺纱速度。

2. 前罗拉钳口到喷嘴空心管前端的距离 前罗拉钳口到喷嘴空心管前端的距离,是决定喷气涡流纺成纱性质的重要因素。喷气涡流纺要求前罗拉钳口处的纤维需保持一定的宽度,加强对纤维的控制和防止边缘纤维的散失,使扁薄须条中的纤维间能有良好的接触和控制。纤维束的分解是很重要的,纤维之间相互分离,则易于缠绕而加捻成纱。在纺纱过程中,纤维须条经牵伸机构牵伸后,形成扁带状结构,当其由牵伸机构输出时,通常其头端位于主体纱条的芯部,即称为尾端自由纤维。这些尾端自由纤维是喷气涡流纺之所以能成纱的基础。前罗拉钳口与喷嘴间的距离,对纱线的形成有很大的影响。该距离增大,则缠绕纤维的比率增大。理论上,此隔距应小于纤维主体长度,否则加捻器吸口轴向吸引力会引起须条中纤维的混乱,但该距离如果过小,则纤维的两端被束缚,不易实现一端自由状态,使捻度变低,虽然可见到结成束的状态,但实际上变成了包缠纤维很少的纱线。前罗拉钳口与喷嘴吸口间距离也不宜过小,否则其间有棉屑等堆积,会形成疙瘩纱,并在断头时堵塞喷嘴,易轧坏前罗拉的上胶辊,也会影响尾端自由纤维的产生。在一般情况下,若纺制特数较细的纱或选用原料的纤维长度较短,则这一距离应该适当减小,反之亦然。

喷嘴与前罗拉钳口之间的隔距既影响包缠纤维的数量和包缠长度,又影响喷嘴对钳口处须条的作用,因此存在两个相互矛盾的作用。在纺纱过程中,前罗拉输出须条具有一定宽度,须条在进入喷嘴吸口时形成一定数量的边缘纤维,喷气涡流纺罗拉的高速(3000r/min以上)回转形成附面层,引导牵伸区的边缘纤维的自由尾端离开纤维束,这些分离的纤维尾端在前罗拉的牵伸作用下形成较长的自由尾端而被送出前钳口,气流有助于进一步扩散扁平带状须条。

3. 纺纱气压　喷气涡流纺喷嘴气流需要同时实现以下几项功能,即产生将纤维吸入喷嘴的吸引力,并在喷嘴内分离纤维,同时,实时地将纤维卷绕在纱体上。喷嘴的气压决定着包缠纤维的数量、包缠紧密度和耗气量,从而影响着成纱强力的高低。气压必须与喷嘴结构相配合,才能纺出较高强力的纱线。一般来说,喷嘴的气压大,则成纱强力高,但当气压过大时,易产生回流现象,不利于纤维须条顺利吸入喷嘴中。喷气涡流纺的喷嘴气压比喷气纺的高,一般在0.45~0.55MPa。

4. 张力牵伸　张力牵伸分为喂入和卷绕张力牵伸,前罗拉、引纱罗拉和卷绕罗拉速度的合理配置,对纱线结构、成纱强力、断头、筒子成形都有明显的影响。

喂入张力牵伸也称为喂入比,即引纱罗拉线速度与前罗拉线速度之比。为了使纺纱过程中须条保持必要的松弛状态,前罗拉与引纱罗拉之间必须实现超喂。超喂作用是使纱条在喷嘴内保持必要的松弛状态,以利于纤维的分离,产生足够的尾端自由纤维,从而实现加捻。超喂比较小时,纺纱段纱条的张力较大,尾端自由纤维包缠的捻回角较小,成纱外观较光洁,成纱强力较好。反之,超喂比较大时,纺纱段纱条的张力不够,尾端自由纤维包缠的捻回角较大,成纱外观不够均匀。超喂比应小于1,为了得到较高成纱质量的纱线,一般控制在0.96~0.98。

卷绕张力牵伸也称作卷绕比,即卷绕辊线速度与引纱罗拉线速度的比值。引纱罗拉与卷绕辊间应保持适当的卷绕张力,且卷绕张力大,筒子卷绕紧密,但断头多。反之,则筒子成形松软。通常卷绕比控制在0.98~1.00。

5. 喷射孔角度、喷射孔孔径和孔数　这些参数与喷气纺的相类似,即喷气涡流纺中,喷射孔角度一般在40°~80°,喷射孔孔径一般选取0.35~0.45mm为宜,喷嘴喷射孔数一般选取4~8个。

6. 喷嘴入口引导针的长度 在纺纱过程中,经过罗拉牵伸的须条,被吸入喷嘴前端的螺旋引导面,螺旋引导面和引导针一起给纤维以一定的束缚,防止了捻回向前罗拉钳口的传递。纤维须条没有捻度,使得纤维须条是以平行松散的带状纤维束向下输送,从而保证了在分离区间气流对纤维须条的分离。同时,针的长度决定了对纤维束的控制能力,过短不利于对纤维的控制,过长则增加了纤维束分离的难度。因此,必须合理配置引导针的长度,从而达到良好的成纱效果。

7. 空心管内径 空心管内径的大小影响加捻效果,并与纺纱特数有关。内径小,空心管入口处对纤维须条的控制强,有利于尾端自由纤维的包缠加捻;内径大,则加捻作用会有一定程度的减弱。空心管内径的大小还与所纺纱线的特数有关,并且要使纱条在纱道内有足够的空间旋转,即纺细特纱时,空心管内径可小些;纺粗特纱时,空心管内径应大些。内径小,还可望提高纺纱速度和在低喷嘴压力时纺纱的稳定性,并能在一定程度上减少毛羽及提高纱线强力,但纱线会变硬,并且有时棉结会增加,同时纱线的匀整度会变差;当内径大时,则纱有蓬松柔软的感觉。

(三)成纱特点与品质控制

喷气涡流纺是在喷气纺的基础上发展起来的,由于其成纱机理有所变化,因此,它可以加工具有较高强力的纯棉纱,但其纺制的纱的条干略差。喷气涡流纺纱具有与环锭纱类似的表面结构,还具有纱线毛羽很少,织物起球现象减少,染色性能及耐磨性好,织物外观光滑,吸湿性好、快干等优点,因而其产品应用领域比较广泛,如用来制作针织运动衫、休闲服饰、家纺产品等。

1. 控制质量的关键工艺参数

(1)纤维输送通道的旋转角度。影响纤维与涡流场旋转配合输送,形成自由端。

(2)引导针的定位。影响纤维准确进入纱体而加捻。

(3)涡流场。影响纤维旋转端的形成和纤维被吹散分离的效果,同时还影响加捻程度。

(4)空心管的回转速度和头端的摩擦阻力。影响纺纱能力及断头。

2. 纤维适纺性能

(1)适纺纤维。56mm 以下的纯棉、棉型化学纤维及其混纺。最适合纺纤维中化学纤维比例不能过高。

(2)适纺线密度。9.7 ~ 14.5tex(60 ~ 40 英支)。

八、摩擦纺纱

摩擦纺又称德雷夫(DREF)纺、尘笼纺。

(一)组成及工作过程(见动画视频 8 − 7)

摩擦纺纱(DREF − Ⅲ除外)属自由端纺纱。主要由开松、牵伸、加捻、卷绕等部分组成。其工作过程如图 8 − 40 所示,经过开松的纤维 1,由气流输送到一个带孔而有吸气的运动件(尘笼)表面 2,运动件表面的运动方向与成纱输出方向相垂直。在运动件表面上,纤维被吸附凝聚成带状的纤维须条,由于须条与运动件表面接触且之间有吸力 3,所以须条与运动件表面间产生摩擦,并随运动件表面绕自身轴线滚动而被加捻。被加捻的纱条 4 以一定的速度输出,纤维流在输送过程中并不连续,凝聚在运动件表面的须条就形成自由端纱尾,保证成纱上获得真捻,因而属于自由端纺纱。

所获得捻度值一方面取决于运动表面的速度与性能,另一方面则取决于吸气负压,吸气负压直接影响纱尾与运动件表面间的压力,同时还取决于引纱速度。代表性的 DREF - Ⅱ型摩擦纺机结构简图如图 8 - 41 所示。

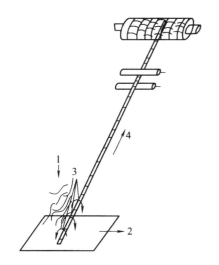

图 8 - 40　摩擦纺的基本工作过程

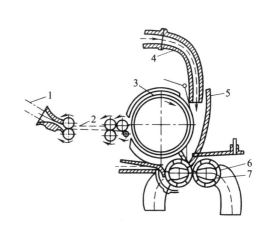

图 8 - 41　DREF - Ⅱ型摩擦纺机

1—棉条　2—牵伸装置　3—分梳辊　4—吹风管
5—挡板　6—尘笼　7—内胆

(二)主要工艺参数作用及选择

1.纺纱速度(即输出速度)　摩擦纺的加捻和卷绕机构是完全分离的,这样可以避免高速回转的加捻部件,为提高纺纱速度创造了条件。摩擦纺的纺纱速度与以下因素有关。

(1)原料。原料性能对纤维的包覆和加捻效果有直接影响。一般来说,纤维较粗硬、含油率较高、长度不整齐的原料,其纺纱输出速度不能太快,否则将导致包覆恶化、条干不良、强力降低、断头增加。

(2)纱线线密度。纺较粗的纱时,加捻效率比较低,输出速度宜低些,但因较粗的纱刚性较大,所以其不易加捻;纺过细的纱时,加捻效率也下降,为了防止断头增多,速度也不宜过高。

(3)尘笼转速。较高的输出速度,必须有较高的尘笼转速与之配合。但过高的尘笼速度,既受电机功率、转速的限制,又易导致回转纱体径向跳动及不正常磨损,故国产摩擦纺纱机尘笼常用速度控制在 3500r/min 以下,相应的输出速度保持在 200m/min 以下,这样才能确保在尘笼加捻区内有足够的停留时间,从而获得必要的捻度。

(4)成纱质量。当输出速度适当时(即符合摩擦比的要求),随着输出速度的提高,成纱条干不匀率略有下降,但过高的输出速度,不利于条干均匀,纱身光洁及表面毛羽,给成纱外观质量带来有害影响。

2. 摩擦比 尘笼表面速度与纺纱速度的比值称为摩擦比。摩擦比是摩擦纺纱的一项重要工艺参数,它对成纱质量和机器的可纺性能都有显著的影响。

(1)摩擦比与捻度。摩擦比是决定捻度的主要参数,在一定范围内两者成正相关关系,选择合适的摩擦比,是保证成纱质量的重要条件。提高摩擦比的常用手段是提高尘笼转速,但当尘笼转速达到一个临界限度时,成纱捻度不再增加而有所下降,且工艺调试一般不宜超过此限。

(2)摩擦比与条干不匀率。试验表明,提高摩擦比可改善成纱条干均匀度,但当摩擦比提高到3.0以上时,条干均匀度变化趋缓。

3. 尘笼负压和气流 尘笼表面纺纱负压的大小,代表着尘笼吸风的大小,影响着通道中流场的分布和凝聚时纤维形态的变化,还决定着产生摩擦作用的正压力、须条动态直径与纤维密集度,使加捻效果发生变化,对加捻和条干均匀度都有重要影响。

研究表明,对成纱强力影响较大的因子是纤维输送角度和纺纱负压。尘笼吸口槽长度则对成纱条干均匀度有一定的影响,而辅助吸口对成纱质量的影响较小。

4. 吸风口位置及尘笼间隙缝宽度 双尘笼双侧吸风摩擦纺纱机的尘笼截面如图8-42所示,图中 D 为尘笼直径,ϕ 为纱体的有效直径,h 为纱体高度(它与两尘笼中心连线的距离),α 为纱体中心与尘笼中心的连线与两尘笼中心线之间的夹角,S 为两尘笼间的隙缝宽度,h 和 α 都可以用作表示吸风口的位置参数。

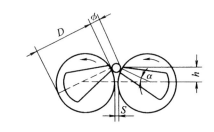

图8-42 双尘笼摩擦纺纱机截面图
D—尘笼直径　ϕ—纱体有效直径　h—纱体高度
α—中心连线的夹角　S—两尘笼间的隙缝宽度

根据摩擦纺纱的原理,保证纱体获得良好的摩擦加捻的条件有以下几个方面。

(1)适当的尘笼间隙宽度,使纱体在某一固定位置稳定加捻。

(2)适当的吸风口位置可使纱体的成形良好,有较紧密的圆形截面,可提高加捻效率。如果吸风口高于纱体位置,则纱体不能紧贴在尘笼表面,造成纱体变形或呈松散状态,从而影响加捻效率;如果吸风口位置太低,则纱体易紧嵌在尘笼窄缝中,造成断头。

(3)吸风口位置必须根据纱体的有效直径进行调节,纱体特数越大,吸风口位置应越高。

5. 分梳辊速度 摩擦纺纱处理纤维量大,则较快的分梳辊速度对成纱质量有利。但分梳作用剧烈,会严重损伤纤维。据资料介绍,纺羊毛纤维(直径为 $19.7\mu m$,长度为 $35.7mm$)试验,经分梳辊后纤维长度减短23%,比转杯纺的纤维损伤程度严重。因此,应正确合理选择分梳辊速度,以减少纤维损伤,提高成纱质量。在加工线密度较细、强度较低的纤维时,分梳辊速度不宜过快。

(三)品质控制

摩擦纺中纤维的不规则形态主要是在纤维流输送和凝聚过程中形成的,主要的影响因素有输纤速度、输纤角度、输纤方向以及输纤管的几何形状。

1. 输纤速度 输纤速度包括纤维在输纤管内的速度和同纱尾接触时的速度。如采用减缩型的输纤管,纤维在输纤管内就会加速运动,即纤维头端的速度大于尾端的速度,有利于纤维在输送过程中伸直,而在纤维同纱尾凝聚的一瞬间,要尽可能减少两者之间的速度差,这样才不会使下落的纤维头端撞弯或使纤维中间曲折。由于输纤管下落的纤维速度快,惯性大,到达凝聚面时速度突然减慢,并有过冲现象,致使纤维头端打圈、中间曲折,因此,需将此时的输纤管截面变大,以降低纤维的下降速度,即在靠近凝聚面的输纤管宜采用渐扩形的截面。

2. 输纤角度 输纤角度是指输纤管与引纱方向(尘笼轴线)的夹角。如 DREF – K – II 型的输纤管与引纱方向垂直,这就很容易使纤维降落到凝聚面时形成头端弯曲、打圈、缠绕等形态。Masterspinner 型摩擦纺纱机上纤维输入方向是倾斜的,输纤方向与引纱方向的夹角为 25° ~ 28°,这就使纤维以接近平行于引纱方向的状态喂入尘笼和摩擦棍的楔形区,从而使纱中纤维的平行伸直度明显提高。

3. 输纤方向 输纤方向是指输送纤维的方向与引纱方向是相同还是相反,同向成为顺向纺纱,反向则为逆向纺纱。顺向纺纱和逆向纺纱相比,纤维的平行长度稍短,螺旋状的短纤维数量少,弯钩和不规则螺旋状单纤维的数量多。逆向纺纱纤维的凝聚过程与引纱方向相反,影响纤维和纱线的接触,使成纱形态受影响。

☞ 思考题

1. 环锭细纱机的牵伸机构有哪些类型? 各有什么特点?

2. 环锭细纱机卷绕成形机构的运动应满足哪些要求? 为什么?

3. 简述环锭细纱纺纱过程中张力的变化规律,细纱断头的实质是什么? 减少纺纱断头有哪些措施?

4. 写出棉纺细纱机的主要组成及工艺过程。简述其主要工艺参数作用及选择原则和控制棉纱质量的措施。

5. 写出集聚纺的类型及各纺纱装置和集聚纺纱线的特点。

6. 写出转杯纺纱机的主要组成及工艺过程。简述其主要工艺参数作用及选择。如何控制转杯纱质量?

7. 写出喷气涡流纺纱机的主要组成及工艺过程。简述其主要工艺参数作用及选择。如何控制喷气纱质量?

8. 写出喷气涡流纺的特点。

9. 掌握各种新型纺纱技术的特点及其成纱机理。

第九章 后加工

本章知识点

1. 后加工的任务。

2. 捻合原理及捻合对股线性质的影响。

3. 棉纺后加工主要工艺流程。所用机台的主要组成和工艺过程及其主要工艺参数作用及选择。

4. 棉纺后加工制品的质量控制。

第一节 概述

细纱机纺出来的细纱虽已基本上完成了纺纱任务，但并不意味着全部纺纱工程的完成。除纬纱直接由细纱车间送到织造车间外，其他品种应根据加工要求需要经过适当的后加工，如有的需要定形，高档和特殊的产品还要烧毛。细纱经过后加工，成品有单纱和股线，卷装形式有管纱、筒子纱、绞纱及大小包等，以便包装、储藏、运输和满足后部工序的需要。细纱工序以后的纱线加工工序统称作后加工工序，且其任务有以下几个方面。

1. 改善产品的内在性能 股线加工能改变纱线的结构，从而改变其内在性能。选用不同品质的单纱，经一次或两次合股加捻，配以不同股数、捻向、捻系数，不同的工艺过程及辅助装置，可提高条干均匀度和强力，从而改善纱线性能。如有的纱线可达到一定的弹性和伸长率的要求，有的可提高耐磨性和耐疲劳性，有的能改善光泽与手感，有的可使截面更圆整，有的可使结构松紧起变化。花式捻线结构形态多样化，可产生环、圈、结、节等花式效应。

2. 改善产品的外观质量 为了清除纱线的疵点、杂质，后加工的机器配有清纱装置、吹吸风装置等。为了使股线表面光滑圆润，有的捻线机上装有水槽，进行湿捻加工。对质量要求高的股线还要经过烧毛，以除去表面毛羽、增进光泽。表面要求光滑的产品还要经过上蜡等辅助工艺。

3. 稳定产品的结构状态 这主要指的是稳定纱线捻回，使股线中单纱张力均匀。如单纱捻回不稳定，容易"扭结"或造成"纬缩"疵点，股线也会因捻向、捻系数的选择不当而出现"扭结"现象。对捻回稳定性要求高的纱线，在必要时可经过热湿定形处理。股线中各股纱的张力均匀，才能避免出现"包芯"结构，并改善股线的强力、弹性、伸长等，减少捻线机上的断头。为使股线张力均匀,在并纱机上装有张力装置来控制张力。

4. 制成适当的卷装形式　为了捻线和织造等加工的需要,除自用纬纱外,必须将容量较小,且不适宜高速退绕的管纱在络筒机(包括并纱机)上绕成容量大,且适宜高速退绕的筒子。并将筒子纱按照一定的规格打包,以便于储存和运输。

第二节　捻合

一、捻合的基本原理

捻合即将两根或两根以上的单纱进行合股加捻,形成股线。股线的性质,主要取决于股线中纤维所受应力的分布状态和结构上的相互关系,通常可以用捻幅的概念来描述股线中纤维的应力分布和结构变化。

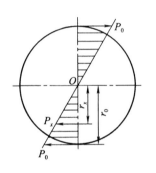

图 9-1　股线的捻幅

(一)捻幅

股线加捻的程度可用捻幅表示。如第七章第二节所述,单位长度的纱线加捻时,截面上任意一点在该面上相对转动的弧长称为捻幅。

如图 9-1 所示,设纱的捻幅(表面捻幅)为 P_0 ,则纱的截面内任意一点捻幅 P_x 为:

$$\frac{P_x}{r_x} = \frac{P_0}{r_0}$$

$$P_x = P_0 \frac{r_x}{r_0}$$

即捻幅 P_x 与该点距纱中心距离 r_x 成正比。

(二)双股线反向加捻时股线捻幅的变化

为简化分析,假定股线中单纱仍为圆形,则双股纱反向加捻时,股线捻幅的变化如图 9-2 所示。图 9-2(a)表示两单纱中原有的捻幅,表层的捻幅为 P_0 ,半径为 r 处纤维的捻幅为 P'_0 ;图 9-2(b)表示股线加捻时形成的捻幅,表层纤维的捻幅 P_1 ,距 O_2 点 R 处的捻幅为 P'_1 ;图 9-2(c)表示单纱捻幅和股线加捻(将上述两点重叠,即 $R = r + r_0$)后的捻幅为 P_x ,则有下面的关系:

$$P_x = P'_0 - P'_1$$

因为:

$$P'_0 = P_0 \frac{r}{r_0} \qquad P'_1 = \frac{r_0 + r}{2r_0} P_1$$

则:

$$P_x = P_0 \frac{r}{r_0} - P_1 \frac{r_0 + r}{2r_0}$$

将 $R = r + r_0$ 代入上式,可求得:

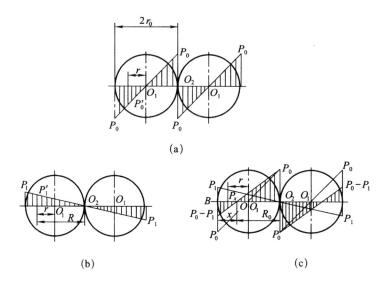

图9-2 双股线反向加捻时捻幅变化

$$P_x = \frac{R}{2r_0}(2P_0 - P_1) - P_0 \qquad (9-1)$$

在 B 点，$R=2r_0$，则综合捻幅 $P_B = P_0 - P_1$；在 O_2 点，$R=0$，则综合捻幅 $P_{O_2} = -P_0$，即股线中心的捻幅与单纱捻幅相同。

当某点的捻幅为零（此点称为捻心），即 $P_x = 0$ 时，则：

$$R = \frac{2r_0 P_0}{2P_0 - P_1} = R_0$$

即图9-2(c)中 O 点就是捻心。

双股纱反向加捻能使内外层纤维的捻幅差异减小，如图9-3所示。由式(9-1)知，当 $P_1 = 2P_0$ 时，$P_x = -P_0$，即 $O_2 B$ 线上各点捻幅相等，如图9-3(a)所示，由于股线中各纤维的受力均匀，强力利用系数达到最高，即股线的强力最高。此时，股线和单纱捻系数的关系可推导如下。

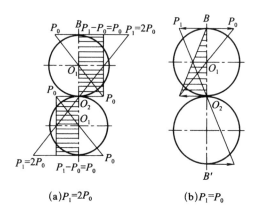

(a)$P_1 = 2P_0$ (b)$P_1 = P_0$

图9-3 双股线反向加捻时捻幅分布

由第七章第二节知：$\tan\beta = P$，$\tan\beta = 2\pi rT$，则：

$$P = 2\pi rT \tag{9-2}$$

当 $P_1 = 2P_0$ 时，代入式（9-2）有：

$$2\pi r_1 T_1 = 4\pi r_0 T_0$$

式中：r_1，r_0——股线与单纱的半径；

T_1，T_0——股线与单纱的捻度。

即：

$$2\pi r_1 \frac{\alpha_1}{\sqrt{Tt_1}} = 4\pi r_0 \frac{\alpha_0}{\sqrt{Tt_0}}$$

式中：α_1，α_0——股线与单纱的捻系数；

Tt_1，Tt_0——股线与单纱的线密度，tex。

又由于 $r_1 = 2r_0$，和 $Tt_1 = 2Tt_0$，则：

$$\frac{\alpha_1}{\sqrt{2Tt_0}} = \frac{\alpha_0}{\sqrt{Tt_0}}$$

即：

$$\alpha_1 = \sqrt{2}\alpha_0 \approx 1.414\alpha_0$$

双股线反向加捻时，且当股线的捻系数为单纱捻系数的 $\sqrt{2}$ 倍时，双股线的强力达到最大。同样可以推导出，在三股线反向加捻捻系数中，也是当 $P_1 = 2P_0$，即 α_1 为单纱捻系数 α_0 的 $\sqrt{3}$ 倍时，强力最好。

当 $P_1 = P_0$ 时，股线表面的捻幅为零，股线中心的捻幅为 P_0，如图 9-3（b）所示，此时股线表面的纤维平行于轴向排列，光泽最好，手感最柔软。股线和单纱捻系数的关系可推导如下。

双股线时，由上可知：

$$2\pi r_1 T_1 = 2\pi r_0 T_0$$

即：

$$2\pi r_1 \frac{\alpha_1}{\sqrt{Tt_1}} = 2\pi r_0 \frac{\alpha_0}{\sqrt{Tt_0}}$$

又由于 $r_1 = 2r_0$ 和 $Tt_1 = 2Tt_0$，则：

$$\frac{2\alpha_1}{\sqrt{2Tt_0}} = \frac{\alpha_0}{\sqrt{Tt_0}}$$

即：

$$\alpha_1 = \frac{\sqrt{2}}{2}\alpha_0 \approx 0.707\alpha_0$$

双股线反向加捻，且当股线的捻系数为单纱捻系数的 $\sqrt{2}/2$ 倍时，双股线的光泽和手感达到最好。同样可以推导出，在三股线反向加捻捻系数中，也是当 $P_1 = P_0$，即 α_1 为单纱捻系数 α_0 的 $\sqrt{3}/2$ 倍时，股线的光泽和手感最好。

（三）双股纱同向加捻时股线捻幅的变化

双股纱同向加捻时，股线捻幅变化的分析方法与反向加捻相同，只是股线加捻的方向与反向加捻时相反，故只需改变式（9-1）中 P_1 的符号即可得综合捻幅 P_x，如图 9-4 所示。

$$P_x = \frac{R}{2r_0}(2P_0 + P_1) - P_0 \tag{9-3}$$

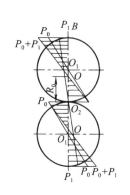

图 9-4 双股线同向加捻时捻幅变化

在 B 点, $R = 2r_0$,则综合捻幅 $P_B = P_0 + P_1$;在 O_2 点, $P_{O_2} = -P_0$,同理捻心为:

$$R_0 = \frac{2r_0 P_0}{2P_0 + P_1}$$

由式(9-3)可知,当 $R < R_0$ 时,股线 P_x 为负值,且随 R 的增大而逐渐减小;当 $R > R_0$ 时, P_x 为正值,且随着 R 的增大而增加。小于 R_0 处的综合捻幅较单纱原有的捻幅小,大于 R_0 处的综合捻幅较单纱原有的捻幅大。因此,内外层纤维的捻幅差异很大,其应力与变形的差异很大,外层纤维的捻幅增加,股线的手感较硬。

二、合股加捻对股线性质的影响

股线的性质与单纱物理性能、股线合股数、捻向、加捻强度等有关。当单纱物理性能确定后,合股数、捻向和加捻强度就是影响股线性质的主要因素。总体来说,股线的性能比单纱有了明显的改善。

(一)降低条干不匀

按并合原理, n 根单纱并合后,其条干不匀率降低到原来的 $1/\sqrt{n}$ 倍,但合股各自分离,外观仍能分辨出各股的条干水平。捻合成股线后才能起到并合的效果,有时甚至外观的股线条干比理论计算的更好些,因为纱上的粗节或细节总有部分隐藏在芯腔里面,外观不易察觉。

(二)增加强力

n 根单纱并合后未经加捻的强力一般达不到原单纱强力的 n 倍,见表 9-1,这是因为各单纱伸长率不可能一致,伸长率小的应力较集中的缘故。但股线是一个整体,且条干比较均匀,在加捻过程中,原有的纤维扭曲程度和各纤维间的受力不均衡可以得到改善,并增大纤维和纱线之间的捻合压力,从而提高了抗断裂性能,所以股线的强力常超过组成它的单纱强力总和,一般双股线中的单纱平均强力是原单纱强力和的 1.2～1.5 倍(增强系数),三股线的增强系数为 1.5～1.7 倍。增强系数决定于捻度大小、捻向、单纱的线密度、加捻方法和捻合股数等。股线捻系数对股线强力的影响如图 9-5 所示。

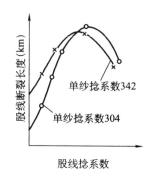

图 9-5 股线捻系数与强力关系

图中标注:单纱捻系数 342；单纱捻系数 304；纵轴:股线断裂长度(km);横轴:股线捻系数

表 9-1 不同并合数时的单纱强力利用率

并合数	1	2	3	4	5
单纱强力利用率(%)	100	92.5	86.8	81.3	76.5

(三)弹性及伸长率变化

当股线反向加捻时,由于外层纤维捻幅减小,伸长稍有下降。随捻系数增加,当 $P_1 > P_0$ 时,

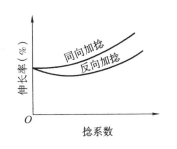

图9-6 股线捻系数与伸长关系

外层纤维捻幅开始增加,故伸长又开始增加。当股线同向加捻时,纤维平均捻幅随捻系数增加而增加,所以股线的伸长也增大,且在数值上比反向加捻时大,如图9-6所示。

(四)增加耐磨性

在加工过程中,纱线的耐磨性主要表现在轴向运动时,纱线与机件接触的耐磨程度。由于股线条干均匀、截面圆整,与各种导纱器、综筘等的摩擦较小,对股线织物,即使表面纤维局部磨损,但由于其结构紧密,仍有一定强度,因此,织物有较好的耐磨性能。

(五)光泽和手感改善

股线的光泽与手感,取决于股线表面纤维的倾斜程度。股线表面纤维捻幅越大,光泽越差,使股线发硬;反之股线光泽越好,手感也柔软。

纱线的光泽与表面纤维的轴向平行程度有关。单纱捻度越大,纤维的轴向倾斜越大,纤维受到的应力也越大,向内压紧程度越大,则光泽越黯淡、手感越硬。反向加捻可以使股线表面纤维的轴向平行度提高,向内压紧程度减小,从而改善股线的光泽和手感。

同时股线条干均匀、截面圆整、表面光洁,同样可使外观和光泽获得改善。由上面的分析可知,如 α_1 与 α_0 适当的配合,可以使股线的光泽和手感得到更好的改善。

第三节 棉纺后加工

一、工艺流程

根据产品要求和用途不同,有不同的后加工工艺流程。

(一)单纱的工艺流程

管纱 → 络筒 → 成包

(二)股纱的工艺流程

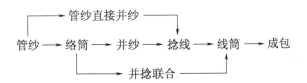

(三)较高档股线的工艺流程

管纱 → 络筒 → 并纱 → 捻线 → 线筒 → 烧毛 → 成包

根据需要,可进行一次烧毛或两次烧毛。有时需定形,一般在单纱络筒后或股线线筒后进行。

（四）缆线的工艺流程

所谓缆线是经过超过一次并捻的多股线。第一次捻线工序称为初捻，而后的捻线工序称为复捻，如多股缝纫线、绳索工业用线、帘子线等，一般多在专业工厂进行复捻加工。

二、络筒

（一）槽筒式络筒机

1. 组成及工作过程 见录像9-1，槽筒式络筒机主要由张力与清纱装置、打结与捻接装置、卷绕机构、防叠装置、断纱自停装置和传动装置组成。

槽筒式络筒机的工艺流程如图9-7所示，纱线自管纱1上退绕下来，经导纱器2、圆盘式张力装置3，穿过清纱器4的缝隙，再经由导纱杆5和断头探纱杆6，通过槽筒7的沟槽引导，卷绕到筒子8上。其中各导纱器用来改变纱线前进方向，并对其施加一定张力；张力装置是对纱线附加张力的主要器件；清纱器用来清除纱线杂疵；断头探纱杆则依靠纱线张力保持平衡位置，不使断头自停装置起作用。当纱线断头时，探纱杆失去纱线压力而上升，断头自停装置抬起筒子托架，使筒子脱离槽筒表面，停止卷绕。槽筒一方面摩擦传动筒子回转，另一方面依靠其表面的沟槽引导纱线，使纱线均匀、逐层地卷到筒子上。另外，为了保证接头质量，此类络筒机，有的也安装了空气捻接器。

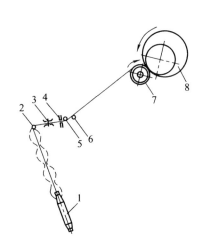

图9-7 槽筒式络筒机工艺流程

2. 工艺参数选择

（1）卷绕线速度。络筒机卷绕线速度主要取决于以下因素。

①纱线粗细：纱线较粗时，卷绕速度可快；纱线较细时，卷绕速度则要降低。

②纱线原料：卷绕速度与纱线原料有关，且不同的纤维材料应选择不同的卷绕线速度。

③管纱卷装的成形特征：对卷绕密度高的及成形锥度大的管纱，络筒速度应低些；卷绕密度较低的及卷绕螺距较大的管纱，则络筒速度可提高。

④纱线的喂入形式：对绞纱、筒纱和管纱三种喂入形式，络筒速度相应由低到高。

一般普通槽筒式络筒机的卷绕线速度为500～700m/min。络筒机对卷装容量要求达到一定的卷绕直径及卷绕密度，并力求均匀一致。槽筒式络筒机采用电子计长装置按定长方式络筒，采用电子清纱器的络筒机，其计长功能也可以在清纱器上完成。定长设定范围一般小于600000m。

（2）张力。络筒张力一般根据卷绕密度进行调节，同时应保持筒子成形良好，通常为单纱强力的8%～12%。在络筒机上靠调整张力装置的有关参数来变化络筒张力，这与具体的张力装置型式有关。各锭的张力装置及张力参数调整的一致性十分重要，以保证各筒子的卷绕密度和纱线弹性的一致性。

（3）清纱设定。采用电子清纱装置时，可根据后道工序和织物外观质量的要求，将各类纱疵的形态按截面变化率和纱疵所占的长度进行分类，并在上机时对相应的数据进行设定，具体的方法与电子清纱装置的型号有关。机械式清纱装置的清纱功能和效果都较差，只适应对清纱要求不高的纱线品种，仅在一些普通络筒机上应用，上机时按纱线直径来调整纱线通过的缝隙尺寸。

3. 品质控制　经过络筒后，纱线表面结构将发生变化。要力求减少对纱线条干变异系数（CV）与频发性纱疵（细节、粗节、棉结）及毛羽的不利影响，同时还要显著减少偶发性纱疵（长、短粗节与长细节、双纱）。对筒子纱的质量考核可参考乌斯特公报。

（二）自动络筒机

1. 组成及工作过程　见录像9-2，自动络筒机主要由车头控制箱、机架、络纱锭及其包含的电子清纱器和捻接器、自动络筒机、电脑系统、气流循环系统等部分组成。如图9-8所示，纱线自管纱上退绕下来，经过气圈控制器1（稳定管纱退绕张力）、前置清纱器2（检查纱疵）、纱线张力装置3、捻接器4、后置电子清纱器5（检查捻结）、切断夹持器6、上蜡装置7、捕纱器8和导纱槽筒9后卷绕在筒子上。

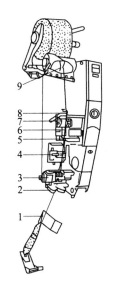

图9-8　自动络筒机工艺流程

2. 工艺参数选择

（1）卷绕线速度。800～1500m/min。

（2）卷装容量。可按定长或定直径方式进行络筒，以达到所要求的卷装容量。自动络筒机卷装的定长误差应小于2%，卷装的定直径误差应小于1%。

三、并纱（线）

（一）并纱（线）机

并纱（线）工序的任务是将两根单纱在相同的张力下合并在一起，为捻线做好准备；并纱（线）机上的清纱装置可除去单纱上的飞花、棉结、粗节和其他杂质，从而使股线外观光洁匀整；并纱（线）机还可将容量较小的筒子卷绕成容量较大的筒子，便于后道工序加工。

1. 组成及工作过程　见录像9-3，并纱（线）机按其卷绕成形装置的构造不同，通常可分为急行往复式、槽筒式等几种。目前，国内采用的多为槽筒式并纱（线）机，其主要由卷取、成形、防叠、断头自停和张力装置等部分组成。

槽筒式并纱（线）的工艺过程如图9-9所示。纱管2插于机架两侧的铁锭1上，单纱通过导纱杆3、张力装置4、断头自停装置5、导轮6、导纱杆7，然后由槽筒9的沟槽导引经摩擦传动交叉卷绕在筒管8上。

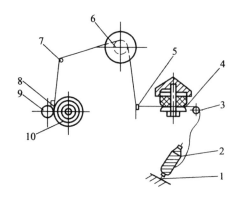

图9-9 槽筒式并纱(线)机工艺过程图

2. 工艺参数选择

(1)卷绕线速度。并纱(线)机卷绕线速度与并纱的线密度、强力、纺纱原料、单纱筒子的卷绕质量、并纱(线)股数、车间温湿度等因素有关。

(2)张力。并纱(线)时,应保证各股单纱之间张力均匀一致,并纱筒子成形良好,达到一定紧密度,并使生产过程顺利。并纱(线)张力与卷绕线速度、纱线强力、纱线品种等因素有关,一般掌握在单纱强力的10%左右。

(3)品质控制。并纱(线)筒子质量要求除与络筒相同之外,还需保证并纱股数正确,各股单纱张力均匀一致,没有分纱现象。

(二)高速并线机

1. 组成 高速并线机主要由卷取、导纱、清纱、张力、断头探测、切纱、夹纱等装置组成。

2. 工艺过程 高速并线机的工艺过程如图9-10所示,喂入单纱筒子1放在搁架上,在纱筒之间装有隔纱板。纱线由筒子退绕后,经过气圈控制器2、导纱器3,穿过清纱器4、纱线张力装置6、断头探测器5、切纱与夹纱装置7,由支撑罗拉10支撑,并由导纱装置8导向卷绕成筒子9。

高速并线机普遍采用定长自停、空气接头、变频电机直接传动、变频防叠等技术,以生产质量较高的并线。

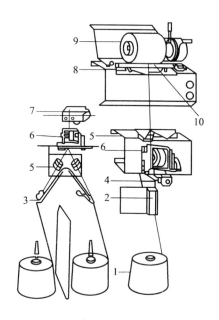

图9-10 高速并线机工艺过程图

四、捻线

(一)环锭捻线机

1. 组成及工作过程 见动画视频9-1,一般环锭捻线机主要由喂纱机构(包括筒子架、横动装置、罗拉等部件)、成形机构、加捻卷绕和升降机构(包括叶子板和导纱钩、钢领和钢丝圈、锭子和筒管、锭子掣动器、锭带和滚筒等部件)等机构组成。除无牵伸机构外,与环锭细纱机各机构的作用及部件机构基本相同。

捻线机的工艺过程如图9-11所示,左边纱架为捻线专用,喂入并纱筒子;右边纱架为并捻联合用,喂入圆锥形筒子。以右边纱架来介绍其工艺过程。从圆锥形筒子轴向引出的纱,通过导纱杆1,绕过导纱器2进入下罗拉5的下方,再经过上罗拉3与下罗拉5的钳口,绕过上罗拉3后引出,并通过断头自停装置4穿入导纱钩6,再绕过在钢领7上回转的钢丝圈,加捻成股线后卷绕在筒管 8 上。

2. 工艺参数选择

（1）锭子速度与下罗拉转速。

①锭子速度一般在 8000 ~ 12000r/min。纺中特线时，锭子速度较快；纺粗特线、特细特线和涤纶线时，速度较慢。根据股线捻系数及锭子速度可计算出下罗拉转速，下罗拉转速一般在 60 ~ 120r/min。

②低捻线的锭速一般比正常线低，以降低断头及减少纱疵。

③同向加捻（SS 或 ZZ）的锭速比反向加捻（ZS）的锭速低。

（2）捻向、捻系数。

①捻向：纱一般采用 Z 捻，股线采用 S 捻。

②纱线捻比值：纱线捻比值为股线捻系数与单纱捻系数的比值，捻比值影响股线的光泽、手感、强度及捻缩（伸），不同用途股线与单纱的捻比值不同。

（二）倍捻机

1. 组成及工作过程 见动画视频 9 - 2，倍捻捻线机的工艺过程如图 9 - 12 所示，并纱筒子置于空心锭子中，纱线 1 借

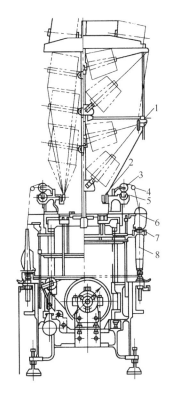

图 9 - 11 环锭捻线机工艺过程

助于退绕器 3（又叫锭翼导纱钩）从喂入筒子 2 退绕输出，从锭子上端进入纱闸 4 和空心锭子轴 5，再进入旋转着的锭子转子 6 的上半部，然后从储纱盘 8 的纱槽末端的小孔 7 中出来，这时纱在空心轴内的纱闸和锭子转子内的小孔之间进行了第一次加捻，即施加了第一个捻回，已经加

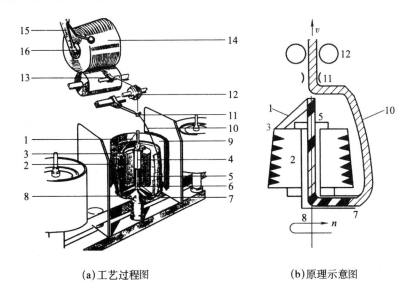

(a)工艺过程图   (b)原理示意图

图 9 - 12 倍捻机工艺过程图及原理示意图

了一次捻的纱线,绕着储纱盘 8 形成气圈 10,受气圈罩 9 的支承和限制,气圈在顶点处受到猪尾形导纱钩 11 的限制。纱线在锭子转子及猪尾导纱钩之间的外气圈进行第二次加捻,即施加了第二个捻回。经过加捻的股线通过超喂辊 12、横动导纱器 13,交叉卷绕到卷绕筒 14 上。卷绕筒 14 夹在纱架 15 上两个中心对准的圆盘 16 之间。

2. 工艺参数选择

(1)锭子转速。锭子的转速和所加捻纱的品种有关。一般情况下棉纱线密度与捻线机锭速的关系见表 9-2。

表 9-2　棉纱线密度与锭速的关系

纯棉纱线密度(tex)	7.5×2	9.7×2	12×2	14.5×2	19.5×2	29.5×2
锭子转速(r/min)	10000~11000	10000~11000	8000~10000	8000~10000	7000~9000	7000~9000

(2)捻向、捻系数。股线捻向、捻系数的选择可参见环锭捻线机工艺配置。由于卷绕交叉角不同,将对股线加捻产生一定的影响,因此,在机器设定捻度时,需要对所需捻度进行修正。

(3)卷绕交叉角。卷绕交叉角与筒子成形有很大的关系。常用的交叉角为 14°32′、18°8′和 21°24′,一般 18°8′交叉角用于标准卷装,21°24′交叉角用于低密度卷绕的低捻线,理论上交叉角由往复频率确定。从机械的角度看,最大的往复频率为 60 次/min,而且根据经验,纱速设在 70m/min 以下,断头率较低。

(4)超喂率。变换超喂率链轮,改变卷绕张力,可以对卷绕筒子的密度进行调节。但是纱线在超喂罗拉上打滑时,即使超喂率设定得再大,卷绕张力仍不能有效地下降。因此,卷绕张力还可以通过改变纱线在超喂罗拉上的包角,有效地利用纱线与超喂罗拉的滑溜率来加以控制。

(5)气圈高度。气圈高度指从锭子加捻盘到导纱杆的高度,气圈高度减小,其张力亦减小,反之增大。但是气圈张力太小,气圈就会碰击锭子的储纱量,造成纱线断头;反之,气圈张力太大,也会使纱线断头率上升。所以气圈高度必须根据纱线品种进行调整。

(6)张力。一般短纤维倍捻机的张力器均为胶囊式,即通过改变张力器内弹簧可以调节纱线的张力。不同品种的纱线加捻,需要不同的张力。适宜的纱线张力可以改善成品的捻度不匀率和强力不匀率,并可降低断头率。

张力调整的原则是在喂入筒子退绕结束阶段,纱线绕在锭子上储纱角保持在 90° 以上,如图 9-13 所示。

3. 股线品质控制

(1)重量偏差与重量不匀率。细纱的重量偏差和重量不匀率是股线重量偏差和重量不匀率的基础。在细纱重量偏差一定的情况下,影响股线重量偏差的主要因素是捻缩(伸),其次是络筒、并纱的伸长以及倍捻机卷绕张力过大。

股线的捻缩与细纱、股线的捻度、捻向、捻比有关。

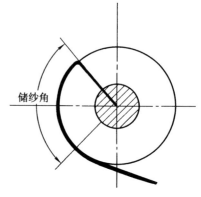

储纱角

图 9-13　储纱角示意图

同向加捻时,捻缩率较反向加捻时大得多,且捻缩率越大,纺出股线越重,此时应适当减轻细纱重量,以保证股线重量符合要求。股线反向加捻时,捻度比较小,易产生捻伸,纺出股线重量偏轻,此时应适当加重细纱重量。

络筒、并纱时的张力大小和速度直接影响并纱筒子伸长率的大小,因此降低股线重量不匀率的措施除控制细纱重量不匀率以外,还应使络筒、并纱机上的张力和速度一致。

倍捻机在卷绕时,尤其是在生产低捻线时,如果卷绕张力过大,加捻过的股线在长期放置或运输的过程中,由于应力的释放,纤维产生滑移,引起股线伸长。

(2)捻度与捻度不匀率。降低股线的捻度和捻度不匀率,有利于改善股线的强力和强力不匀率。需重点控制单纱的短片段不匀,降低整机的锭速差异和纱线强力差异,同时还要提高操作水平,防止断头和接头时产生的强捻或弱捻。

(3)强力与强力不匀率。按照国家标准,纯棉股线的断裂强度要比单纱提高20%左右,股线的强力和强力不匀率除同单纱质量有关外,在捻线机上应控制以下几个方面。

①适当选择单纱与股线的捻比值:减少单纱捻度而增加股线捻度对提高股线的强力有利。

②钢丝圈重量适当加重:可以提高股线强力。

③均衡并纱张力:并纱的张力不匀,在股线加捻时,张力小的一根单纱会缠绕在张力大的一根单纱周围,形成"螺丝线",从而影响其强力。尤其在反向加捻时,位于中心的单纱产生退绕,从而使股线强力降低。采用并捻联合机生产的股线强力略有降低。

五、蒸纱

蒸纱的目的是对纱或线进行定捻,以稳定纱、线的结构,利于后道加工。

1. 定捻原理 在纺纱中因加捻而变形的纤维,由于纤维本身的抗扭力矩,只要纱线处于松弛状态,必然力图回缩并解捻。为使捻回得到稳定,生产上采用的方法是对纱线进行湿热处理,即蒸纱。棉纺中,对强捻纱、股线以及弹性回复性大的合成纤维如涤纶或涤棉混纺纱等,一般都采用蒸纱定捻,毛纱中则普遍采用蒸纱定捻。图9-14为卧式蒸纱锅。

2. 工艺参数选择 蒸纱的工艺参数主要是蒸纱温度和蒸纱时间。一般对于捻度大或同向捻的纱,蒸纱时间应长些,温度应高些;对于细特纱,蒸纱时间应长些,温度应高些;对于合股纱,蒸纱时间应长些;纯毛纱的蒸纱时间可短些,一般毛纱的蒸纱温度为80~85℃,时间为25~35min,涤纶纱的蒸纱温度和时间应高些和长些。少数情况下采用两道蒸纱。

3. 品质控制 为了保证生产上对蒸纱的质量要求,即保证纱线捻回稳定、色光不变和强力损伤小,必须注意下列事项。

图9-14 卧式蒸纱锅

（1）根据纱线品种，掌握好蒸纱的工艺参数：温度和时间。

（2）同批纱线，应采用同一种工艺和操作法。

（3）蒸纱机内不同部位的纱管及纱管内外层都要均匀蒸透。

（4）出机的纱管表面不能有露滴。

（5）蒸纱后，应在室内通风处，存放 16～24h 再用。

六、烧毛

纱线的烧毛是利用火焰和机械摩擦的方法去除纱线表面的结粒和毛羽，使纱线表面光滑、洁净，有光泽。

目前，烧毛主要是在绢纺中用得较多。有关烧毛的内容，可详见第十二章第七节。

☞ 思考题

1. 什么是捻幅？什么是捻心？若二股反向加捻，其合股捻系数与单纱捻系数关系怎样时，股线获得的强力最高？并画出综合捻幅图。

2. 简述合股加捻对股线的影响。

3. 写出产品要求和用途不同时，所采用的棉纺后加工的各种工艺流程。

4. 写出络筒机（槽筒式及自动式）的主要组成及工艺过程。简述其主要工艺参数作用及选择和质量控制。

5. 写出棉型并线机（普通及高速）的主要组成及工艺过程。简述其主要工艺参数作用及选择和质量控制。

6. 写出棉型捻线机（环锭及倍捻）的主要组成及工艺过程。简述其主要工艺参数作用及选择和股线质量控制。

第十章　毛纺

本章知识点

1. 了解原毛选毛、开毛、洗毛、炭化除杂技术。

2. 了解羊毛含杂成分和性质,开毛、洗毛与炭化除杂的原理和工艺。

3. 毛纺各机台的组成、工艺过程和主要工艺参数作用及选择。

4. 毛纺各机台与棉纺机台的异同点。

5. 毛纺制品的质量控制。

第一节　羊毛原料的初加工

从绵羊身上剪下的羊毛(套毛或散毛)夹带有各种杂质,这种羊毛不能直接投入毛纺生产,通常称作原毛。原毛中含杂的种类一般可分为两大类,一类是生理夹杂物,如羊毛脂、羊毛汗等;另一类是生活环境杂物,如草刺、茎叶、沙土等。

原毛首先需经过选毛,然后再采用一系列机械与化学的方法(主要包括开毛、洗毛、炭化等),除去原毛中的各种杂质,使其成为符合毛纺生产要求的、比较纯净的羊毛纤维,也称洗净毛。

选毛是根据产品质量要求,对不同质量的原毛进行分选,做到经济合理地使用原料。开毛是利用机械方法将羊毛松解,除去其中大量的砂土杂质,给洗毛创造有利条件。洗毛是利用机械与化学相结合的方法,除去羊毛脂汗及黏附的杂质。烘毛是用热空气烘燥羊毛,除去洗净毛中过多的水分,使其达到规定的回潮要求。对于精梳毛纺来说,经过这样初步加工所得到的洗净毛,就可直接进入毛条制造工序。粗梳毛纺一般需经过炭化工序。炭化是利用化学与机械的方法,除去洗净毛中包含的植物性杂质,使梳理和纺纱过程得以顺利进行。

羊毛的初加工流程如下:

精纺:选毛→开毛→洗毛→烘毛→洗净毛

粗纺:选毛→开毛→洗毛→烘毛→炭化(含草净毛→浸酸→轧酸→烘干和烘烤→轧炭和除炭→中和→烘干)→炭化净毛

一、开毛

(一)选毛

羊毛的品质不但随羊种、牧区气候环境以及饲养条件不同而不同,而且同一只羊身上不同部位的羊毛的品质亦不相同。

为了合理使用原料,对进厂的原毛(套毛或散毛)必须用人工按不同的品级进行分选,这一工作称作羊毛分级,也称选毛,其目的是合理地调配使用原料,在保证并提高产品质量的同时,贯彻优毛优用的原则,尽可能降低原料成本。

(二)开毛

1. 开毛机简介　开毛机是原毛初步加工设备之一,位于洗毛机之前,主要作用是对原毛进行开松除杂,以提高洗涤效果。开毛要在尽量减少纤维损伤的前提下,将毛块开松成松散的毛束,尽可能多地清除其中的土杂,减轻清洗工序的负担,为后面的加工创造有利条件,开毛机的开松和除杂作用是同时实现的。开毛机有单锡林、双锡林和多锡林等类型,尤以三锡林为典型。

三锡林开毛机的组成如图 10-1 所示。原毛由喂毛机均匀铺在喂毛帘 1 上,输送给喂毛罗拉 2。为防止缠绕,在下罗拉处安装一铲刀 10。羊毛在喂入罗拉的握持下,接受第一开毛锡林 3 的打击开松。被开松的毛块随锡林的回转气流前行,进而依次接受第二锡林 4 和第三锡林 5 的撕扯打击,并在离心力的作用下撞击尘格 8,尘杂通过尘格上的孔眼落在输送帘 9 上,从而达到清除部分土杂的效果。在三个锡林之间转移的毛块,受到的是自由状态下的开松打击。经过开松除杂的羊毛被吸附到尘笼 6 上,部分细杂通过尘笼孔眼被风力吸走。而松散的毛块则由输出帘 7 输出,进入下一道喂毛机。

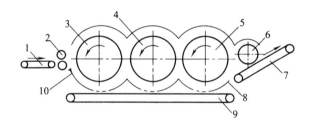

图 10-1　三锡林开毛机

2. 影响开松除杂的因素与质量控制　影响开松除杂作用的因素如下。

(1)开毛锡林。锡林的转速,锡林上角钉的形状、密度及植列方式等都对开松效果有影响。

①锡林转速:它的转速越高,打击羊毛和分离杂质的作用越强,但也越易损伤纤维。在三锡林和多滚筒式开毛机上,锡林转速是随开松的逐步深入而逐渐提高的,同时角钉排数逐个减少,以减小纤维的损伤。

②角钉植列形式:角钉植列形式一般有单螺纹形、双螺纹形、双轴向人字形和平行交叉形四种,如图 10-2 所示。角钉植列的原则是保证喂入毛层在宽度方向上无遗漏地获得开松打击的机会,这就要求角钉在锡林任意一根母线上的投影是一条连续线。

③角钉的形状及密度:开毛角钉的形状取决于被加工羊毛的特点与避免损伤纤维的需要,因此,角钉呈锥状,截面有椭圆形和圆形两种,采用的钉距多为 50mm。三锡林开毛机上的角钉排数随羊毛的逐步开松而相应减少,使其对纤维的作用逐步缓和。

(2)尘格的结构与尺寸。开毛锡林的下方装有尘格,尘格由许多彼此平行且具有一定间距

(a)　　　　　　(b)　　　　　　(c)　　　　　　(d)

图 10 - 2　锡林上角钉分布图

的尘棒所组成。目前,开毛机上多采用圆形截面尘棒,尘棒直径多为 8mm。尘棒间距一般为 8 ~ 12mm,可根据加工羊毛的长度和含杂程度来调节,羊毛长、含杂多,间距应大些。尘格和锡林间的隔距应随羊毛长度和喂入量而定,喂入量多、毛块大、毛纤维长,隔距应大些,一般为 12 ~ 25mm。

(3)气流。开毛锡林高速回转产生的气流可带动已开松的毛块向前运动,使其进一步接受开松机件的作用,同时也使部分毛块撞击在尘格上而除去一部分杂质。开毛机上装有尘笼,使开松毛块紧贴在尘笼上,并从中吸走一部分细小杂质。因此,掌握好气流,使用好尘笼、尘格,对提高除杂效果和改善劳动环境十分重要。

(4)喂毛罗拉的压力及其与锡林的隔距。喂毛罗拉的压力大,对毛块的握持作用强,开松作用好,但对纤维的损伤也大。若压力不足,开毛锡林会拉出整团的毛块,对开松不利。锡林与喂毛罗拉间的隔距小,开松作用强,纤维损伤大,且制成率低。

二、洗毛与炭化

(一)洗毛

羊只在生长过程中,由于自身代谢作用产生的分泌物和长期野外生活而夹杂的沙土、植物性杂质,加上为区分羊群所做的印记以及医病用的药物等,使得原毛中含有多种杂质,必须经过洗毛工作,才能获得符合质量要求的洗净毛。

洗毛的方法主要有乳化法和溶剂法,后者设备、加工费用昂贵,现在生产中基本不使用。乳化洗毛法根据原料性能的差异,需采用不同的处理工艺,但洗涤原理及设备基本相同。

1. 羊毛含杂　羊毛上的杂质主要有羊毛脂、羊汗、沙土、草杂和羊粪。

(1)羊毛脂的成分和性质。

①羊毛脂成分:羊的皮肤内分布着丰富的脂肪腺,羊毛脂是脂肪腺的分泌物。随着羊毛的生长,脂肪腺的分泌物也就不断黏附于纤维的表面,它的存在和含量对羊毛纤维性能有影响。原毛含脂的多少,取决于羊的品种、羊毛的类型及羊的生活环境、饲养条件等因素。在供纺织用的动物纤维中,绵羊毛含脂量最高,为 5% ~ 25%。

羊毛脂的组成极为复杂,是数十种化合物的混合物,它不同于一般的油脂,其组分中不含甘油酯,主要是高级脂肪酸和高级一元醇及其酯类的复杂混合物。

②羊毛脂性质:

a.羊毛脂不溶于水,能溶于憎水的非极性溶剂,如四氯化碳、乙醚等。这种性质是溶剂洗毛方法产生的依据。

b. 羊毛脂中的高级脂肪酸遇碱能产生皂化作用,生成肥皂溶于水中。但是,高级一元醇遇碱不能皂化,所以,洗毛时单纯用碱不能将羊毛脂洗净,必须用洗剂并采用乳化的办法才能去除羊毛脂。

c. 羊毛脂的颜色为浅黄色至褐色,熔点为 $37 \sim 45℃$,所以,在常温下羊毛脂为黏稠状物质,洗毛温度应高于羊毛脂的熔点。

d. 羊毛脂比水轻,相对密度为 $0.94 \sim 0.97$。

e. 羊毛脂的化学性质常以酸值、碘值、皂化值及不皂化物来表示。

最近的研究指出,羊毛脂中包含易氧化的羊毛脂和不易氧化的羊毛脂两部分。不易氧化的羊毛脂容易洗除,而易氧化的羊毛脂则不易洗除。国产羊毛的碘值一般比外毛高,所以必须采用较高的温度、较多的洗剂、较长的洗涤时间,才能较好地将羊毛脂乳化,以达到洗净羊毛的目的。

(2)羊汗的成分和性质。

①羊汗的成分:羊汗是羊皮肤中汗腺的分泌物,其含固物主要为盐。羊汗的含量随羊品种、年龄等而不同。一般细羊毛含汗量低,粗羊毛含汗量高。在羊汗的成分中含有无机酸钾盐和脂肪酸钾盐。

②羊汗的性质:羊汗易溶解于水,尤其是溶于温水,因此在羊毛洗涤过程中很容易去除。羊汗溶液中的碳酸钾遇水后水解生成氢氧化钾,可以皂化羊毛脂中的游离脂肪酸,生成钾皂,有利于洗毛。所以,在洗毛机的浸渍槽中,虽不添加任何洗涤剂和助剂。但由于羊汗的作用,也能洗除一部分羊毛脂。

2. 乳化洗毛原理 羊毛上黏附脂汗和土杂的性质各异,要去除这些物质,必须根据所含脂汗和土杂的性质,采用一系列化学的方法,并伴随机械的作用才能做到。

羊汗可以溶于水,并且可以与较易皂化的脂肪酸起皂化作用,生成钾皂溶于水中;洗毛时所加的碳酸钠也可以皂化部分脂肪酸。但是洗毛时单纯靠碱与油脂的化学变化是不够的,因为一方面去杂不净,另一方面,即使已进入洗液中的土杂也还可能再黏附在羊毛上。因此,必须采用洗剂并利用物理和机械的作用,才能达到洗净羊毛的目的。乳化洗毛主要是指这种方法的洗净作用。

(1)原毛的去污过程。欲将羊毛上的脂汗和土杂等去除,首先要破坏污垢与羊毛的结合力,降低或削弱它们之间的引力。因此,去污过程的第一阶段是润湿羊毛,使洗液渗透到污垢与羊毛联系较弱的地方,降低它们之间的结合力,这个阶段称作引力松脱阶段。第二阶段为污垢与羊毛表面脱离,并转移到洗液中去。这主要是由于洗剂的存在以及机械作用的结果。第三阶段为转移到洗液中的油脂、土杂稳定地悬浮在洗液中而不再回到羊毛上去,防止羊毛再沾污。这要求所用洗剂溶液必须具有良好乳化、分散、增溶、起泡沫等作用。最后再经清水冲洗,即得到洗净毛。通过高倍显微镜观察,羊毛去污的动态过程如图 10 – 3 所示。

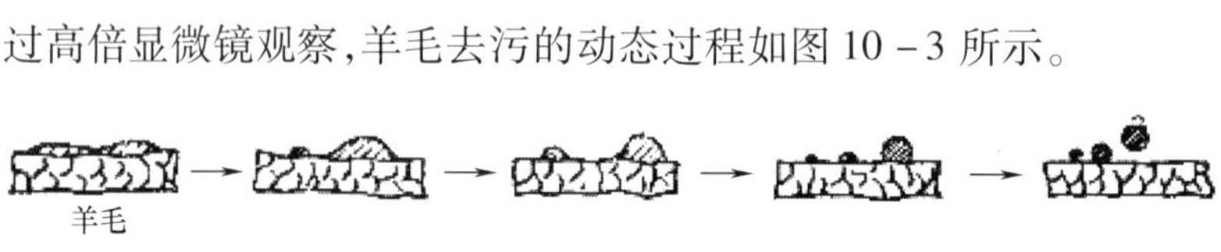

羊毛

图 10 – 3　羊毛去污的动态过程

总之,洗涤是一个十分复杂的化学、物理、机械作用过程,它是洗涤剂降低洗液表面张力和界面张力以后产生的润湿、渗透、乳化、分散和增溶等一系列作用以及羊毛表面扩散双电层与羊毛脂、杂质表面扩散双电层间相互作用的综合结果,而机械作用则是脂杂与羊毛最终分离必不可少的手段。

(2)乳化洗毛工艺过程。乳化洗毛工艺过程包括开松、除杂、洗涤、烘干等。洗涤可分为浸渍、清洗、漂洗和轧水等加工程序。乳化洗毛工作一般在开洗烘联合机上进行,该机主要由开毛、洗毛、烘毛三部分组成,中间以自动喂毛机连接。羊毛从喂入到输出都是连续进行的,其中洗毛部分有若干个洗毛槽(见动画视频 10 - 1),每只洗槽中洗液的温度、加入助剂的种类和数量各不相同,以适应不同的工艺要求。如图 10 - 4 为 LB023 型洗毛联合机示意图。

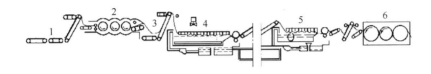

图 10 - 4 LB023 型洗毛联合机示意图

1,3—B034 - 100 型喂毛机 2—B034 - 100 型三锡林开毛机 4,5—B0352 - 100 型五槽洗毛机的
第一、第五槽(第二、三、四槽图中未画出) 6—R456 型圆网烘干机

3. 洗净毛的质量要求 经过开毛、洗毛加工后的羊毛称为洗净毛。洗净毛质量好坏与毛条质量、制成率的关系极为密切。目前,洗净毛质量以洗净后的羊毛含油脂率、回潮率、含残碱率为保证条件;以含土杂率、毡并率为分等条件,以其中最低一项的品等为洗净毛的等级。洗毛过程中一定要保持羊毛本身固有的弹性、强力、色泽等特性,使洗净毛洁白、松散、手感不腻不糙,并符合表 10 - 1 的质量要求。

表 10 - 1 洗净毛的质量要求

品种	等级	含土杂率 (%) ≤	毡并率 (%) ≤	油漆点、 沥青点	洁白松 散度	含油率(%)		回潮率 (%)	含残碱率 (%)
						精纺	粗纺	允许范围	≤
同质毛	1	3	2	不允许	比照标样	0.4 ~ 0.8	0.5 ~ 1.5	10 ~ 18	0.6
	2	4	3	不允许	比照标样	0.4 ~ 0.8	0.5 ~ 1.5		
异质毛	1	3	3	不允许	比照标样	0.4 ~ 0.8	0.5 ~ 1.5	10 ~ 18	0.6
	2	4	5	不允许	比照标样	0.4 ~ 0.8	0.5 ~ 1.5		

(二)烘干

从洗毛机压水辊出来的洗净毛,一般含有 40% 左右的水分,这样的湿毛不便于储存和运输,也不能进行后续加工,因此必须进行烘干。

1. 烘毛的目的和要求 烘毛的目的是在不损伤羊毛纤维品质的前提下,使羊毛含水率降低到符合生产要求的水平。各地区温湿度条件不同,烘干羊毛的出机回潮率一般控制在 16% ±

3%范围内。烘毛过程要尽量做到烘毛均匀一致。

2.烘干机的结构与干燥过程 烘干机的干燥方式一般有如下三种。

(1)烘筒干燥。羊毛直接与蒸汽加热的金属烘筒表面接触,由烘筒表面将热传给羊毛,使毛中的水分汽化,从而羊毛得到干燥。

(2)热风干燥。主要利用热空气对流传热达到干燥目的。热空气吹向湿羊毛表面,使其中的水分汽化,从而羊毛得到干燥。

(3)红外线干燥。利用辐射传热达到干燥目的。辐射线被干燥物吸收而转化为热量,使其中的水分汽化,羊毛得到干燥。红外线干燥设备较复杂,还没有在烘毛中得到广泛应用。

3.影响羊毛干燥速度的主要因素

(1)羊毛的性质和状态。羊毛属于吸湿性材料,在烘干过程中大部分时间处于等速干燥阶段,但因为羊毛松散程度不一,其间水分的扩散速度不同,从而影响了干燥速度。所以在烘干之前,应尽量提高羊毛的松散程度来提高烘干效率。

(2)干燥介质的状态。干燥介质(热空气)的状态包括温度、相对湿度、流速以及与羊毛接触的情况等,它们均能影响干燥速度的大小。

(三)炭化

1.炭化的目的与方法 羊在草原放牧中常黏附各种草籽、草叶等植物性杂质,它们有的在加工过程中易于去除,有的与羊毛紧密纠缠在一起,不易去除,会给后道加工增加困难。因此,必须在羊毛初步加工过程中设法将草杂除去。

去草有机械和化学两种方法。机械去草法由于去草不彻底,对纤维长度损失较大,同时产量也低,所以,此方法在初加工中很少采用。通常用的是化学去草方法,即炭化。

在粗梳毛纺中常对含草杂多的羊毛用硫酸和助剂处理。

2.炭化原理 酸虽然对羊毛纤维也有破坏作用,但相对于草杂而言,羊毛纤维更耐酸,所以可以利用这一特性,用酸处理含草杂的羊毛纤维,从而达到去除草杂的目的。

(1)酸对植物性杂质的作用。植物性杂质就其本质来说是纤维素物质,其分子式为$(C_6H_{10}O_5)_n$。在炭化过程中,采用的是稀硫酸,但经高温烘焙后,酸液变浓,可以将植物性杂质脱水成炭:

$$(C_6H_{10}O_5)_n \xrightarrow[H_2O]{H_2SO_4} n \cdot 6C$$

实际上,炭化后的草杂并非全部变成炭质,未完全炭化的草杂,经烘焙后会变成易碎的物质,它们在机械作用下易于除掉。破坏不同草杂所需最小含酸量见表10-2。

表10-2 草杂炭化所需最小含酸量

草杂类别	麻丝	草叶	螺丝草	草籽	麦壳草	绿色草籽
破坏草杂最小含酸量(%)	2.1	2.2~2.5	2.5~3	2.7~3	3.5~4	3.5~4

从表10-2可以看出,有的草籽在含酸量达4%时方可变为硬脆的物质。实际上,在正常工艺条件下有些大草籽如苍籽,很难炭化,因此,对含大草籽多的羊毛,最好在炭化前采用手工

摘除的方法,否则炭化将达不到预期效果,而大草籽被轧碎后,分布面积反而扩大,对产品更为不利。

(2)酸对羊毛的作用。羊毛角质的结构十分复杂,其分子侧链上有酸性基和碱性基,所以它具有与酸和碱两者结合的能力,即羊毛是两性电解质,或称作两性化合物。

羊毛的酸性基和碱性基在数量上和电离程度上并不相同,其中酸性基占优势。在某一pH 时,羊毛上正负电荷相等时,即其吸收的氢离子和放出的氢离子相等,此时溶液的 pH 称为"等电点"。羊毛的等电点为 pH = 4.2 ~ 4.8,即当 pH≤4.2 时,羊毛开始与酸结合(吸收氢离子)。在 pH = 1 时,吸酸量最大,这时,羊毛结合的酸量称作饱和吸酸量,100g 羊毛能吸收0.04 ~ 0.05mol 的酸。酸与羊毛角质中的氨基以盐式键结合,且这一反应可逆,当用水洗和中和时,这一部分酸可以去掉,且对羊毛无损伤。所以,饱和吸酸值是炭化工艺中决定工艺条件的一个很重要的参考值。

羊毛经酸处理后,其化学性质中最显著的变化是与碱的化合能力增强,酸性染料染色性能降低,缩绒性降低等。在物理性质上表现为强力变化,一般来讲,如果酸的浓度过大,或其他工艺条件不合理,纤维强力降低。因此,在羊毛炭化时,必须严格控制炭化工艺条件。

3. 炭化工艺过程及炭化质量检验

(1)散毛炭化工艺过程。此工艺常用于粗梳毛纺,使用散毛炭化联合机,主要有以下几个阶段。

①浸酸、轧酸:使草杂吸收足够的硫酸溶液以利炭化,但要尽量减少羊毛的吸酸量,轧去多余酸液。

②烘干与烘焙:去除水分,脆化草杂。

③轧炭、打炭:粉碎炭化了的草杂,用机械及风力将其从羊毛中除去。

④中和:清洗并中和羊毛上的硫酸。

⑤烘干:烘去过多的水分,使纤维达到所要求的回潮率。

各工序的作用和要求分别如下。

浸酸、轧酸:浸酸、轧酸一般用稀硫酸,有 2 只槽,第一槽为浸渍槽,浸湿羊毛,用活水加浸润助剂如拉开粉、平平加等,使羊毛吸水均匀。第二槽为浸酸槽,酸液浓度为 32 ~ 54.9g/L,视洗净毛品种、含杂量与酸液温度而不同。酸液温度为室温,浸酸时间约 4min。轧酸、浸酸槽出来的羊毛经两对轧辊轧去多余酸液。

烘干和烘焙:烘干和烘焙是植物质炭化的主要阶段,在烘干过程中,水分蒸发,硫酸浓缩,在高温烘烤过程中植物质炭化。为保护羊毛,先将羊毛在较低温度下预烘,一般为 65 ~ 80℃,再经 102 ~ 110℃的高温烘烤,这时因硫酸浓缩,植物质脱水成炭,因而羊毛损伤较小。若将含酸的湿羊毛直接进行高温烘烤,则会造成羊毛角质的严重破坏,形成紫色毛,含水越多破坏越大。

轧炭、打炭:轧炭、打炭是使羊毛通过 12 对表面有沟槽的轧辊,粉碎已炭化的草杂质。各对轧辊速度逐渐加快且上下轧辊速度不同,所以,羊毛和草杂质受到轧和搓的作用,使炭化的草杂质被粉碎并经螺旋除杂机排除。

中和：要求先用清水洗，后用碱中和羊毛上的残余硫酸。中和工序使用3只槽，第一槽为清洗槽，洗去羊毛上附着的硫酸；第二槽用纯碱中和羊毛中化学结合酸；第三槽用清水冲洗羊毛上的残碱。

最后轧去羊毛中水分并烘干：此工序后遂成为除去草杂质的炭化净毛。

（2）炭净毛的质量检验。炭净毛的质量对原材料的消耗、成品的质量有不可忽视的影响，一定要做到手感蓬松，有弹性，强力损失小，清洁而富有光泽，色白不泛黄。不同质量的含草羊毛经炭化后，应符合表10-3的质量要求。

表10-3　炭净毛质量要求

类　别	含草杂率（%）	含酸率（%）		回潮率（%）		结块发并率（%）	含油脂率（%）
		等级	标准	标准	范围		
16.7tex以下（60支以上）外毛	0.05	1	0.3~0.6	16	8~16	3	—
17.2tex以上（58支以下）外毛	0.04	1	0.3~0.6	16	9~16	3	—
1~2级国毛	0.07	1	0.3~0.6	15	8~15	3	—
3~5级国毛	0.05	1	0.3~0.6	15	8~15	3	—
16.7tex以下（60支以上）精梳短毛	0.15	1	0.3~0.6	16	9~16	—	0.4~1.2以内
17.2tex以上（58支以下）精梳短毛	0.10	1	0.3~0.6	16	9~16	—	0.4~1.2以内
1~2级国毛短毛	0.20	1	0.3~0.6	15	8~15	—	0.4~1.2以内
3~4级国毛短毛	0.10	1	0.3~0.6	15	8~15	—	0.4~1.2以内

第二节　梳理前准备

羊毛经过初加工后，所含的杂质有了显著的减少，但表面油脂的减少又使纤维直接暴露，且烘干使得导电本身就差的羊毛纤维更容易在梳理时产生静电。因此，梳理前准备的主要任务就是松散纤维、给油加湿，以保证梳理时的顺滑并减少纤维损伤。

一、和毛机简介
（一）和毛机组成及工艺过程

和毛机是毛条制造中和毛加油设备之一，其主要作用是开松与混和。和毛机主要由喂入部分、开松部分及输出部分组成（见动画视频10-2），如图10-5所示。

1. 喂入部分　喂入部分包括喂毛帘1、喂毛罗拉3和压毛辊2，也有在喂毛帘前安装自动喂毛机

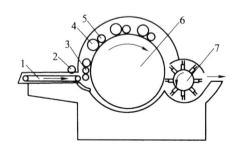

图10-5　和毛机示意图

的。原料由人工或自动喂毛机均匀铺放在喂毛帘上,随着喂毛帘的运动,原料被送入一对装有倾斜角钉的喂毛罗拉。

喂入机构的主要作用是定时、定量、均匀地喂入原料,喂毛罗拉对原料有一定的握持、撕扯作用,压毛辊对原料有一定的平整、压实作用。

2. 开松部分 包括一个大锡林 6、三个工作辊 4 与三个剥毛辊 5。这些部件上都装有鸡嘴形角钉。大锡林抓取并携带喂毛罗拉喂入的原料,与工作辊、剥毛辊进行开松、混和。

开松机构的作用过程和原理如下:高速回转的大锡林上的角钉将喂毛罗拉握持的原料撕开、扯松。此处的撕扯力和打击力比较强烈,为防止损伤纤维,应合理选择隔距和速比;锡林与工作辊之间发生的是扯松作用,工作辊角钉的倾斜方向与其转向相反,锡林与工作辊互相交叉的角钉对纤维进行撕扯和分配。每次分配中,工作辊抓取的纤维随辊转过 1/4 转后,即被剥毛辊剥下,转交给锡林,再与后续的纤维汇合,进行下一步的处理,使原料得到相当有效的开松及混和。

3. 输出部分 道夫 7 是输出部分的主要部件,其表面均匀分布、安装有八根木条,其中四根木条上装有交错排列的一排角钉,另外四根木条上装有一排角钉和一排皮条。道夫将开松后的原料输出机外。

输出机构的作用和原理如下:道夫角钉插入锡林针隙,便于抓取和分离锡林上的纤维束,由于道夫速度较高,间隔排列的四排皮条起到打击和刮取纤维的作用,还利用其产生的较大气流,将开松后的纤维输出机外。

(二)和毛加油的质量控制

和毛工序的质量指标有回潮率和均匀度。均匀度包括混料成分均匀、色泽均匀、加油均匀。为保证和毛质量,应注意以下三个方面。

(1)要求混料中各种纤维的松散程度基本一致,染色纤维应预先开松一次。

(2)对原料种类多、色泽多或原料种类少、比例差异大的采用假和方法。即需先对一部分原料进行预混合。例如,当各组分的比例差异很大时,通常是用比例很少的组分与比例很大的组分中的一部分先初步混合,再将该混合原料与其他部分混合。

(3)严格控制混料加油水量的均匀度。

二、给油加湿

羊毛表面覆盖着鳞片,纤维有卷曲,相互间有一定的摩擦力和抱合力。在梳理过程中,羊毛既要克服自身间的摩擦力,还要承受对其他物件的摩擦力、压缩力、张力等作用,这些力可能导致羊毛鳞片、弹性受损。张力、摩擦力过大时,纤维就有可能被拉断。为了减少纤维损伤,保护纤维长度,减少静电,必须降低摩擦力,通常要在混料中加入一定量的和毛油(乳化液)。所加的和毛油是一种润滑剂,它能使纤维具有较好的柔软性和韧性,使羊毛在受力时不易被拉断,且不易产生静电。

(一)和毛油

和毛油由润滑剂(油剂)、乳化剂、柔软剂、集束剂、抗静电剂等组分经过乳化搅拌而成。

其中最主要成分是润滑剂(油剂),在和毛油中的含量最高(除水以外),常用的油剂有矿物油、植物油,如锭子油、蓖麻油等。其次是乳化剂,必须具有良好的乳化性能,应根据和毛油采用的润滑剂类型和毛纺工艺的使用要求,从各类乳化剂系列或阴阳离子和非离子表面活性剂中选择乳化剂。柔软剂、集束剂、抗静电剂等是为提高和毛油的质量和使用效果而添加的。毛纺企业使用的和毛油可以自行配置,也可以购置商品和毛油,使用时按需要的油水比例配成乳化液。

(二)乳化剂

和毛用油必须经过乳化,使其成为极小的油粒均匀地分布在水中,制成乳化液,然后才能喷洒在羊毛上。能使一种液体(油)分成微小液滴($0.1\mu m$至数十微米)均匀地分散在另一种液体(水)中的物质,称作乳化剂。常用乳化剂有肥皂、油酸三乙醇胺(亦称氨基皂)、硫酸化油类、磺酸盐型表面活性剂、平平加、雷米邦、拉开粉BX等数种。

乳化剂的用量一般为被乳化物的2%~50%,如选用得当,可大大降低乳化剂的用量。一般可先用20%~30%的不同乳化剂作乳化平衡实验,选出乳化效果最佳的乳化剂,再逐渐减少其用量。

加油时,要求喷出的和毛油一定要成雾状,这样才能保证将油均匀地洒在混料上。

(三)加油量的确定

和毛油的用量,以纯油占加工原料重量(标准回潮率下)的百分比表示。加油量的多少,主要根据原料的性质及工艺要求而定,也要考虑洗净毛本身含油率(一般洗净毛的含油率在0.8%左右)。在不影响工艺过程正常进行和保证产品质量的条件下,加油量应尽可能小。粗梳毛纺厂一般加油量在1.5%~4%。

1. 掌握加油量的一般原则

(1)细羊毛鳞片多,卷曲大,需润滑的面积大,加油量比粗羊毛稍多,但毛细、弹性差的羊毛要少加油,毛粗而脆弱的要多加油。

(2)经过炭化或染过色的羊毛强力稍低,手感粗糙,要多加油。

(3)羊毛开松不良,毛块较多,应多加油,避免在梳理时易拉断纤维。

(4)马海毛的加油量应比细羊毛的少30%~40%。

(5)回用毛不需加油。

(6)化学纤维加油量要少加或不加油。

2. 粗纺混料加油水量 制造和毛油时,虽已加过一部分水,但在使用时还需进一步稀释,这样可保证混料上机的回潮率,同时减小油的黏度,扩大油的面积,使油粒更细、更均匀地分布在羊毛表面。一般当羊毛回潮率低或空气相对湿度小时,应多加些水;反之,加水量要少一些。粗纺梳毛粗纱的下机回潮率以18%为宜。在纺纱过程中,回潮率如果低于12%,会发生静电干扰,生产难以正常进行。在梳理过程中,水分还会挥发一部分(在两节锡林的梳毛机上,挥发原料含水的20%左右),但不宜太大,否则容易损伤原料及针布,同样影响生产的正常进行。表10-4为粗纺加油水量及梳毛上机回潮率的参考值。

表 10 - 4 粗纺加油水量及梳毛上机回潮率的参考值

原　料		加和毛油量（油水比1:3）	上梳毛机回潮率（%）		附　加
			弹性针布	金属针布	
羊毛	外毛15.625tex(64支)	4～5	30～35	20～24	—
	16.7tex(60支)	4～5	30～35	20～24	—
国毛	1～3级	3～4	30～33	20～24	—
	4～5级	4～5	30～33	20～24	硅胶溶液2%
毛黏混梳		按羊毛总量算	24～28	18～22	—
毛涤混梳		按羊毛总量算	20～25	18～22	抗静电剂0.5%～1%
纯黏纤		—	15～20	15～18	抗静电剂0.5%～1%
纯腈纶		—	—	6～8	喷雾,抗静电剂2%
羊绒		4～5	25～30	24	硅胶溶液1%～2%
羊毛与兔毛混纺		4～5	30～35	24	硅胶溶液1%～2%

注　1. 加入硅胶溶液能增加纤维间的抱合力,提高纺纱性能,但黏胶纤维不能用。

　　2. 和毛加油后,一般要储放 8h 以上再使用。

(四)和毛加油水量计算举例

设生产投料为1000kg,该批羊毛实际回潮率为15%,含油脂为0.6%,要求和毛后羊毛回潮率达到25%,含油率达2%,求需加油水量。

解:当回潮率为15%时,羊毛的含水率 $= \dfrac{15}{100+15} \times 100\% = 13\%$

即 1000kg 羊毛中共含水为:1000 × 13% = 130(kg)

除去水分后羊毛干重为:1000 - 130 = 870(kg)

当回潮率为25%时,870kg 羊毛应含水为:870 × 25% = 217.5(kg)

故羊毛尚须加水为:217.5 - 130 = 87.5(kg)

羊毛还需加油量为:1000 × (2% - 0.6%) = 14(kg)

如油水比为1:4,则14kg 油需水量为:14 × 4 = 56(kg)

乳化液重为:56 + 14 = 70(kg)

由上可知,1000kg 羊毛如要达到回潮率为25%,尚需加水 87.5kg,而制成乳化液需加水56kg,所以还需补充加水为:87.5 - 56 = 31.5(kg)。

第三节　梳毛

无论精梳毛纺,还是粗梳毛纺均使用罗拉梳理机处理羊毛等混料。这主要是利用梳毛机上包覆专用针布的锡林、工作辊、剥毛辊、道夫等机件间的分梳、剥取等作用来完成第四章第一节中所述的纺纱中梳理工序所承担的分解单纤维、均匀混合、成条等任务。梳毛机的有关原理与第四章所述的梳理原理是一致的,本节不再赘述。

一、精纺梳毛机

(一)组成

精纺梳毛机是典型的罗拉梳理机,主要由喂入、预梳、梳理及输出等四部分组成(见动画视频4-2),图10-6为B272型梳毛机,全机有两个胸锡林、一个主锡林、九个梳理工作区、无风轮,一只除草辊,三只打草刀。梳理及去草效果较好。

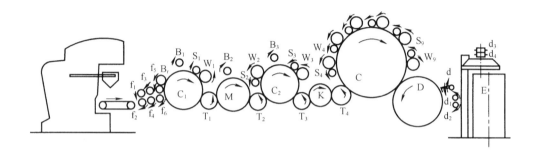

图10-6 罗拉梳理机工艺简图

(二)主要工艺参数作用及选择

1.隔距选择 梳毛机的隔距设计是否合理,对发挥梳毛机的梳理作用和提高梳毛机的产质量,都有着十分密切的关系。

(1)选择原则。同梳棉机及其他梳理机一样,梳毛机的隔距是指相互作用的两针面间的最小距离。梳毛机的隔距越小,针面梳理作用区的范围就越大,分梳就越充分。梳毛机上的隔距分为分梳作用区隔距和剥取作用区隔距。

(2)分梳作用区隔距的选择。梳毛机松解混料的任务,主要在分梳作用区完成。采用较小的分梳隔距,有利于加强分梳作用,并能达到降低毛粒含量的目的。但随着分梳隔距的减小,纤维在梳理过程中的断裂损伤有可能加剧。所以,确定隔距时,既要充分发挥松解混料的能力,又要使纤维损伤控制在允许范围之内。

隔距与原料的种类和性质有关。细而卷曲的羊毛,梳理比较困难,因此,应比粗羊毛采用更小的隔距,以加强梳理作用。

隔距还与原料的松解程度有关。羊毛在机内逐步被分梳,由大块变为小块再到纤维束,开始变化较快,之后变化逐渐减慢,应使其按照羊毛在梳毛机内前进的方向逐渐变小(且开始时变化较大,以后变化较小),以保证逐步加强梳理作用。

锡林和道夫之间的隔距,应小于靠近输出的工作辊与锡林之间的隔距,以实现逐步加强梳理,更充分地梳理纤维,并可促使更多的纤维由锡林向道夫转移。

第一胸锡林与前上喂毛罗拉针齿间的作用,是混料进机后遇到的第一个分梳作用区。这里喂入的毛层很厚,毛块也最大,隔距应是全机最大的地方,它对开松效果和纤维断裂损伤影响极大。只有调整得足够小,才能保证混料得到充分开松,但隔距过小,纤维断裂损伤严重,故应根据混料中纤维的长度、松散度、喂入量等因素加以确定。

(3)剥取作用区隔距的选择。剥取作用区的隔距应能使被剥取针面上的纤维全部干净地剥下,并使之转移到另一针面上去,但应防止因剥取不当造成缠毛和增加毛粒现象。

剥毛辊与工作辊之间的剥取作用,并不是在它们的中心连线附近发生的,而是沿其外切线进行的,因此,它们之间的隔距可以适当大些,且以能顺利剥取为原则。由后向前各剥毛辊的隔距可以由大逐渐变小,在同一锡林上也可以采用统一大小,最小应不小于0.38mm(15/1000 英寸),最大应不超过0.81mm(32/1000 英寸)。

斩刀和道夫之间的隔距,一般为0.25~0.38mm(10/1000~15/1000 英寸),采用金属针布时可更小些。

B272 型梳毛机的隔距配置举例见表10-5。

表 10-5 原料不同时 B272 型梳毛机各梳理机件间的隔距配置

单位:mm(1/1000 英寸)

原料 隔距部位	66 支以上细毛 或 3 旦涤纶、 锦纶及黏胶纤维	60、64 支及以上 较长的细毛或 3 旦 腈纶、5 旦黏胶纤维	60 支及以上 较长的细毛或 6 旦腈纶	半细毛及 三、四级毛	较粗长的半细毛及 三、四级毛
喂毛罗拉与第一胸锡林	2.18(86)	2.18(86)	3.28(129)	3.28(129)	3.28~5.59 (129~220)
第一工作辊与第一胸锡林	0.965(38)	1.7(67)	2.18(86)	2.67(105)	3.28(129)
第二工作辊与第二胸锡林	0.838(33)	0.965(38)	1.7(67)	2.18(86)	2.67(105)
第三工作辊与第二胸锡林	0.737(29)	0.838(33)	0.965(38)	1.7(67)	2.18(86)
第四工作辊与大锡林	0.686(27)	0.737(29)	0.838(33)	0.965(38)	1.217(48)
第五工作辊与大锡林	0.61(24)	0.686(27)	0.737(29)	0.838(33)	1.09(43)
第六工作辊与大锡林	0.533(21)	0.61(24)	0.686(27)	0.737(29)	0.914(36)
第七工作辊与大锡林	0.483(19)	0.533(21)	0.61(24)	0.686(27)	0.787(31)
第八工作辊与大锡林	0.432(17)	0.483(19)	0.533(21)	0.61(24)	0.66(26)
第九工作辊与大锡林	0.305(12)	0.381(15)	0.432(17)	0.483(19)	0.533(21)
道夫与大锡林	0.178~0.229 (7~9)	0.229(9)	0.305(12)	0.305(12)	0.305(12)
斩刀与道夫	0.229~0.381 (9~15)	0.229~0.381 (9~15)	0.381(15)	0.381(15)	0.381(15)

2. 速比选择 梳毛机的速比表示各工艺部件的速度要求及其相互配合的关系,它对梳毛机的产量、质量(如分解纤维程度和均匀混合作用等)有着决定性的影响。大锡林的速度是梳毛机的基本速度(一般是不变的),其他机件的速度都以此为基准而变化。

为了提高梳毛机的分梳效能,除了选择适当的隔距外,还要通过改变工作辊速度来获得适当的工作辊速比。在梳毛机喂入量不变的情况下,工作辊速度越小,它上面凝聚的毛层越厚,也就是工作辊速比越大时,分梳越强,且工作辊上的毛层越厚。相反,工作辊速度越大即速比越小时,工作辊上的毛层则越薄。因此,工作辊速比也称为凝聚倍数。在实际生产中,道夫变换齿轮和工作辊变换齿轮常根据以下原则选择。

(1)当梳理细羊毛时,应采用较小的道夫和工作辊变换齿轮,以加大速比,增加纤维受锡林钢针梳理的机会;当梳理粗羊毛时,可用较大的道夫和工作辊变换齿轮。

(2)当梳理化学纤维等较长纤维时,可用较大的道夫和工作辊变换齿轮,以减小速比,保护纤维长度少受损伤。

(3)当要求提高梳毛机产量以满足后工序需要时,可适当加大道夫和工作辊变换齿轮,以减小速比,减少毛层厚度。

(4)在毛条中的毛粒数量不超过规定时,应尽量减小速比,以减少纤维损伤,可采用较大的道夫和工作辊变换齿轮。

(5)对于抱合力较差的纤维,可采用较小的道夫和工作辊变换齿轮,以加大速比,避免工作辊上有毛网剥落的现象。

3. 出条重量的选择 不同类型的梳毛机,其出条重量不同。一般来说,细羊毛的条重可轻些,粗羊毛较重些;化学纤维条易梳的可重些,难梳的则轻些;使用金属针布时可重些,使用弹性针布时可轻些。

梳毛机的出条重量应视毛网的质量而定,以使毛网中的毛粒保持最少。降低喂入重量和出条重量,可使纤维获得充分梳理,减少毛粒。如果毛粒含量能保持在允许范围内,适当提高出条重量可以增加产量。梳毛机在各种不同原料时的出条重量见表 10-6。

表 10-6 各种原料出条重量

原料	细支毛	三、四级毛	黏胶纤维 [0.33tex(3旦)]	腈纶 [0.33~0.67tex(3~6旦)]	涤纶 [0.33tex(3旦)]
出条重量(g/m)	12~15	14~18	9~13	12~17	7~10

(三)质量控制

1. 精纺梳毛条质量指标 它的质量指标主要有毛网状态、毛粒含量、下机条单重偏差及回潮率。

2. 精纺梳毛条质量指标的影响因素

(1)毛网状态。毛网状态不良会对成纱的重量不匀、条干不匀有一定影响。影响毛网状态的主要因素有喂入原料的状态、梳理质量、机械状态等。一般应做到毛网清晰,纤维分布均匀,无破洞、破边和云斑。

（2）毛粒含量。毛粒含量会影响成纱的条干不匀、强力等指标。影响毛粒含量的主要因素有喂入原料状态、短纤含量、梳理质量及梳针锋利度等。一般应控制 15.625tex 以下（64 公支以上）细支毛条毛粒数不超过 30 个/g，16.67tex（60 公支）毛条毛粒数不超过 20 个/g。

（3）下机条单重偏差。下机条单重不符合设计要求会影响成纱的重量不匀、线密度、强力等指标。影响下机条单重偏差主要因素有原料喂入不匀、喂入不匀定量不准等。一般应控制条重差异在 ±0.5g 以内。

3. 质量控制方法　对精纺梳毛条的毛网状态、毛粒及下机条重偏差等指标的控制，应根据具体情况，针对性地采取保证机台完好率、梳理质量和掌握好上机混料的开松程度、回潮率及工作地温湿度，选择合理的上机工艺等措施加以保证。

二、粗纺梳毛机

由于粗梳毛纺和精梳毛纺在原料、工艺流程及对毛纱要求、产品风格等方面均存在差异，因而对梳毛机的要求必然有所侧重。粗纺梳毛机的特点如下。

（一）粗纺梳毛机的特点

（1）混合作用要求高。粗梳毛纺工艺流程短，梳毛机输出的粗纱直接喂入细纱机，不经精梳，也无多道针梳机的反复并和牵伸作用。因此，粗纺梳毛机生产的粗纱，其质量直接影响细纱，没有补救余地，因而，原料必须在梳毛机上混合充分。

粗纺梳毛机加工的纤维以散毛染色的居多，除了成分上的混合要求高外，对混色的要求也很高。所以，在粗纺梳毛机上不仅要加强纵向混合，还要考虑横向混合。前者除了保留使用部分弹性针布增加返回负荷外，还需增加机台的梳理点总数，即采用二联、三联、四联直至五联的梳理机来实现，后者则是在梳理机间加上一节或两节过桥装置，通过铺叠来达到。

（2）粗纱成条要求高。粗纺梳毛机的出条直接喂入细纱机，由于粗纺细纱机的牵伸倍数小，调节范围也小，为了保证成纱支数，梳毛机的出条不仅重量较轻，而且头数多（常有 80 根、120 根及 144 根等），头与头之间的差异要小，重量不匀小于 1%，这比单根出条的精纺梳毛机要求高得多，往往在粗纺梳毛机上不仅要有均匀喂入的喂入机构，而且也配有严格均匀的出条机构。

（3）梳理点多。为了彻底梳理纤维，同时增加混和均匀作用，粗纺梳毛机最少用两联，多则用三联、四联至五联，使梳理点成倍增加。

（4）预梳理部分清洁纤维作用差。由于粗梳毛纺大多使用炭化过的原料，大量草杂已经炭化去除，机械除草的负担比精梳毛梳的轻，故其除草机械也比较简单。

（二）组成与工艺过程

1. 组成　无论何种型号的粗纺梳毛机，其组成部分均可分为以下五个部分。

（1）喂入部分（见动画视频 10-3）。

（2）预梳理部分。

（3）梳理部分。

以上三部分与精纺梳毛机相应部分的作用基本相同。

（4）过桥部分。此部分位于两节梳理机之间，将上一节梳理机经道夫输出的毛网均匀混合铺层后再喂入下一节梳理机,以达到横向均匀混合的目的。

(5)出条部分(见动画视频10-4)。形成一定单位重量(0.5~0.05g/m)和一定形状的粗纱卷。便于运输和后道细纱机的喂入。

2. 工艺过程 以二联式粗纱梳毛机为例,如图10-7所示。首先经和毛加油的混料,送入自动喂毛机Ⅰ,定时定量地将混料经开毛角钉帘3、称毛斗6、喂毛帘7、喂毛罗拉8和开毛辊9,喂入预梳理机Ⅱ中。胸锡林10是预梳部分的主要机件,它与工作辊11以及剥毛辊12构成梳理单元,对混料进行初步的梳理,将大块纤维分解为小块或束状。随后通过运输辊13将混料转移给第一梳理机Ⅲ。第一梳理机的大锡林14和五对工作辊、剥毛辊对块状、束状纤维进行充分的梳理,使其成单纤维状,然后由经风轮15从大锡林针隙中起出,在风轮的两侧有上、下挡风辊16,风轮的下方是道夫17。凝聚到道夫上的毛层由斩刀18剥下形成毛网,经出毛帘19被送入过桥机构Ⅳ。毛网在过桥机上经铺毛帘20等机件的横、纵向铺层,解决毛网的横向不匀问题,同时也改进毛网的纵向不匀。出过桥机的毛网经过桥帘21,进入第二梳理机Ⅴ,接受第二大锡林23等机件的进一步。在进入第二梳理机之前,毛网还受到由第二胸锡林22等机件的预梳理。由道夫24输出的毛网被喂入成条机Ⅵ,在成条机中,毛网在割条轴25和皮带丝26的联合作用下被切割成若干个小毛带,经搓皮板27搓捻成光、圆、紧的小毛条(即粗纱)。由搓板间出来的毛条,穿过导纱架到达卷条滚筒28,由于滚筒的摩擦传动使毛条卷绕在滚筒上方的木轴上形成粗纱卷。

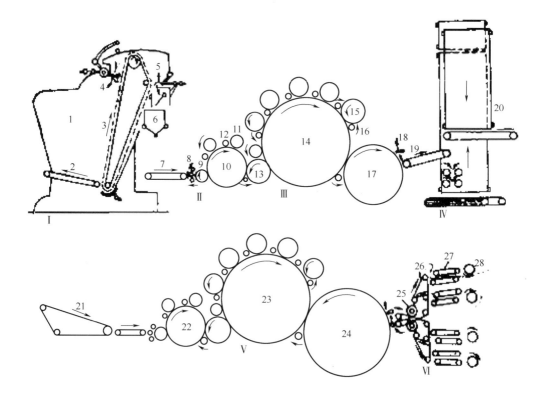

图10-7 二联式梳毛机示意图

(三)主要工艺参数作用与选择

1. 出条速度 各种梳毛机的出条速度不一定相同,目前国产机一般在 15~20g/min。

2. 出条重量 梳毛机的出条重量(g/m),决定于毛纱支数和细纱机的牵伸倍数,它们的关系是:

$$出条重量 = \frac{1}{毛纱支数} \times 细纱机牵伸倍数$$

在工厂里一般用毛条定重反映出条重量。所谓毛条定重是指每根毛条轴上全部毛条每米长的重量(边条除外),假使每根毛条轴上的毛条为 30 根,则毛条定重是出条重量的 30 倍。采用这个办法比较方便,而且比较准确。

3. 喂毛周期 喂毛周期是自动喂毛机每称毛一次的时间(一般在 20~60s),目前,在梳毛机上纺纱的喂毛周期短,为 30~40s,纺细特纱的喂毛周期长,为 50~60s。

4. 称毛斗每次喂毛量 其值可用下式计算:

$$q = k \times T \times n_w \times q_w$$

式中:k——系数,$k = 0.0267 \times (1 + 消耗率)$,其中消耗率决定于原料的含杂和回潮情况,一般为 10%~20%;

q——称毛斗每次喂毛量,g;

T——喂毛周期,s;

n_w——卷绕滚筒转速,r/min;

q_w——毛条定重,g/m。

5. 隔距选择

(1)工作辊与锡林。粗纺梳毛机的工作辊与锡林表面多包覆着弹性针布,其隔距选择原则与精纺梳毛机相同,一般工作辊与锡林的隔距是从喂入到出机方向逐渐减小。各节梳理机的隔距也是由大到小。各种型号梳理机加工各种原料时,隔距不完全一致,具体数据可参考有关资料(如《毛纺织染整手册》等)。

(2)剥毛辊与工作辊。它们之间为剥取作用,无考虑隔距差异的必要,可采用统一隔距,一般在 0.23~0.53mm。

(3)锡林与剥毛辊。它们之间也为剥取作用,一般在同一锡林上用统一隔距,在不同梳理机以及不同原料、不同粗细纱上,可稍有不同。基本上掌握在 0.23~0.53mm。

(4)风轮与锡林。它们间为提升作用,采用负隔距,一般用接触弧长来表示。弧长的大小,根据原料的种类和毛层的厚度确定。加工纯毛用 30~33mm,化学纤维用 27~30mm,纺较细特纱用 26~28mm。在同一梳理机上风轮与锡林的隔距,后车小些,前车可大些。

(5)锡林与道夫。它们之间实质上为分梳作用,可调节范围为 0.25~0.4mm。当斩刀速度大时,隔距可大些。

6. 速比

(1)工作辊速比。工作辊速比指锡林表面线速度与工作辊表面线速度之比,一般为 300~400。其值选择原则与精纺梳毛机相同,纤维在梳理机内的松解程度越好,速比应越小。一般后车的速比比中车小,中车速比比前车小,在同一梳理机上各工作辊速比是逐渐增大的。

（2）道夫速比。道夫速比是锡林表面线速度与道夫表面线速度之比，有时候直接用道夫的转数来表征（因为锡林速度一般是恒定的）。它与产量、梳理效能及混合均匀作用有关。由于道夫与锡林之间有强烈的分梳作用，故常用改变道夫速比来控制毛网中的毛粒数。道夫速比一般选用20～40倍，后车比前车大。

速比大小的确定还与隔距、负荷、原料状态有关。负荷越大，速比应越小；隔距偏小，速比也应小一点；净毛松散程度差，速比可大些。

（四）质量控制

1. 粗纱质量指标　粗纱质量指标为内控指标，各个企业有所不同，主要有粗纱重量不匀、毛网状态及疵点（大肚纱、并头、细节、色泽不匀等）。

2. 粗纱质量指标的影响因素

（1）粗纱重量不匀。粗纱重量不匀（包括纵向不匀和横向不匀）对成纱重量不匀、条干不匀及强力影响很大。影响粗纱重量不匀的主要因素有原料喂入不均匀、毛网分割不匀、喂入原料状态不良、梳理及混合质量等。一般其控制范围见表10－7。

表10－7　粗纱质量指标参考值

线密度（tex）	100以下	200～100	200以上
公支	10以上	5～10	5以下
纵向定重与标准差异（g）	±0.1	±0.15	±（0.2～0.3）
横向（单头）重量不匀（%）	小于3.5，单根重量与标准重量之差超过±4的，根数不多于20根（120头）［15根（80头）］		
毛网状态	10块黑板毛粒数小于20个为一级纱，20～30个为二级纱，超过30个为级外纱		
其他疵点	大肚纱、并头、细节、粗纱松软、色泽不匀等		

（2）毛网状态（以毛粒数考核）。毛粒的存在对成纱质量和后道工序正常运转有直接影响。影响它的主要因素有喂入原料状态、梳理质量、锡林负荷及机械状态等。一般其控制范围见表10－7。

（3）其他疵点。大肚纱、并头、细节、色泽不匀等疵点的存在会直接影响成纱条干不匀及强力等指标。影响其他疵点的主要因素有机械状态、操作态度、工艺调整等。

3. 质量控制方法　要使粗纱质量达标，应根据具体情况，采取针对性措施加以控制。这些措施主要是保证上机混料的质量、严格掌握上机工艺、保证机台完好、加强巡回和清洁工作。

第四节　毛纺精梳

毛、麻、绢等纤维的长度长，长度的离散性也很大，因此，为提高纤维的长度整齐度、改善可纺性，一般毛、麻、绢等长纤维的纺纱均采用精梳工艺。毛纺精梳的原理如第五章所述。

一、毛纺精梳前准备

毛纺精梳前的准备工序一般由 2~3 道针梳组成,国产设备采用 3 道针梳居多。毛纺精梳前准备工序及工艺详见本章第五节。

二、毛型精梳

(一)毛型精梳机组成及工艺过程

毛型精梳机主要由以下各部分组成。

(1)喂入机构。包括条筒喂入架、导条板、喂毛罗拉、托毛铜板、给进盒和给进梳等。

(2)钳板机构。包括上、下钳板和铲板。

(3)梳理机构。包括圆梳和顶梳。

(4)拔取分离机构。包括拔取罗拉、拔取皮板及上、下打断刀等。

(5)清洁机构。包括圆毛刷、道夫、斩刀及落毛箱等。

(6)出条机构。包括出条罗拉、喇叭口、紧压罗拉及毛条筒等。

毛型精梳机的工艺过程见第五章第二节。

毛型精梳机的四个工作阶段分别为圆梳梳理阶段、拔取前准备阶段、拔取、叠合与顶梳梳理阶段、梳理前准备阶段,其与棉型精梳机的基本相同,如第五章第三节所述。

(二)主要工艺参数作用及选择

1. 毛条的喂入根数与总喂入量 喂入毛条的根数与总喂入量,影响精梳锡林对喂入毛条的梳理效果、精梳后毛条的均匀度及精梳机的产量。在并合数不变时,适当增加毛条的喂入总量可提高精梳机的产量;当总喂入量不变时,增加毛条的并合数,有利于改善精梳后毛条的均匀度。B311 型精梳机喂入毛条的总根数不大于 20 根,毛条总喂入量不超过 200g/m。当梳理细羊毛及含杂草、毛粒较多的毛条或涤纶条时,喂入毛条量可偏轻掌握。

2. 喂入长度 在生产中,应根据原料的不同合理选择喂入长度,例如,当纺粗长毛时喂入长度可加大,纺细短毛时喂入长度可减小。一般精梳机的喂毛长度为 5.8~10mm。

3. 拔取隔距 在生产中,改变拔取隔距是调整落毛率和梳理效果的重要手段。当所纺毛纤维长度长时,拔取隔距大;纺细短毛纤维时,拔取隔距要小。一般所用的拔取隔距有 18mm、20mm、22mm、24mm、26mm、28mm、30mm 等规格,常用的有 26mm、28mm、30mm 三种。梳理粗长毛或黏胶纤维时,多用 28mm、30mm 两种;加工细羊毛时常采用 26mm。

4. 出条重量 精梳机的出条重量随着原料的不同而变化,一般为 17~20g/m,加工细羊毛时为 17~18g/m,加工粗长羊毛时为 19~20g/m。

5. 梳针规格 精梳锡林的梳针规格对梳理质量有较大影响,可根据原料不同分为粗毛用和细毛用两类,供选用;顶梳梳针规格也可根据原料的品种和细度而有所区别。

6. 搭接长度 分离纤维丛总长度 L 与分离纤维丛的纤维搭接长度 G 影响新、旧纤维丛的叠合,从而影响输出条的均匀度。为使输出精梳条的周期性不匀尽量小,搭接长度的范围一般为: $G = (3/5 \sim 2/3)L$。可根据工艺作进一步调节。

(三)毛精梳条质量控制

在精梳毛纺时,由于工艺参数设计不当和机械状态不良等原因,常产生一些精梳疵点,其原因分析如下。

1. 毛网正面毛粒和杂草多　产生原因主要包括以下几点。

(1)喂入负荷太大或喂入毛条重量不匀、毛层的厚薄不一,都会造成锡林梳理不良。

(2)梳理隔距太大或死区长度太长,部分毛丛无法与锡林梳针接触。

(3)开始梳理时,锡林与钳板钳口的位置调整不当,使部分毛丛漏梳;钳板毛刷的位置太高或不平齐,毛丛不能进入针隙;梳针残缺,针隙充塞、不清洁,使毛网梳理不透。

(4)拔取隔距太小或喂给长度过大,使毛丛的重复梳理次数不足等。

2. 毛网反面毛粒和杂草多　产生原因主要包括以下几个方面。

(1)顶梳的位置过高,梳针无法刺透毛网。

(2)顶梳抬起过早,毛丛尾部漏梳。

(3)顶梳不清洁,或顶梳梳针损伤。

3. 锡林梳针拉毛　产生原因主要包括以下几个方面。

(1)上、下钳咬合不严,对毛层握持不牢。

(2)喂入毛层厚薄不匀,使钳板横向握持不匀。

(3)喂入长度过大,锡林负荷太重。

(4)小毛刷位置太低,使纤维过分地深入锡林,增大了被梳纤维的受力。

(5)锡林表面有毛刺、伤针、缺针等。

4. 毛条条干不匀　产生原因主要有以下两种。

(1)拔取罗拉齿轮磨损,搭接周期调整不当,使毛丛接合不良。

(2)拔取皮板破损挂毛、厚薄不匀、表面太光滑,出条罗拉与拔取罗拉间张力过大。

三、条染复精梳

目前精梳毛纺产品生产中大量应用的还是匹染和条染两种染色方法。匹染工艺流程较短,成本低、效率高,但由于是成品染色,使染色产生的疵点不好弥补,并且颜色单一,只适合单色产品生产;条染则适合加工多色混合产品或混纺产品。可将不同成分、不同色泽的毛条按不同比例混合搭配,纺制色彩丰富、品种多样的精纺产品。条染的成纱条干均匀、疵点少,制成品混色均匀,光泽柔和,手感和内在质量都较高,因此,纺制多色纱或者色光要求严格的高档产品时,均采用条染复精梳工艺。

(一)条染复精梳工艺流程

条染复精梳的工艺流程依据工厂设备情况、所加工的原料及产品品种不同可灵活选择。色号少或混纺成分少的产品可经较短的加工工序,色号多或混纺成分多的产品应当选择较长的工艺流程。一般的条染复精梳设备配置包括毛条松毛团机、毛条染色机、脱水机、复洗机、混条机及精梳机等。工艺流程选择见表10-8。

表 10-8　条染复精梳工艺流程选择

使用机器			加工品种					
名称	卷装形式	配备设施	纯毛、纯黏、毛/黏(黏<30%)		毛/涤、毛/涤/黏、毛/黏(黏>30%)	涤/黏	纯涤	涤/腈
			混色	单色				
松毛团机	球进球出	—	√	√	√	√	√	√
毛球染色机	球进球出	—	√	√	√	√	√	√
脱水机	球进球出	—	√	√	√	√	√	√
复洗机	球进球出	烘干机	√	√	√	√	√	√
混条机	球进球出	加油装置	√	√	√	√	√	√
混条机	球进球出	加油装置	√	—	√	√	—	√
针梳机	球进球出	自调匀整	—	—	√	√	—	—
针梳机	球进球出	—	√	√	√	√	—	—
针梳机	球进筒出	—	√	√	√	√	—	—
精梳机	筒进筒出	—	√	√	√	√	√	√
针梳机	筒进球出	加油装置	√	√	√	√	√	√
针梳机	球进球出	自调匀整	√	√	√	√	√	√

精梳毛条在染色之前要绕成松式毛团,以便于毛条装入染缸和保证毛条染色质量,绕松式毛团一般都在针梳机上完成。松式毛团装入毛球染色机进行染色,然后经脱水进入复洗机洗去浮色和油污,同时加入适量和毛油和抗静电剂增加毛条的可纺性。烘干后的复洗毛条经混条机配色混合均匀,针梳机梳理顺直并变重后进行复精梳加工,主要作用是梳松和去除毡并,使纤维进一步平行顺直。复精梳后的毛条再经过两道针梳机的并合梳理,消除毛条的周期性不匀,完成条染复精梳的加工过程。

(二)条染工艺设计

为提高毛条染色均匀度、减少染色时间及便于毛团装入染色机的染缸芯轴,毛条在染色之前先经松毛团机绕成松式毛团,此项加工一般利用针梳机完成。根据所加工毛条的种类和性质确定松毛团机的隔距、加压、牵伸倍数及卷绕张力等工艺参数。如无特殊要求,其牵伸倍数可与喂入并合根数相等,即喂入和出条单重相同,只调整下机毛团重量和卷绕张力。下机毛团重量一般控制在 2.5~4.0kg,卷绕张力为正常卷绕张力的 1/2~2/3。

根据所染原料不同,条染分为常温染色和高温高压染色。常温染色用于染毛条、黏纤条、腈纶条和锦纶条等。高温染色用于染涤纶条或涤毛混梳条。

1. 羊毛条常温染色　羊毛条有许多种染色方法,如酸性染料、酸性媒介染料、络合染料等,其中酸性媒介染料使用较普遍。酸性媒介染料具有酸性染料的化学结构,又有媒介染料的结构特征。染料分子中既有水溶性基团,又有能和过渡金属离子络合的基团,经过染料上染和媒染剂处理,色毛条具有很好的耐湿处理牢度和耐日晒牢度,并且耐洗、煮、缩等湿整理加工。

（1）羊毛条染色处方举例见表10-9。

表10-9　羊毛条染色处方举例

染料及助剂	用量配比
酸性媒介染料	酌情确定
匀染剂OP	酌情确定
元明粉	10%
醋酸(98%)	1.5%～2.0%
红矾	染料用量的1/4～1/2及适量硫酸

（2）操作工艺。将毛团装入染色机的毛条筒中，套在多孔芯轴上，盖好筒盖；开动循环泵，升温至40℃，加入匀染剂、元明粉、醋酸及染料续染20min；缓慢升温(50～60min)至沸腾后续染45～60min；降温至60～70℃，加入红矾处理20min；再缓慢升温(15～20min)至沸腾后续染45～60min；降温后排去残液，加入冷水洗净浮色，出机。

2. 黏胶条常温染色　黏胶条可以用直接染料、活性染料或硫化染料染色。直接染料色牢度差，硫化染料色谱不全且不鲜艳，因此，一般多选用活性染料染黏胶条。毛型黏胶条的染色，应选择耐煮、耐缩、耐汽蒸牢度好的活性染料，常用的有X型、K型及KD型活性染料。染色过程分为染色、固色、皂洗及水洗。

（1）黏胶条染色、固色、皂洗处方见表10-10。

表10-10　黏胶条染色、固色、皂洗处方举例

染料和助剂	X型			K型			KD型		
染料(%)	1以下	1～3	3以上	1以下	1～3	3以上	1以下	1～3	3以上
氯化钠(g/L)	15～30	30～50	50～60	20～30	30～40	40～60	10	15～20	20～30
碳酸钠(g/L)	3～5	8～12	12～15	3～5	8～12	12～15	4～5	6～8	8～10
工业皂粉(g/L)	1.5～2			1.5～2			1.5～2		

（2）黏胶条染色工艺条件见表10-11。

表10-11　黏胶条染色工艺条件举例

温度、时间	X型	K型	KD型
染色温度(℃)	25～35	40～50	80～90
固色温度(℃)	40	80～90	90
固色时间(min)	30～40	30～40	30～40
皂洗温度(℃)	100	100	100
皂洗时间(min)	20～30	20～30	20～30

（3）黏胶条染色操作工艺见表 10 − 12。

表 10 − 12　黏胶条染色操作工艺举例

X 型	K 型	KD 型
①在室温加入染料溶液，运转 15 ~ 20min，加入氯化钠的 1/2，染 15min，加入另 1/2 氯化钠，续染 15 ~ 30min ②15min 升温至 40℃，缓缓加入碳酸钠溶液进行固色。染毕水洗、皂洗	①在 40℃加入染料溶液，染 15min，加入氯化钠的 1/2，染 15min，加入另 1/2 氯化钠，续染 30min ②50min 升温至 90℃，缓缓加入碳酸钠溶液进行固色。染毕水洗、皂洗	①在 40℃加入染料和氯化钠溶液，20min 升温至 90℃，续染 30 ~ 40min ②缓缓加入碳酸钠溶液进行固色。染毕水洗、皂洗 注　1. 染色、固色也可同时进行 　　2. 残液可以连染

3. 涤纶条高温高压染色　染涤纶条通常用分散染料染色法。由于分散染料的水溶性很差，并且涤纶结晶度高，结构紧密，吸湿性差，用常温染色方法上染率和染料吸附率很低。高温染色可提高上染速率和染料的吸附量。因此，生产中通常采用高温高压染色机，以 120 ~ 130℃的高温对涤纶进行染色加工，使条子吸色均匀、得色深，染后条子手感、光泽及可纺性都较好。

（1）涤纶条染色处方举例见表 10 − 13。

表 10 − 13　涤纶条染色处方举例

染料与助剂（%）	蓝	绿	藏青	棕	灰
分散红 3B	—	—	0.3	1.26	0.014
分散黄 RGFL	—	—	—	7.4	0.025
分散灰 N	—	—	1.0	2.07	—
分散蓝 GFLN	1.9	2	—	—	—
分散藏青 2GL	0.14	1.6	3.5	—	0.05
分散嫩黄 6GFL	—	0.42	—	—	—
分散青莲 BL	0.265	—	0.55	—	—
分散蓝 2BLN	—	—	—	—	0.225
扩散剂 N（g/L）	0.5	0.5	0.5	0.5	0.5
醋酸 98%（mL/L）	0.16	0.16	0.16	0.16	0.16
匀染剂 OP	0.2	0.2	0.2	0.2	0.2

（2）操作工艺。将涤纶条装入高温高压染色机，用 60℃清水处理 10min，溢去污杂；化解染料和扩散剂，配成溶液注入染缸；升温到 60℃，加入醋酸调节 pH 达 5 ~ 6，盖好染缸；加蒸汽升温到 130℃，缸内压力 2.74×10^5 Pa，续染 45 ~ 60min；关闭蒸汽，注入冷水降温至 80℃，打开排气阀，放空蒸汽，排掉残液，取出毛条。

（三）复洗工艺设计

复洗的主要作用在于毛条经染色后，纤维表面留有浮色。要经复洗洗去条子的浮色和油污，消除制条加工过程中形成的纤维内应力，消除静电，增加纤维伸直定型程度，提高条子的蓬松和滑爽程度,减少后道加工中纤维损伤,提高制成率。复洗工序通常为三槽。第一槽加入洗剂和助剂进行清洗,第二槽为清水槽,第三槽根据所洗的是毛条还是化学纤维条加入适量的和毛油或抗静电剂,并配以适量柔软剂。复洗工艺的各项主要工艺参数,如水温、洗剂和助剂的浓度、换水周期等,可根据原料的性质、浮色及油污含量和染后毛条状况酌情确定。工艺举例见表10-14。

表10-14 复洗工艺举例

复洗机机型	热辊烘干式			热风烘干式	
加工品种	羊毛	涤纶	黏胶纤维	腈纶	锦纶
第一槽	外毛:清水55℃;国毛:净洗剂(LS):1.5g/L;每小时追加:1.5g/L	清水55℃	净洗剂(LS):2~5g/L温度:55℃	清水55℃	清水55℃
第二槽	清水50℃	清水50℃	清水50℃	清水50℃	清水50℃
第三槽	清水55℃	匀染剂(O):5~10g/L;水化白油:5~10g/L;每班换水一次;温度:60℃	匀染剂(O):5~10g/L;水化白油:5~10g/L;每班换水一次;温度:60℃	匀染剂(O):5~10g/L;水化白油:5~10g/L;每班换水一次;温度:60℃	匀染剂(O):5~10g/L;水化白油:5~10g/L;每班换水一次;温度:60℃
回潮率(%)	16±3	<1.2	15±2	1~2	2~6

注 1. 浅色羊毛、黏胶条第一槽可不加洗剂,中、深色条可根据浮色情况适当增减洗剂用量。合成纤维条的第三槽助剂用量可根据加工要求增减。

2. 第三槽助剂应定时追加。追加方法可采用自动计量滴入或每班加3~4次。

(四)复精梳工艺设计

复精梳工序由混条、变重针梳、精梳、条筒针梳及末道针梳组成。混条机将复洗后的各种不同颜色、不同原料的条子,按产品要求的成分和颜色进行充分混合,并加适量和毛油,实际生产中,可根据混合成分和混色的复杂程度,选择混条的混合次数;变重针梳机将混条下机毛条梳理并改变单重和卷装形式,以适应精梳机的喂入和加工;精梳机对混合条进一步梳理顺直,去除前面加工中产生的毛粒、毡并、短毛及杂质等;条筒针梳机通过对条子的并合,消除周期性条干不匀,改善毛条结构,变条筒卷装为毛球卷装;末道针梳进一步并合梳理,并通过自调匀整调节,使毛条达到均匀状态。

1. 工艺流程选择 工艺流程确定原则如下。

(1)色号多的品种混合次数大于单色号品种。

(2)混纺成分多的品种混合次数应大于单一成分的品种或化学纤维混纺的品种。

(3)原料成分或颜色成分差异较大的混纺产品的混合次数应大于差异较小的品种。

一般工艺流程为:

混条 1~4 道→变重针梳→精梳→条筒针梳→末道针梳

工艺道数视加工品种和复杂程度选择增减。

2. 混条工艺

(1)混条设计。混条设计是根据产品要求和生产实际,选择各种纤维条的搭配混合。主要考虑纤维细度、长度、离散系数、颜色、混比等因素。既要满足产品风格要求,又要经济合理、便于加工。如纺纯毛细特纱,应选择较细的羊毛,保证纱线横截面合理的纤维根数,提高纱线强力,降低细纱断头率。如果几个批号的毛条混配,各批条子间纤维平均细度差异不能超过 1μm。纤维平均长度应在 70mm 以上,各批号条子之间纤维平均长度差异应小于 10mm。

加工混纺产品时,化学纤维的细度应比羊毛平均细度细,长度应比羊毛平均长度长。这样既可使羊毛纤维大多分布在纱线表面,体现羊毛的手感和风格,又使化学纤维藏而不露地弥补羊毛纤维的长度、线密度缺陷,既保证纺纱顺利,又提高了纱线强力和条干均匀度。搭配举例见表 10 – 15。

表 10 – 15　羊毛与化学纤维搭配举例

羊毛细度(品质支数 S)	化学纤维线密度[tex(旦)]	羊毛长度(mm)	化学纤维长度(mm)
70~80	0.22~0.28(2.0~2.5)	70	76
60~70	0.28~0.33(2.5~3.0)	80	90
50~60	0.33~0.56(3.0~5.0)	90	102

(2)混条方法。条染产品的混条要在复精梳之前完成,经复精梳和前纺多道混并梳理,达到色泽均匀、光色纯正的要求。匹染产品的混条主要是原料成分的混合均匀,在前纺工序完成。混条方法是指怎样将不同原料在混条机上一次或几次梳并、混合,达到既保证混合比例正确,又不留剩余的目的。一般以混配的各种毛条长度、单重、混合比例为依据,经计算和调配,分步骤进行混合。混条方法见第一章第三节的计算举例。

(3)混条加油量计算。混条加油量应根据毛条的含油率和纺纱加工情况而定。一般要求总含油率在 1%~1.5%。实际加入量应考虑飞溅分散的损耗。毛条总加油量和混条每分钟加油量分别按下列公式计算(可参见第一章第三节的计算举例)。

$$Q = (C - C_1) \times G \times F \qquad Q_1 = (C - C_1) \times V \times G_1 \times F$$

式中:Q——毛条总加油量,kg;

　C——要求含油率,%;

　C_1——已含油率,%;

　G——毛条总重,kg;

　F——油水比之和;

　Q_1——混条每分钟加油量,g;

　G_1——混条出条重量,g/m。

3. 复精梳的主要工艺参数选择　复精梳的主要工艺参数如各机台的喂入单重、并合根数、牵伸倍数、隔距及出条重量等,都应根据原料性质、设备状态、各机台的前后衔接及产品要求酌情确定。做到质优、高效、低消耗。复精梳工艺举例见表 10 – 16。

表 10 – 16　复精梳工艺举例

原料	设备流程	喂入重量（m/g）	并合根数	牵伸倍数	隔距（mm）	出条重量（m/g）
毛100%	混条(加油)	18	10	7.2	50	25
	混条	25	8	8	50	25
	混条	25	8	8	50	25
	变重针梳	25	3	7.5	45	10
	精梳	10	20	8	26	25
	条筒针梳	25	6	7.5	50	20
	末道针梳	20	7	7	50	20
毛45% 涤55%	混条(羊毛自混加油)	18	10	7.2	7.2	25
	混条	毛25 涤12	毛4 涤10	7.3	7.3	30
	混条	30	7	8.1	8.1	26
	变重针梳	26	3	7.8	7.8	10
	精梳	10	18	7.5	7.5	24
	条筒针梳	24	6	7.2	7.2	20
	末道针梳	20	7	7	7	20
涤50% 腈50%	混条	涤12 腈12	涤9 腈9	7.7	55	28
	混条	28	7	7.4	55	25
	变重针梳	25	3	7.5	50	10
	精梳	10	18	7.5	28	24
	条筒针梳	24	6	7.2	50	20
	末道针梳	20	7	7	50	20
毛20% 涤35% 黏45%	混条(羊毛自混加油)	18	9	8.1	50	20
	混条(毛、涤$_1$、涤$_2$、黏$_1$、黏$_2$、黏$_3$)	毛20 涤$_1$2 黏$_1$5	毛2 涤$_1$2 涤$_2$4 黏$_1$1 黏$_2$2 黏$_3$3	8.1	50	25
	混条	25	8	8	50	25
	混条	25	8	8	50	25
	变重针梳	25	3	7.5	45	10
	精梳	10	18	7.5	28	24
	条筒针梳	24	6	7.2	50	20
	末道针梳	20	7	7	5	20
	混条	20	8	8	50	20

注　下标表示纤维的种类，如涤$_1$、涤$_2$表示两种不同的涤纶条。

(五)色条、复洗条与复精梳条质量指标及控制

1. 条染复精梳质量指标 条染复精梳条的主要质量指标是染色牢度、色差控制、毛粒毛片、重量不匀、含油及回潮等,见表 10-17。

表 10-17 条染复精梳质量指标

品种	物 理 指 标				外观疵点		染 色 指 标			
	单重(g/m)	重量不匀(%)	回潮(%)	含油(%)	毛粒(个/g)	毛片(个/g)	浮色(级)	摩擦牢度(级)	本身色差(级)	混合色差(级)
纯毛纤维	20±1	3.5	16±2	1 左右	2.0	不允许	4~5	4~5	4~5	4~5
黏胶纤维	20±1	3.5	13±2	0.2~0.4	2.5		3	4~5	4~5	4~5
涤纶	20±1	3.5	<2	0.2~0.4	2.5		3.5	4~5	4~5	4~5
锦纶	20±1	3.5	2~6	0.2~0.4	2.5		3.5	4~5	4~5	4~5

2. 质量控制方法

(1)条染。染色加工是提高质量的基础。各种纤维性能不同,染色所用染料、助剂及工艺参数差别很大,应根据原料性能和产品要求精心选择、合理配置、规范操作。例如,用酸性媒介染料染纯毛条时,化料要仔细并充分过滤,必要时要先煮沸后入染缸;要注意控制媒染时的 pH,以免出现 pH 过高使色牢度差、pH 过低易染花的问题;操作中严格掌握加料时间,不能过早或过晚,否则影响上染;还要根据染料的上染特性相应调整并严格控制上染温度升温速率,保证上染均匀,吸色彻底,固色牢靠;染后降温要缓慢,保证产品手感良好;染涤纶条时也要注意化料均匀,最好以 40℃ 以下温水冲化,加入扩散剂并过滤后使用。染液 pH 过高损伤纤维,过低影响色光。一般控制在 5~6 为宜;注意控制升温速率,尤其在 90℃ 附近应缓慢升温,保证染料均匀吸附,色泽深透纯正;染后缓慢降温,保证手感,防止折痕;注意染后清洗,合理选用清洗助剂,尽量去除浮色。

(2)复洗。复洗条主要控制含油率和回潮率,保持条子蓬松滑顺,增加可纺性能。为此,要根据原料情况和染色情况掌握洗槽温度、洗剂浓度、换水周期、油剂添加量及烘干温度等工艺参数。例如,加工浮色较大、油污较多的原料时,要增加第一槽的洗剂浓度,增加第三槽的油剂添加量,缩短换水周期。在保证条子下机回潮的前提下,烘干温度不宜过高,以免损伤纤维,影响产品手感。

(3)复精梳。复精梳主要控制毛条的下机重量和重量不匀、毛粒和毛片含量以及原料、色泽的混合均匀程度。根据产品要求的原料和颜色配比,合理选择复精梳加工工艺流程,合理确定各道机器的并合根数、牵伸倍数、隔距、加压及车速等工艺参数。例如,化学纤维条复洗后容易出现并结、发涩现象,造成梳理困难。可采用轻定量喂入、低车速运行、增大隔距、减少针板及降低牵伸倍数等相应措施,既保证加工顺利,也要保证产品质量。

第五节　毛纺针梳

在精梳毛纺中,针梳机反复应用于制条和前纺。针梳的作用类似于棉纺中的并条,在于将毛条内的纤维理直使之平行排列,改善与提高毛条的均匀度。

毛条制造中,在精梳工序之前,一般经两至三道交叉式针梳机,实现精梳前的准备,也称理条工程。在精梳之后,再经过两至三道交叉式针梳机,实现对精梳毛条的均匀化,也称整条工程。两者所用针梳机的结构基本相同,仅整条部分随着半制品的变细,梳箱规格有所变化,针排更为细密。

一、针梳机的组成与工艺过程

(一)喂入部分

喂入部分根据喂入卷装形式的不同,有毛球喂入和条筒喂入两种。

(二)交叉式梳箱部分

梳箱部分是针梳机实现牵伸梳理作用的主要部分。它由梳箱、针板与喂入罗拉(或后罗拉,后压辊)等组成,如图10-8所示。

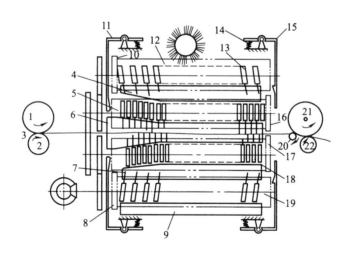

图10-8　针梳机梳箱

1—大压辊　2—后罗拉　3—毛条　4,6,7,9—导轨　5,18—工作螺杆　8,10,16,17—打手　11—后挡板

12,19—回程螺杆　13—针板　14—弹簧　15—前挡板　20,22—前下罗拉　21—前上罗拉

在前后罗拉组成的牵伸区中,有缓慢运动的针排,形成较长的中间控制区,对长度离散较大的羊毛纤维起一种强制的、可靠的控制作用,防止短纤维在牵伸区内的不规则运动。

在牵伸过程中,当前罗拉握持纤维高速行进时,纤维不仅受到邻近纤维的摩擦作用,也受到针排的控制和理直作用。在前后罗拉之间的牵伸区域中,上下两层针排的针板连续地交叉刺入毛层,而且随着毛层的减薄,针板交叉刺入的深度逐渐增加,对纤维的控制作用不断加强。在距前罗拉不远的地方,针板脱离毛层返回至后罗拉附近,以便重新刺入毛层。针板的这种往复循环运动,是依靠上下螺杆与凸轮机构实现的。

(三)出条成形部分

针梳机出条成形有毛球和卷装圈条两种形式。

(四)针梳机的工作过程

毛型针梳机的工艺过程详见第六章第一节。

二、主要工艺参数作用及其选择

针梳工艺选择是毛条制造工艺设计中的重要组成部分,且其包括不同的原料确定及其加工流程;确定各道针梳机的牵伸倍数、出条重量及并合根数;为了保证产品质量,还必须考虑各道针梳机的隔距、前后张力牵伸、罗拉加压及针板规格等工艺技术条件。

(一)工艺流程选择

一般加工的原料和要求不同,工艺流程有所不同。国产生产线常作如下选择。

(1)加工细羊毛毛条时,采用以下的工艺流程:

梳毛→头针→二针→三针→精梳→四针→末针

(2)加工粗羊毛或黏/锦条时,采用以下工艺流程:

梳毛→头针→三针→精梳→四针→末针

(3)加工供染色的毛条时,采用以下工艺流程:

梳毛→头针→二针→三针→精梳→四针

(二)牵伸倍数、出条重量及并合根数的确定

1. 牵伸倍数 针梳机的牵伸倍数,由头针到三针是逐渐加大的。因为梳毛机刚下机的毛条,结构松散,强力低,纤维排列紊乱,平行伸直度差,故头针应采用较小的牵伸(国产机型一般都在6倍以下),否则条干将会不匀。二针是在头针对纤维梳理顺直的基础上进行工作的,这时毛条结构和纤维状态已得到改善,故可提高其牵伸倍数(国产机型一般为6~7倍)。三针下机毛条是供应精梳机的,要求纤维有较好的平行顺直程度,故牵伸倍数可以再大些(国产机型一般都在8倍左右),但要注意条干均匀,否则精梳机上拉毛现象较为严重。四针的牵伸倍数应比三针的小,这是因为精梳机下机的毛条,由毛网搭接形成,致使条干不匀增加,故牵伸倍数可适当减小(一般在7倍左右),五针和末针的牵伸倍数可逐步提高(一般在8倍左右)。

2. 出条重量 针梳机的出条重量主要是控制三针和末针的出条重量。三针的出条重量有限制,一般为7~12g/m。喂入精梳机的毛条太厚时,钳板夹不牢,会产生拉毛现象。末针的下机毛条是成品毛条,其重量应符合标准规定。

3. 并合根数 增加针梳机的并合根数,有助于改善毛条条干和结构的均匀度,但并合根数受针箱喂入负荷和机器最大并合根数的限制,而且过多的并合根数又会增加牵伸负担,如果牵伸倍数过大,则反过来又会影响毛条条干。

在确定牵伸倍数、并合根数及出条重量时,还应该通过计算考虑前后机台供应平衡的问题。如果供应不平衡,除适当改变出条速度外,也可对喂入负荷和出条重量作适当的调整。

(三)隔距、速比、罗拉加压及针板规格选择

1. 隔距 针梳机的隔距分总隔距和前隔距两种。总隔距应大于最长纤维的长度,且其一般是不变动的,前隔距指前罗拉中心线到第一块针板钢针之间的距离,可以根据加工原料长短不同而调整。加工长纤维时,前隔距可大些,而加工短纤维时,前隔距可小些。如果前隔距不当,则会影响毛条质量。如前隔距太大,无控制区就大,纤维易扩散,会影响条干均匀度,并且毛条发毛;如前隔距太小,毛条容易牵伸不开并损伤纤维。精梳前三针的出条重量较轻,前隔距可小些,有利于改善纤维的伸直度,以减少精梳落毛。但精梳后的毛条,由于纤维的平均长度提高了,伸直度也较好,故前隔距可适当放大,有利于减少纤维损伤。针梳机的前隔距配置列于表10 – 18。

表 10 – 18 针梳机的前隔距配置

原料种类	前隔距(mm)				
	头针	二针	三针	四针	末针
一至四级改良毛	35	35	35	40	40
西宁毛	45	45	45	50	50
新西兰毛	50	50	50	55	55
腈纶	45	45	45	35	—

2. 后张力牵伸与前张力牵伸 针梳机的后张力牵伸,是指后罗拉到针板之间的牵伸,而前张力牵伸是指出条罗拉与前罗拉之间的牵伸。这部分牵伸直接影响梳理作用和条干均匀度。前张力牵伸主要影响条干,而后张力牵伸不仅影响条干,而且关系到针板负荷。针梳机的后张力牵伸一般为0.85 ~ 1,即后罗拉的速度常比针板速度快,从而使纤维在进入针板之前呈现松弛状态,以利于针板上的钢针刺入须条,减少纤维的损伤;但后张力牵伸过小,又会使纤维层浮于针面,不能得到有效的梳理。在生产中常通过上机实验,选择适当的牵伸变换齿轮、后罗拉齿轮和辅助齿轮,以确定适宜的后张力牵伸。

3. 罗拉加压 前罗拉必须有足够的压力,方能对毛条有较好的握持力,从而实现正常的牵伸。压力不足,往往会使毛条的粗细不匀率加大。罗拉加压的大小与原料种类和牵伸倍数有关。在加工羊毛时,压力可小些(为8 ~ 10kg);在加工化学纤维时,压力应增大(为10 ~ 12kg)。低速针梳机采用杠杆加压机构,压力大小可由重锤在加压杠杆上的位置和个数来调节;高速针梳机采用油泵加压,压力大小可由油压阀门来调节。

4. 针板规格 针板是针梳机梳理纤维和控制纤维运动的重要部件。针板的号数应随原料品种和加工流程而变化。高速针梳机采用扁针,以加强对纤维的控制作用。各道高速针梳机采用的针板号数见表10 – 19。

表 10 – 19　针梳机的针板规格

机　别		针板规格			
		扁针针号(P. W. G.)	针幅(mm)	针密(针/25.4mm)	梳箱针板数
毛条制造	头针(FB302)	16/20	193	7	104
	二针(FB303)	16/20	193	7	104
	三针(FB304)	16/20	193	10	104
	四针(FB305)	16/20	193	10	104
	五针(FB306)	16/20	193	10	104
	末针(FB306A)	17/23	193	13	104
前纺	头针(FB412)	16/20	193	10	104
	二针(FB423)	17/23	193	13	104
	三针(FB432)	17/23	193	16	104
	四针(FB442)	17/23	193	19	104

三、质量控制

1. 针梳毛条质量指标

（1）条干均匀，无明显粗细节。

（2）出条重量符合要求，不能有过大差异。如支数毛条精梳前的重量公差为 ±1g/m，精梳后的重量公差为 ±0.5g/m，级数毛的重量公差为 ±1.5g/m。

（3）支数毛条的重量不匀率不大于3%，级数毛条的重量不匀率不大于4%。

（4）毛条表面光洁。

（5）毛粒、毛片、草屑含量要少，符合国家标准规定。

2. 质量控制方法

（1）条干不匀率较高的主要原因是牵伸工艺不当、接头不良等。

（2）重量不匀率偏高的主要原因是罗拉加压不均衡、喂入毛条搭配不当或断条、缺条等。

（3）毛条表面发毛的主要原因是油水不足、回潮较低、静电大、毛条通道挂毛等。

（4）毛粒增加的主要原因是针板钢针不良，毛条通道不清洁、不光滑等。

（5）出条重量偏差的主要原因是喂入定量不准确、牵伸倍数不准确、断条缺条等。

生产中应根据实际情况找出产生质量问题的具体原因后，再采取针对措施加以解决。

第六节　毛纺粗纱

毛纺的粗纱机分有捻粗纱机和无捻粗纱机两种，目前，精纺中主要是采用无捻粗纱机。

一、毛型有捻粗纱机

(一)毛型有捻粗纱机的组成和工艺过程

1.组成 除了零部件较大外,毛型有捻粗纱机与棉型粗纱机的结构和工作原理基本相同。主要由喂入、牵伸、加捻、卷绕、成形五部分组成,还有清洁装置、光电自停装置及张力补偿装置等辅助机构。

2.工艺过程 毛型有捻粗纱机的工艺过程如图10-9所示。毛条自条筒中引出,经导条辊和集合器进入牵伸区。牵伸机构由三罗拉双皮圈组成,上短下长的双皮圈控制牵伸区中纤维的运动,将毛条牵伸成所要求线密度的须条,由前罗拉输出,再经锭翼加捻成为粗纱,最后卷在筒管上,绕成两端为截头圆锥形的管纱。

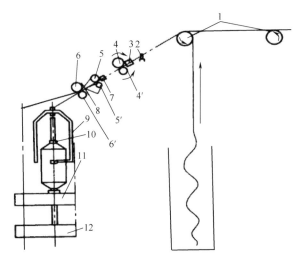

图10-9 有捻粗纱机示意图

1—导条辊 2—分条叉 3,7,8—集合器 4—后皮辊 4'—后罗拉 5—中皮辊 5'—中罗拉

6—前皮辊 6'—前罗拉 9—锭翼 10—筒管 11—上龙筋 12—下龙筋

3.主要特点

(1)毛纺有捻粗纱机的牵伸机构为三罗拉双胶圈滑溜控制牵伸机构(图10-10)。其上、中胶辊为凹槽结构,套上胶圈后形成对纤维较柔和的弹性握持,既可控制较短纤维,又可使长于罗拉隔距的纤维顺利通过,扩大隔距的适用范围,保证粗纱条干均匀。

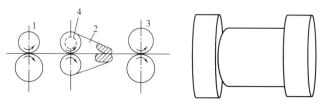

(a)三罗拉双皮圈牵伸装置 (b)中胶辊(带凹槽)结构示意图

图10-10 滑溜牵伸

1—后胶辊 2—皮圈 3—前胶辊 4—中胶辊

（2）罗拉直径和罗拉隔距范围大。纺纱罗拉的直径和罗拉隔距的大小主要取决于所纺纤维的长度和细度，毛型纤维较棉型纤维长、粗，因此，毛纺粗纱机的罗拉直径和隔距范围大。

（二）工艺参数选择

毛条经过几道针梳的并合、梳理，条干和纤维平行伸直度都比较均匀顺直，但其条重还不符合细纱机要求，所以必须经粗纱机进一步牵伸、加捻、卷绕，以制成粗细适当、卷装合理、利于储运和后道加工的粗纱。

毛型有捻粗纱适纺原料范围较广，对油水含量和车间温湿度等纺纱条件适应性较好，纱条抱合力强，粗纱退绕时不易断头，细纱牵伸易于控制。

1. 捻系数 粗纱捻系数决定了粗纱强力和细纱牵伸过程的难易程度。捻系数过小，粗纱抱合力差，容易造成卷绕和退绕时的意外伸长、细纱断头率高、纱线条干不匀率大；捻系数过大，会造成细纱机牵伸困难，产生牵伸硬头、橡皮纱等疵点。合理选择粗纱捻系数，主要应考虑下列因素。

（1）纤维品质。根据纤维品种、长度、线密度、离散程度、卷曲状况等品质不同，应选择不同的粗纱捻系数。如纤维较细、长度较长、离散较小、卷曲较多时，可选较小捻系数；化学纤维纱、混纺纱的捻系数可比纯毛纱小；色纱可比白纱捻系数小等。

（2）细纱工艺参数。细纱机后区牵伸值、牵伸隔距及牵伸机构加压等参数较小时，粗纱应选择较小的捻系数。

（3）温湿度。温湿度变化会影响纤维间的摩擦系数，因此，车间湿度较大或纱条回潮较高时，可适当降低捻系数；车间温度较高时，可适当加大捻系数。

2. 牵伸倍数 纺制纯化学纤维纱时可用较大牵伸倍数，纺混纺纱次之；纺纯毛纱时，有捻粗纱的牵伸倍数最好在 11 倍以下。

3. 粗纱卷绕张力 粗纱在卷绕时需要一定的张力来保持卷绕紧密，粗纱卷绕张力控制是否得当，直接影响粗纱质量和后道加工。

一般情况下，张力过大，容易造成纱条意外伸长或断裂，影响粗纱条干均匀和正常生产；张力过小，则会产生卷绕松弛、脱圈、退绕困难的现象。

有捻粗纱正常的卷绕张力应使粗纱伸长率控制在 3% 以内。同机台的大小纱之间、前后排锭子之间、不同机台之间的粗纱伸长差异率都应控制在 1.5% 以下。

二、毛型无捻粗纱机

（一）无捻粗纱机的组成与工艺过程（见动画视频 10 - 5）

无捻粗纱机主要由喂入、牵伸、搓捻、卷绕成形四部分组成，其工艺过程如图 10 - 11 所示。喂入的毛条 1 经导条辊 2 和分条架 3 进入牵伸机构。进入牵伸区的毛条先受到后罗拉两对轻质辊 5，6 的预牵伸，进而在针圈 7 和前罗拉 8 之间完成牵伸，成为粗纱须条。前罗拉输出的须条进入搓捻机构被搓成粗纱，再由卷绕滚筒 10 卷绕成圆柱形的粗纱卷装 11。

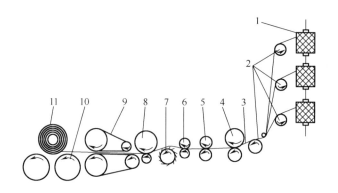

图 10 - 11 粗纱机牵伸装置工艺示意图

（二）主要机构

1. 喂入机构 该粗纱机采用单排三层支架、木锭支撑喂入形式。喂入机构由导条辊、分条架、横动导纱杆组成。纱条从筒管退绕后由导条辊引导,经分条架和横动导纱杆进入牵伸机构。

2. 牵伸机构 采用卧式四罗拉、轻质辊、针筒结构。主要由罗拉、针圈、皮辊组成。后罗拉为直形沟槽罗拉,上压辊为光辊,靠自重加压(58.92N)。后中罗拉、前中罗拉均为光罗拉。两个轻质辊同样靠自重控制纤维,起到轻质辊滑溜控制作用。

牵伸主要产生于前罗拉和针圈之间。由钢针刺入纱条控制纤维运动,并将纤维进一步梳理顺直。针圈由多个圆锯齿片组合而成,优点是针齿刚度好、使用寿命长。

3. 搓捻机构 搓捻的作用是促使须条中的纤维抱合,增加粗纱的强力,在随后的卷绕、储运及退绕过程中,不致产生意外牵伸、发毛及断裂。如图 10 - 11 所示,粗纱须条输出前罗拉后,进入一对搓条皮板并受其夹持引导和控制。带有纵向沟槽的上、下两皮板既沿粗纱行进方向运动,又做垂直行进方向的横向往复搓动,迫使须条纤维紧密地聚集在一起,制成光、圆、紧的粗纱。

4. 卷绕成形机构 游车往复卷绕机构由卷绕滚筒、往复摆动游车及其传动机构组成。椭圆齿轮和曲柄滑块式传动机构驱动游车往复运动,安装在游车上的卷绕滚筒边转动边随游车往复摆动,将粗纱卷绕在粗纱管上,形成一定宽度和直径的圆柱形粗纱筒子。

（三）主要工艺参数选择

无捻粗纱表面光洁,毛羽少,纺纱强力高,缩率小。国产 FB 473 型无捻粗纱机工艺参数的选择如下。

1. 牵伸倍数 纯纺时牵伸倍数适宜小一些,一般控制在 9.6 ~ 12.5 倍;纺混纺纱时牵伸倍数可稍大一些,一般为 10 ~ 13 倍;纺纯化学纤维时牵伸倍数可适当放大一些,一般为 12 ~ 16 倍。

2. 出条重量 出条重量的选择一般在细纱机允许牵伸范围内尽量偏重,以增加粗纱在卷绕及退绕过程中的抗意外牵伸的能力。

3. 钳口隔距和集合器 纯纺和混纺时,钳口隔距和集合器通常是相互结合使用以调节纱条在牵伸区中横截面的宽度和厚度。钳口隔距和集合器随纱条重量减轻而缩小,一般情况下其厚度尽量小一些,宽度可稍放大一些;纺纯化学纤维时钳口隔距也可放大一些,有利于纤维牵伸。

4. 皮辊加压 纯纺和混纺时皮辊加压的气压一般为 450～550kPa;纺纯化学纤维时皮辊加压一般为 550～650kPa。

5. 无捻粗纱的搓捻程度 影响粗纱搓捻程度的因素有上下搓条板隔距、搓捻次数及粗纱出条速度等。搓条板隔距应与粗纱的粗细相适宜,通常按纱条每米搓捻次数来选择确定粗纱搓捻程度。如 FB 473 型搓捻粗纱机搓捻次数达 1100 次/min,而纱条搓捻次数可在 4～7 次/m 的范围调节。

一般纤维越短,其抱合力就越小,其搓捻强度就应高一些。而对细度细且卷曲度高的羊毛,搓捻强度可选低一些。混纺时,由于羊毛纤维与化学纤维在细度和长度间存在一定差异,其搓捻强度宜大些,以增强两种纤维的抱合程度;纺纯化学纤维时,如化学纤维长度、细度较好,则搓皮板搓捻次数可选低一些,避免增加毛粒。粗纱常用工艺参数举例见表 10－20。

表 10－20 毛粗纱常用工艺参数

机型 项目	有捻粗纱机	无捻粗纱机
牵伸形式	三罗拉双胶圈单区滑溜牵伸	针圈牵伸/胶圈牵伸
牵伸范围	5～15.5(常用 5～9.5)	3.5～5.58/7.95～24.69
出条重量(g/m)	0.25～1.2	0.12～0.67
捻度范围(捻/m)	11～43	21mm(搓捻动程)

三、毛纺粗纱质量控制

(一)粗纱质量指标

精纺粗纱质量的主要指标是重量不匀率、条干不匀率及含油率。粗纱不匀率过大时,将使细纱产生更大的不匀率,而且还会使细纱断头增多,产量降低,消耗增加,因此,必须尽量降低粗纱的重量不匀率,提高粗纱的条干均匀度。一般要求粗纱重量不匀率低于 3%,条干不匀率在18% 以下。粗纱含油过高,细纱机易绕罗拉、胶辊及胶圈,从而导致生产效率下降;但含油率过低,静电严重,同样可纺性不高。一般白羊毛含油控制在 1.0%～1.5%,条染纯毛含油控制在1.0%～1.2%,纯化学纤维控制在 0.4%～0.6%。粗纱回潮率也是粗纱质量控制指标。实践证明,当纤维处于放湿状态时,可纺性较好,因此,必须保证上机毛条处于放湿状态。

粗纱表面疵点指标主要有毛粒、毛片及飞毛,一般根据产品要求控制。

(二)粗纱质量控制

1. 粗纱常见疵点和主要产生原因

(1)重量不匀率过大。主要原因是喂入纱条不匀率大,喂入量不准确(根数不对或错批号等),退绕滚筒运转不稳定而产生意外牵伸,成形卷绕张力过大,成形不良(时紧时松)等。

(2)条干不匀率过大。主要原因是牵伸隔距选择不当,皮辊偏心或加压不足,牵伸机构运转不正常,操作接头不良,清洁工作不当或原料选择不良等。

（3）大肚纱、带毛纱及毛粒过多。主要原因有前罗拉加压不足或针密太稀,针区有弯针、缺针等,牵伸区清洁工作不及时,导致针区及罗拉、皮辊绕毛等,喂入毛条有粗细节,接头操作不良,以及加油水不匀或和毛油加水太少等。

（4）粗纱外观松烂。对于无捻粗纱,主要原因有粗纱搓捻不足、搓板隔距过大及卷绕张力太小等。对于有捻粗纱,主要原因为粗纱捻度太小,卷绕密度不合适及卷绕张力太小等。另外,车间温湿度太低或和毛油加水太少、粗纱搬运或堆放不当等,都会造成这种疵点。

2. 控制粗纱质量的措施　控制粗纱质量的重点是降低粗纱重量不匀率,提高条干均匀度,因此,不仅要制订合理的工艺,整顿机械状态,加强保全保养工作,还要采取以下措施。

（1）减少意外牵伸对粗纱的影响。要实现这一目的,除保持良好的设备状态、减少粗纱在机器中的摩擦外,主要是增加纤维间抱合力,使粗纱有足够的强力,以减少粗纱在意外牵伸下的伸长。

①在和毛油中加入适量硅胶:纺化学纤维时加入抗静电剂和柔软剂,以减小静电,增加纤维间抱合力。

②适当增加粗纱搓捻程度:对搓条板的隔距、往复动程、往复次数及搓板张力等参数进行合理调节,以增加搓捻程度。

③适当调节卷绕张力:正常卷绕时,卷绕速度应稍大于出条速度。纺国毛纱时,卷绕应比纺外毛纱松一些,前罗拉与皮板间张力应比纺外毛纱小2%～3%。纺化学纤维纱时,卷绕张力应比纺纯毛纱小些。

（2）做好配条配重工作。一般配条配重原则如下。

①配条工作:若前一道设备送出两根以上毛条,则应将上道设备同一牵伸头中送出的纱条分别送到下道设备的不同牵伸头中,以减少纱条同时出现粗节或细节的可能性,这种方法称作配条。

②配重工作:有自调匀整装置的设备,可以不进行配重,但应将自调匀整装置调节好。在没有自调匀整装置时,应进行一、二次配重。配重应在第二、第三道前纺针梳机上进行。即在下道工序喂入时,将正偏差组的条子与负偏差组的条子搭配喂入,使其总喂入重量与标准喂入重量相同,从而使下道工序出条的不匀率减小。这种方法称作配重。配重时,喂入的毛条必须轻接轻,重接重,才能保证配重效果。

（3）加强技术管理,改进操作方法。上机前,应及时掌握使用原料的各项指标,并根据原料性能和产品要求,制订合理的工艺。

粗纱喂入时的接头对粗纱影响较大,如接头不好,将造成粗细节,因此,在换批上机时,应先做接头试验。

在采用胶圈牵伸或罗拉牵伸的粗纱机上,喂入时的接头经牵伸后要出粗细节,所以出条后一定要拉头。这时最好采取全部满筒喂入,当前一筒将要用完时,再全都换上满筒,尽量减少喂入接头,提高粗纱机效率,保证粗纱质量。为减少回条,末道粗纱机的前道应装调好定长装置,以减少喂入条子的长度差异。

（4）其他。在前纺加工时，应使毛条处于放湿状态，这就要使毛条上机回潮适当，同时还须控制好车间的温度和湿度。

总之，要做好设备、工艺、操作等方面的管理工作，特别是纺小批量、多品种的条染产品和化学纤维产品时更要注意。

第七节　毛纺细纱

毛纺细纱主要可分为精梳细纱和粗梳细纱，它们所加工的原料性状有差异，加工设备也有差别。

一、毛精纺细纱

（一）特点

毛精纺细纱机与棉纺细纱机的基本结构、工作原理及工艺过程基本相同。也是由喂入、牵伸、加捻及卷绕成形四部分组成。其与棉纺细纱机的主要区别在于机器部件尺寸和罗拉隔距较大外，为了适应加工的纤维较长、长度离散较大的特点，牵伸机构通常采用三罗拉双胶圈滑溜牵伸（图 10-10）形式。

（二）主要工艺参数作用与选择

细纱工艺设计就是根据使用的原料和纺纱支数确定细纱的工艺参数。

1. 牵伸倍数　当喂入粗纱细度不变时，牵伸倍数在某一范围内变动对细纱条干不匀率影响不大。但超过一定范围，细纱条干将明显恶化，一般全毛产品的牵伸倍数选择在 15~20 倍时条干较好，羊毛混纺产品的牵伸倍数选择在 15~25 倍。在选择时，还应根据纤维的状况进行考虑，条染产品应比匹染产品的牵伸倍数小（同种原料状态下），深色的牵伸倍数比浅色小；混纺产品各纤维比例的不同，选择牵伸倍数时也应加以考虑。

2. 总隔距　总隔距应根据纤维长度确定。纤维长度长，隔距应选择大；反之则应选择小一些。由于总隔距在生产中调节不便，其大小一般不常改变，所以在实际生产中应根据所使用原料状况及品种情况灵活掌握，一般选择 200~220mm。

3. 中皮辊凹槽深度　中皮辊凹槽的深度直接影响其对纤维的控制力，在生产中应根据纺纱的原料、纺纱细度的高低、纤维的长度等进行全面考虑。精梳毛纺产品无捻粗纱的中皮辊凹槽深度选择 0.5~1.1mm，有捻粗纱则选择 0.75~1.5mm。

4. 隔距块　细纱机的隔距块是用来调节上下胶圈对纤维控制能力的，同时上下胶圈间的隔距大小也直接影响前钳口隔距，因此，隔距块的选择直接影响着毛纱的成纱条干。一般随着细纱特数的降低，胶圈销钳口隔距应逐渐减小。

5. 前胶辊加压　前胶辊加压的大小，决定于所需要的牵伸力，压力不足易造成牵伸不开，并出现硬头或皮筋纱，直接影响毛纱的条干。在生产中，一般根据所加工的品种和特数而定。纯毛产品的前胶辊压力应比羊毛和化学纤维混纺产品的小，细特纱应比中、粗特纱小。通常，前皮辊压力选择在 225~274N/双锭（23~28kgf/双锭）较好。

(三)精梳毛纱品质控制

精梳毛纱的品质有技术性能和外观两项,分别以其中最低一项的指标作为评等、评级的依据。技术性能分等为一等、二等,低于二等为等外。外观指标分一级、二级,低于二级为级外。

1. 技术性能　技术性能用特数偏差率、重量变异系数、捻度偏差率、捻度变异系数作为分等依据。平均强力、低档纤维含量、含油率及染色牢度为保证条件,且此几项一般在售纱时考核。

2. 外观　外观检验分为条干均匀度和外观疵点两项。

(1)条干均匀度。

①黑板法:精梳毛纱的条干均匀度以10块黑板的一面按标样评定达到一级纱的块数来表示。

②乌斯特条干均匀度仪法:精梳毛纱的乌斯特条干均匀度以均方差异系数(CV值)表示,除对照国内标准外,还可对照乌斯特公报。

(2)外观疵点。

①黑板法:精梳毛纱表面疵点以10块黑板所绕取长度内(即黑板正反面)的毛粒数和其他纱疵数来进行分级。

②乌斯特法:使用乌斯特纱疵仪评定。

精梳毛纱的技术性能和外观各个项目的控制措施与棉纺细纱品质控制措施基本相同,可参照实行。

二、毛粗纺细纱

(一)毛粗纺环锭细纱机(见录像10-1)

1. 组成　毛粗纺环锭细纱机一般由以下三个部分组成。

(1)喂入机构。毛粗纺环锭细纱机的喂入机构为双滚筒单轴式喂入机构,如图10-12所示。其主要任务是使粗纱顺利而连续地退卷,并喂给牵伸机构。

(2)牵伸机构。毛粗纺环锭细纱机的牵伸机构是由前罗拉(品字形)、后罗拉及前后罗拉之间的针圈或假捻器组成。

(3)加捻卷绕机构。毛粗纺环锭细纱机的加捻机构除了各部件的尺寸和纺专件型号外,其基本结构、工作原理与毛精纺环锭细纱机基本相同。

2. 工艺过程　毛粗纺环锭细纱机的工艺过程如图10-12所示。毛卷轴1经退卷筒2摩擦传动,其上纱条经分条器3进入后罗拉4与压辊5之间,然后经导条杆6和假捻器7(或针圈)进入前罗拉8、9、10之间。从前罗拉输

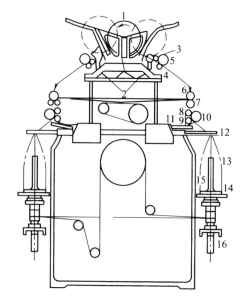

图10-12　毛粗纺环锭细纱机工艺过程示意图

出的须条进导纱器 12 和钢丝圈 14 绕在纱管 13 上。图中 11 为车面板,15 为气圈,16 为锭子。

3. 主要工艺参数选择

（1）牵伸倍数。细纱机的牵伸倍数选择的原则是纺纱线密度越细,牵伸倍数越大;使用原料品质好,可提高牵伸倍数。毛粗纺环锭细纱机常用的牵伸倍数为 1.2 ~ 1.6 倍。在纺纱特数不变的条件下,加大细纱机的牵伸倍数,相应地可以增加梳毛机的出条重量,有利于提高梳毛机的产量;在细纱机上改变毛纱特数时,可只改变后罗拉速度以改变牵伸倍数,而前罗拉速度不变。

（2）钢丝圈号数。钢丝圈号数的选择主要决定于所纺纱特数,并应考虑锭速的高低。

（3）捻系数。粗梳毛纱捻系数根据主要原料情况、纱线用途及产品特征加以选择。常用的捻系数（公制）经纱为 120 ~ 160、纬纱为 110 ~ 120、再生纤维纱为 150 ~ 190、锦毛混纺纱为 70 ~ 110。

（4）锭速。锭速关系到产量,又影响到断头率的大小,故应根据纺纱细度、原料性状、捻度及细纱机型来确定。一般纺纱细度较粗时,锭速低些,纺纯毛纱比纺混纺纱低些。

4. 粗梳毛纱品质控制

（1）品质指标。毛纱以物理指标检验结果评等,并以其中最低一项为定等依据,不及二等者为等外纱。检验的指标有特数标准差、重量不匀率、捻度标准差、捻度不匀率及强力不匀率。

毛纱以条干均匀度和外观疵点的检验结果评级,并以其中最低一项为定级依据,不及一级者为二级纱。毛纱的条干均匀度的检验结合外观疵点（主要指大肚纱、接头不良、小辫子纱、双纱、油纱、羽毛纱、毛粒等）与规定条干标样比照评定。每次试验 10 块纱板,且每块检验一面。

（2）条干不匀和外观疵点控制。由于粗梳毛纺生产流程短,前道产生的质量问题,后道很难弥补,故首先应精心配毛、加强梳毛工作,保证喂入细纱机的粗纱质量。然后在此基础上,合理制订细纱工艺,加强牵伸部件检修,保持机台完好,规范操作,加强巡回及清洁工作,切实控制工作地的温湿度。

（二）走锭细纱机

走锭细纱机是一种周期性动作的纺纱机,细纱是被分段纺成的。走锭细纱机按运动形式的不同可分为两大类:一类是传统的走车式走锭机,主要特点是锭车走动,粗纱架固定,这是由于挡车工操作必须跟随锭车来回往复;另一类是走架式走锭机,纺纱时锭子机架是固定的,而粗纱架往复移动。走锭细纱机纺制的细纱质量较高,尤其在加工一些特种纤维（如纺制细特单股羊绒、兔毛及其混纺纱等）时,更有其独到之功效。

现以锭车走动式走锭细纱机为例,介绍走锭细纱机的组成与工艺过程（见动画视频 10 - 6）。

1. 组成　锭车移动式走锭细纱机由移动的锭车和固定的粗纱架 13 两大部分组成。其中粗纱架部分包括粗纱卷、粗纱机架、退条滚筒、给条罗拉等部件。锭车部分包括锭子、锭子滚筒、锭绳、车轮、铁轨、导纱杆及张力杆等部件,如图 10 - 13 所示。

2. 工艺过程　如图 10 - 13 所示,粗纱卷 1 从退条滚筒 2 上退条,经给条罗拉 3,4,5 送出,再借助张力杆 6 和导纱杆 7 的作用绕在和锭子 8 一起回转的筒管上。锭子 8 以皮带传动或借锭子滚筒 9 通过锭绳 10 传动。锭子与滚筒均装在车筐内,而车筐装在车轮 11 上,车轮携带锭车在成形铁轨 12 上往复向内向外移动。锭车外移(即向右移)称之为"出车运动",向内移(即向左移)称之为"进车运动"。导纱杆的作用是使纱条处在一定的位置上。张力杆协助导纱杆,使纱条在卷取时保持一定的张力。

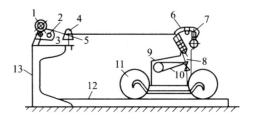

图 10-13　走锭细纱机示意图

在走锭机上,锭尖和给条罗拉是两个握持纱条的钳口,这两个握持部件在出车时的相对运动的速度和距离均大于给条的速度和长度,这样就使纱条受到了牵伸。此外,由于锭子每转一周,纱圈就从锭尖脱下来一次,从而给纱条加上一个捻回。纱条滑脱时会产生一定的振荡,可使捻度向前传递。当纱条得到牵伸、加捻以后,又因进车速度和锭子回转速度相配合,加上导纱杆、张力杆的作用,将细纱卷绕成纱管,从而完成卷绕作用。

第八节　毛纺后加工

毛纺后加工一般指细纱工序后,将细纱进一步整理和加工成股线的各工序。

一、工艺流程

精纺毛织物多采用股线织造,后加工工艺流程如下:

（细纱)→并线→捻线→蒸纱→络筒→筒子股线

或　　　　　（细纱)→自动络筒→高速并线→倍捻→蒸纱→筒子股线

二、并线、捻线、络筒

第九章第三节提及的棉纺并纱(线)机、络筒机可与毛纺通用。而精梳毛纺用捻线机与棉纺用的相应设备的工作原理、工艺过程、结构特点基本相同,只是在机构的尺寸和工艺参数的具体数值上有差别。

1. 工艺参数选择

（1）络筒。

①络纱张力:以单纱强力的 8% ~10% 为宜。

②清纱隔距:常用机械式清纱隔距,精梳毛纺用其细纱直径的 1.5 倍。

③络纱速度:一般为 600 ~1000m/min。

（2）并线。并线工艺与络纱相似,但其张力和速度均应小于络纱的。

（3）捻线。

①捻向:股线的捻向选择主要根据纱线的用途确定。

②捻系数:股线捻系数的选择,既要考虑与细纱捻系数、捻向的配合,又要考虑产品的种类、风格、手感、光泽、外观等因素。反向加捻时,股线常用公制捻系数为120～160;同向加捻时,股线常用公制捻系数为120～200。

2. 品质控制 毛纺并线、捻线、络筒的品质控制项目与棉纺的基本相同,方法可参照棉纺部分(见第九章第三节)。

三、毛纺蒸纱

毛纱的蒸纱与第九章第三节中所述的蒸纱目的和原理是一样的。毛纱在蒸纱中,一方面使大分子热振动增强,有利于羊毛回缩,另一方面使横链易于拆散和重建,有利于羊毛变形的固定,此定捻原理可用下式表示。

$$W—S—S—W + H_2O \Leftrightarrow W—SH + W—SOH$$

合成纤维中的涤纶、锦纶等的定型原理和羊毛一样,但其大分子之间不像羊毛那样具有吸引能力较强的二硫键等,只有提高温度,才能加强大分子热振动,从而能使大分子链段开始移动,这一温度叫作二级转变点。一般合成纤维纯纺或混纺纱的蒸纱温度,应在其二级转变点附近,均较纯毛纱的为高。

毛纱蒸纱的工艺参数选择也与第九章第三节中所述的类似。其真空蒸纱机蒸股线的工艺条件见表10－21,常压普通蒸纱机蒸纱的工艺条件见表10－22。

表 10－21 真空蒸纱机蒸股线的工艺条件

捻向(单纱/股线)	毛纱品种	蒸纱温度(℃)	蒸纱时间(min)	蒸纱次数
Z/S 或 S/Z	全毛、毛黏混纺	80	20～30	1
Z/S 或 S/Z	毛黏或毛黏涤混纺	95	40	1
Z/S 或 S/Z	纯涤纶	100	60	1
Z/Z 或 S/S	全毛、毛黏混纺	85～105	30～70	1
Z/Z 或 S/S	纯化学纤维、毛与化学纤维混纺	85～105	30～70	1

表 10－22 常压普通蒸纱机蒸纱的工艺条件

工艺要求	纯毛或毛黏混纺	强捻合股纱	毛涤混纺,特强捻 (Z/S 或 S/Z)	毛涤混纺,强捻
温度(℃)	75～85	70～85	80～90	80～90
保温时间(min)	15～20	20～25	30～40	50～70

☞ **思考题**

1. 简述影响开毛机开松作用的因素。

2. 简述羊毛杂质成分和性质。原毛去污过程一般分为几个阶段? 洗净毛的质量要求是什么?

3.简述炭化除杂原理。散毛炭化工艺过程分为几个阶段？炭净毛的质量要求是什么？

4.和毛加油的质量指标有哪两个？

5.写出梳毛机的主要组成和工艺过程。简述梳毛机的主要工艺参数选择原则。控制梳毛条质量应采取哪些措施？

6.粗梳毛纺的梳毛机与精梳毛纺的主要区别是什么？为什么？

7.纤维的混合在梳毛机上是如何完成的？影响纤维混合的因素有哪些？

8.毛精梳机与棉精梳机的主要区别是什么？

9.什么是毛精梳机的拔取隔距？其与精梳机梳理效果和精梳落棉率关系如何？

10.毛精梳机的主要工艺参数有哪些？它们对纺纱质量有何影响？其控制范围是多少？

11.条染复精梳的特点和流程是怎样的？

12.毛纺针梳机的组成、工作过程、工艺配置及品质控制的措施有哪些？

13.写出毛纺环锭细纱机的主要组成及工艺过程。简述其主要工艺参数作用及选择原则和控制毛纱质量的措施。

14.写出毛纺后加工的各种工艺流程。

15.简述毛纺后加工各工序的主要工艺参数选择原则。

第十一章　麻纺

本章知识点

 1. 麻纤维脱胶技术。了解麻纤维化学成分与性质、脱胶原理及常见的麻纤维脱胶工艺。

 2. 苎麻软麻与开松机械的组成、作用及影响其作用的因素。

 3. 苎麻梳理机的组成、工艺过程和主要参数作用及选择。

 4. 苎麻精梳机的特点、工艺过程、精梳条的质量控制。

 5. 苎麻针梳机的特点、工艺过程、麻条的质量控制。

 6. 苎麻型粗纱机的特点、工艺过程、粗纱的质量控制。

 7. 苎麻细纱的特点、工艺过程、细纱的质量控制。

 8. 了解亚麻的纺纱系统。

 9. 了解栉梳机的结构与工艺过程。

 10. 了解亚麻的粗纱煮漂工艺。

 11. 了解亚麻湿纺的特点。

 麻纤维是韧皮类和叶类纤维的总称,是指从植物的韧皮或叶片中提取的纤维,包括苎麻、亚麻、大麻、黄麻、红麻、剑麻等,尤以亚麻、苎麻和黄麻、红麻的量大,但黄麻、红麻因纤维性能较粗、硬,目前还主要局限在包装和装饰等用途,加工流程也较简短。本章主要介绍苎麻和亚麻的纺纱。

第一节　麻纤维脱胶

 在田间获取麻株后,取麻的茎,然后从茎的韧皮中获取纺织用纤维的过程,称作麻的初步加工。初步加工的目的是对韧皮进行脱胶,除去原麻中含有的胶质和其他杂质,制成柔软、松散的麻纤维。因此,麻纤维初步加工的主要工作就是脱胶。

一、麻纤维的化学成分与性质

 一般麻纤维含有60%～80%的纤维素及20%～40%非纤维素的胶质,这种胶质均为高分子化合物,多半为多糖类碳水化合物,少量为芳香族化合物。麻纤维化学成分主要有纤维素、半纤维素、果胶、木质素、水溶物、脂蜡质、灰分等。各成分的含量随麻品种、土壤、雨量、温度、日光、肥料、收割等各种不同的生长与收获条件的变化而不同。原麻、脱胶各工序半制品和精干麻中各成分含量的测定，既是合理制订脱胶工艺的可靠依据，也是评定原麻、精干麻质量的重要手段。

二、脱胶基本原理

目前的脱胶主要有化学脱胶和微生物脱胶两种基本方法。

（一）化学脱胶

化学脱胶是根据原麻中纤维素和胶质成分化学性质的差异，以化学处理为主去除胶质的脱胶方法。由于纤维素和胶质对烧碱作用的稳定性差异最大，因此，化学脱胶采用以碱液煮练为主的方法进行。其他化学药剂的处理，如酶和氧化剂的处理以及机械物理方法的处理等，可以作为辅助手段帮助脱胶。化学脱胶可以较快且较稳定地去除原麻中绝大部分胶质，达到脱胶的要求。所以，目前国内外苎麻工业脱胶基本上采用化学脱胶的方法。

（二）微生物脱胶

微生物脱胶是利用微生物来分解胶质，主要有两种途径，一种是将某些脱胶细菌或真菌加在原麻上，它们利用麻中的胶质作为营养源而大量繁殖，在繁殖过程中分泌出一种酶来分解胶质。传统的天然水沤麻微生物脱胶法，就是利用脱胶菌在繁殖过程中产生的酶来分解胶质，使相对分子质量高的果胶和半纤维素等物质分解为相对分子质量低的组分而溶于水中。另一种是直接利用酶进行脱胶，即将酶剂稀释在水中，再将麻浸渍其中来进行脱胶。

由于生物脱胶的彻底性、快速性、稳定性等仍有不足，因此，目前生物脱胶一般都与化学后处理相结合进行脱胶。

近来，蒸汽爆破技术、超声波技术等现代物理技术应用于麻纤维的脱胶已引起人们的注意，这些新的脱胶方法简便快捷、无化学污染、对纤维损伤小，但尚处于实验探索阶段。

三、常见的麻纤维脱胶方法

（一）苎麻脱胶

1. 脱胶工艺

（1）化学脱胶法。以稀酸浸渍预水解，高温高压碱（NaOH）处理，采用敲麻去除已分解而附着在纤维上的胶质。常用的化学脱胶法有先酸后碱两煮法、先酸后碱两煮一练法、两煮一漂一练法、两煮一漂法以及化学改性（碱变性）处理法等。

两煮法流程短，生产的精干麻质量不高，一般适用于纺高线密度纱。其流程为：

拆包扎把→浸酸→水洗→一煮→水洗→二煮→打纤→酸洗→水洗→脱水→给油→脱（油）水→烘干

两煮一练法工艺生产的精干麻质量好，但时间长，适用于纺中、低线密度纱。与两煮法比较，其流程在第一次脱水后增加"精练→水洗→脱水"过程。

两煮一漂法工艺生产的精干麻质量较好，生产的连续性比二煮一练好，时间短，适用于纺中、低线密度纱。漂白与精练比较，掌握工艺参数要求较高，但处理时间大大缩短。与两煮法比较，其流程在第一次脱水后增加"漂白→酸洗→水洗→脱水"过程。

两煮一漂一练法工艺生产的精干麻质量好,适于纺低线密度纱,但工艺流程长,生产成本较高。与两煮一练法对比,其流程在打纤后增加漂白过程。

(2)生化脱胶法。先用生物酶的作用分解果胶进行脱胶(去除70%~80%的胶质),再用碱煮法进行化学脱胶,优点是可大量减少污水和烧碱用量,并在一定程度上减少纤维素的损伤。

2. 精干麻品质要求 脱胶后的精干麻(长度≥700mm)要求色泽一致、无异味、手感柔软、松散。造成纤维松散度和色泽差问题的主要是煮练和敲麻工序,应当对这两道脱胶最重要的工序充分重视。精干麻疵点主要有附壳、斑麻、病斑、虫斑等,生产中应当尽量消除。我国苎麻精干麻技术要求见表11-1。

表11-1 苎麻精干麻技术要求

项 目		普通品	优级品	特优品
纤维	线密度(dtex)	≤7.69	≤6.25	≤5.56
	公支	≥1300	≥1600	≥1800
束纤维断裂强度(cN/dtex)		≥3.53	≥3.53	≥3.9
白度		≥50.0	≥55.0	≥60.0
回潮率(%)		≤9.00	≤9.00	≤9.00
残胶率(%)		≤4.00	≤3.00	≤2.00
含油率(%)		0.80~2.00	0.80~2.00	0.80~2.00

(二)亚麻沤麻

亚麻由于单纤维的长度短,仅15~25mm,难以直接纺纱,所以,在纺纱前,其一般采用沤麻工艺,去除少量胶质,使纤维松散,而残留的胶质将单纤维粘连成可以纺纱的工艺(束)纤维。在纺纱中,为进一步提高可纺性和成纱质量,在形成粗纱后,再对亚麻粗纱进行一次脱胶(煮练或煮漂),进一步去除部分胶质,分散纤维,但仍是半脱胶。

1. 沤麻工艺

(1)快速沤麻法。对沤麻水全部再生,使沤麻水中的有益微生物成倍生长,并在再生液中均衡分布,以加速沤麻进度。

(2)厌气性菌沤麻。将亚麻原茎置于缺乏氧空气的条件下,利用厌气性菌(氮菌、果胶菌等)来达到沤麻的目的。

(3)立式沤麻法。在亚麻原茎收获前三星期,向亚麻茎喷洒草甘膦化学除莠剂,一星期后植株死去,水分由原来的80%降至13%~15%,麻茎呈半脱胶状态,拔麻后即可储存并交付原料加工厂直接制取打成麻(长纤维)及粗麻(短纤维)。

(4)汽蒸法沤麻。将亚麻原茎置于密闭的卧式蒸汽锅内,采用0.25MPa的蒸汽对麻蒸1~1.5h,它是利用物理化学作用,达到沤麻的目的。

(5)酶法沤麻。在沤麻池中,同时加入适量的酶、杀菌剂及表面活性剂(或渗透剂),利用酶对胶质的分解作用,去除部分胶质。

2. 品质要求 经过脱胶后的打成麻的品质指标,包括长度及其均匀度、纤维强度、可挠度、油性、纤维分裂度、纤维的成条性、含杂、色泽和吸湿性等。一般用麻号综合标记打成麻的品质等级,其要求见表11-2,麻号高的表示麻纤维品质好、可纺性能高。

表11-2 浸渍打成麻的质量等级标准

等级	麻号	强力(N)	长度(mm)	含杂率(%)(联合机加工成的打成麻)
一	18~20	>245	>550	<3
二	15~17	>206	>550	<3
三	12~14	>157	>550	<4
四	9~11	>137	>450	<4
五	3~8	>137	>450	<5

第二节 苎麻纺纱

一、软麻与开松

梳麻、纺纱工艺对苎麻脱胶后的精干麻有一定的要求,如强度、柔软度、回潮率、松散度和平行伸直度等。只有满足了这些要求,才能顺利地进行梳麻和纺纱。故精干麻在梳麻、纺纱加工前必须经过梳理前准备工程,该工程主要由下列工序组成:

机械软麻→给湿加油→分磅→堆仓→开松

(一)机械软麻

机械软麻是靠软麻机上一定数量的沟槽罗拉,将纤维反复弯曲搓揉,从而增加纤维的柔软度和松散度,有利于乳化液的渗透,也利于梳麻、纺纱的进行。

1.软麻机的工艺过程 苎麻软麻机主要是往复式直型软麻机。CZ141型往复式直型软麻机,如图11-1所示(见动画视频11-1)。

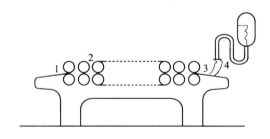

图11-1 CZ141型往复式直型软麻机

铺麻工将精干麻抖松,然后均匀而连续地铺放在喂麻帘子1上,通过软麻罗拉(直纹沟槽罗拉)工作区2带向出麻帘子3,在出麻帘子上方装有自动给湿喷嘴4(也有上下都装喷嘴的,双面喷油),把一定数量的乳化液喷射于精干麻上。

软麻机的主要部分是由14对软麻罗拉组成的软麻工作区。软麻罗拉作往复回转运动,将纤维反复弯曲搓揉,从而增加纤维的柔软度和松散度,有利于乳化液的渗透。

2.影响软麻作用的主要因素　影响软麻程度的主要因素有以下三个。

(1)单位重量精干麻上作用的沟槽齿数。

(2)精干麻上的受力情况。

(3)软麻次数。

若要提高软麻机对精干麻的软麻程度,可以采取增加软麻罗拉对数、软麻罗拉的沟槽齿数和往复次数,适当减少精干麻的喂入量等方法。

3.软麻程度的调整　在生产中,应根据精干麻性状和成品的要求不同,对精干麻的软麻程度进行调整。可调整的工艺参数一般有罗拉的压力、单位时间精干麻喂入量和软麻的次数。

(二)给湿加油

精干麻经过机械软麻后,纤维的柔软度提高,相互间得到一定程度的松解和分离,清除了部分麻壳、麻皮与麻骨,但还不能完全适应梳理和纺纱的要求,这是因为精干麻的回潮率还较低,给湿的目的主要是使精干麻达到一定的回潮率,减少梳纺时的静电现象,加油可增加纤维的柔软度和润滑性,在一定范围内能减少纤维间的摩擦系数,改善纤维表面性能。给湿加油一般采用油和水制成的乳化液,在软麻机的输出端将其喷入精干麻。

(三)分磅与堆仓

1.分磅　分磅主要是把经过软麻给湿后的精干麻分成一定重量的麻把,以使开松机进行定量喂入。喂入不同的工序有不同的定量要求,喂入开松机,主要考虑麻把单位长度的分磅重量,以控制开松机麻条的定量,从而使得喂入麻把长度虽然不同,但喂麻帘的单位长度上喂入量不变,保证麻条的均匀和重量的相对稳定。

2.堆仓　精干麻经给湿加油后,油水在麻把的各部还不能完全均匀分布,一般外层的油水比内层的多,因此,还必须使之均匀分布。此外,精干麻在软麻时产生的内应力也需要有一定的时间使之逐渐消除,这就是堆仓的目的。堆仓条件的好坏,对产品质量有密切的关系。

(1)温湿度。在麻仓内要保持一定的温湿度,冬季不低于15℃,夏季一般在25℃左右,相对湿度60%~70%,室内不宜过分干燥,防止和减少水分的散失。

(2)堆仓的时间。夏季温度较高,一般有3天左右的时间基本达到要求。冬季温度低,一般需要5~7天方可渗透均匀。当精干麻残胶含量高时纤维粗硬,所加乳化液不易渗透均匀,堆仓时间要适当长些。

(3)回潮率。堆仓后的精干麻回潮率应根据不同季节进行适当调整,一般要求达到10%~13%。

(四)开松

1.开松的目的　经软麻、给湿加油、堆仓以后,精干麻的回潮率提高,柔软度增加,但纤维长度过长,长度不匀率大,纤维板结,不够松散,还不适合梳麻机喂入要求,必须把精干麻先进行初步开松,将过长的纤维扯断成合适的长度,并制成适合梳麻机喂入的卷装。这就是开松机的主要作用。

2.开松工艺过程与组成　目前,苎麻加工中常用 FZ 002 型,如图 11-2 所示(见动画视频

11－2)，它主要由喂给部分、开松梳理部分及成卷部分组成。其工艺过程为，将麻把按规定铺放在喂麻帘上，由沟槽罗拉喂入，经喂麻辊初步开松后再由锡林、剥麻罗拉、工作罗拉等对麻束进行扯松，再经道夫、牵伸罗拉、出条罗拉输出成卷。

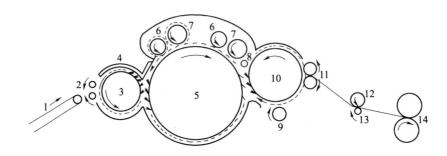

图 11－2　FZ 002 型开松机

1—喂麻帘　2—沟槽罗拉　3—喂麻辊　4—铁托板　5—锡林　6—剥麻罗拉　7—工作罗拉
8—托辊　9—道夫托辊　10—道夫　11—牵伸罗拉　12—上压辊　13—出条罗拉　14—自动成卷

3. 开松机的作用与工艺参数

（1）针板。针板是开松机主要工作机件上的包覆物，开松机上对纤维的扯断和分梳作用都是依靠针板上的梳针来完成的。所以，针板在开松机上占有重要地位。

对于不同的梳理工作机件，应选用不同规格的针板，它主要由各工作机件的作用和表面纤维负荷所决定。

（2）隔距。锡林与铁托板之间的隔距大小，对纤维的扯断长度和松解程度有较大影响，一般采用 3～6mm。

（3）FZ 002 型开松机工艺参数。具体工艺参数见表 11－3。

表 11－3　FZ 002 型开松机工艺参数

项目	隔距（mm）	速比
喂麻辊—铁托板	进口6/出口1.5	—
喂麻辊—锡林	1.1	115.24
铁托板尖端弧面—锡林	4	—
锡林—工作辊	1.1	36.02（第一工作辊） 49.75（第二工作辊）
锡林—剥麻辊	1.1	4.78
工作辊—剥麻辊	1.1	7.54（第一工作辊） 10.41（第二工作辊）
锡林—道夫	1.1	44.18
锡林—漏底	进口4/出口1.5	—
道夫—道夫托辊	1.5	1.90

续表

项目	隔距(mm)	速比
道夫—(上)牵伸罗拉	1.1	1.87
道夫—(下)牵伸罗拉	25	1.87
锡林转速	165r/min	—
出条罗拉线速度	26.6m/min	—
总牵伸倍数	8.2倍	—
出条定量	70~80g/m	—

4. 开松麻卷的质量控制　评定开松麻卷质量的指标主要有纤维的平均长度和长度不匀率，要求纤维的平均长度在70mm以上，纤维的长度标准差系数在75%以上；制成率要求在98%左右；40mm以下短纤维率应小于35%；开松机麻卷每米重量不匀率应小于10%；麻网质量应均匀，云斑少，卷曲和缠结的纤维少。

二、梳麻

苎麻精干麻经开松机处理后，做成麻卷，在麻卷中的大部分纤维成束状，麻结亦较多，还有少量的尘屑、麻皮等杂质，因此，需要进一步梳理成单纤维状态，并使纤维充分混合，继续清除杂质制成麻条，才能供后道继续加工。

(一)梳麻机的组成与工艺过程

1. 组成　苎麻梳麻机因加工的纤维长度长，故也采用与毛纺类似的罗拉梳理机，主要由喂入部分、梳理部分及出条部分组成。

2. 工艺过程　图11-3为CZ191梳麻机的工艺简图(见动画视频11-3)，由开松机制成的6~8个麻卷1放于梳麻机的退卷罗拉2上，随着退卷罗拉的回转，依靠摩擦使麻卷缓缓退卷，经喂麻板3喂入，麻层在一对沟槽罗拉4和喂给针辊5的握持下，依靠它们的回转，使麻层向前输送到回转的分梳罗拉6。分梳罗拉上包有金属针布，因而纤维受到分梳罗拉的梳理。毛刷7的作用主要是清洁上喂给针辊的残留纤维，使其转移到分梳罗拉上，以利于喂给针辊很好的握持纤维，分梳罗拉上的纤维经转移罗拉8，而与锡林9相遇。转移罗拉与锡林表面均包有金属针布，但锡林的表面速度大于转移罗拉的表面速度，因而锡林针齿将转移罗拉的纤维剥取，并带向锡林，工作罗拉10和剥麻罗拉11工作区，全区共有四对工作罗拉和剥麻罗拉，工作罗拉和剥麻罗拉上均有金属针布，工作罗拉表面速度小于锡林表面速度，形成分梳作用；同时，工作罗拉表面速度也小于剥麻罗拉的表面速度，形成剥削作用。因此，锡林上的纤维在该工作区受到反复的梳理和剥取作用。然后带向道夫12，道夫表面也包有金属针布，其表面速度比锡林小得多，在两个针齿面的作用下，锡林上的一部分纤维被凝聚、转移到道夫针面上，形成薄薄的纤维层；再由道夫带向前，与剥取辊13相遇，剥取辊上亦包有金属针布，在两个针面的作用下，道夫上的纤维层被剥取辊剥下，然后经转移辊14，并被上、下压辊15剥下成为麻网，麻网经喇叭口16和大压辊17集合成麻条，再经圈条器18将麻条有规律地圈放在麻条筒19内。

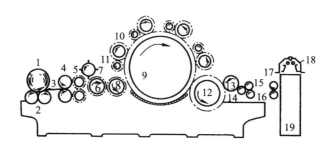

图 11 -3　CZ 191 型梳麻机工艺简图

（二）主要工艺参数作用与选择

梳麻机的工艺参数主要是指隔距、速比和锡林纤维负荷量。

1.隔距　工作机件的隔距是梳麻机重要工艺参数之一。根据喂入原料的不同性状,工作罗拉与锡林之间的隔距应进行适当的调整,保证梳理质量。

同毛纺梳理中一样,根据对纤维进行逐渐梳理的原则,梳麻机上工作罗拉与锡林之间的隔距,应从第一对起,随着纤维的前进方向而顺序减小,这样一方面可使工作罗拉抓取纤维的能力增加,同时使梳理作用逐渐加强,对纤维进行较合理的梳理。减少工作罗拉与锡林之间的隔距,能使梳理弧增大,分配系数提高,平均循环梳理次数增加,增强了梳理作用,同时梳理强度也增加,有利于硬条、并丝和麻粒的减少。但亦要防止由于梳理强度的不适当增加而损伤纤维,使纤维的平均长度减短,麻粒反而增加,所以应根据纤维不同的性状而适当加以调整。

道夫与锡林之间的隔距,在保证质量的前提下应以较小为宜。这样可以提高锡林对道夫的转移率,减少锡林针齿返回负荷,增加锡林与道夫间的梳理作用,对提高麻网品质和减少麻粒等有利。

分梳罗拉与喂麻针辊之间的隔距也应适当选择。隔距过大,则减弱梳理强度,增加其他工作机件梳理作用的负担,且麻纤维易于缠绕在分梳罗拉上,从而增加了麻粒和未梳开纤维;隔距过小,则梳理过猛,使纤维平均长度减短,短绒率增加。

分梳罗拉、转移罗拉和托麻罗拉,锡林与大漏底,道夫与托麻罗拉之间的隔距,对梳麻中的落麻率和落麻中的长纤维率也有重要影响。因此,这些隔距应根据落麻情况适当调整。

其他工作机件之间的隔距应使纤维能顺利地转移和剥取,保证梳麻机工作的正常进行。CZ 191 型梳麻机的隔距见表 11 -4。

表 11 -4　CZ 191 梳麻机隔距

机件名称	隔　距	
	mm	1/1000 英寸
下喂给针辊—上喂给针辊	0.304	12
下喂给针辊—分梳罗拉	1.092	43
上喂给针辊—分梳罗拉	0.508 ~ 0.787	20 ~ 31
分梳罗拉—转移罗拉	0.508	20
转移罗拉—锡林	0.508	20
第一工作罗拉—锡林	0.381	15

续表

机件名称	隔　距	
	mm	1/1000 英寸
第二工作罗拉—锡林	0.330	13
第三工作罗拉—锡林	0.279	11
第四工作罗拉—锡林	0.229	9
第一工作罗拉—第一剥麻罗拉	0.508	20
第二工作罗拉—第二剥麻罗拉	0.508	20
第三工作罗拉—第三剥麻罗拉	0.508	20
第四工作罗拉—第四剥麻罗拉	0.508	20
第一剥麻罗拉—锡林	0.508	20
第二剥麻罗拉—锡林	0.508	20
第三剥麻罗拉—锡林	0.508	20
第四剥麻罗拉—锡林	0.508	20
锡林—道夫	0.127～0.178	5～7
剥取辊—转移辊	0.127～0.178	5～7
转移辊—上压辊	0.508	20
上压辊—下压辊	0.127	5
锡林—大漏底	1.092	43

2. 速比　工作机件的速度,对梳麻机的产、质量有重大影响。通常将两个工作机件表面速度之比值称作速比。这是梳麻机上的一个重要工艺参数。

锡林的速度受到结构的限制,一般不予经常变动,锡林速度通常在 $160～200r/min$。在需要改变工作机件的速比时,一般均改变其他工作机件的速度。

分梳罗拉与喂给针辊的速比大小,间接地反映出喂入单位长度的麻层受到分梳罗拉针齿作用数的多少和纤维受打击力的大小。分梳罗拉与喂给针辊的速比一般为 20～80。速比太大,则梳理度和打击力均增加,易于损伤纤维而使纤维平均长度减短;速比太小,则纤维梳理不充分,并丝、硬条增加,麻条质量下降。根据逐步加强梳理的原则,由于喂入的纤维还比较混乱和缠结,因此速比不宜过大。但这一速比一般不常进行调整,只有在纤维性状相差较大时,才进行调节。

锡林与工作罗拉的速比应根据纤维不同品质进行适当调整。当工作罗拉速度减慢时,速比增大,工作罗拉上的纤维得到锡林针齿梳理的时间增加,虽然有利于纤维的分梳,减少并丝和硬条,但纤维易受损伤,且分配系数降低,纤维受到的平均循环梳理次数减少,当工作罗拉加快时,则与上述情况相反。因此,工作罗拉与锡林的速比过大过小均非所宜。目前,锡林与工作罗拉之间的速比为 35～60。

各工作罗拉与锡林间的速比亦应不同,锡林与第一对工作罗拉的速比应较小,而后依次逐渐增加。锡林与工作罗拉的速比小，即工作罗拉速度快，因而分配系数增加，平均循环梳理次数提高，而对纤维的每次梳理强度减弱，这对于防止梳理过程中还没有充分松散的纤维的断裂和麻粒的形成是有利的，随着纤维的逐渐松散，根据逐步加强梳理的原则，逐渐增加锡林与工作罗拉之间的速比，以逐渐增加对纤维的每次梳理强度，减少纤维的损伤，并使纤维得到充分梳理，对减少并丝和硬条有一定意义。

锡林和道夫的速比不常变动，一般为 20 ~ 30，其他机件的速比，如分梳罗拉与转移罗拉，转移罗拉与锡林，剥麻罗拉与工作罗拉，剥麻罗拉与锡林等，设定的原则主要是使纤维能顺利地剥取和转移。

上下压辊与转移辊的速比一般为 1.1 ~ 1.5，由于上下压辊的表面速度比转移辊的快，因此，被转移辊针齿所握持的纤维就以高于转移辊针齿的速度移动，这样被转移辊针齿所握持的纤维就被伸直，但也有部分纤维，当其被上下压辊握持时，转移辊的针齿对它们已没有握持力量，这些纤维就没有伸直的机会。

CZ 191 型梳麻机主要速比见表 11 - 5。

表 11 - 5　CZ 191 型梳麻机的主要速比

机件名称	速比	机件名称	速比
沟槽罗拉：喂给针辊	1.387	锡林：第四工作罗拉	46.62
分梳罗拉：喂给针辊	19.70	第一剥麻罗拉：第一工作罗拉	12.81
转移罗拉：分梳罗拉	6.264	第二剥麻罗拉：第二工作罗拉	13.44
锡林：转移罗拉	5.047	第三剥麻罗拉：第三工作罗拉	14.09
锡林：第一工作罗拉	40.53	第四剥麻罗拉：第四工作罗拉	14.76
锡林：第二工作罗拉	42.54	锡林：剥麻辊	3.163
锡林：第三工作罗拉	44.58	锡林：道夫	22.20

3. 纤维负荷量　锡林负荷量是指工作机件单位面积针面上纤维层的重量，其大小对梳理质量有很大影响。当针齿面上的纤维负荷量过大时，由于纤维层过厚，降低了针齿对纤维的握持和梳理能力，因而使梳理作用降低，麻粒、并丝和硬条等增加。当负荷量过小时，就会影响到产量和机台间的供应平衡。因此，根据原料情况、产品的质量和前后机台的供应平衡来适当选择工作机件的纤维负荷量。

CZ 191 型梳麻机的出条速度为 30 ~ 47m/min，麻条定量为 7 ~ 8g/m，锡林的表面速度为 600m/min。锡林的工作宽度为 1m。锡林喂入负荷一般为 0.4 ~ 0.6g/m²。但由于返回负荷的存在，所以锡林针齿面上的实际负荷比上述数值还要大。

纺不同特数的细纱时，梳麻机的纤维负荷量应不同以保证梳理质量。一般纺细特纱时，负荷在 0.3g/m²；纺中特纱时，负荷在 0.4 ~ 0.5g/m²；纺粗特纱时，负荷为 0.5g/m²。

（三）梳麻麻条的质量控制

各生产企业根据梳麻麻条与成纱、织物质量间的内在联系，在生产上，按所纺特数的质量要求自行拟订并控制麻条的麻粒数、条干及重量不匀等指标,且结合麻网、落麻质量的实际情况以及对梳麻麻条的日常试验结果进行控制。对梳麻麻条的质量要求归纳起来有以下几点。

1. 麻条的重量不匀率和条干不匀率 梳麻麻条均匀度是以麻条重量不匀率表示长片段不匀,条干不匀率表示短片段不匀。

麻条重量不匀率对以后工序半成品的条干、细纱断头、成纱质量,有一定影响,它主要由喂入半成品的均匀程度、梳麻机的工艺参数、混合均匀的效果以及挡车工的操作水平等因素决定。由于梳麻机是多机台生产,因此,控制机台之间的麻条特数偏差亦具有重要意义。一般梳麻麻条的重量(支数)不匀率控制在 5.5% 以下为宜。

影响重量不匀率的因素主要包括麻卷重量不匀,梳麻机各机台落麻率的差异和机械状态不良等。影响麻条条干不匀率的因素主要包括分梳质量、纤维向道夫转移的均匀度、机械状态以及麻网的云斑、破洞和破边等,因此,欲降低梳麻麻条条干不匀率和重量不匀率,应从纤维的分梳、转移、机械状态、运转操作、降低麻卷重量不匀和改善针布状态等方面进行工作。

2. 麻粒的数量 麻条中麻粒的数量是评定梳麻麻条质量的重要指标。麻粒的存在不但引起纤维在牵伸过程中的不规则运动,从而增加麻条、细纱的不匀,同时还对细纱的断头有一定的关系,对成品的外观亦有一定的影响,因而降低了成品的质量。所以,梳麻麻条的麻粒数量必须严格控制,一般应控制在 50 粒/g 左右为宜。控制麻粒的措施主要包括以下三个方面。

(1)增加分梳而防止纤维的断裂。加强分梳,使纤维丛充分分解,但在分梳过程中又要防止纤维的断裂,以使麻粒减少。因此,主要是合理选择工艺参数和选用合适的金属针布并加强机械状态整顿等基础工作,以适应苎麻纤维梳理的特点。

(2)减少搓转纤维。当锡林、道夫、工作罗拉等针齿钝时,针齿对纤维的握持不良,有些纤维游离在针面间,受到两个针齿面上其他纤维的搓转,就会形成麻粒。各工作机件纤维转移不良,隔距不当,产生搓转,也使麻粒增加。针布上针齿轧伤而产生毛齿、倒齿以及针布中充塞皂垢杂质等,均能增加麻粒的形成。因此,加强对金属针布的维修保养,对减少麻粒具有一定意义。

(3)加强温湿度管理。

3. 纤维的平均长度和长度不匀率 纤维的平均长度及其不匀率对成纱质量有一定影响。纤维平均长度的提高,长度不匀率的降低可增加细纱强度。要求梳麻麻条中的纤维平均长度在 60~65mm,长度不匀率小于 75%。

4. 短纤维率、硬条和并丝 短纤维率是指长度在 40mm 以下的纤维占总纤维的重量百分比,一般要求梳麻麻条中的短纤率控制在 35% 以下,硬条与并丝亦得到一定控制。

5. 落麻率 要求梳麻机的落麻率控制在 5% 或以下,其中长度在 40mm 以上的纤维应少于 35%,落麻率的高低,与用麻量和产品的成本有直接关系。也影响到梳麻机各机台间麻条定量的差异,从而对后道工序的半成品和细纱的特数偏差有一定影响。

6. 温湿度和回潮率 回潮率过高,纤维易缠结在一起,形成麻粒;但回潮率过低,在梳理时纤维易断裂也易形成麻粒。因此,一般应控制麻卷回潮率在 9%~10% 为宜。车间相对湿度 65%~70% 为宜。

7. 麻网的品质 从麻网的优劣可以看出梳麻机工艺参数调整得是否恰当,这也是检验梳麻机针布是否良好的一种方法。麻网中的纤维应分布均匀、分离良好,麻粒、硬条和并丝少。在日常生产管理中观察麻网品质可以较快而有效地判断梳麻机的工作质量。

为了达到上述梳麻麻条质量要求,必须根据不同原料的性状,合理调整梳麻机的工艺参数,加强机器的保全保养,提高挡车工的操作水平和车间温湿度管理水平等。

三、苎麻精梳

(一)苎麻精梳机特点

苎麻精梳主要是消除麻条中的短纤维和麻粒。苎麻精梳机与毛精梳机基本相同,但其输出机构根据苎麻纤维较粗、较硬、刚性大、抱合力差、精梳后输出的麻网结构松散且易飘浮的特点,采用一对往复运动的拔取皮板将麻网夹持后输送给紧压罗拉,以保证麻网中纤维的平顺、匀整,从而使出条顺利。

(二)主要工艺参数选择

苎麻精梳机的主要工艺参数有喂入定量、喂入长度、拔取隔距、搭接长度等。

梳理度与喂入精梳机的定量成反比,喂入定量越大,则梳理度越小。为了保证梳理质量,在纺不同线密度的细纱时,喂入定量也应改变,见表11-6。

表11-6 纺不同线密度细纱时的精梳机喂入定量

项目\线密度	低	中	高
喂入定量(g/m)	110~120	140~150	150~170

喂入长度和拔取隔距也与梳理度成相关关系,若拔取隔距大,或喂入长度小,则梳理度亦大。为了保证梳理质量,在纺制不同线密度的细纱时也应改变,见表11-7。

表11-7 纺不同线密度细纱时的喂入长度和拔取隔距　　　　　　单位:mm

细纱线密度	低	中	高
喂入长度(F)	6.5	7.2	8.2
拔取隔距(R)	47	43	38

当然,拔取隔距、喂入长度又与精梳机的落麻率、精梳麻条中纤维的平均长度有关。

1. 喂入定量　喂入麻条定量对梳理质量有一定影响,喂入定量过重,锡林梳针中纤维负荷量过大,则梳理力增加,易造成梳针损伤、断针或弯针,引起麻条中麻粒和硬条增加,且纤维易梳断,梳成率下降。在喂入麻条根数不超过最大根数的前提下,B311(CZ)型的最大喂入定量一般不应超过240g/m。喂入定量与喂入麻条根数和每根麻条定量有关。当喂入根数一定时,在梳针强度允许和不影响质量的前提下,提高每根喂入麻条的定量,可增加产量。当喂入定量一定时,增加喂入根数,有利于喂入麻条的均匀度,使梳成率提高。因此,一般均采用轻定量,并合根数多的原则。但轻定量也要考虑到前后机台的平衡及工艺参数的配合。因此,应根据纺纱线密度的不同而改变喂入定量,见表 11 - 8。

表 11 - 8 纺不同线密度细纱时的喂入定量表

细纱线密度 项目	高	中	低
喂入根数	24 ~ 26	24 ~ 26	24 ~ 26
每根麻条定量(g/m)	6 ~ 7	5.5 ~ 6.5	4 ~ 5
喂入定量(g/m)	144 ~ 182	132 ~ 156	96 ~ 130

2. 喂入长度 F B311(CZ)精梳机喂入长度是由喂给棘轮进行调节的,由于喂给长度与精梳麻条的质量和落麻率有一定关系,因此,在纺制不同线密度的细纱时,由于品质要求不同,喂给长度亦应作调整,但从试验可知,喂给长度的调整对精梳麻条的短纤维含量和梳成率的影响,比拔取隔距的影响小。其参数调整一般见表 11 - 9。

表 11 - 9 纺不同线密度细纱时的喂给棘轮齿数 Z 及喂入长度 F

细纱线密度 项目	低	中	高
Z(齿)	19 ~ 21	17 ~ 19	15 ~ 17
F(mm)	7 ~ 6.4	7.8 ~ 7	8.9 ~ 7.8

3. 拔取隔距 R 拔取隔距是控制精梳麻条质量和落麻率的重要工艺参数,因为其对麻条质量和落麻率的变化较为灵敏,且调整也较方便,所以纺制不同特数的细纱时,在生产上一般以调节拔取隔距来达到精梳麻条的质量要求,一般拔取隔距的选择见表 11 - 10。

表 11 - 10 B311(CZ)型的拔取隔距与制成率和短纤维率的关系

项目 细纱特数	拔取隔距(mm)	40mm 以下短纤维(%)	制成率(%)
低	46 ~ 48	4 ~ 6	50 ~ 55
中	42 ~ 44	7 ~ 9	55 ~ 60
高	34 ~ 38	14 ~ 18	60 ~ 70

4. 须丛的搭接长度对麻条条干均匀度的影响 须丛有效输出长度 = 分离须丛总长度(L) - 须丛的搭接长度(G)

生产上,搭接长度一般按拔取罗拉顺时针方向转动的齿数与逆时针方向转动的齿数之比略大于 1/3 调节,以控制麻条条干均匀度。这与毛精梳控制精梳条的周期性不匀的搭接长度设置是基本一致的,即一般为 $G = (3/5 ~ 2/3)L$。可根据工艺作进一步调节。

(三)精梳的质量控制

1. 精梳的质量指标 精梳麻条的质量主要是指麻条中麻粒、硬条、短纤维含量和纤维平均长度,以及麻条重量偏差和重量不匀率等。其控制指标一般见表11-11。

表11-11 精梳麻条质量控制指标

特数 项目	低	中	高
麻条重量偏差(%)	±1.5	±1.5	±2
麻条重量不匀(%)	3	4	4.5
4cm以下短纤维含量(%)	5	8	15
麻粒(粒/g)	6~8	8~12	15~25
硬条(根/100g)	1500	2500	3600

2. 提高质量的措施

(1)采用复精梳。为了进一步提高精梳麻条中纤维的整齐度、平均长度和伸直平行度,改善纤维的可纺性,苎麻通常采用复精梳工艺。经过复精梳后,成纱质量明显提高,麻粒可下降50%~90%,条干不匀率可下降10%~20%,品质指标可提高10%~20%。因此,当原料质量基本相同,在保证细纱质量的前提下,纤维可纺特数降低。

复精梳主要用于纺制20.8tex(48公支及以上)及以下的细特纱,对特殊要求的27.8tex(36公支)纱有时亦采用。

复精梳的工艺流程一般如下:

……CZ304型针梳机→B311A(CZ)型精梳机→CZ304A型针梳机→B311A(CZ)型精梳机→CZ304A型针梳机……

复精梳的主要工艺参数见表11-12。

表11-12 精梳的主要工艺参数

项目	头梳	复梳
锡林转速(r/min)	100~105	100~105
喂入定量(g/m)	150~175	140~160
喂入根数(根)	24~26	20~26
拔取隔距(mm)	30~33	30~33
喂给长度(mm)	7.8(17)	8.9(15)
拔取罗拉—顶梳隔距(mm)	5	5
出条重量(g/m)	7.5~8	8~9

(2)采用条卷喂入。B311A(CZ)型精梳机采用CZ304型针梳机下来的条筒喂入(ϕ400)。条筒喂入占地面积大,约占机器占地总面积的65%。条筒喂入换筒,接头次数多,并且条子易被拉断,B311A(CZ)型精梳机没有喂入自停装置,因此影响麻条质量。

条卷喂入有利精梳麻条质量的提高和梳成率增加,同时节约条筒,节省占地面积和有利挡车操作,增加看台能力。目前尚存在的问题是精梳机条重在加工一只麻卷的过程中略有变化。变化的情况是麻卷由大到小,条重由轻到重。这是由于重量的变化造成喂入张力变化所致,因此麻卷不宜做得过重;此外,麻卷在退卷过程中有粘连现象,这与 CZ304 型针梳机麻条质量、条卷机挡车接头、成卷压力有关。

3.改进锡林针板和梳针结构　采用嵌入式针板整体锡林,同时改变梳针形态,增加梳针强度。采用这种针板后,针板上梳针缺针、断针、弯针明显减少;硬条可减少 10% ~ 20%,麻粒可减少 5% ~ 10%,短纤维率可减少 10% ~ 15%,提高了梳理质量,保证精梳麻条质量稳定;同时针板的使用寿命延长,提高了经济效益。

嵌入式针板整体锡林的主要特点是在半圆形铁座上开有 21 条横槽,供嵌入针板用,针板是生产厂家预先生产好的,使用时只需将针板嵌入槽中即可。弧形板分两块,一块为 10 排梳针,一块为 11 排梳针。梳针全部采用扁针,前 9 排采用单针,后 12 排采用交叉的双针配置,梳针形状为折背形齿形,这一独特齿形可以明显增加梳针抗弯强度,并有较好的穿刺纤维能力。

嵌入式针板整体锡林与植针式锡林的主要区别见表 11 – 13。

表 11 – 13　嵌入式针板整体锡林与植针式锡林的主要区别

	嵌入式针板整体锡林	植针式锡林
锡林工作宽度(mm)	400	410
锡林针排行数(行)	21	19
梳针种类	扁针	圆针
梳针露出长度(mm)	3.5	4 ~ 6
横向植针密度(针/cm)	4 ~ 30	4 ~ 26
锡林总梳针数(针)	15760	11280

四、苎麻针梳

(一)苎麻针梳的特点

苎麻加工中用的针梳机的组成及工艺过程与毛纺针梳机基本相同,只是由于苎麻纤维较毛纤维粗、硬,故针梳机的针板规格、隔距等与毛纺的有所不同。

(二)针梳工艺的选择

1.并条针梳机型和道数的选择　一般在纺制 41.67tex 以上(24 公支以下)的细纱时,采用四道针梳,且在第二道采用自调匀整的 CZ423 型针梳机加工工艺,而在纺制 41.67tex 以下(24 公支以上)的细纱时,采用三道不带自调匀整的针梳加工工艺。

2.并条针梳工艺参数选择

(1)麻条定量。麻条定量重,易产生牵伸不开、分层打滑,从而造成麻条不匀,甚至出现由于针板中纤维负荷过重导致的轧煞等现象。反之,若麻条过细,则麻条过薄,容易使它与皮辊的黏附力大于麻条内纤维之间的抱合力,从而产生绕罗拉现象,同时针板对纤维的控制下降,亦要引起麻条不匀,此外定量过轻还使机器产量降低。麻条定量一般控制在 7 ~ 10g/m。

（2）牵伸工艺参数。

①牵伸倍数与并合数:并合可以降低麻条长片段不匀率,但牵伸却要增加麻条短片段不匀率。并合数愈多,虽然重量不匀率可以下降,但势必相应地增加牵伸倍数,而牵伸倍数太大时,又会增加麻条条干不匀,而牵伸太小又使麻条定量增加,不能符合工艺要求。生产上一般并合数取8根或10根,牵伸倍数则相应为8~10倍。此时麻条不匀率较低。

②无控制区:在牵伸过程中,麻条的拉细,主要是发生在靠近前罗拉的地方。所以,针板机构与前罗拉相对位置,具有重要意义。

由于机构结构上的原因,最前一根针板与前罗拉钳口之间存在着一定的空间即无控制区。在这个区域中摩擦力界的应力很小,因而较短纤维没有受到良好的控制。在针板牵伸装置中,针板与前罗拉钳口之间的无控制区是周期性地发生变化的,会造成麻条周期性不匀。

无控制区的距离,可根据纤维长度等工艺条件进行适当调节,调节的范围为30~60mm。实践表明,无控制区距离以45~50mm较优,对降低麻条不匀率有利。

③针板打击次数:针板打击次数增加,则前罗拉与针板之间的相对速度亦提高,快速纤维与针板之间的相对速度增加,纤维易梳断而形成麻粒;同时快、慢速纤维之间相对运动剧烈,并带动其他短纤维的不规则运动,使纤维混乱而形成麻粒。针板打击次数越快,麻条中的麻粒数明显增加。因此,针板打击次数应选择适当。

④前罗拉加压:针梳机的前皮辊加压是由油泵实现的。油泵对前皮辊两端可施加$7.845 \times 10^5 \sim 11.68 \times 10^5$Pa的压力。

前罗拉加压的确定原则,一般是麻条定量重,则加压大;牵伸倍数大,则加压小。压力的大小应保证钳口有足够的握持力握持纤维,如果不足就会产生牵伸不开现象,从而影响麻条条干。但压力过大,则动力消耗增大,且机件磨损加剧。

（3）纤维回潮率和空气温湿度。纤维回潮率对并条工序有较大影响。当纤维回潮率低时,纤维的电阻随之增加,使牵伸过程中静电现象增加,且不易消除,麻条变得蓬松,并易绕皮辊;当回潮率正常时,纤维较为柔软,纤维间的摩擦系数也较大,这些对牵伸过程均有利,罗拉钳口和针板对纤维的控制亦较好,可以改善麻条不匀率;当回潮率高时,纤维之间的黏结以及纤维对机件的黏附均有增加,会产生绕罗拉和牵伸不开等现象。所以回潮率应控制在一定范围内,以适应工艺要求。苎麻并条工程中,纤维回潮率和车间相对温湿度见表11-14。

表11-14 纤维回潮率与车间温湿度

并条工度 \ 工艺要求	回潮率(%)	温度(℃)	相对湿度(%)
预并	6.5~7.5(纯麻)	10月至2月:≥22	(10月至2月):60±5
末并	6.5~7.5(纯麻) 2.8~3.8(涤65/麻35)	(3月至9月):≤33	(3月至9月):65±5

（三）苎麻针梳条的品质控制

针梳条的品质主要包括线密度、重量不匀率、短片段不匀率,以及麻条中麻粒的含量等。麻条的技术指标见表 11 – 15。

表 11 – 15　麻条的技术指标

项目＼指标	重量偏差(%)	重量不匀率(%)	条干不匀率(%)	麻粒数(粒/g)
低特数	±2	<3.3	<18	<5
中特数	±2	<3.3	<18	<8
高特数	±2.5	<3.5	<18	<15

麻条的品质与成品质量有很大的关系。对麻条品质的控制是生产上的重要环节之一。

(1)麻条的短片段均匀度是重要指标之一。它经粗纱机、细纱机牵伸后转变为较长片段的不匀,在很大程度上决定了成纱的品质。

影响短片段不匀的主要因素是牵伸部分机器状态不正常,如皮辊、罗拉偏心和针板损坏等,麻条经牵伸后,条干会恶化。这样的麻条再经过之后纺纱机构的牵伸,必然会造成产品特数不匀率的提高。此外,由于并条机工艺设计不恰当,工作法与温湿度控制不准确等,也会影响麻条的不匀。

(2)麻条中麻粒、并丝等指标亦是衡量麻条质量的重要指标。在苎麻纺针梳机(或并条针梳)上,组成每个麻粒的纤维中,长度在 40mm 下的占 80%～90%,这说明在针梳机上,短纤维的存在是形成麻粒的主要因素之一。

在针梳机和并条机中,雪花状麻粒占极大部分,它由短纤维的纠缠和扭结而形成,且大部分混于较大纤维中,有时还伴有皂垢物,麻条中的大麻粒,其中相当一部分属于此种形态。在针梳、并条工程中减少麻粒的有效措施是适当降低定量,一般可降低 10% 左右;保持机械状态完好,牵伸装置中的针板上应无缺针、断针,作用的针板不能减少;胶辊表面应光洁,积聚皂垢少,加强牵伸机构的清洁工作,安装吸尘器等均能减少麻条中的麻粒。

五、苎麻粗纱

1.种类与特点　苎麻纺粗纱机有 CZ411 型头道粗纱机(见录像 11 – 1)和 CZ421 型二道粗纱机(见录像 11 – 2)及 B465(FZ)型单程粗纱机(见动画视频 7 – 1),三者主要区别是牵伸机构型式不同。头道粗纱机采用针板梳箱牵伸机构,而二道粗纱机则采用五罗拉轻质辊牵伸机构,它们的喂入机构由于喂入制品不同,也有所不同,而加捻卷绕机构则完全一样,都采用有边筒管卷绕。单程粗纱机采用较为合理的胶圈牵伸机构,故其牵伸能力大,完全可以取代原来的两道粗纱,它采用无边筒管卷绕,卷装也较有边筒管大得多。

纺粗特纱时(如 105.3～133.3tex),通常采用 CZ411 型头道粗纱机或 B465(FZ)型单程粗纱机;纺中低特数纱时(如 40tex 以下),除采用 CZ411 型头道粗纱机外,还要采用 CZ421 型二道粗纱机或用 B465(FZ)型单程粗纱机取代这两道粗纱机。一般麻条经头道粗纱机牵伸后,其条干与重量不匀率均较末道麻条有所增加,因此,二道粗纱机常以两根或三根头道粗纱并合喂入,以改善其均匀度。

CZ411 型头道粗纱机和 CZ421 型二道粗纱机存在着速度低、卷装小、单排锭子及牵伸能力小、产量低等缺点。因此,它们已逐渐被速度高、卷装大、双排锭子及双皮圈牵伸机构的 B465A (FZ)型单程粗纱机所取代,从而缩短工艺流程和提高粗纱产、质量。

B465A(FZ)型单程粗纱机与毛纺的 B465A 型相似,主要区别在于苎麻粗纱机的隔距较毛纺的长。

2. 粗纱工艺与参数选择

(1)粗纱机牵伸型式。

①CZ411 型头道粗纱机:采用针排牵伸机构,一般存在约 50mm 的无控制区,且其长度呈周期性变化,引起在前罗拉钳口附近附加摩擦力界分布不稳定,且对浮游纤维控制较差,而在前钳口附近又是大量纤维变速的区域,所以易使纤维变速点分布离散和不稳定,增加粗纱条干不匀。

②CZ421 型二道粗纱机:它采用的是多罗拉轻质辊牵伸机构,由于苎麻纤维长度较长,一般常用的前后罗拉之间的隔距在 320mm 左右,而前罗拉与第 Ⅰ 轻质辊的隔距为 65mm,第 Ⅱ 与第 Ⅰ 轻质辊之间的隔距也为 65mm,第 Ⅱ 与第 Ⅲ 轻质辊之间的隔距为 75mm,第 Ⅲ 轻质辊至后罗拉之间的隔距为 90mm;轻质辊的重量分别为 60g/两锭、80g/两锭、85g/两锭。由于隔距较大,轻质辊重量又较轻,因此,轻质辊所建立的附加摩擦力界强度较小,依靠它控制浮游纤维运动效果不够显著,特别在牵伸倍数较大时更为明显。

③B465A(FZ)型单程粗纱机:它采用了双胶圈牵伸机构,被牵伸的须条在上下胶圈之间通过。胶圈在其整个长度上对须条中纤维都有控制作用。尤以胶圈进口处与出口处对须条控制的作用最为主要。

a. 在胶圈进口处,由于有弹簧加压,组成了对须条具有一定压力的控制点,加强了牵伸机构后罗拉附近的摩擦力界强度,使控制力增强。能保持控制力大于引导力,且控制区域长度较大,因而使浮游纤维保持以后罗拉速度运动,纤维运动较有规律。

b. 在胶圈出口处,由于上胶圈通过胶圈销曲面而产生了对须条的弹性压力,实现对纤维的控制。这就有可能防止浮游纤维在未到达前罗拉钳口以前过早地被快速纤维所带走。这一控制点离前罗拉钳口线的距离在 40mm 左右。

双胶圈除了这两个控制点外,其中胶圈接触处都对纤维有一定的控制力,所建立的附加摩擦力界分布基本上符合理论要求。

另外,由于苎麻纤维的长度不匀率很大,一般 CV 值在 80% 左右,为了更好控制浮游纤维运动采用了滑溜牵伸。滑溜槽深度为 $1.5 \sim 2.0$ mm。

B465A(FZ)型单程粗纱机采用的双胶圈牵伸装置优于前述 CZ411 型、CZ421 型粗纱机的牵伸机构,即对浮游纤维的控制区域较广,作用较为均匀柔和,并且能使控制点更向前罗拉靠近,因采用了滑溜牵伸,故更能适应于纤维长度不匀率较大的苎麻纤维,因此,在保证一定质量的前提下,双胶圈牵伸机构提高牵伸倍数的潜力较大,适纺特数范围较广,所生产的粗纱质量应优于上述两种牵伸机构。

(2)粗纱机牵伸部分的工艺配置。

①罗拉中心距：B465A（FZ）型单程粗纱机前、后罗拉的最大中心距为320mm，前、中罗拉的中心距有两档，即112mm和150mm，根据对末道并条机麻条中纤维长度的分析，平均长度一般在70～80mm，交叉长度一般在240mm左右，还有少量超过240mm的超长纤维，且长度整齐度很差。因此，选择罗拉中心距很重要，对粗纱质量有较大影响。

在B465A（FZ）型粗纱机上，前、后罗拉的中心距应大于纤维的交叉长度，选用270mm左右为宜。而前、中罗拉的中心距应接近于苎麻纤维的主体长度，故选用112mm左右为宜，并可缩小无控制区的距离。

②滑溜槽深度：B465A（FZ）型粗纱机的牵伸部分是三罗拉双胶圈滑溜牵伸，滑溜槽的深度影响到中间附加摩擦力界强度的大小，对控制牵伸区中纤维运动有很大关系。所以，在工艺上，滑溜槽深度的选择，一般应视喂入条子的定量不同而异。在B465A（FZ）型粗纱机上纺制低特纱时，滑溜槽深度一般采用1.2mm；纺中特纱时，则一般选用1.5mm；而纺高特纱时，一般选用1.7mm。

③总牵伸倍数：粗纱机的总牵伸倍数主要根据细纱特数和末并定量而定，还要参照粗纱机的牵伸形式和细纱机的牵伸能力合理配置。粗纱机一般可采用较低的牵伸倍数，一般针排牵伸机构和多罗拉轻质辊牵伸机构采用的牵伸倍数在6～8倍。而双胶圈牵伸机构可略高，一般可采用8～14倍。粗纱机的牵伸分配主要根据粗纱机的牵伸形式和总牵伸倍数而定，还得参照条子和粗纱的定量和所纺品种等合理配置。CZ411型和CZ421型均为单区牵伸，而B465A（FZ）型三罗拉双胶圈牵伸为滑溜牵伸，主牵伸区对后牵伸区的牵伸比值为4～5.5。

④胶圈前钳口隔距块选择：胶圈钳口隔距块大小的选择与所纺粗纱特数、喂入末并条子定量及前罗拉钳口握持力（即前罗拉加压）等因素有关，隔距块选择不当，会造成粗纱条干均匀度恶化。目前B465A（FZ）型单程粗纱机的隔距块只有8mm、9mm和11mm三种，还应适当增加档次，以适应不同特数纱的需要。

⑤前罗拉加压：当喂入须条定量增加时，在牵伸倍数一定的情况下，牵伸力增加，则前罗拉加压应提高；或当喂入定量增加，而所纺粗纱特数一定时，即牵伸倍数提高，则牵伸力亦增加，前罗拉加压亦应增加。反之，则前罗拉加压可减小。在B465A（FZ）型单程粗纱机上纺中特纱时，前罗拉加压一般为490N/两锭，在纺高特纱时，前罗拉加压一般为540N/两锭。

⑥粗纱捻系数的选择：当喂入麻条品质和粗纱特数确定之后，粗纱强度主要取决于粗纱的加捻程度，即捻系数。

粗纱捻系数选择的原则是在满足粗纱卷绕和退绕张力要求的前提下，宜小不宜大。在具体选用时，还应考虑喂入麻条质量、工艺条件、车间温湿度及细纱机牵伸机构类型等。通常当纤维长度长或线密度低、柔软度好及粗纱定量较重时，捻系数可低；反之，捻系数应高。目前粗纱捻系数的选用范围大致如下。

a.头道粗纱：纯麻纱 α_m 为18～24，涤/麻纱 α_m 为17～20。

b.二道（或单程）粗纱：纯麻纱 α_m 为23～26，涤/麻纱 α_m 为18～20。

3. 粗纱质量控制　粗纱质量的优劣，直接影响细纱质量，所以，要纺出质量优良的细纱，首先应纺出优良的粗纱，粗纱的质量指标控制范围见表11－16。

表 11 - 16　粗纱的质量指标控制范围

评定标准	控制范围
重量偏差(%)	1 以下
重量不匀率(%)	2 以下
条干不匀率(%)	头道粗纱 30 以下,二道粗纱 35 以下

　　粗纱重量偏差和重量不匀率过高,就会使细纱特数和重量不匀率难以控制在质量标准规定的范围内,容易造成细纱生产不稳定,甚至使细纱降等降级。当粗纱条干较差时,除这些不匀全部转移到细纱上以外,而且还会在细纱机牵伸过程中引起的附加不匀同时叠加到细纱上,这种附加不匀在粗纱具有周期性时更为严重,从而导致细纱质量进一步恶化。

六、苎麻细纱

(一)特点

　　目前,苎麻细纱机与毛精纺细纱机类似,但由于苎麻的纤维长度较毛纤维长,因而其前后罗拉隔距比毛纺细纱机的长。其各罗拉的中心距范围为:前罗拉—中罗拉 130mm、前罗拉—后罗拉 250 ~ 300mm。

(二)细纱工艺参数选择

1. 牵伸工艺参数

　　(1)后区张力牵伸。苎麻细纱机上双胶圈牵伸装置,虽然有两个牵伸区,但中罗拉与胶圈罗拉所组成的钳口是滑溜钳口,因而后区牵伸只是张力牵伸。它的作用是伸直纤维和增加纱条紧密度,为主牵伸区创造一个合适的牵伸条件。

　　目前,苎麻纺细纱机上的张力牵伸一般为 1.1 ~ 1.15 倍。

　　(2)粗纱捻度。粗纱捻度在细纱牵伸中,起到一个附加摩擦力界的作用,它有助于使须条中纤维相互紧密抱合,增加对纤维的控制。但过大的粗纱捻度,会引起牵伸不开的现象。目前,纯苎麻纱采用的粗纱捻系数 α_m 为 23 ~ 26;涤麻混纺纱采用的粗纱捻系数 α_m 为 18 ~ 20。

　　(3)隔距块。胶圈前钳口的摩擦力界强度应稳定胶圈钳口摩擦力界强度,取决于钳口隔距、上销的起始压力和刚度、下销弧形曲面上托点高度以及胶圈的弹性和厚薄均匀程度。

　　钳口隔距是指上、下销间的最小距离(或称销子开口)。钳口隔距的大小,对胶圈前钳口摩擦力界强度影响较大,钳口开口大,摩擦力界强度下降,失去对浮游纤维的控制作用,使纤维变速点分布不稳定,细纱条干恶化;销子开口太小,失去胶圈的弹性作用;摩擦力界强度增大,从而使牵伸力增大,易造成牵伸不开而出"硬头",也易造成条干不匀。因此,销子开口的大小应与四个因素配合,即与喂入粗纱特数、中部摩擦力界、前罗拉钳口的握持力、所纺细纱特数相配合。

　　上、下胶圈销的原始隔距,一般采用隔距块来确定,不同的成纱特数,应采用不同的原始隔距,即采用不同规格的隔距块,见表 11 - 17。

表 11 - 17　适纺细纱的原始隔距

颜色	隔距块半径(mm)	原始隔距(mm)	适纺细纱	
			线密度(tex)	公支
蓝	5.5	1.4	12 ~ 17	60 ~ 80
黄	6.0	2.0	18 ~ 28	36 ~ 54
红	7.6	4.0	40 ~ 80	12.5 ~ 25
白	9.0	6.0	100 ~ 110	9 ~ 10
黑	9.5	7.0	130	7.5

（4）罗拉隔距。苎麻纺细纱机采用的摇架为 TF18 - 300 型。其罗拉中心距可调范围较大，但因摇架较长，在运转过程中有晃动现象。罗拉钳口和加压不稳定，在牵伸过程中易产生附加不匀，而影响条干均匀度。曾对前、后罗拉中心距进行了试验，其罗拉中心距与细纱条干均匀度关系见表 11 - 18。

表 11 - 18　罗拉中心距对成纱质量的影响（27.8tex 纯麻纱）

项　目 罗拉中心距(mm)	条干均匀度 CV 值(%)	细节(个/km) (- 50%)	粗节(个/km) (+ 50%)	麻粒(个/km) (+ 200%)	单纱强力 (cN)
300	22.42	237	255	540	535.5
280	21.65	192	210	340	537.3
260	21.97	205	215	415	528.0
245	22.13	217	235	462	511.8

从表 11 - 17 中可知，前后罗拉中心距应在 260 ~ 280mm 为宜。

2. 细纱捻系数的选择　　目前，实际生产上所采用的捻系数，大多已超过临界捻系数。其主要目的是为了减少细纱毛羽和降低细纱断头率。常用捻系数范围见表 11 - 19。

表 11 - 19　细纱捻系数选用范围

细纱	线密度(tex)	105 ~ 133	27.8 ~ 31	20.8	16.7 ~ 18.5	14
	公支	7.5 ~ 9.5	32 ~ 36	48	54 ~ 60	72
捻系数	α_t	26 ~ 30	28 ~ 33	30 ~ 35	34 ~ 38	33 ~ 35
	α_m	85 ~ 95	90 ~ 105	100 ~ 110	110 ~ 120	105 ~ 110

（三）钢领与钢丝圈的选配

钢领和钢丝圈对纺纱张力、毛羽、断头等均有很大的影响。合理选配钢丝圈的型号，对稳定纺纱过程，提高成纱质量起到关键的作用。

苎麻纺纱中，钢丝圈的选择同其他纺纱中所遵循的原则是一样的。

目前常规产品的钢丝圈号数选用范围见表 11 - 20。

表 11 – 20　钢丝圈号数选用范围

细纱	线密度(tex)	133	105	50	27.8	20.8	16.7
	公支	(7.5)	(9.5)	(20)	(36)	(48)	(50)(涤麻混纺纱)
钢丝圈型号		G35~40	G30~35	G15~20	G3~8	G2~3	G2~3

此外,还要注意合理掌握钢丝圈的使用期限,当钢丝圈运行一定时期后,由于磨损而导致飞圈增多,或者因磨损痕迹与纱线通道发生交叉,使断头率显著增加;另一方面亦使细纱毛羽、麻粒增多。为减少断头率,稳定生产和产品质量,通常应定期整台换圈,以保证一定水平的断头率。

目前,苎麻纺中,锭速一般采用 6000~7500r/min。

七、苎麻后加工

苎麻的络筒、并线、捻线工序所用设备为纺纱通用设备,只是需要根据苎麻纱的特点及质量要求采用相应的工艺参数。

苎麻后加工工艺流程如下:

(细纱)→络筒→筒子纱

或　　　　　　　　　　(细纱)→并纱→捻线→络筒→筒子股线

由于苎麻纤维较粗硬、抱合差、毛羽多,故为减少络筒后质量的恶化,可适当降低络筒速度。同时,还可适当提高管纱的回潮率,并相应增加络筒张力。

苎麻捻线时,根据股线的用途,采用不同的股线捻比值(即股线捻系数与单纱捻系数之比),见表 11 –21。

表 11 –21　苎麻股线的捻比值

股线品种		股线捻比值(K)	股线品种		股线捻比值(K)
衣着织物双股线	经线	1.20~1.40	105tex(9.5 公支)工业复制用线	三股线	0.90~1.00
	纬线	1.00~1.20		四股线	1.00~1.05
工业织物用线	27.8tex×2(36 公支/2)	1.05~1.25		五股线	1.10~1.20
	133tex 多股(7.5 公支多股线)	1.10~1.20		六股线	1.00~1.10

第三节　亚麻纺纱

亚麻纺纱厂所使用的原料为亚麻打成麻。所谓亚麻打成麻是指亚麻原茎经浸渍脱胶(沤麻)并经过养生的亚麻干茎,再经过打麻联合机的揉麻(或称碎茎)、打麻,去除木质部及其他非纤维的杂质,得到较纯净的长纤维即打成麻。亚麻打成麻的制取是在亚麻原料厂完成的。在亚麻原料厂完成的从亚麻茎中提取可纺的亚麻工艺纤维的过程称为亚麻初加工。亚麻初加工主要包括亚麻脱胶(沤麻)和制麻两部分。亚麻初加工工艺流程为:

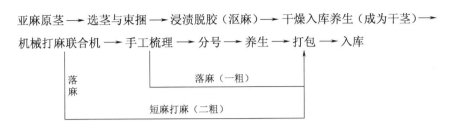

打成麻再经手工梳理,分号成束后打成包入库。打成麻经手工梳理后,落下或梳下的紊乱亚麻纤维,俗称一粗。机械打麻产生的落麻经过短麻处理机处理后,成为亚麻二粗。一般来说,一粗和二粗亚麻统称作粗麻,含有较多尘屑、茎秆,经打包后可发往纺纱厂或其他工厂。

由于亚麻的单纤维长度较短,一般为 15~25mm,难以单独纺纱,因此,为了适应亚麻纺纱工艺的要求,使纺纱顺利进行,在亚麻纺纱中,采用的是亚麻工艺纤维的纺纱。所谓工艺纤维是指若干个原级纤维(单纤维),依靠果胶质粘连而成的纤维束,因此,工艺纤维比较长且粗,其表面有竖纹与横节特征。

亚麻的纺纱有长麻纺和短麻纺。长麻纺有两种纺纱方式即湿纺和干纺;短麻纺主要是加工长麻纺栉梳加工中产生的落麻,也有湿纺和干纺两种。由于亚麻是利用工艺纤维进行纺纱,因此其纤维粗、硬,干纺时毛羽多,难以纺较细的纱,故目前的长麻纺和短麻纺仍基本采用湿纺。

短麻纺中产生的落麻,因其长度与棉纤维接近,通常与亚麻初加工中的二粗纤维等一起,利用棉纺设备进行纺纱加工。

一、亚麻长麻纺

亚麻长麻纺是将经过初加工的打成麻纺成纱的过程,打成麻的工艺纤维长度为 400~900mm、分裂度即线密度为 5~10tex(100~200 公支)。

打成麻根据其工艺纤维的强度、长度、分裂度(线密度)、可挠度(柔软度)、含杂率、色泽等,可分为 3~20 号,号数高表明纤维品质好。

亚麻长麻湿纺的流程为:

配麻→梳理前准备→亚麻栉梳→成条→并条(4~5 道)→粗纱→粗纱煮漂→细纱→干燥→络筒

(一)配麻

亚麻纺纱厂一般不采用单一产地或单一打成麻号来进行纺纱,而是将几种不同产地和不同打成麻号的亚麻进行搭配使用。由于亚麻纤维的性能(如长度、细度、强度、色泽、回潮率和柔软度等)是随着亚麻纤维的打成麻号、生长条件、产地及初加工方法等不同而异。而这些性能又与纺纱工艺和成纱质量有着十分密切的关系。配麻的目的就是要正确掌握好各产地的亚麻纤维质量、进厂的趋势和产量的多少等情况,以便根据产品的用途和要求,合理利用纤维,取长补短,使之达到提高成纱质量、稳定生产和降低成本的目的。

1.配麻方法 配麻的方法是分类排队法。亚麻纤维包括打成麻和梳成麻。分类就是将打成麻按产地、麻号分类堆放,梳成麻按产地、麻号和色泽分类堆放。排队就是在分类的基础上,将同一类的原料排成几个队,把性质相近的几个原料排在一个队中,以便做到正确配麻。当某一成分的麻用完时,即可用与其性质相近的麻接替使用,以稳定生产和保证成纱质量。

2. 配麻原则 亚麻配麻的总要求应该严格遵守合理、平衡、稳定和经济的原则。配麻中的主要指标是强度、分裂度(线密度),其次是含杂和可挠度(柔软程度),由于湿纺纱已普遍采用粗纱煮漂工艺,因此,可挠度指标考虑得较少。

3. 配麻实例 配麻实例见表11-22。

表11-22 配麻实例

细纱线密度 (tex)	配麻比例(%)							纤维结粒数 (个/g)	束纤维平均 强度(N)	纤维主体 长度(mm)	分裂度 (线密度) [tex(公支)]	麻屑含量 (%)
	14#	16#	18#	平均	6#	8#	平均					
41.7tex(24支) 长麻	—	50	50	17	—	—	—	2.75	—	480	3.33(300)	0.3
66.7tex(15支) 短麻精梳	—	—	—	—	50	50	7	3.2	329	420	3.33(300)	0.3

注 短麻的麻号为梳成麻号。

(二)梳理前准备

打成麻梳理前的准备工作是指加湿、给乳、养生、分束等工序。

1. 纤维的加湿给乳与养生 亚麻工艺纤维的加湿给乳及养生是在纺纱厂的亚麻原料库中进行的。它就是给予存储在原料库中的麻纤维一定量的乳化液,在库中(一般温度为20～30℃,湿度为80%)存放24h左右进行养生,使纤维达到具有一定的强度、油性、成条性、吸湿性,消除纤维的内应力,以利于纤维的梳理。纤维回潮率冬天控制在13%～16%,夏天控制在15%～18%。

2. 打成麻的分束 在梳理前,由专门的分束工人将成捆的养生后的打成麻分成一定量的小麻束,以适应栉梳机的喂入要求,并将不符合质量要求的麻纤维和杂草等挑出来。麻束的重量均匀与否,不仅直接影响到栉梳机的梳成率,同时也影响后道工序的进行。

(三)栉梳

分束后的打成麻,由栉梳机完成对其的梳理。栉梳是将打成麻夹持后进行的梳理,因此它是一种精梳。因为亚麻打成麻太长,且本身已较顺直,再采用自由梳理容易损伤纤维,并使纤维纠缠、混乱。

亚麻的栉梳包括栉梳机梳理和重梳。栉梳机的梳理是利用栉梳机针板上有钢针的针栉对纤维进行梳理,梳针沿纤维的横向刺入,然后在机械的作用下沿着纤维的纵向移动,将纤维分梳开来,并使纤维伸直平行,长度较短、品质较差的纤维被梳下成为落麻,同时麻屑、麻皮等杂质被清除掉,随着梳理的进行,各针板的植针密度逐渐增加,梳针逐渐变细,以实现循序渐进、逐步细致的梳理;重梳是对栉梳后的打成麻再进行一次梳理,目前一般采用机器梳理,即在栉梳机的后几道针帘用高针密针排进行梳理。

打成麻经过栉梳后,其梳成的号数一般比打成麻提高 2～6 号,号数越高,则表明纤维的可纺性越好。

梳成麻根据其品质分成 10 个等级,即 14、16、18、20、22、24、26、28、30、36 号,一般栉梳后可得 22 号及以下的梳成麻,重梳后可得更高号的梳成麻。

机器短麻分 9 个等级,即 4、6、8、10、12、14、16、18、20 号。

1. 亚麻栉梳机组成与工作过程 亚麻栉梳机组成及工作过程如图 11-4 所示(见录像 11-3)。栉梳机前有两名工人,一人向夹麻器 1 中铺放打成麻束,另一人将梳理好的麻束分号。当夹麻器 1 沿着前自动机轨道走入前自动机 2 左侧的特备装置中,特殊扳手 3 将夹麻器 1 的盖子升起,喂麻工将两束打成麻均匀地铺入夹麻器中螺杆的两侧,然后借助特备装置将夹麻器 1 的上盖子落下,特殊扳手 3 将夹麻器 1 上的螺丝拧紧,压紧麻束后夹麻器 1 被特制的杠杆 4 翻转竖直,之后沿着连接前自动机与左梳理机的轨道 5 被推入位于下降至底部的左梳理机升降架 6 上。升降架升至设定的高度,夹麻器被特殊掌子 7 推至一对做相对类似环形运动针帘上的左梳理机第一道针栉 8 的上方,开始受到左梳理机的梳理。左梳理机的针帘上有 18 道针栉,升降架 6 升降 18 次,夹麻器从一道针栉被推向另一道针栉,夹

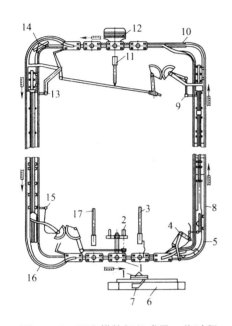

图 11-4 亚麻栉梳机组成及工作过程

麻器上的麻束被针帘上的 18 道针栉分别反复梳理与分劈,针帘上的 18 道针栉梳针依次一道比一道细,植针一道比一道密。夹麻器上的麻束经过左梳理机梳理后,悬垂在夹麻器的麻梢部一端已完全被梳理好,夹麻器沿着连接左梳理机与后自动机的轨道 10 被特制杠杆 9 翻转平直,然后被推至后自动机特备装置中,特备扳手 11 将夹麻器上的螺丝拧松并将夹麻器的上盖升起,倒麻装置 12 夹持住麻束一端拉过一段距离,使梳理好的麻稍一端被部分拖入夹麻器中,未被梳理的麻根部分露在夹麻器外,而后特备装置将夹麻器的上盖落下,特殊扳手 11 将夹麻器上的螺丝拧紧,压紧麻束之后,夹麻器被特制的杠杆 13 翻转竖直,而后沿着轨道 14(连接后自动机与右梳理机)被推入下降至底部的右升降架上,由右梳理机进行梳理。右梳理机的结构和工作过程与左梳理机完全相同。麻束的根部接受右梳理机针帘上的 18 道针栉梳理。夹麻器沿着连接右梳理机与前自动机的轨道 16 被特制的杠杆 15 翻转平直,然后被推至前自动机右侧的特备装置中,特殊扳手 17 拧松夹麻器上的螺丝并将夹麻器的上盖子升起。分号工人取出已梳好的两束麻束(即为梳成长麻),按品质分成高低分号,并分别堆放、打捆。同时空夹麻器被特殊掌子推入前自动机左侧的特备装置中,特殊扳手 3 将夹麻器的上盖子升起,等待工人喂麻。至此,一个工作循环结束。下一工作循环重复上述过程。

打成麻在左、右梳理机中的梳理过程如图11-5所示。位于夹麻器2内的麻束,与夹麻器一起进入升降架1,升降重锤3起平衡作用。麻束与升降架一起在针帘4间定期往复升降,并受到梳针对麻束的梳理。梳理后,长麻继续被夹麻器夹持,而短纤维与杂质等被针帘梳针带走,毛刷5将它们截下,由剥取辊筒6将短纤维、杂质从毛刷上剥下,经被斩刀7斩下落入麻箱8中。麻箱中的落麻称作梳成麻,可作为短麻纺纱的原料。

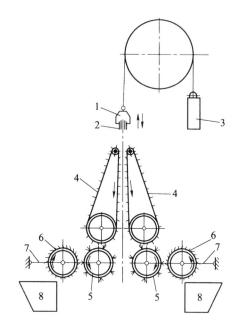

图11-5 亚麻栉梳机工艺简图

2. 主要工艺参数作用与选择

(1)针帘道数与植针规格。针帘道数与植针规格对麻纤维的梳理质量和梳成率均有影响。针帘道数有12道、16道、18道、22道等多种,但常用18道。各道针帘的针号和针密不同,自第三帘起,针号一道比一道细,植针一道比一道密。

(2)针帘隔距。针帘隔距对梳理质量和梳成率有直接影响。隔距大时,梳成率高;隔距小时,梳理质量好。一般根据麻纤维原料的不同而有所区别;另外由于各道针帘间的梳理量要求不同,则针帘隔距也不同。常用的针帘见表11-23。

表11-23 针帘隔距

纤维性质	针帘隔距(mm)
中粗国产麻	3,0,-3 或 3,0,-2
较粗麻纤维	2,0,-2 或 1.5,0,-2
偏粗麻纤维	1.5,0,-2.5
超细麻纤维	1,0,-3

(3)针帘速度。针帘速度应根据麻纤维的质量而定。当麻纤维粗硬且不易分梳时,针帘速度可偏大掌握;对于强度较小的打成麻,针帘速度宜低。生产中常把针帘速度大于12r/min的工艺称作强梳或深梳工艺,把针帘速度小于12r/min的工艺称作弱梳或轻梳工艺。

(4)麻束重量。麻束重量是指喂麻工喂入栉梳机每束麻的标准重量。麻束重量对栉梳机的生产率、梳成麻制成率及梳成麻质量都有影响。当麻束重时,栉梳机产量高,但梳成麻率低;麻束轻时,梳理质量好,但形成的麻层薄,影响铺麻的均匀性。因此,打成麻的喂入重量是按打成麻的麻号进行规定的,其范围见表11-24。

表11-24 打成麻的麻束重量规定

打成麻号(号)	8~9	10~11	12~14	15~16	17以上
每束重量(g)	90~100	100~110	110~120	120~130	130~140

（5）升降架的每分升降次数及升降高度。升降架的每分升降次数越多,则栉梳机的产量越大;一般栉梳机的每分升降次数调整范围是 7.9~9.2 次/min。

升降架的升降高度影响梳理长度。升降架的升降高度应根据打成麻长度而定,当打成麻长度长时,升降高度应随之升高;但升降高度受机械条件的限制,一般机器上配 600mm、700mm 两档。当国产打成麻平均长度在 500mm 以下时,升降高度选用 600mm;进口麻平均长度在 600mm 以上时,升降高度选用 700mm。

3. 栉梳条质量控制 亚麻栉梳条质量指标有麻条强度、纤维可挠度、纤维附着物含量、未梳透纤维含量、20 g 纤维内麻粒数等。亚麻栉梳条品质控制着重注意以下几方面。

（1）设备状态良好,工艺设计合理。

①设备状态方面:针板上梳针缺损、弯曲情况;夹麻器上胶垫是否磨损、牢固;毛刷辊筒上鬃毛状态及斩刀剥麻情况;针帘皮带张紧程度、伸长程度等。

②工艺设计方面:针帘隔距、速度是否合理;麻束重量、升降架的升降高度是否适当等。

（2）提高挡车工的操作水平。要求工人在喂麻时,使麻束根部露出部分为总长的三分之一;将麻束厚薄均匀地铺放在夹麻器,并及时挑出未梳透的麻束;对已梳过的梳成麻与机器短麻评号要正确。

（3）稳定车间的温度与湿度,以保证麻纤维的回潮率和加工质量。栉梳机梳成麻时的回潮率要求在冬季为 14%~17%,夏季为 17%~18%。车间温度要求在冬季为 15~20℃、相对湿度为 60%~65%;夏季为 25~32℃、相对湿度为 65%~75%。

（4）梳成麻的再梳理。栉梳机生产的梳成麻,纤维较为紊乱且含有较多的麻屑及附着物,须经过整梳和重梳才能达到规定要求。

（四）成条

成条的任务就是将一束束尚未完全具备纺纱特性的梳成麻,制成连续不断的且具有一定细度和结构均匀的长麻条。

1. 成条机组成与工艺过程 亚麻成条机主要由喂入机构、牵伸机构、圈条机构组成,其工艺如图 11-6 所示。麻束均匀地铺放在 6 根(有的机台为 4 根)喂麻皮带上。喂麻皮带 1 由传动辊 2 传动,麻束经过喂入引导器 3,使麻束初具需要的宽度后,进入喂麻罗拉对 4、5,被导向针排区 6。针排区中的针排为开针式,即只有一排工作针排,其由螺杆转动而推向前方,这时纤维再经过牵伸引导器 7 后,即被牵伸罗拉 8、9 握住。由于针排的速度接近喂入罗拉,而牵伸罗拉的

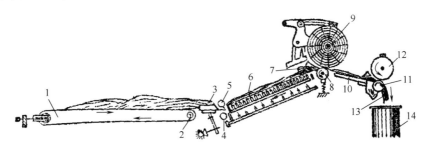

图 11-6 成条机工艺简图

速度大大高于喂入罗拉,所以纤维被牵伸罗拉引出时麻条就变细了。6 根变细的麻条从牵伸罗拉引出后,又在并合板 10 上进行并合后,再由一对出麻罗拉 11、12,把麻条引出,经涮条板 13 送入麻条筒 14 中。当麻条纺到规定长度时,由满筒自停装置使机台停转。

为进一步提高生产效率,目前已有将自动成条机与栉梳机联合在一起的栉梳—成条联合机。栉梳机输出的梳成长麻麻束,直接由自动成条机铺放在成条机的喂麻皮带上使用,省去了中间储存的环节,也省去了部分工人。

2. 成条主要工艺

(1)牵伸倍数。成条机的牵伸倍数为 15 ~ 30 倍,由于成条操作是手工喂麻,6 根并合,选牵伸倍数时,以较低为准,一般为 18 ~ 21 倍。

(2)喂入与输出速度。成条机的喂入速度为 0.96 ~ 1.2m/min,输出速度为 18 ~ 20m/min。

(3)针板升降次数。成条机的每分钟升降次数为 69 ~ 100 次/min 较适宜。

3. 成条质量控制　成条机纺制出的麻条定量控制范围虽没有统一的标准,但为了满足支数均匀、偏差小的纺纱要求,一般在成条机纺制的麻条偏差很大时可进行配组使用。配组的原则是,每组 6 条亚麻条的平均支数达到规定的要求即可。

(五)并条

成条机制成的长麻麻条,还要经过并条机的并合、分劈、牵伸等作用,以达到后续工艺的要求。一般根据所纺纱线线密度和成纱质量的要求,长麻纺的并条要经过 4 ~ 5 道。

1. 亚麻并条机的组成与工艺过程　亚麻并条机一般有螺杆式并条机和推排式并条机两种。螺杆式并条机的加工质量好,但产量较低。螺杆式并条机的机构与毛纺、苎麻纺中针梳机类似,主要区别有两点,一是由于亚麻的纤维长度长且粗,因此针排的长度长且针粗、稀;二是亚麻并条机的输出部分有一个并合板,各牵伸单元输出的麻条经并合板再次得到了并合,如图 11 - 7 所示。推排式则主要是前后罗拉间的针排由许多针栉杆组成,且通过链轮传动,将针栉杆推向前方,相对停顿时间长,成条质量差,但其产量高。

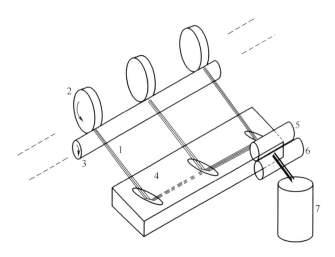

图 11 - 7　并合板示意图

1—条子　2,3—牵伸罗拉　4—并合板　5,6—出麻罗拉　7—条筒螺杆式和推排式亚麻长麻并条机,分别如图11-8和图11-9所示。螺杆式亚麻长麻并条机的工艺过程为麻条自喂入架下的麻条筒1中拉出,经导引罗拉2和3,然后在喂入罗拉4下、自重罗拉5上和喂入罗拉6下喂入,进入针排区7,针排的速度接近或稍大于喂入罗拉的表面速度,使麻条张紧,并被针排上的梳针刺透,随针排向前运动,直至牵伸罗拉9和胶辊8的钳口处被握持而输出,麻条自牵伸罗拉9和胶辊8输出后由牵伸集合器引导,在并合板10处进行并合,再由麻条引导器11导入,经输麻罗拉12和13引出送入麻条筒14中。

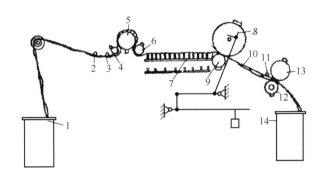

图11-8 螺杆式亚麻并条机

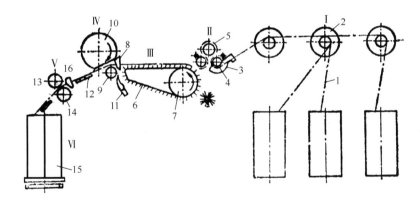

图11-9 推排式亚麻长麻并条机

1—麻条 2—小转子 3—喂麻引导片 4—下喂麻罗拉 5—自重加压罗拉 6—针排 7—链轮齿
8,16—牵伸—引导片 9,10—牵伸罗拉 11—喷嘴 12—并合板 13,14—引出罗拉 15—麻条筒

2. 主要工艺参数

(1)牵伸倍数。并条机的牵伸倍数为6~12倍,各道配置的牵伸倍数是不同的,一般是采取逐道加大的方法。各道并条机的牵伸范围见表11-25。

表11-25 各道并条机的牵伸范围

并条机道数	牵伸倍数范围	并条机道数	牵伸倍数范围
0并	6~8	3并	9~11
1并	7~9	4并	10~12
2并	9~11		

（2）针排与喂麻罗拉张力牵伸。针排与喂麻罗拉张力牵伸一般为1.015~1.045。

（3）牵伸罗拉与圈条器之间的张力牵伸。牵伸罗拉与圈条器之间的张力牵伸为1.013~1.034。

（4）喂入与输出速度。并条机的喂入速度为1.7~2.5m/min，输出速度为15~20m/min。

（5）针板打击次数。针板打击次数一般为170~240次/min。

3.熟麻条的质量控制 在熟麻条的质量控制中主要是保证条干均匀和定量稳定，控制方法主要有以下几个方面。

（1）保持设备状态良好，工艺参数选择合理，尽可能减少机械波和牵伸波的产生。

（2）提高工人的操作水平。要求喂入铺麻均匀，每束麻的搭头长度保持一致；轻重麻条合理搭配在一组使用，以保证出麻均匀。

（3）保证纤维回潮率和车间湿度。并条机上所用亚麻纤维的回潮率为14%~16%，车间相对湿度在55%~65%。减少纤维间、纤维与梳针和罗拉间因摩擦而产生的静电。

（六）粗纱

亚麻粗纱机与棉纺、绢纺及毛纺有捻机的组成和工艺过程基本相似，不同之处主要是其牵伸装置采用单针排牵伸，如图11-10所示。亚麻纤维通过牵伸区时，靠一排排针将纤维进一步分劈，以提高亚麻工艺纤维的分裂度。粗纱筒管则带有孔眼，以方便粗纱煮漂时溶液的渗透，如图11-11所示。

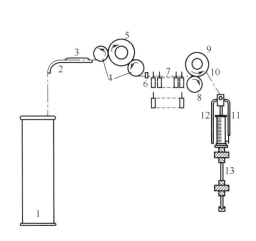

图11-10　亚麻粗纱机工艺过程简图

1—条筒　2—导条板　3—导条器　4—喂给罗拉
5—自重压辊　6—引导器　7—针板　8—前罗拉
9—上皮辊　10—导纱器　11—锭翼　12—筒管　13—锭子

图11-11　亚麻粗纱筒管

亚麻粗纱机按加工纤维长度可分为长麻粗纱机和短麻粗纱机，它们的结构相似，主要区别在于牵伸机构和针排的隔距不同。

1.工艺参数选择

（1）粗纱机锭速。粗纱机锭子速度是决定粗纱机生产率的重要因素。目前在亚麻纺纱生产中,粗纱机的锭速一般在 $500 \sim 750 r/min$。

(2)粗纱机牵伸倍数。长麻粗纱机上采用的牵伸倍数是 $9 \sim 13$ 倍,短麻粗纱机上采用的牵伸倍数是 $5 \sim 8$ 倍。

(3)粗纱捻系数。粗纱捻系数的选择与所用原料性质、所纺粗纱线密度、细纱机牵伸机构及亚麻纺纱系统等因素有关。长麻粗纱捻系数常用公制表示,一般为 $19 \sim 23$;短麻粗纱捻系数一般为 $30 \sim 35$。为使细纱加工顺利,通常漂白纱的捻系数大,本色纱的捻系数小。

2. 质量控制　与其他纺纱系统一样,亚麻粗纱的质量指标主要是重量不匀和条干不匀。为使煮漂时溶液易于渗透,粗纱卷绕密度也应控制在 $[(0.34 \sim 0.35) \pm 0.02] g/cm^3$。

(七)粗纱煮漂

由于亚麻采用工艺纤维纺纱,其纤维粗、硬,难以直接纺制低线密度和高品质的纱。因此,在最后的成纱(细纱)工序前,必须对粗纱进行煮练,进一步去除纤维中的胶质,使纤维松散,以利于细纱牵伸时能顺利地将纤维进一步分裂劈细,如最终产品需要将亚麻纤维部分或全部漂白,还应在煮练时增加漂白工序。

与苎麻的脱胶类似,亚麻的化学脱胶也是采用酸、碱等,将非纤维素的部分(即胶质)去除,但与苎麻的全脱胶不同。由于亚麻的单纤维长度短,为保证纺纱时所需的纤维长度,亚麻的煮练是半脱胶,以残留部分胶质将短的单纤维粘接成满足纺纱要求的工艺纤维。亚麻的色素重,因此,采用过氧化氢水溶液(双氧水)难以全部漂白,还要采用亚氯酸钠。

1. 亚麻煮漂的流程　亚麻本色纱不需要漂白,只需用酸、碱进行煮练。如果需要漂白,则视对漂白程度的要求而采用半漂或全漂工艺,半漂一般只用一道漂白,如亚氯酸钠漂白(亚漂)或双氧水漂白(氧漂);全漂则先亚漂再氧漂。

亚麻煮漂的工艺流程为:

粗纱→预酸处理→煮练→热水洗→酸洗→(漂白)→冷水洗

2. 粗纱煮漂的工艺过程　当煮练锅内的含有烧碱($NaOH$)、纯碱(Na_2CO_3)、烷基磺酸钠、硅酸钠(Na_2SiO_3)等化学药品的煮练溶液温度升到 $70℃$ 时,将已装好粗纱管的粗纱架放入锅中,然后封闭锅盖,继续升温,当达到煮练温度 $110℃$ 或煮练压力为 $196kPa$ 时,开启电动机,让锅内溶液开始定时的正反循环,经过若干次的正反循环并达到总的煮练时间(如 $1.5 \sim 2h$)后,开始减压。当达到常压时,先把溶液从锅内排出或回收,然后注入 $60℃$ 左右的热水洗一次或两次,每次 $15min$,洗毕后排出废热水,然后用浓度为 $0.8g/L$ 左右的硫酸或醋酸浸洗 $10 \sim 15min$,(如需漂白,则此时加入漂白溶液,对粗纱进行漂白),再用冷水洗,时间为 $10 \sim 15min$。当冷水洗毕后,打开锅盖,从大锅中吊起粗纱架,将另一只装满未煮粗纱的粗纱架再吊入大锅内,开始一次新的煮练(图 $11-12$)。

3. 煮练工艺

(1)轻煮工艺。指粗纱经煮后的重量损失在 11% 以下时的工艺。采用的碱液浓度为 $2 \sim 3g/L$,温度为 $100 \sim 105℃$,时间为 $1.5h$。

(2)强煮工艺。指粗纱经煮后的重量损失在 15% 以上时的工艺。采用的碱液浓度为 $3 \sim 5g/L$,温度为 $105 \sim 110℃$,时间为 $1.5 \sim 2h$。

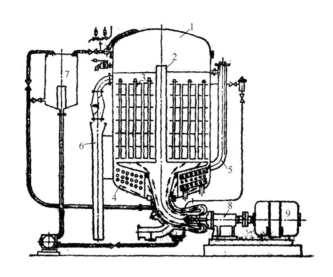

图 11 - 12　粗纱煮漂示意图

1—立式煮锅　2—粗纱架　3—粗纱装置情况　4—蛇形蒸汽管　5—锅外回流管
6—冷热水注入管　7—溶液储存罐　8—溶液循环泵　9—主体电动机

浴比:1:10 ~ 1:15。

(八) 细纱

亚麻细纱机与棉纺、毛纺、绢纺细纱机一样,主要是将粗纱抽长拉细成符合要求的细纱,并做成一定卷装供后道工序使用。

亚麻纺纱基本采用湿纺细纱机,这是它与其他纺纱系统的最大差别。粗纱在进入牵伸机构前,先通过特制的水槽进行浸湿,使粗纱在完全湿润的状态下,进入牵伸区受到牵伸作用,由于湿润状态下胶质黏性降低,各单纤维间的联系力减弱,有利于工艺纤维被牵伸、分劈,从而使组成最终成纱的纤维(束)变细,提高了最终成纱的质量。因此,湿纺细纱比干纺细纱条干均匀、强度高、毛羽少。

1. 亚麻湿法纺纱工艺过程　湿纺环锭细纱机主要由喂入部分、浸润槽、牵伸部分、加捻、卷绕、成形等部分组成。其工艺过程如图 11 - 13 所示(见录像 11 - 4),多孔粗纱管 1 放置在回转的蘑菇状托盘上,从筒管上退绕下来的粗纱,经过转动的引导转子进入水槽2,粗纱在水槽内受热水浸润后,绕过强制回转的喂入辊,再进入牵伸装置3,该牵伸装置由喂入罗拉、单皮圈轻质辊和牵伸罗拉(前罗拉)组成,浸透的粗纱由喂入罗拉喂入,经中间单皮圈轻质辊托持,到达牵伸罗拉,由于牵伸罗拉的表面速度较喂入罗拉快得多,所以粗纱在此间受到牵伸作用,工艺纤维受到了进一步分劈,须条的支数得到了提高。由牵伸罗拉输出的纱条,受到加捻作用,使纱条具有一定的强力而成细纱。这时,细纱通过叶子板上的导纱瓷眼,穿过骑在钢领上的钢丝圈(或尼龙钩),被卷绕于插在锭子4的纱管上。

由于亚麻湿纺的断头较多,为减少纤维损失,亚麻湿纺细纱机有单锭断头自停装置,当某个前罗拉输出的纱断头时,探杆上抬,使该单元的喂入罗拉停止喂入(参见录像 11 - 4)。

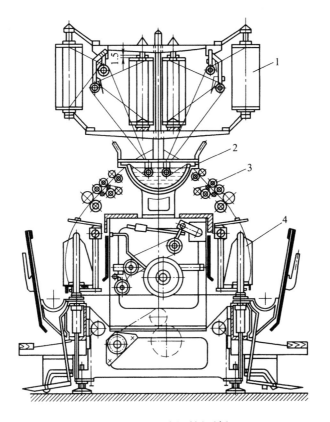

图 11 - 13　亚麻湿纺细纱机

　　亚麻湿纺细纱机的牵伸装置有胸板式、单胶圈轻质辊式等,如图 11 - 14 所示。这些牵伸装置对纤维运动的控制不够理想,使得成纱的不匀较大,难以纺较高支纱。目前,已有双胶圈牵伸装置,可以更好地控制牵伸区中的纤维运动,使成纱细度更高,成纱质量也得到改善。

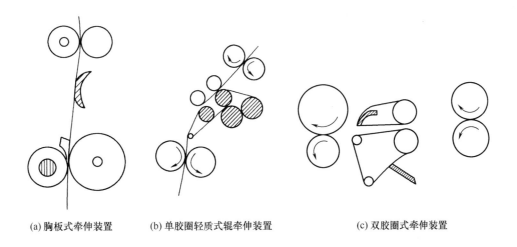

(a) 胸板式牵伸装置　　　(b) 单胶圈轻质式辊牵伸装置　　　(c) 双胶圈式牵伸装置

图 11 - 14　亚麻湿纺的牵伸装置

2. 湿纺细纱的主要工艺 湿纺细纱机工艺参数主要有牵伸倍数、牵伸罗拉中心距、速度、捻度、罗拉加压、水槽温度、钢丝圈号数、升降动程与速比等。

（1）牵伸倍数。一般纺细特（高支）纱比纺粗特（低支）纱的牵伸倍数选得大些；粗纱定量重，细纱牵伸倍数大；纺短麻时牵伸倍数小，长麻时牵伸倍数可稍大些；纺煮练或漂白纱时，牵伸倍数可选得更大些。亚麻细纱机常用的牵伸倍数见表11-26和表11-27。

表11-26 胸板或挡杆式牵伸机构常用的牵伸倍数

粗 纱 名 称	牵 伸 倍 数
短麻粗纱	6~8
长麻粗纱	8~10
煮练粗纱	9~11

表11-27 皮圈式牵伸机构的细纱机常用的牵伸倍数

细 纱		粗 纱		煮漂损失率	牵伸倍数
tex	公支	tex	公支	（%）	
45.5	22	526	1.9	9~10	11.6
41.7	24	526	1.9	9~10	12.6
35.7	28	400	2.5	9~10	10.91
27.8	36	400	2.5	12~13	12.7

（2）牵伸罗拉中心距。隔距确定的依据有以下几个方面。粗纱中的纤维长度长，罗拉隔距可加大；粗纱捻度大，罗拉隔距可放大些；细纱机上水槽温度高时，罗拉隔距小些；水槽中使用助剂时，则罗拉隔距宜小些；经过煮漂的粗纱，罗拉隔距宜小些；牵伸机构型式不同采用的罗拉隔距也不同。细纱生产中常用的罗拉隔距见表11-28。

表11-28 细纱生产中常用的罗拉隔距

粗 纱 名 称	总隔距（mm）	前区隔距（mm）
湿纺长麻普通粗纱（胸板或挡杆式牵伸型式）	125	60~65
湿纺短麻普通粗纱（胸板或挡杆式牵伸型式）	115	60~70
湿纺煮漂粗纱（胸板或挡杆式牵伸型式）	125	55~60
湿纺长麻煮练粗纱（皮圈式牵伸机构）	166	89
湿纺长麻漂白粗纱（皮圈式牵伸机构）	166	78

（3）锭速。细纱机锭子转速，将直接影响机台的生产率，但是选定锭子转速与机台状态的好坏、所纺细纱特数（支数）、配用的钢领直径以及机台断头率水平等因素有关。一般湿纺细纱机的锭速范围为5000~8000r/min。

（4）捻系数。细纱的用途不同，其捻系数也不同。其次还要根据设备型号、所用原料、半制品质量等综合考虑。如采用不同的纺纱系统,所选择的捻系数不同。一般湿纺捻系数比干纺捻系数大;纤维细、平均长度长,则捻系数可小些;特数低(支数高)的细纱,应选择较大的捻系数。捻系数的选定见表 11 – 29。

表 11 – 29　亚麻纺细纱常用捻系数范围

细纱类别	公制捻系数(α_m)	线密度制捻系数(α_m)
湿纺长麻细纱	90 ~ 100	284.4 ~ 316
湿纺短麻细纱	100 ~ 105	316 ~ 331.8
干纺长麻细纱	85 ~ 95	268.6 ~ 300.2
干纺短麻细纱	95 ~ 105	300.2 ~ 331.8
干纺粗麻细纱	105 ~ 115	331.8 ~ 363.4

(5)水槽温度。水温高,则纤维更容易被牵伸劈细,为兼顾能耗,水温一般控制在 20 ~ 35℃。

(6)钢领、钢丝圈型号和规格。钢领与钢丝圈要配套使用。钢领一般选用小锭狭边型,型号 3608,其边宽为 4.5mm,内径为 62mm。目前,钢丝圈用尼龙钩较多,且尼龙钩号是以 1mg 重为 1 号,计算公式为:

$$钢丝圈号数 = \frac{25}{锭速(r/min)} \times 细纱线密度(tex) \times (0.9 ~ 1)$$

根据上式公式计算后,还要在生产实际中根据操作熟练程度、线密度粗细加以调整。

(7)罗拉加压。前罗拉采用气动加压方式,进入设备压缩空气的压力不超过 20Pa,压力为 60 ~ 100Pa,一般取 75Pa,后罗拉为螺旋加压,一般取 35Pa。

3. 亚麻纱的质量指标　亚麻纱的品等分为优等、一等、合格。

亚麻纱的质量指标有断裂强度、断裂强力变异系数 $CV\%$、百米重量变异系数 $CV\%$、条干均匀度、100m 纱内麻粒总数和 400m 纱内粗节数。干纺纱的品等由断裂强度、断裂强力变异系数 $CV\%$、百米重量变异系数 $CV\%$、条干均匀度、纱内粗节数评定。

(九)细纱的干燥

1. 干燥的目的和作用　由亚麻湿纺细纱机上络下来的细纱,其回潮率为 70% ~ 100%,因此,必须对湿纺细纱进行干燥,使其回潮率达到 12% 以内。干燥就是将湿纺细纱中的水分变成蒸汽,然后将蒸汽排放出去,因此,湿纺细纱干燥必须具有热源及排汽设施。其基本作用就是由干燥的空气,吸收湿纺细纱受到热源作用后而蒸发出来的水蒸气,通过排放设施排放出去,使湿纺细纱逐渐干燥。细纱干燥的目的如下。

(1)去除细纱中多余的水分,以防止细纱发霉变质,从而损害力学性能和外观质量。

(2)为了便于运输、销售、后道工序使用及入库保存。

2. 干燥设备与工艺

(1)干燥设备。

①箱式干燥机:其结构如图 11 – 15 所示,箱内的主要构件由离心式风机 2,载湿纺细纱管小车 1 和管式加热器 3 组成。这种干燥机的最大特点是占地面积小,适用于小批量湿纺细纱的

干燥。一般每只箱有两扇门,内放置小车一台,每台小车上可堆 1350 ~ 1620 只铝管湿纱。目前,有的工厂将载湿纺细纱的小车改为旋转式的载纱器,以使上、下层和前后层管纱受热均匀,减少管纱间的回潮率差异。

②隧道式干燥机:其结构如图 11 – 16 所示,机内主要由轴流风机 1,运输链轨 2,管式加热器 3,离心式排气风机 4 组成。这种干燥机虽然占地面积大,但产量高,每小时可干燥细纱400kg 左右。

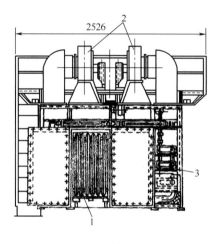

图 11 – 15　箱式干燥机

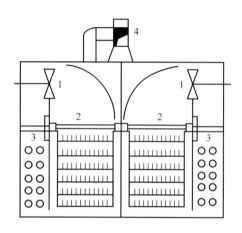

图 11 – 16　隧道式干燥机

(2)干燥工艺。干燥机内温度一般为 90 ~ 100℃,高于 110℃时容易使纱变黄并损伤强力,干燥时间一般在 6h 左右,根据气候和供热能力有所变化。干燥后的纱一般回潮率在 4% ~ 7%,平衡回潮率为 10% 左右。

二、亚麻短麻纺

亚麻原料总数中有 65% ~ 75% 是短纤维,而在亚麻纺织厂所生产的细纱中有 55% ~ 65% 是短麻细纱。在国外短麻纺纱普遍采用干法纺纱方法,而在国内基本采用湿法纺纱方法。

在亚麻短麻制条中,所用的短麻原料有以下几种:在栉梳机梳理打成麻时所获得的机器短麻;降级麻,即将短的麻和低级打成麻经由开松机(或粗梳机)处理后的短纤维;粗麻,即是将亚麻原料初加工厂在制取打成麻时获得的一粗和二粗,经除杂(包括去除麻屑)处理后所获得的短纤维;由手工初梳、整梳或重梳后所得的短麻,现基本为栉梳重梳所获得的短纤维;由纺织厂各生产工序中产生的回丝。

以上短麻原料具有一个共同的特点,就是纤维混乱且相互纠缠,同时还含有大量的麻屑和纤维结等。而且纤维的各项技术指标(如长度、细度、强度等)等级不一致。但现工厂中主要以机器短麻为主。亚麻短麻纺纱的工艺流程如下。

亚麻短麻干法纺纱的工艺流程。

混麻加湿→联合梳麻→预针→精梳→2 ~ 3 道针梳→粗纱→干纺环锭细纱

亚麻短麻湿法纺纱的工艺流程。

混麻加湿→联合梳麻→2道预针→(再割)→精梳→4道针梳→短麻粗纱→粗纱煮漂→湿纺

环锭细纱→细纱干燥→络纱

亚麻的干法纺纱流程短,但只能纺较粗的纱。因此,亚麻短纺基本采用湿法纺纱。

(一)亚麻混麻加湿机

亚麻混麻加湿机主要由混麻箱、成层槽、成片机、成卷机组成,其工艺过程如图11－17所示,麻包送入到拆包器或喂麻帘子上,纤维被带入混麻箱1内,角钉帘子把纤维从给混箱内抓取后向上输送。角钉帘子抓取纤维经过剥麻栅时被剥下,并送入倾斜式运输帘上,进入第二混麻箱2内,纤维被进一步混合后经运输帘的运输落入到成层槽3中,成层槽类似棉纺的给棉箱,可使纤维均匀并成层。按规定密度形成的麻层被送入到成片机4上,成片机由喂给罗拉、转移辊、锡林和输出罗拉组成,类似苎麻的FZ002型开松机,负责开松并清理纤维,将其制成麻片,并加上乳化液。给乳后麻片在成卷机构上成卷,形成麻卷供后道加工。

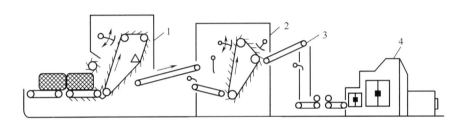

图11－17　亚麻混麻加湿联合机

(二)高产联合梳麻机

亚麻高产联合梳麻机,是亚麻短麻纺纱工程对纤维梳理的第一道工序,它有以下几项任务。

制成麻条。把亚麻混麻加湿机制得的麻卷,制成具有一定细度且结构均匀的麻条,以便后道工序继续加工。

除杂。去除短纤维中含有的大量杂质和不可纺纤维。

混合纤维。纤维得到进一步的混合,使麻条的结构均匀一致。

分劈纤维。将粗的工艺纤维分劈成较细的工艺纤维。

牵伸与并合。将麻条拉细伸长,并通过并合达到麻条条干均匀。

1. 高产联梳机的组成与工艺过程　高产联梳机由退卷装置、预梳机、梳麻机、自动调整牵伸倍数的牵伸车头和自动换筒机构所组成,其工艺过程如图11－18所示,从退卷辊筒1下来的麻卷(9～10根),经喂麻帘子进入喂入罗拉2。为更好地握持和控制纤维的喂入量,机器上装有两对喂入罗拉。其将麻卷向前输送,清除罗拉3将第2对喂麻罗拉上的纤维清除下来并将它转移给预梳辊4,纤维在剥取罗拉5和工作罗拉6的配合下受到预梳理。经预梳理后的纤维,由传送辊7输送给锡林,经过7对剥麻罗拉9和工作罗拉8组成的梳理区,完成对纤维的梳理,最后由上、下两只道夫10凝聚纤维,被斩刀11斩下形成麻网。与粗梳毛纺的梳理机输出类似,麻网在道夫的整个宽度方向被分割成四部分,每一部分均由输出喇叭口经引出罗拉输出形成麻条。由上引出罗拉引出的麻条,正好与下引出罗拉引出的麻条叠合,因此,实际上机台输出的是四根麻条,这四根麻条在光滑的出麻台上,经导条柱转过90°角以后,送向送出车头,输往牵伸车头。

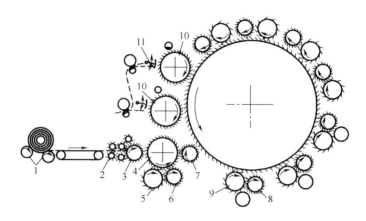

图 11-18　高产联梳机工艺简图

联梳麻机的牵伸车头装有自调匀整装置,如图 11-19 所示,车头是由机械传送器的测量辊 1、分条板 2(能将麻条分成形状特殊的两根麻条)、喂入引导片 3、紧压辊 4、推排式针排 5、牵伸罗拉 6、输出引导片 7 和输出罗拉 8 组成。

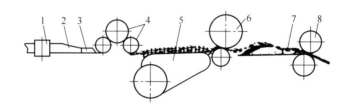

图 11-19　联合梳麻机牵伸车头

自调匀整装置能自动改变牵伸罗拉的线速度,从而改变牵伸倍数,自动地调节麻条线密度,使麻条均匀。该装置的作用原理是由一对检测罗拉将从麻条上检测到的不匀信号,通过杠杆机构传送给一个电气装置。该电气装置改变电机和传动轴的转数,从而改变牵伸罗拉和引出罗拉转速。

2. 联合梳麻机的工艺设计

(1)隔距。

①调整与选择隔距的原则:纤维在进行梳理时,应是由浅入深,由弱到强的逐步梳理,尽量减少纤维的损伤。

②联合梳麻机上常调的隔距:

a. 喂麻罗拉与锡林间的隔距:这个隔距是决定纤维受梳的程度,直接影响梳理后纤维的长度和产生麻粒子的多少。

b. 工作罗拉与锡林间的隔距:这个隔距影响纤维的梳理程度与混合效果。选择时,应使 $1^\#\sim7^\#$ 工作罗拉与锡林间的隔距,依纤维的行进方向,逐渐减小,对纤维的梳理作用逐渐加强。

c. 工作罗拉与剥麻罗拉的隔距:这处隔距的作用是使工作罗拉保持清洁的针面工作,因此,此处隔距以两个针面不碰针的情况下越小越好。

d. 剥麻罗拉与锡林间的隔距:此处隔距的配置应保证剥麻罗拉,从工作罗拉上剥取的纤维,能全部转移给锡林。因此,此处的隔距配置也是较小为好。

e. 道夫与锡林间的隔距:此处隔距决定联合梳麻机的产量。

f. 道夫与斩刀间的隔距:该处隔距的配置要保证将凝聚在道夫上的纤维,全部被斩刀剥下,避免返麻。常用隔距见表11-30。

表11-30 隔距参数

隔距名称	隔距值(mm)	隔距名称	隔距值(mm)
喂入罗拉与锡林	3~3.5	6#~7#剥麻罗拉与锡林	0.9
1#~3#工作罗拉与锡林	1.3	1#~3#工作罗拉与剥麻罗拉	1.7
4#~5#工作罗拉与锡林	1.1	4#~5#工作罗拉与剥麻罗拉	1.3
6#~7#工作罗拉与锡林	0.9	6#~7#工作罗拉与剥麻罗拉	0.9
1#~3#剥麻罗拉与锡林	1.5	上、下道夫与锡林	0.8,0.7
4#~5#剥麻罗拉与锡林	1.3	道夫与斩刀	1.5

(2)速比。速度与速比参数见表11-31。

表11-31 速度与速比参数

速度或速比	速度值(r/min)或速比值
锡林速度	140~180
锡林与喂麻罗拉的速比	700~1500
剥麻罗拉与工作罗拉的速比	80~100
锡林与工作罗拉的速比	6~18
道夫的速度	5倍以上
牵伸罗拉与喂麻罗拉的速比	13~17(纺短麻时) 10~15(纺粗麻时)
斩刀摆动次数	75次/min(纺12tex及其以上特数) 80次/min(纺一般短麻时) 95次/min(纺粗麻时)
角钉帘子的转速	60

(3)出条定量。一般为14~18g/m。

(4)牵伸倍数。根据喂入麻卷定量而定,喂入麻卷定量较大,牵伸倍数可较大,一般为2~4倍。

(5)罗拉加压。主要是给麻罗拉加压,一般为196N。

3.生麻条质量控制 麻粒子是影响梳麻机工作质量的重要指标。麻粒的形成原因有两方面,一是纤维在梳理过程中断裂时,纤维产生急弹性变形,使纤维端急剧回缩,与邻近的纤维扭结在一起,形成了麻粒;另一方面是纤维在两针面间的搓动或滚动,使几根纤维搓成麻结。为了减少梳麻机上形成的麻粒,就应该根据纤维的长度、细度和柔软度等,合理选择锡林与喂麻罗拉间的速比和隔距,锡林与工作罗拉间的速比和隔距。

（三）精梳

精梳在短麻工程中采用得比较普遍,少数国家也有对打成麻直接采用不同于栉梳机梳理的精梳。亚麻精梳工程以其能利用低等原料纺出更细、表面更干净的细纱而占有特殊的地位。在亚麻短麻麻条中,含有一定数量的长达50mm左右的纤维和一些麻屑粒子等,这些物质影响纺纱的顺利进行和成纱质量。为了提高短麻纤维的纺纱性能,就需采用短麻精梳工程,采用的精梳机称作亚麻精梳机。

亚麻精梳机与毛纺精梳机的工作原理、组成及工艺过程基本相同,只是在具体应用中的喂入长度、拔取隔距、出条等工艺参数大小有所不同。精梳机的主要隔距见表 11 - 32。

表 11 - 32 精梳机各部隔距

部位	锡林—钳板	拔取罗拉—钳板	落麻	锡林—圆刷	圆刷—道夫	道夫—斩刀
隔距（mm）	15	35	35	3	3	1.5

（四）再割机

再割机类似于罗拉并条机,它利用几对罗拉将短麻中的长纤维拉短,以保证纺纱的顺利进行。再割机的主要工艺参数如下。

（1）并合数。8 ~ 10。

（2）罗拉加压。一般为 $(4 \sim 5) \times 10^5 Pa$。

（3）定长。以千米为宜。

（4）速度范围。50 ~ 250m/min。

（5）牵伸倍数。分为牵伸一区、牵伸二区和预牵伸区。预牵伸区的张力牵伸为 10% 左右,牵伸一区为 2.1 ~ 4.3,牵伸二区为 2.04 ~ 4.2,一般总牵伸倍数略低于并合数。

（6）牵伸隔距。一般为 180 ~ 210,牵伸一区较牵伸二区稍大。

（五）针梳机

一般短麻精梳纺时,预针用二道,然后精梳,后针用四道。

B302 型、B442 型等针梳机的主要工艺设计见表 11 - 33。

表 11 - 33 几种型号针梳机工艺设计

型　　　号	B302	B303	B304	B423	B432	B442
最大并台数	10	8	2 × 4	8	2 × 4	3 × 4
最大出条定量（g/m）	25	25	12 × 2	30	13	6
最大喂入量（g/m）	200	200	200	240	240	156
牵伸倍数	5 ~ 10	5 ~ 10	5 ~ 10	6 ~ 10	6 ~ 11	6 ~ 11
针板打击速度（次/min）	800 ~ 1000			800 ~ 1200		

续表

型　　号	B302	B303	B304	B423	B432	B442
前罗拉出条速度(m/min)	40~80			60~100		
前罗拉直径(mm)	67					
后罗拉直径(mm)	53					
加压方式	油泵加压					
自停装置	定长,进条,前罗拉					
自调匀整装置	—	—	—	机械式超重自停	—	—

(六)粗纱、煮漂和细纱

亚麻短麻纺的粗纱、煮漂和细纱与长麻纺的类似,只是由于纤维长度不同而略有区别。

亚麻短麻的粗纱与亚麻长麻的主要区别是,牵伸装置可以采用轻质辊牵伸式或皮圈牵伸式,而以皮圈式的效果好;短麻因抱合力差,故其捻系数比长麻的大。

亚麻短麻的粗纱煮漂时,由于其杂质和胶质多,一般煮漂工艺比长麻的略重些。

亚麻短麻细纱湿纺基本与长麻接近,细纱的牵伸隔距也基本相同,故有些企业采用长麻细纱机纺短麻纱,仅捻系数略大。

☞ 思考题

1. 麻纤维化学成分主要有哪些? 目前微生物脱胶有哪些途径? 化学脱胶的主要方法和特点是什么?

2. 简述苎麻脱胶和亚麻脱胶的工艺过程与基本要求。

3. 软麻、给湿加油、堆仓的目的是什么?

4. 苎麻开松除杂的特点。

5. 写出梳麻机的主要组成与工艺过程。简述梳麻机的主要工艺参数选择原则与控制梳麻条的措施。

6. 苎麻精梳的主要组成与工艺过程。简述精梳机的主要工艺参数选择原则与精梳条质量控制的措施。

7. 针梳主要组成与工艺过程。简述针梳的主要工艺参数选择原则与针梳条质量评定指标。

8. 苎麻粗纱主要工艺参数及其选择原则? 粗纱的质量控制指标?

9. 苎麻细纱的主要工艺参数及其选择原则?

10. 写出苎麻后加工的主要工艺流程。

11. 试述亚麻的纺纱工艺流程和纤维等级分类。

12. 亚麻梳理前包括哪些工序,有什么作用,与其他纺纱系统有何异同?

13. 试述亚麻栉梳机的工作过程和主要工艺参数的作用。

14. 比较亚麻煮练与苎麻脱胶的异同点。

15. 亚麻湿纺的机构与特点。

第十二章　绢纺

本章知识点

1. 了解绢纺原料种类、绢纺原料精练工艺。

2. 开绵与切绵机械的组成、作用及影响其作用的因素。

3. 绢纺梳理机的组成、主要工艺参数作用及梳绵条的质量控制。

4. 绢纺精梳机的形式及特点,精梳的质量控制。

5. 延展机、制条机、并条(针梳)机的工作过程、工艺配置、品质控制。

6. 掌握绢型粗纱机的工艺过程、组成、特点和工艺质量控制。

7. 绢纺细纱的特点及质量控制。

8. 绢纺后加工主要工艺流程及特点,绢纺后加工制品的质量控制。

第一节　绢纺原料精练

一、绢纺原料

绢纺是将养蚕、制丝及丝织业的下脚料(疵茧和废丝)纺成绢丝的过程。绢纺原料的种类繁多,质量差异较大。主要可分为桑蚕原料、柞蚕原料和蓖麻(木薯)蚕原料等。桑蚕原料最多,柞蚕原料次之,蓖麻(木薯)蚕原料最少。

(一)桑蚕绢纺原料

桑蚕绢纺原料一般分为茧类、丝吐类、滞头和茧衣类。

1. 茧类　茧类原料共同特点为茧层有一定厚度,从茧子外层至内层,茧丝间的胶着力逐步增加。因此在精练不当时,易造成外熟内生或生熟不匀。

茧子质量从分类、茧层率(口类茧,薄皮茧不考核)、含杂率三方面进行检验。

2. 丝吐类　由茧子的中外层茧丝组成,分长吐、短吐和毛丝等。丝吐纤维色泽较白净,纤维较长,较粗,强力高,含胶率高且均匀,并结严重,含油率较少。

3. 滞头　也称为汰头,由蛹衬茧加工而成,外形长 1m、宽 0.5m 左右,呈条状的绵张,每张重约 500g,内含蛹体、蛹屑、蜕皮、汤茧、蛹衬茧等。滞头质量的检验项目有整理概况、含油率、色泽、僵条和僵块、杂纤维、蛹体和蛹衬等。

4. 茧衣　茧衣是蚕茧外围丝缕,经剥茧机剥下,呈疏松绵张状。蚕衣的质量按整理概况、色泽、杂质三项指标进行检验。

（二）柞蚕绢纺原料

柞蚕纤维较桑蚕纤维粗，色泽为褐色，其缫丝方法及对废丝的整理与桑蚕原料有所差异，柞蚕绢纺原料的名称也与桑蚕绢纺原料有所不同，具体可分为以下几类。

1. 挽手类 由废茧或柞蚕茧缫丝中索理绪时的绪丝或蛹衬茧加工整理而成。挽手质量按色泽、强力、含杂和练净率等方面进行检验。

2. 茧类 茧类可分为疵茧和蛾口茧，茧类的质量按种类、茧层厚薄、霉烂程度及含杂等指标进行检验。

（三）蓖麻（木薯）蚕绢纺原料

蓖麻（木薯）蚕纤维较粗，色泽为白色，因茧丝排列无规律，故不能缫丝，一般将蚕茧剪口，蛹体倒出后做绢纺原料。

二、绢纺原料精练

绢纺原料的精练工程包括精练前处理、精练及精练后处理三个工序。

（一）茧丝的组成

茧丝是由两根平行的单丝组成，单丝的横截面基本呈钝三角形，而且越到茧的内层越扁平。柞蚕丝的截面比桑蚕丝的细长、截面积大些；蓖麻（木薯）蚕丝的截面较桑蚕丝的稍扁平，截面积稍大些。

蚕丝的主要成分是丝素，丝胶包围在丝素的外围，起保护作用，并将两根单丝固定成一根茧丝，同时蚕在营茧时靠丝胶将茧丝一层层地黏着形成茧层。茧丝中除丝素、丝胶外，还有少量的色素、蜡质、碳水化合物、无机元素及其盐类等，这些物质的含量因蚕的品种、产地、饲养条件、茧层层次而有差异。蚕丝的成分组成见表 12-1。

表 12-1 蚕丝成分组成

成分 丝的种类	丝素（%）	丝胶（%）	色素、蜡质、 碳水化合物（%）	无机物（%）
桑蚕丝	70~75	25~30	0.7~1.5	0.5~0.8
柞蚕丝	80~85	12~16	0.5~1.3	2.5~3.2
蓖麻（木薯）蚕丝	86~89	11~14	0.3~0.8	2~3

1. 丝素 它是蛋白质，其分子外形主要为纤维型，以 β 型结构为主。大分子链排列整齐，结晶度高，大分子中含极性基团较少。丝素一般不溶于水，抵抗化学药剂的能力较强。

2. 丝胶 丝胶也是蛋白质，其分子外形主要为球形，结构以无规则线圈为主。大分子链排列松散，结晶度低，大分子中含极性基团较多。丝胶易溶于水，抵抗化学药剂的能力较弱。

（二）精练的目的

精练的目的是去除绢纺原料上大部分丝胶和油脂及尘土等杂质，制成较为洁净、蓬松、有一定刚弹性的单纤维（精干绵）。

(三)精练前处理

绢纺原科品种多,质量差异大,即使同一种原料,也因产地和处理方法不同而不同,故必须进行包括原料选别、扯松和除杂三项工作的精练前处理,即按原料品质进行分档,以利于确定精练方法和精练工艺。对其中硬块进行扯松或拣除,去除原料中某些杂质和蛹体,最后还要根据精练设备的容量要求定量装袋,以利于精练工艺顺利进行。

(四)精练

按精练原理可分为化学精练和生物化学精练。

1.化学精练 化学精练是利用化学药剂的作用,促使绢纺原料脱胶、去脂。

(1)脱胶基本原理。丝胶易溶于水,抵抗化学药剂的能力较弱。茧丝上的丝胶是以凝胶状态存在,在水溶液中,丝胶中的亲水基团与水分子发生水化作用,在水分子作用下丝胶中的一部分氢键发生断裂,从而使丝胶发生有限膨润。随着温度上升,水分子热运动动能的增加,大量的水分子进入到茧层丝胶中,继续断裂丝胶间的氢键,直至其全部破坏,丝胶便溶于水中而形成均匀的丝胶溶液。酸、碱、盐能促进丝胶的膨润溶解。

(2)除油脂基本原理。蛹油是高级脂肪酸甘油酯的混合物。碳酸钠对油脂有一定的皂化作用,但主要是通过表面活性剂的乳化作用而除去。洗涤的基本原理同洗毛的作用原理。影响化学精练质量的因素为:练液温度、练液 pH、精练时间、练液浴比、练液中药剂浓度及练液中丝胶浓度。

(3)化学精练方法。根据精练时加入的化学药剂,可分为皂碱精练和酸精练。

①皂碱精练:精练时在练液中加入碳酸钠或硅酸钠等碱性盐和表面活性剂等,使丝胶油脂去除。当练液温度为 90~98℃时称为高温练,而 60~70℃时称为低温练。根据精练的次数,还可分为一次练和二次练等。

②酸精练:精练时在练液中加入硫酸等,使丝胶去除。由于丝胶的等电点偏酸性,即 pH 小时有利于脱胶,但太小又影响纤维强力,故酸精练的脱胶效果较差。

2.生物化学精练

(1)生物化学精练原理。利用酶使丝胶油脂水解而去除,即:丝胶或油脂 + 酶→中间络合物→肽、氨基酸或脂肪酸、甘油 + 酶。

影响生物化学精练质量的因素有温度、pH、酶浓度、活化物或抑制物。

(2)生物化学精练方法。根据生物酶的来源,可分为腐化练和酶制剂练。

①腐化练:是常用的除油效果较好的一种方法,它利用微生物的新陈代谢作用所分泌出的酶,使丝胶、油脂水解。

②酶制剂练:将生物体中的酶做成制剂,直接作用于原料使丝胶、油脂水解。

(五)精练后处理

精练后处理包括洗涤、脱水和干燥等工序。

三、精干绵品质检验

分理化测试和外观检验两部分。

（一）理化测试

测试项目和指标见表12-2。

表 12-2　精干绵理化测试指标

项目	残胶率（%）	残油率（%）	洁净度（度）	回潮率（%）
数值	3~7	<0.5	<30	6~9

（二）外观检验

精干绵品质检验也可以通过人的目光、手感、嗅觉来直观检验。主要从精干绵的色光、蓬松度、手扯强力、均匀度、绵结数、油味等方面进行。

第二节　开绵与切绵

一、开绵

1.开绵机简介　开绵机亦称作开茧机,其主要作用是对调合球中的各种精干绵进行开松,使大块精干绵变为小块小束,并使纤维具有一定平行顺直度,去除精干绵中的部分杂质,使调合球中的各种精干绵进行混合,最后制成一定规格、厚薄均匀的开绵绵张。

开绵机由输送帘1、喂绵刺辊2、持绵刀3、锡林4、工作辊5、毛刷辊6、剥绵罗拉7等组成,如图12-1所示(见动画视频12-1)。精干绵在喂绵刺辊、持绵刀组成的钳口握持下,被高速回转的锡林开松、梳理,并逐步转移到锡林上,部分杂质在此排出。浮在锡林针面上的纤维在工作辊处得到补充开松,毛刷辊将锡林针面上的纤维压入针根以保持锡林针面清洁,同时清洁工作辊针面。当一个调和球精干绵全部绕到锡林上后关车,沿锡林针面无针区将绵张横向剪断,由剥绵罗拉剥下输出,手工绕成球状。称"开绵(茧)球"。

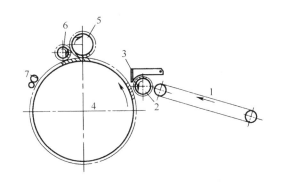

图 12-1　开绵机工艺图

2.影响开绵质量因素与质量控制

(1)影响开绵质量因素。

①调和球重量:调合球的重量应根据原料性状而异。当球中的纤维长,并结重,强力好时,为加强开松,调和球可稍轻些;当球中的纤维强力低,较蓬松,含蛹屑杂质较多时,调合球可稍重些。生产中调和球重量还应考虑后道机台的产量要求。一般球重在400~550g。

②铺绵顺序:调合球中各种原料的纤维长度、强力、缠结程度和含杂情况均有差异,为提高开绵质量,增加落杂,减少落绵,在铺绵时,一般先铺缠结重、难开松的原料或含杂多的原料;其次铺纤维短、易于散落的原料;最后铺纤维长的原料,使开绵球表面较光洁。

③隔距：锡林、刺辊、持绵刀三者间隔距对原料开松和纤维损伤有很大影响。一般对纤维长、强力高、缠结紧的长吐类原料，应适当增加握持力，以加强开松效果；对纤维短、强力差、质地较蓬松的滞头，持绵刀与刺辊隔距应放大，以减少纤维损伤。对颗粒状茧类原料握持力应加大，但持绵刀与锡林间隔距也应小些，以防茧子处于无控制状态。

生产中三者间隔距为开绵锡林至刺辊 3.2~5mm，持绵刀至刺辊 1.5~4.5mm，持绵刀至开绵锡林 3.5~5mm。开绵锡林与工作辊是对浮在锡林针面上的纤维团块补充开松，为提高开松效果，隔距应偏小掌握 1~2mm。

④速比：开绵锡林与刺辊间速比，应既利于开松纤维，又避免纤维过多损伤。生产中使用速比一般为 168~210 倍，开绵锡林与工作辊速比为 72 倍左右。

（2）质量控制。开绵绵张质量控制无量化指标，主要看外观开松效果，其具体要求如下。

①绵张松解度良好：绵张松解度不良即开松不良。其主要原因为针布状态差，梳针不锋利、不光洁、缺针或针变形，铺绵过厚或厚薄不均，握持机械握持力不足，锡林与持绵刀、工作辊间隔距偏大，锡林与刺辊间速比偏小，开绵锡林倒转不灵活等。

②各成分混合均匀：混合不匀的主要原因为摊绵时没按照工艺要求摊绵，致使握持力不一致，有的原料未被很好地开松，即整块被锡林带走。

二、切绵

1. 切绵机简介　切绵工序主要作用是将超长纤维定长切断，制成一定规格棒绵供圆梳机梳理。同时还有开松混和及去除部分杂质的作用。

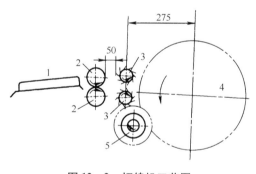

切绵机输送帘由输送帘 1、喂绵罗拉 2、喂绵针辊 3、锡林 4、毛刷辊 5 和定长自停装置等组成，如图 12-2 所示。纤维在一对喂绵罗拉 2 和一对喂绵针辊 3 组成的钳口握持下被高速回转的切绵锡林开松梳理，并逐步转移到锡林上，部分杂质在此排出。毛刷辊将锡林针面上的纤维压入针根以保持锡林针面清洁，同时清洁下喂绵针辊。当绵层喂入一定长度后，定长自停装置停止喂绵，手

图 12-2　切绵机工艺图

工将纤维在针排处定长切断，用木棒将纤维一端卷起，制成棒绵。

开绵绵张由头道切绵机制成棒绵，供头道圆梳机梳理，头道圆梳机上产生的落绵，如需继续用圆梳加工，可把它再次喂入二道切绵机，再次制成棒绵。一般头道切绵使用中切机，二、三道切绵使用小切机。

2. 影响切绵质量因素与切绵质量控制

（1）影响切绵质量因素。棒绵质量好坏直接影响圆梳机梳折和精绵质量，棒绵质量要求为棒绵上纤维团块少，纤维平行顺直，各部分厚度差异小。

①开绵质量：要求开绵绵张中纤维团块较少，纤维平行顺直度好。

②铺绵厚度:切绵机铺绵厚度应随绵张性状而有所不同。加工纤维长度长,缠结重,强力好的纤维,应铺得薄些;反之可铺厚些,一般铺绵张数为 2~3 张。

③喂绵针辊与锡林速比:单位重量纤维受针数与切绵锡林和喂绵针辊间的速比成正比。实际生产中,一般应根据原料特性,并兼顾提高分梳质量和减少纤维损伤,试验确定喂给速比。

④切绵锡林和针辊间隔距:切绵锡林与针辊间隔距应与原料性状相适应。一般生产中,头道切绵隔距为 6~7mm,二道切绵隔距为 5~6mm,三道切绵隔距为 5mm 左右。上下针辊间隔距为 0.5~1mm,且左右应一致,以使握持力横向均匀。毛刷辊是清洁下针辊和锡林钢针的,同时它还起压绵的作用,使棒绵结构紧密。它与下针辊、切绵锡林间为负隔距,要求毛尖伸入锡林针隙 4~6mm。

⑤摊绵方式:开绵绵张或圆梳落绵绵张中,纤维大多是以"U"型弯钩存在,其形状如图 12-3 所示。倒摊是指绵张中纤维以针套在前的方式进入切绵机;顺摊则反之。头道、三道切绵机摊绵方式与圆梳制成率间的关系见表 12-3。头道切绵机采用倒摊喂入时,棒绵结构好。三道切绵的结论与上述相反。而二道切绵的摊绵方式是根据绵张中纤维长度与使用的切绵机类型来确定的。

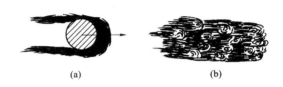

图 12-3　针套形式

(a)　　　　　　(b)

表 12-3　摊绵方式与圆梳制成率

摊绵方式	头道圆梳制成率(%)	三道圆梳制成率(%)
倒摊	40.27	14.47
顺摊	38.47	16.40

⑥切绵操作:切绵机上铺绵、剪绵、卷绵均靠人工操作,要求铺绵均匀、剪绵平齐、卷绵紧,放得平。

(2)切绵质量控制。

①棒绵重量正确,棒绵重量差异小:棒绵根与根间或一根棒绵横向间厚薄差异大的主要原因是喂入的绵张厚薄差异大,铺绵厚薄不匀,喂绵搭头长度不符标准,喂入机构握持力左右不一致,切绵锡林植针角不一致,定长装置失灵。

②棒绵形状良好:开绵绵张状态差,喂绵针辊与锡林间速比偏小或隔距偏大,锡林缺针或针不锋利等,都会导致棒绵形状不良。

第三节　梳绵

一、梳绵机的组成与工艺过程

绢纺罗拉梳绵是借鉴了毛纺的工艺与设备,结合了绢纺的特点作了一定的改进与调整。与圆梳切绵工序相比,罗拉梳绵机械化程度高,劳动强度低,纤维长度整齐度好,但绵网中绵结较多,同时机物料消耗多,还需进一步完善。

罗拉梳绵机主要作用为对开绵绵张进一步开松梳理,使其成为具有一定平行顺直度的单纤维,并在此基础上去除部分杂质,从而实现单纤维间的混合,最后制成一定质量要求的绵条。

绢纺罗拉梳绵机主要由喂给预梳部分、除杂部分、第一和第二梳理部分及成条部分等组成,如图12-4所示。工艺过程为绵张在喂给机构握持下被预梳锡林开松,同时利用较大的喂给速比拉断部分超长纤维,并去除部分杂质,纤维经转移辊转移到除杂机构,去除浮在针面上大的草杂。纤维再转移到中锡林上,其上有四对工作辊和剥绵辊,纤维在锡林和工作辊间受到初步分梳、混合,经转移辊转移到前锡林上,依靠前锡林上五对工作辊和锡林间的分梳,完成纤维的分梳,最后凝聚到道夫上,由斩刀剥取汇聚成条。

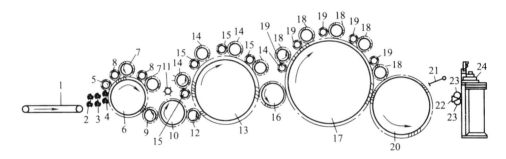

图12-4 梳绵机工艺简图

1—喂绵帘子 2,4—刺辊 3—喂绵罗拉 5—清洁辊 6—预梳锡林 7—工作辊 8,15,19—剥绵辊
9,12,16—转移辊 10—除草辊 11—除草刀 13—中锡林 14—工作辊 15—剥绵辊 17—前锡林
18—工作辊 19—剥绵辊 20—道夫 21—斩刀 22—喇叭口 23—出条压辊 24—圈条装置

二、主要工艺参数作用及其选择

罗拉梳绵机工作效果的好坏,直接影响到精梳的制成率和质量。

(一)隔距

梳绵机上隔距分为分梳隔距和剥取(转移)隔距。DJ201型梳绵机隔距配置见表12-4。

表12-4 DJ201型梳绵机隔距和速比

部　位	隔距[mm(1/1000 英寸)]	速比
后喂入刺辊与喂绵帘	—	1.018
沟槽罗拉与后喂入辊	—	1.002
前喂入刺辊与沟槽罗拉	—	1.042
预梳锡林与前喂入刺辊	0.7(28)	可调节
预梳锡林与1~2工作辊	0.35(14),0.3(12)	13.6,15.9
预梳锡林与剥绵辊	0.3(12)	1.44
剥绵辊与工作辊(1~2)	0.3(12)	13;13.33
预梳锡林与第一转移辊	0.3(12)	1.59

部 位	隔距[mm(1/1000 英寸)]	速比
除草辊与第一转移辊	0.3(12)	1.3
第二转移辊与除草辊	0.3(12)	1.5
中锡林与第二转移辊	0.3(12)	1.47
中锡林与1~4工作辊	0.48(17),0.4(16),0.38(15),0.35(14)	43,47,51,55
中锡林与1~4剥绵辊	0.3(12)	4.97
剥绵辊与1~4工作辊	0.3(12)	8.46,9.47,10.27,11.06
第三转移辊与中锡林	0.3(12)	1.21
前锡林与第三转移辊	0.3(12)	1.57
前锡林与1~5工作辊	0.32(12),0.3(12),0.28(11),0.25(10),0.22(9)	81.6,86.7,89.2,94.2,104
前锡林与1~5剥绵辊	0.3(12)	4.69
剥绵辊与1~5工作辊	0.3(12)	17.4,18.5,19,20.5,22.2
前锡林与道夫	0.13(15)	—
道夫与斩刀	0.13(5)	—

1. 分梳隔距 在喂给预梳部分,纤维较长且缠结重,定量重,为实现良好的开松与梳理,又要避免纤维过多损伤,喂绵刺辊与预梳锡林间隔距应较大。随着分梳不断完善,纤维束逐渐变小,纤维间联系力变小,为提高梳针抓取和梳理能力,锡林与工作辊间隔距从进口至出口应逐渐变小,经前锡林分梳后,纤维已基本呈单纤维,为提高道夫转移率,锡林与道夫间隔距应小些。

2. 剥取隔距 剥绵辊与工作辊间的剥取属反向剥取,剥取发生在隔距点上方;锡林与剥绵辊间的剥取属同向剥取,剥取发生在隔距点附近。同向剥取隔距应偏小些,反向剥取隔距可大些。

(二)速比

梳绵机上速比分为分梳速比和剥取速比。DJ201型梳绵机上各点速比配置见表12-4。

1. 分梳速比 梳绵机上各梳理点速比的配置,以提高梳理质量,减少纤维损伤为前提。在喂给预梳部分,将开绵绵张直接喂入,此时超长纤维很多,超长纤维的存在将影响分梳和转移,所以应配置较大的速比,以拉断超长纤维,速比一般为110~120倍。如果喂入的是定长切断后的原料,为避免纤维损伤,速比应偏小。在梳绵机上随着分梳不断进行,纤维束逐步变小,纤维间联系力较小,为提高梳理质量,锡林与工作辊间速比从进口至出口应逐步增大。

2. 剥取速比 剥取速比分为同向剥取和反向剥取,剥绵辊与工作辊间剥取属反向剥取,剥取区发生在隔距点上方,理论上讲,无论剥取速比多大,总能剥净,实际生产中,为防止涌绵,剥绵辊与工作辊间速比应大于1。同向剥取发生在隔距点附近,为保证剥净,速比应与纤维长度相适应,纤维长,速比应偏大。

(三)喂绵量

喂绵量高,产量高,当喂绵量过高,超出针面能够承受的负荷时,则单位重量纤维受针数少,梳理质量变差,许多纤维失去针的控制成浮游纤维而搓成绵结,同时梳理力过大,易造成纤维损伤。在产量能满足的前提下,喂绵量偏轻掌握有益于质量提高。

三、绵条质量控制

(一)绵网

要求纤维分布均匀,无云斑、破洞。

(二)绵结数

根据原料和要求控制在一定数值范围。绵结数偏多,可能是分梳隔距太大或速比太小、喂入负荷过多、针布不良、车间温湿度不当等因素引起。

(三)重量不匀率

重量不匀率高,可能原因为喂入的绵张厚薄不匀,绵张搭头不良,机器状态不良或参数设置不统一所致。

(四)条干不匀率

当条干不匀率高时,可能原因为工艺参数配置不良,针布不良,致使梳理状态差,绵网有云斑、破洞、破边等。隔距左右不一和道夫转移不匀也会造成条干不匀率高。

第四节　绢纺精梳

绢纺的精梳工艺有两种,一种是采用毛型精梳的新工艺,其机械化程度相对较高,生产效率也高,但梳理的质量相对较差,绵粒多;另一种是采用圆梳(精梳)的老工艺,但其用工多,劳动强度大,生产效率低。目前,两种精梳工艺因其各自的特点而并存于实际生产中。

一、绢纺直型精梳机

(一)绢纺直型精梳机特点

绢纺新工艺使用的精梳机为 B311(DJ)型,该机直接由毛纺精梳机移用过来,与其不同的是根据纤维的特点,梳针的规格、针排数及工艺参数略有差异。

(二)主要工艺参数选择

1. 喂入定量　喂入定量高,精梳机产率高,但单位重量纤维受针数少,纤维受到梳理力大,造成梳理质量下降,制成率降低,定量宜偏轻掌握,生产中精梳机喂入定量一般控制在 120g/m 以内。

2. 喂给长度　绢纺上采用喂给系数为 1 的给进方式。给进(喂给)长度短,纤维头端受梳次数多,精绵纤维平均长度长,短纤率低,绵结少,梳理质量高,但制成率低。加工桑蚕原料时,给进长度为 5.7mm 左右,加工柞蚕原料时,给进长度均为 5.8mm 左右。

3. 拔取隔距　一般加工桑蚕绢丝上拔取隔距为 26～32mm,加工柞蚕丝原料拔取隔距为 34～36mm。

4. 精梳锡林与上钳唇口间隔距　该隔距影响纤维前端受梳长度、受梳次数及针梳插入绵层深度、梳理力的大小,隔距小,梳针插入绵层深度深,梳理次数多,梳理充分,但梳理力较大,落绵多,制成率低。两者间隔距一般为 1.25~1.50mm。

5. 顶梳插入位置和深度　顶梳初始插入位置应在梳理死区外侧以防漏梳,插入绵层深度为针间露出绵层 2~3mm。插入深度过深,纤维在拔取过程中受到摩擦阻力大,易造成纤维拉断。

(三)直型精梳绵条品质控制

绢纺使用直型精梳时,由于工艺参数设计不合理、机械状态不良及操作不当等原因,常会产生一些精梳疵点,如绵结多、短纤含量高、条干不匀等。这些疵点产生的原因和控制方法与毛精梳的基本相同。精梳绵条的质量指标各企业不完全相同,一般控制在以下范围:纤维平均长度 >70mm,短纤维率 <4%,绵结数 <50 只/0.1g。

二、绢纺圆型精梳机

绢纺圆型精梳机加工的是棒绵,是将定长切断后的纤维进行细致缓和的梳理,梳出的精绵绵结、杂质少,纤维伸直平行度好。Ⅰ号精绵质量好,尤其适合纺细特绢丝。由于圆梳工艺是逐级反复提取精绵,工艺流程长,圆梳机产量、梳折(梳成率)和精绵质量逐道迅速下降。同时在夹绵板夹持区内,集束短纤维较多,易形成绢丝纱疵。并且圆梳工艺机器自动化程度低,工人劳动强度高。

(一)组成与工作过程(见动画视频 12-2)

圆梳机由装有若干块"夹绵板"6 的大锡林 1 和包有弹性针布的前、后梳理滚筒 2、3 与毛刷辊 4 等组成,如图 12-5 所示,夹绵板的启合由弹簧加压装置控制。操作工在操作位 5 将棒绵嵌入夹绵板使夹持纤维露出一定长度,在夹绵板夹持下受前后梳理滚筒两面梳理,然后将棒绵翻转,已梳理好的一端嵌入夹绵板,对另一端再梳理,梳理后得到精绵,被前后梳理滚筒梳下的纤维,靠毛刷压入滚筒针根部,定时剥取,以保持针面清洁。

(二)主要工艺参数作用及其选择

1. 棒绵重量　棒绵形状如图 12-6 所示。棒绵重量重,产量高,但单位重量纤维受针数减少,梳理质量可能会下降。同时棒绵倾角随绵层增厚而增大,嵌绵高度难以控制。组成棒绵的

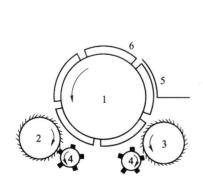

图 12-5　圆梳机工艺简图

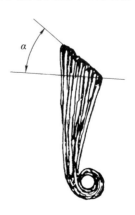

图 12-6　形状

纤维长度是逐道减短的,纤维短,棒绵厚度厚,倾角大。因此,棒绵重量随梳理道数增加而减轻。棒绵重量范围见表12-5。

表12-5　棒绵重量范围　　　　　　　　　单位:g

项　目	头道	二道	三道
桑蚕原料	30~35	28~32	25~28
柞蚕原料	30~35	24~28	20~24
蓖麻蚕原料	30~35	27~32	25~30

2. 嵌绵高度和翻绵高度　从棒绵结构分析可知,棒绵中纤维大都带弯钩,弯钩多集中在大头端,尾端稀薄,较平行顺直。棒绵中纤维排列如图12-7所示,绵高度为嵌绵时的夹持线至弯钩的最小距离H,翻绵高度为翻绵时的夹持线至嵌绵夹持线间距离h。由图12-7可知,嵌绵高度适当降低,受夹绵板积极握持的纤维数增多,则梳理时落绵减少,制成率提高,但精绵平均长

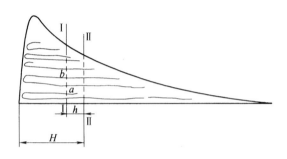

图12-7　嵌、翻绵高度

度会有所减短。一般嵌绵高度应随纤维长度降低而有所降低。翻绵高度低,夹绵板握持纤维数量多,制成率高,但纤维平均纤维长度短,集束短纤多,绵结增多。翻绵高度也随纤维长度减短而降低。一般翻绵高度、嵌绵高度范围见表12-6。

表12-6　嵌绵高度和翻绵高度

项　目	梳理道数		
	头道	二道	三道
嵌绵高度(mm)	25~35	20~25	15~20
翻绵高度(mm)	8~10	6~8	5~7

3. 隔距

(1)锡林与梳理滚筒间隔距也称梳理死区,锡林与前、后梳理滚筒隔距小,棒绵受梳理弧长长,受梳时间长,纤维受针数多,梳理质量好,但纤维受到的梳理力大,易引起纤维损伤或拉坏针布。

锡林与前、后梳理滚筒隔距的确定一般应考虑以下因素。

①针布新旧:新针布底布硬,弹性差,梳理力大,为避免纤维损伤,隔距应偏大。

②前滚筒与后滚筒:前滚筒首先对棒绵梳理,此时棒绵定量重,纤维缠结重,梳理力大,隔距应偏大。后滚筒是在前滚筒梳理后再对棒绵梳理,棒绵定量轻,纤维平行顺直度较好,为加强梳理,隔距应偏小。

③棒绵结构:棒绵定量重,纤维长,缠结重,隔距应偏大,反之,隔距应偏小。

④机械状态：锡林夹绵板及前、后梳理滚筒圆整度好，隔距应偏小，否则隔距应偏大，具体隔距范围见表12－7。

表12－7　锡林与前、后梳理滚筒隔距

梳理道数	头道	二道	三道
前滚筒与锡林(mm)	1.5～2.5	1.0～2.0	1.0～2.0
后滚筒与锡林(mm)	1.0～2.0	1.0～1.5	1.0～1.5

（2）锡林与毛刷辊。毛刷辊作用为清洁梳理滚筒针面，将锡林针面上纤维压入针根，同时使落绵绵张结构紧密。当毛刷辊插入锡林针隙过浅时，滚筒针面清洁作用差，影响梳理质量；当插入深度过深时，毛刷损耗大，一般插入深度为8mm。

4. 锡林速度　锡林速度快，产量高，但圆梳机的翻嵌绵操作由人工进行，锡林速度直接受工人操作速度影响。头道圆梳机棒绵根数少，圆梳锡林速度可快些，三道圆梳棒绵根数多，锡林速度应慢些，锡林速度见表12－8。

表12－8　锡林速度

梳理道数	头道	二道	三道
锡林速度(r/min)	4～4.5	4.5～5	5.5～6

5. 前后梳理滚筒速度　前后梳理滚筒是对露出夹绵板外端的棒绵起梳理作用，去除未被夹持的短纤维、绵结及杂质。滚筒速度影响纤维受针数、纤维的梳理及去除绵结、杂质效果，亦影响到纤维的损伤。前梳理滚筒首先对棒绵进行梳理，为避免纤维过多损伤，速度应慢些，后梳理滚筒在前滚筒基础上对棒绵进行梳理。为提高梳理、除杂效果，速度应提高。随圆梳道数增加，棒绵较蓬松，其中绵结、杂质较多，滚筒速度应加快。一般前后梳理滚筒速度见表12－9。

表12－9　前后梳理滚筒速度

梳理道数	头道	二道	三道
前梳理滚筒速度(r/min)	65～75	75～85	85～95
后梳理滚筒速度(r/min)	110～140		

6. 梳理道数　圆梳梳理方式导致圆梳机制成率较低，大量纤维成为落绵，为有效利用纤维，落绵应反复经圆梳梳理，以提取精绵。由于在梳理过程中，纤维强力低的、短的、含绵结纤维首先落下，因此，随梳理道数增加，精绵纤维平均长度、产量、梳折、短纤率上升，绵结数增多。圆梳梳理道数应考虑精绵质量、产量、落绵的利用等综合因素，一般为3～4道。

7. 落绵门数　为保证梳理滚筒针面清洁，有良好梳理能力，当梳理滚筒针布内落绵达一定数量时，应及时落下。前梳理滚筒首先梳理纤维，其上落绵量较多，一般为二门一落；后滚筒上落绵较少，落绵周期可长些，其落绵定量为180～200g/张。

(三)精绵品质控制

(1)纤维长度。要求Ⅰ号绵≥63mm;Ⅱ号绵≥50mm;Ⅲ号绵≥40mm。

(2)短纤率。Ⅰ号绵≤11%;Ⅱ号绵≤17%;Ⅲ号绵≤24%。

精绵纤维长度短、短纤率高的主要原因为精干绵配绵时使用原料品级过低、性质差异大,开绵、切绵工序工艺参数配置不当,使棒绵结构不良,圆梳锡林与滚筒隔距过小,翻嵌高度过低,滚筒速度太快,针布不锋利,弹性差等。

(3)绵结数。Ⅰ号绵≤20只/0.1g,Ⅱ号绵≤28只/0.1g,Ⅲ号绵≤32只/0.1g。

(4)洁净度。Ⅰ号绵≥97分,Ⅱ号绵≥95分,Ⅲ号绵≥92分。

精绵中绵结多,杂质多的主要原因是由梳理不良造成的。原因为梳针状态不良,毛刷清洁作用差,翻绵高度过低,原料回潮率偏高,滚筒速度偏慢等。

(5)含油率。含油率一般≤0.5%。含油率超的原因为精干绵的残油率偏高或给湿时油量过多。

上述指标数值根据不同的调和球成分、比例及用途,控制标准有所不同。

第五节　绢纺针梳

一、延展

(一)组成与工作过程

延展机的主要作用是将一定重量的精绵制成定长的绵带,以控制绵带支数;同时在精绵间进行混合并对纤维有平行顺直作用。延展机主要由喂入机构、牵伸机构、绕绵机构三部分组成,如图12-8所示(见动画视频12-3)。其工艺过程是先将一份混合绵中的精绵片按一定搭接长度依次平铺在喂绵板上,再送入针板式牵伸机构。纤维经牵伸后输送至大皮板上,然后绕在一定直径的木滚筒上,当一份精绵喂好后,需人工扯断绵带,并将其绕成球状,且称"精绵球"。

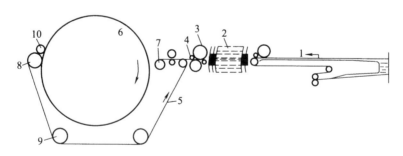

图12-8　CZ 231型延展机工艺简图

1—喂绵皮带　2—梳箱　3—前罗拉　4—铜罗拉　5—大皮板　6—木滚筒

7,8—前后导辊　9—张力辊　10—压辊

(二)主要工艺参数作用及其选择

1.牵伸倍数　牵伸主要是为了使精绵片输出后在滚筒上产生重叠并合作用,以达到均匀的

目的,同时使纤维伸直平行。增加牵伸倍数,使滚筒上的并合数增加,有利于绵带均匀度的提高,但牵伸倍数太大,会引起须条的解体。头道延展喂入的纤维较乱,均匀度极差,更容易解体。延展机的牵伸倍数一般为 8 ~ 14 倍。考虑到第二道延展喂入绵带中纤维的平行伸直较好,结构有所改善,牵伸倍数可比头道略大一些。但有时为管理方便起见,头道、二道延展也常采用相同的牵伸倍数。

2.前隔距　前隔距即毛、麻针梳中的无控制区,影响对纤维运动,尤其是对短纤维运动的控制。前隔距的大小与喂入定量、纤维状态、纤维长度等有关,CZ 型机器前隔距范围为 11 ~ 16mm,延展机前隔距一般较大,如头道延展为 16mm,二道延展为 14mm。

(三)品质控制

1.绵带重量　控制在 ±2g/球以内。精绵称量不准或在生产过程中操作不规范易造成绵带重量不符合要求。

2.绵带中纤维的状态　应光洁、伸直、无杂质。操作不规范,牵伸工艺不良或纤维可纺性不良易造成绵带中有纤维弯钩、硬块、发毛。

二、制条及其质量控制

(一)组成及工作过程

制条机主要作用是将延展绵带接长、拉细成连续的纤维平行伸直的绵条。制条机主要由喂入机构、牵伸机构、成条机构三部分组成,如图 12 – 9 所示。其工艺过程为延展绵带按规定搭头长度搭接铺放在喂绵皮板上,经过针板式牵伸机构的牵伸后,呈极薄的绵网,经喇叭口汇集成绵条,圈入条筒中。

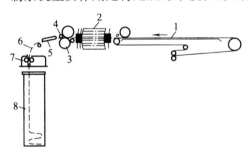

图 12 – 9　CZ 241 型制条机工艺简图

1—喂绵皮带　2—梳箱　3,4—前罗拉
5—集绵板　6—喇叭口　7—圈条器　8—条筒

(二)主要工艺参数作用及其选择

1.牵伸倍数　为减少并条机的牵伸负担,制条的牵伸倍数一般较大,在 10 倍以上。

2.前隔距　其值为 11 ~ 16mm,一般比延展略小。

(三)品质控制

1.重量不匀率　其值要求不大于 4%。重量不匀率高的主要原因为绵带搭头不良和机械状态不一致。

2.条干不匀率(萨式)　其值要求不大于 25%。条干不匀率高的主要原因为延展绵带不匀率高、工人操作不良及牵伸工艺不良。

三、并条(针梳)及其质量控制

(一)组成及工作过程

绢纺中针梳机的作用和结构与毛纺和麻纺中的相同。

（二）主要工艺参数作用及其选择

1. 牵伸倍数与并合数　一般并条机的并合根数为6～12根。在1～2道并条机上,牵伸倍数接近于并合数,在末道并条机上牵伸倍数略大于并合数。

根据喂入绵条的不匀率情况,通常圆梳精梳条采用三道并条,最多为四道,精梳绵条则都采用四道并条。

2. 喂入定量　喂入定量视不同的机型而有所差异,CZ型设备的喂入定量较轻,一般为30～50g/m,最大为70g/m,而DJ型设备的喂入定量为80～150g/m。

3. 前隔距　CZ型系列并条机械中的前隔距使用范围一般为11～16mm,在机构上可达到的最小前隔距在8～10mm。从一道并条到末道并条,前隔距可逐渐减小,前隔距具体根据纺纱特数、纤维长度而定。

DJ型设备,喂入定量较大,前隔距采用较大,一般在25mm以上。

4. 植针密度　植针密度影响纤维在针隙间的挤压程度、摩擦力界的强弱及纤维的受梳程度。从一道并条到末道并条,针密应逐渐增加。如CZ型设备的常用针密为55枚/100mm、60枚/100mm和65枚/100mm;DJ304型为27.6枚/100mm、DJ423型为39.4枚/100mm、DJ432型为51.2枚/100mm、DJ442型为63枚/100mm。

5. 前、后罗拉的加压　前、后罗拉的加压较小,一般都用自重加压;前罗拉的加压对牵伸过程影响较大,应有足够大的加压。从一道并条到末道并条,罗拉加压应由大到小,如通常并条机加压约为735～980N,DJ型针梳机加压为2450～3136N,后罗拉的加压一般为49～98N。

（三）品质控制

1. 重量偏差率　其值一般为1.0%～1.5%。重量偏差率高的原因为牵伸倍数不正确,绵条实际定量与设计定量有较大的偏差。

2. 重量不匀率　其值控制在3%以下。重量不匀率高的主要原因为机械状态不一致。

3. 条干不匀率（萨式）　其值控制在10%～25%以下。条干不匀率高的主要原因为牵伸工艺不良。

第六节　绢纺粗纱

一、延绞

（一）组成与工艺过程

当使用针辊牵伸的粗纱机时,由于牵伸机构的牵伸能力小,故在其前先采用一道延绞机（图12-10）,主要是分担部分牵伸任务,其次还有分散集束纤维和通过条子并合改善重量不匀的作用。当使用皮圈牵伸的粗纱机时,由于其牵伸能力较大,因此延绞机可省略。但皮圈牵伸没有分梳作用,不能减少纱条表面疵点。

1. 组成　延绞机主要由牵伸机构和搓捻成条机构两部分组成,类似毛纺的无捻粗纱机。

（1）牵伸机构。包括后罗拉、三列针辊和品字形的前罗拉。

（2）搓捻成条机构。由一对搓条皮板组成，搓条皮板一面回转向前输送须条，一面作往复运动把须条搓紧。

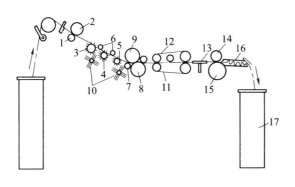

图 12 - 10 DJ 431 型延绞机工艺简图

2. 工艺过程 如图 12 - 10 所示，绵条在后罗拉 1 和铁压辊 2 的握持下，进入到牵伸区，依靠针辊 3、4、5 表面细而密的钢针插入须条控制、分梳纤维，针辊上方装有小压辊 6，借自重压在须条上，使之沉入针面。前罗拉 7、8 和胶辊 9 组成握持纤维的钳口。针辊下方装有毛刷辊 10，用以清除针辊上缠绕的纤维，防止针辊绕绵。纤维由前钳口输出后，进入由一对搓条皮板 11 和 12 组成的搓捻机构中。须条经搓捻后，通过 S 形集合器 13 后，再通过紧压罗拉 14、15 和出条管 16，最后进入绵条筒 17 中。

（二）主要工艺参数作用及其选择

1. 牵伸倍数 由于针辊的回转运动，牵伸不匀较大，因此其牵伸倍数只能限制在较低的水平。延绞机的喂入定量大，针辊径向速度差异大，故牵伸倍数较小，一般为 6～8 倍。

2. 前隔距 该参数影响对纤维运动的控制和牵伸力的大小。原则上，在不引起牵伸不良的前提下，前隔距以小为宜，具体数值根据纤维长度和半制品质量而定。

3. 吃针排数 纤维的吃针排数影响针辊对纤维的运动控制和分梳效果。吃针排数多，吃针深度深，针辊的分梳作用和纤维摩擦力界都得到加强。但由于摩擦力界太强，牵伸力太大，往往会造成出硬头，甚至罗拉打滑、牵伸不开。因此，吃针排数应根据纤维长度、喂入和输出定量、牵伸倍数等因素加以确定。根据摩擦力界布置的理论要求，中、后针辊的吃针排数应多于前针辊，且一般前针辊吃针 4～6 排，中、后针辊吃针 6～8 排。

4. 针辊速度 由于针辊的针插入须条时不是垂直的，而是向后倾斜的，因此，针与须条之间必须保持一定的相对速度（在须条前进方向），使针容易插入须条。后针辊针中点的线速度应低于后罗拉的表面速度。中针辊速度比后针辊略低，前针辊速度略低于中针辊。

5. 搓捻工艺 在延绞机上采用搓捻方法来增强绵条。一般用调节搓条皮板往复动程和皮板隔距来调整搓捻强度。

（三）质量控制

1. 条干不匀率 一般控制在 20%～30%（萨氏），条干不匀率的主要原因是牵伸工艺不良或机械状态不良。

2. 重量不匀率 一般控制在 2% 以下，重量不匀率的主要原因是机械状态不一致。

二、粗纱

（一）组成及工作过程

粗纱机主要工作是将绵条牵伸，并加上适当的捻度。

1. 组成　粗纱机主要由牵伸机构和加捻卷绕机构组成。

(1)牵伸机构。按照牵伸机构的型式,有针辊式和胶圈式。前者包括后罗拉、三列针辊和一对前罗拉,如图 12－11 所示;后者包括后罗拉、一对胶圈和一对前罗拉,如图 12－12 所示。

(2)加捻卷绕机构。与棉型粗纱机加捻卷绕机构基本相同。

2. 工艺过程　如图 12－11 所示,绵条从条筒 1 中引出,经托绵板 2 进入到一对喂给罗拉和铁压辊 3、集合器 4、托持罗拉 5,依靠三只回转的针辊 6 与压辊 7 对须条进行控制、牵伸。然后须条由一对前罗拉 8 输出,经锭子 9 加捻后卷绕到筒管上。

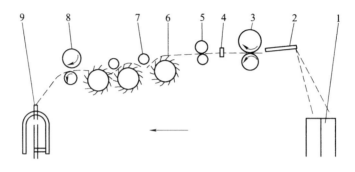

图 12－11　DJ 441 型粗纱机工艺简图

(二)主要工艺参数作用及其选择

1. 针辊式粗纱机

(1)牵伸倍数。由于针辊的回转运动,牵伸不匀较大,因此其牵伸倍数只能限制在较低的水平。粗纱机喂入定量较小且纤维结构较好,其牵伸倍数一般为 8 ~ 12 倍。

(2)前隔距和吃针排数。参数设计原则同延绞机。由于喂入粗纱机的条子结构好、定量轻,因此前隔距比延绞小,吃针排数较延绞机多。

(3)粗纱捻系数。粗纱加捻的目的和捻系数选择的原则同精梳毛纺的。对绢纺而言,粗纱捻系数的选择,主要以纤维长度为主要依据,再根据其他因素增减。圆梳制绵纺制的各种粗纱捻系数 α_m 的范围见表 12－10。

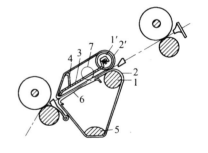

图 12－12　胶圈式牵伸机构

1—中罗拉　1′—中胶辊　2—下胶圈
2′—上胶圈　3—上胶圈销　4—弹簧片
5—张力棒　6—下销　7—小压辊

表 12－10　粗纱捻系数范围

粗纱品种		公制捻系数(α_m)	线密度制捻系数(α_t)
桑蚕丝	高支绢丝粗纱	12 ~ 15	37.92 ~ 47.4
	中支绢丝粗纱	14 ~ 17	44.24 ~ 53.72
	低支绢丝粗纱	16 ~ 19	50.56 ~ 60.04
柞蚕丝	中支绢丝粗纱	15 ~ 19	47.4 ~ 60.04
	低支绢丝粗纱	17 ~ 21	53.72 ~ 66.36

当制绵采用精梳工艺时,其纤维长度一般和圆梳Ⅰ号精绵相近,但因绵粒多,纤维伸直度差,粗纱捻系数可比圆梳Ⅰ号精绵的粗纱捻系数略高。对精梳制绵而言,纺细特绢丝和中粗特绢丝的原料质量虽有一定的差异,但精梳制绵绵条的纤维长度差异不太大,因而粗纱捻系数的差异也不大。由此可见,细特绢丝用的粗纱捻系数比圆梳粗纱稍微高一些,而中粗特绢丝则比圆梳粗纱低。

(4)粗纱张力。为了粗纱的顺利卷绕和获得松紧适度的卷装,粗纱的卷装速度必须略大于前罗拉输出速度,从而产生相应的卷绕张力。粗纱张力伸长率一般控制在1.5%~3%。锭翼口绕1/4圈,压掌处绕1~2圈。

2. 皮圈式粗纱机

(1)牵伸倍数。皮圈牵伸机构对纤维的控制能力较好,在喂入绵条状态良好的情况下,牵伸倍数可达10~20倍,皮圈式粗纺机上常用10~12倍。

(2)原始隔距。是影响皮圈牵伸摩擦力界强度的最敏感的工艺参数之一,对粗纱均匀度的影响较大,原始隔距的大小一般随粗纱定量的大小而定。

(3)隔距。分前、中罗拉之间的隔距和中、后罗拉之间的隔距,前、中罗拉之间是主牵伸区,其隔距大小与无控制区大小有关。前、中罗拉之间的隔距小,则无控制区小,对纤维的控制强,但牵伸力大,易出硬块。通常根据所纺纤维的长度来确定。一般为110~130mm。中、后罗拉间的隔距以小为宜,增加对纤维的控制。

(4)中胶辊的开槽深度。中胶辊上开槽使中上下罗拉之间形成一个柔软而富有弹性的钳口,在须条上产生强度适中、纵向和横向较为均匀的摩擦力界。通常槽深1~2mm、槽宽30~40mm。

(三)质量控制

1. 粗纱重量偏差率 一般控制在2%以下。重量差异率大的主要原因是牵伸倍数不正确,绵条实际定量与设计定量有较大的偏差。

2. 粗纱重量不匀率 一般控制在2%以下。重量不匀率高的主要原因是机械状态不一致,或粗纱张力设定不当。

3. 粗纱条干不匀率 目前粗纱条干不匀是通过黑板检验目测。条干不匀率高主要原因是粗纱机牵伸工艺参数设置不当,张力不当,机械状态不良。

第七节 绢纺细纱

一、绢纺细纱机的特点

绢纺细纱机也是由牵伸、加捻及卷绕三部分组成。牵伸机构为三罗拉上短下长的双皮圈滑溜牵伸型式。牵伸加捻机理与棉、毛的相同,仅由于纤维特性不同在具体参数设计方面略有差异。

二、工艺参数选择

(一)牵伸工艺参数

1. 前隔距　前隔距的大小会影响对纤维的控制能力。原则上应在牵伸力适当情况下,偏小掌握。由于前隔距较难测量,通常用前中罗拉隔距间接表示。前中罗拉隔距范围为125～135mm。

2. 前后罗拉隔距　精纺机牵伸为单区牵伸,纤维运动控制主要由前区控制,前后罗拉中心距按最长纤维来确定,通常为210～230mm。

3. 原始隔距　选择适当的隔距块,对控制牵伸质量有很大关系。隔距块小,皮圈钳口压力大,该处摩擦力界强。当罗拉握持力不足时,则产生螺旋丝、橡皮丝,甚至牵伸不开。相反,隔距太大时,皮圈钳口失去控制作用,牵伸不匀增大。原始隔距一般根据纺纱特数、纤维长度和其他因素而定。

4. 中罗拉开槽的深度　影响中罗拉滑溜钳口对须条的压力。这一深度与通过的须条厚度有关。通常槽深为1.5mm,槽宽为15mm。

5. 罗拉加压　保证罗拉握持力大于牵伸力即可。

(二)细纱捻系数

细纱公制捻系数的选择既要考虑纱线的使用要求又要照顾生产的需要,其考虑的原则同精梳毛纺。在一般情况下,公制捻系数 α_m 可按表12-11选取。由于不同线密度的绢丝精绵配绵差异较大,因此,公制捻系数的选择也有较大差异。

表12-11　常数捻系数范围

纤维种类	细纱细度		公制捻系数 α_m
	tex	公支	
桑蚕丝	5以下	200以上	52～58
	6.25～8.33	120～160	54～64
	10.0～16.7	60～100	64～76
柞蚕丝	6.25	120	70～78
	14.7	60	75～85

(三)钢领与钢丝圈

绢纺纱毛羽多、长,虽然纺纱特数较细,但用PG1钢领可以保证宽畅的通道。钢丝圈应与钢领配合良好、散热性好。钢丝圈常用GS型、HC型、S型等。其重心较低,纱条通道较宽敞,散热性较好,成熟期短,拎头轻。钢丝圈号数应与纺纱张力相适应。一般纺4.76tex(210公支)细纱用GS19/0～21/0,纺8.33tex(120公支)细纱用GS、HC13/0～15/0,纺12.5tex(80公支)细纱用GS7/0～9/0。

三、细纱质量控制

(一)细纱重量不匀率(支数不匀率)

一般细特纱控制在2.8%以下,中特纱在3.3%以下,粗特纱在3.5%以下。细纱重量不匀率较高的主要原因有前纺各工序定量、牵伸倍数、隔距等参数不恰当;机械状态不良或台与台之间、头之间、锭之间状态有差异;工人操作不良;精绵可纺性差等。

(二)细纱重量偏差(支数偏差)

细纱重量偏差一般在1.6%以下。细纱重量偏差较高的主要原因是精纺机的牵伸变换齿轮不当。

(三)细纱条干均匀度

参考成品绢丝。细纱条干不匀较高的主要原因是牵伸工艺参数设置不当或机械设备原因造成。

(四)疵点数

参考成品绢丝。当后纺配备了电子清纱器后,由于一部分大疵点可以用清纱器清除,对细纱疵点数的控制要求可适当放宽。疵点数偏多是由集束短纤维造成的。在精练时,除油不良、水洗不清或水质过硬、丝纤维残油过多、洁净度差等,精绵纤维就容易发并,集束纤维多而且不易分散开;圆梳工艺不当,精绵中短纤维含量偏多;前纺牵伸工艺不当;车间或车面清洁工作不良都会造成纱疵。

第八节 绢纺后加工

绢纺后加工一般指细纱工序后,将细纱加工成股线各工序。

一、工艺流程

绢丝大多为股线产品,常用工艺流程为:

(细纱)→并丝→捻丝→络筒→烧毛→摇绞→节取→成包

随着绢丝质量要求的提高,绢丝(结头少)采用的工艺流程为:

(细纱)→络筒→并丝→倍捻→烧毛→摇绞→节取→成包

络筒→成包

二、络筒、并丝、捻丝

(一)特点

绢丝一般为股线产品,即将细纱以两根并合,再加捻制成比较均匀、坚牢、富于光泽和柔软的股线,用于制织高档绢丝织物,也可根据特别要求生产三股及以上的绢丝。

绢纺络筒、并线、捻线工序所用设备为纺纱通用设备,只是根据绢丝的特点及质量要求采用相应的工艺参数。

(二)工艺参数选择

1. 并丝 并丝时选择适当的张力,可保证有良好的卷装。并丝张力一般控制在纱线断裂强力的10%左右。

2. 捻丝

(1)股线公制捻系数。按股线公制捻系数与单纱公制捻系数之间的关系,当股线保持较好的光泽、强力时,股线公制捻系数为单纱公制捻系数的70.7% ~ 141.4%。根据产品用途的不同进行选择。我国部颁标准规定的绢丝公制捻系数 α_m 见表12 - 12。

表12 - 12　我国现行的双股绢丝公制捻系数 α_m

绢丝细度	tex	4.76×2	5×2	6.25×2	7.14×2	8.33×2	10×2	12.5×2	16.7×2	20×2
	公支	210/2	200/2	160/2	140/2	120/2	100/2	80/2	60/2	50/2
捻度(捻/m)		730	710	680	570	550	510	500	480	450
捻系数		71.2	71	76	68.1	71	72.1	79.1	87.6	90

(2)锭速。当用环锭捻丝机时,锭速一般为8000 ~ 9000r/min,而用倍捻机时,锭速一般在8000 ~ 9500r/min。

3. 络筒　络筒工序的作用是去除绢丝表面纱疵,增大卷装。工艺参数设定如下。

(1)纱疵的界限。即设定纱疵的长度 L 和直径 D。这个界限应当参照绢丝成品检验样照所规定的疵点来确定。

(2)络筒张力。一般控制在纱线断裂强力的10%左右。

(三)品质控制

1. 花丝　产生花丝的主要原因是细纱条干差,或是细纱线密度错误,再或是两根细纱张力不同。

2. 纱疵　根据要求定。主要原因是清纱工艺不良。

3. 捻度不匀率　捻度不匀率小于3.5%。主要原因是锭速的差异。

三、烧毛

(一)目的

通过火焰烧和机械摩擦的方法去除绢丝表面的绵结和毛羽,使绢丝表面达到一定洁净度的要求,而呈现出绢丝特有的光泽。

(二)烧毛机

1. 组成及工作过程　烧毛机主要由绢丝退绕部分、火焰部分、钉帽摩擦部分及卷绕部分等组成。烧毛的工艺过程如图12 - 13所示,绢丝从插锭1的纱管2上退绕,根据张力要求通过导丝杆3和导丝钩4后,绕在上下两组钉帽5上来回穿绕摩擦,并反复通过火口6,然后通过导丝钩7卷绕在筒管8上,筒管8靠滚筒9的摩擦而转动。

2. 工艺参数选择

(1)火焰。火焰是涉及"烧"的重要因素,它与煤气质量(热值)、空气混入量、火口形式有关。使用条缝形火口的情况下,火焰温度一般控制在500 ~ 650℃,火焰高度一般为20 ~ 30mm。一般头道烧毛是主要的烧毛工序,火焰温度要偏高一些;二道烧毛时,绢丝表面毛绒已较少、较

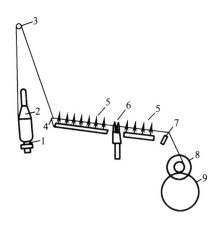

图 12 - 13　烧毛机简图

短,火焰温度宜稍低;精梳工艺的绢丝绵粒多,烧毛温度应比圆梳工艺的绢丝高;细特绢丝的烧毛温度应比粗特绢丝低;柞蚕丝绢丝烧毛温度比桑蚕丝绢丝高。

（2）钉帽绕法。钉帽绕法涉及绢丝通过火焰的次数(习惯称根数)、摩擦作用和烧毛张力三个方面。绢丝通过火焰的次数,一般为 5~9 次(每道)。次数过少,绢丝的洁净度达不到要求;次数过多,则绢丝容易发黄,甚至强度受到损失。头道是主烧,头道次数一般比二道多些,同时要充分发挥头道的烧擦作用。

（3）烧毛张力。烧毛张力是影响烧毛效果的重要因素之一。一般烧毛张力头道为 70~120g,二道为 90~160g。

（4）烧毛速度。烧毛速度快,受热时间短,毛绒不易去除;烧毛速度太慢,则绢丝会发黄,强力降低,所以烧毛速度应根据毛绒的多少来确定。一般烧毛速度为 100m/min、119m/min、130m/min 三档。

（5）烧毛道数。绢丝售纱一般经过两道烧毛,但对于绵结很多的绢丝(落绵再精梳绢丝)往往经过两道烧毛后,其洁净度不能达到要求,因此需要经过第三道烧毛,且第三道烧毛是偏重于摩擦去除绵结。

3. 品质控制

（1）毛丝。造成毛丝的主要原因是火焰过弱、过窄、不均匀,烧毛根数不足,或烧毛时绢丝上浮等。

（2）焦黄丝。造成焦黄丝的主要原因是火焰过强,烧毛张力太大或烧毛速度慢等。

思考题

1. 绢纺原料有哪些？精练工程包括哪几个工序？

2. 简述绢纺开绵机开松除杂的特点。

3. 写出梳绵机的主要组成与工艺过程。简述梳绵机的主要工艺参数选择原则与梳绵条的质量控制的措施。

4. 试述圆型精梳机的工作过程与主要工艺参数的作用,简述精梳的质量控制方法。

5. 绢型针梳的特点、工艺及质量控制。

6. 绢型粗纱的特点、工艺及质量控制。

7. 绢纺细纱机的主要组成与特点。简述其主要工艺参数作用和选择原则及控制绢纺细纱质量的措施。

8. 写出绢纺后加工的主要工艺流程。简述绢纺烧毛机的主要组成、工艺过程、主要工艺参数作用及质量控制。

参考文献

［1］于修业.纺纱原理［M］.北京：中国纺织出版社，1995.

［2］杨锁廷.纺纱学［M］.北京：中国纺织出版社，2004.

［3］郁崇文.纺纱系统与设备［M］.北京：中国纺织出版社，2005.

［4］郁崇文.纺纱工艺设计与质量控制［M］.北京：中国纺织出版社，2011.

［5］薛少林.纺纱学［M］.西安：西北工业大学出版社，2004.

［6］西北纺织工学院棉纺教研室.毛纺学［M］.北京：纺织工业出版社，1980.

［7］江兰玉.毛纺工艺学（上册）［M］.北京：中国纺织出版社，1997.

［8］中国纺织大学棉纺教研室.棉纺学［M］.北京：纺织工业出版社，1981.

［9］西北纺织工学院毛纺教研室.毛纺学［M］.北京：纺织工业出版社，1981.

［10］中国纺织大学绢纺教研室.绢纺学［M］.北京：纺织工业出版社，1986.

［11］郁崇文，张元明，姜繁昌等.苎麻生产工艺与质量控制［M］.上海：中国纺织大学出版社，1997.

［12］任家智.纺纱原理［M］.北京：中国纺织出版社，2002.

［13］陆再生.棉纺工艺原理［M］.北京：中国纺织出版社，1995.

［14］刘国涛.现代棉纺技术基础［M］.北京：中国纺织出版社，1999.

［15］姜繁昌，周岩，周家谔.苎麻纺纱学［M］.北京：纺织工业出版社，1986.

［16］李鸿儒.新型粗纱机理论和实践［M］.北京：纺织工业出版社，1991.

［17］顾伯明.亚麻纺纱［M］.北京：纺织工业出版社，1988.

［18］董炳荣.绢纺织［M］.北京：纺织工业出版社，1991.

［19］狄剑锋等.新型纺纱产品开发［M］.北京：中国纺织出版社，1998.

［20］任家智.纺织工艺与设备（上册）［M］.北京：中国纺织出版社，2004.

［21］任家智等.纺纱工艺学［M］.上海：东华大学出版社，2010.

［22］史志陶.棉纺工程［M］.3版.北京：中国纺织出版社，2004.

［23］上海纺织控股集团.棉纺手册［M］.3版.北京：中国纺织出版社，2004.

［24］许符节.苎麻脱胶与纺纱（修增订本）［M］.北京：纺织工业出版社，1990.

［25］棉纺织新工艺新设备及产品检测方法与标准实用手册编委会.棉纺织新工艺新设备及产品检测方法与标准实用手册［M］.合肥：安徽文化音像出版社，2003.

［26］C A Lawrence. Fundamentals of Spun Yarn Technology［M］. Florida：CRC Press，2003.

［27］全国棉纺织信息中心等.2008中国纱线质量暨新产品开发技术论坛文集［C］.青岛，2008.

［28］丁志荣.改进的方案组合配棉方法研究［J］.纺织学报，2005，26(3)：38－40.

［29］徐朴，叶奕梁.牵伸过程消除纤维弯钩的作用［J］.纺纱技术，1963(6)：1－9.

［30］任家智等.精梳系统技术的新进展［J］.棉纺织技术，2007(10).

［31］任家智等.立达精梳机计算机辅助工艺设计与优化分析［J］.棉纺织技术，2008(9).

［32］刘健，陈洪章，李佐虎.大麻纤维脱胶研究综述［J］.中国麻业，2002，24(4)：39－42.

［33］丁志荣.计算机纺纱配棉系统的设计［J］.棉纺织技术，2003，31(11)：22－25.